ABB 工业机器人仿真应用与进阶

陈 瞭 蒋思超 编著

电子工业出版社
Publishing House of Electronics Industry
北京·BEIJING

内 容 简 介

本书分基础篇和进阶篇。其中,基础篇涵盖了 RobotStudio 软件仿真的基础知识,主要包括涂胶路径优化与动态显示、码垛仿真与通用框架程序构建、图形化垛型生成软件的制作、基于 Smart 组件的随机位置物体抓取技术、视觉纠偏输送链跟踪仿真、各类外轴仿真与路径优化、各类机器人 TCP 自动标定仿真、2D 视觉标定与仿真技术、3D 视觉仿真以及复合机器人(AGV)的仿真等。进阶篇则深入探讨了机器人读取 G 代码与自动路径生成、人工路径复现技术、图片轮廓识别的自动绘图仿真、EGM 协议的深度解析与上位机位置及速度控制、Python 结合 EGM 与手势控制、ROS 控制 ABB 机器人的实现方法、基于 RobotStudio SDK 的 Smart 组件开发与 OpenCV 的联合仿真技术、RobotStudio 20XX 版本的新功能及 Omnicore 示教器 App 的开发、RobotWare Add-Ins 的开发等高级内容。

本书适合具有一定工作经验、具备 IT 基础或自动化现场经验的工程师、资深设备维护人员、集成项目开发人员以及高校自动化专业的相关人员阅读和使用。

未经许可,不得以任何方式复制或抄袭本书之部分或全部内容。
版权所有,侵权必究。

图书在版编目(CIP)数据

ABB 工业机器人仿真应用与进阶 / 陈暸,蒋思超编著.
北京:电子工业出版社,2025.5(2025.9重印).-- ISBN 978-7-121-50137-1
Ⅰ.TP242.2
中国国家版本馆 CIP 数据核字第 2025K497P5 号

责任编辑:张 迪(zhangdi@phei.com.cn)
印　　刷:涿州市京南印刷厂
装　　订:涿州市京南印刷厂
出版发行:电子工业出版社
　　　　　北京市海淀区万寿路 173 信箱　邮编 100036
开　　本:787×1092　1/16　印张:19.75　字数:505.6 千字
版　　次:2025 年 5 月第 1 版
印　　次:2025 年 9 月第 2 次印刷
定　　价:79.00 元

凡所购买电子工业出版社图书有缺损问题,请向购买书店调换。若书店售缺,请与本社发行部联系,联系及邮购电话:(010)88254888,88258888。
质量投诉请发邮件至 zlts@phei.com.cn,盗版侵权举报请发邮件至 dbqq@phei.com.cn。
本书咨询联系方式:(010)88254469,zhangdi@phei.com.cn。

前　言

工业机器人仿真在现代制造业中占据着举足轻重的地位，它能够在真实生产启动前对机器人的行为进行高精度的模拟，从而大幅度削减试错成本。

ABB机器人的RobotStudio软件凭借其卓越的仿真性能，在众多产品中脱颖而出，成为首选的得力助手。该软件不仅能够轻松实现复杂运动路径的模拟，还能深入剖析机器人与作业环境的交互细节，为项目前期的验证工作提供强有力的支持。此外，RobotStudio还具备在线调试功能，使工程师能够迅速发现并解决潜在问题，确保生产线的平稳运行。同时，RobotStudio还支持二次开发，为用户开展高级仿真和测试提供了极大的便利。

本书分为基础篇与进阶篇。

基础篇涵盖了RobotStudio软件仿真的基础知识，主要包括涂胶路径优化与动态显示、码垛仿真与通用框架程序构建、图形化垛型生成软件的制作、基于Smart组件的随机位置物体抓取技术、视觉纠偏输送链跟踪仿真、各类外轴仿真与路径优化、各类机器人TCP自动标定仿真、2D视觉标定与仿真技术、3D视觉仿真以及复合机器人（AGV）的仿真等。

进阶篇则深入探讨了机器人读取G代码与自动路径生成、人工路径复现技术、图片轮廓识别的自动绘图仿真、EGM（Externally Guided Motion）协议的深度解析与上位机位置及速度控制、Python结合EGM与手势控制、ROS控制ABB机器人的实现方法、基于RobotStudio SDK的Smart组件开发与OpenCV的联合仿真技术、RobotStudio 20XX版本的新功能及Omnicore示教器App的开发、RobotWare Add-In的开发等高级内容。

全书1~12章基于RobotStudio 6.XX版本编写，第13章和第14章则基于RobotStudio 20XX版本进行阐述。

本书适合拥有一定工作经验、具备IT基础或自动化现场经验的工程师、资深设备维护人员、集成项目开发人员以及高校自动化专业的相关人员阅读和使用。全书由陈瞭、蒋思超编著。

在本书的撰写过程中，肖辉、肖步崧、练忠专等多位专家提供了诸多宝贵的意见和建议，在此深表感谢。尽管编著者力求完美，以满足读者的需求，但书中难免存在不足之处，恳请广大读者批评指正，并提出宝贵的意见和建议。

谨以此书献给作者们的孩子们，愿他们健康快乐地成长，茁壮成材。

编著者

目　　录

基　础　篇

第 1 章　RobotStudio 介绍 ·· 1
　1.1　用户选项卡 ··· 1
　1.2　鼠标与键盘的使用 ··· 2
　1.3　选择与捕捉助手 ·· 3
　1.4　坐标系 ·· 3
第 2 章　涂胶与喷漆 ··· 5
　2.1　涂胶 ··· 5
　　　2.1.1　创建工具 ··· 5
　　　2.1.2　创建路径 ··· 11
　　　2.1.3　路径显示 ··· 29
　　　2.1.4　固定式工具 ·· 36
　2.2　喷漆 ··· 40
第 3 章　机器人码垛与拆垛 ··· 42
　3.1　机器人码垛 ·· 42
　　　3.1.1　Equipment Builder ··· 42
　　　3.1.2　输送链组件 ·· 43
　　　3.1.3　机器人抓手组件 ··· 46
　　　3.1.4　码垛程序 ··· 48
　　　3.1.5　完成工作站 ·· 49
　　　3.1.6　更通用的码垛程序框架 ·· 52
　3.2　进阶码垛开发 ··· 56
　　　3.2.1　图形化垛型配置软件 ·· 56
　　　3.2.2　机器人程序 ·· 62
第 4 章　随机位置物体的抓取与装箱 ·· 67
　4.1　产生位置随机的物体 ·· 67
　4.2　物体位置数据与机器人交互 ·· 70
　4.3　动态抓手 ·· 72
　4.4　产品装箱 ·· 76
　4.5　装有产品的箱子移动与消除 ·· 79
第 5 章　输送链跟踪 ·· 84
　5.1　创建输送链跟踪仿真 ·· 85
　5.2　带视觉的输送链跟踪仿真 ··· 90
　　　5.2.1　输送链上的随机位置物料模拟 ······································ 91

		5.2.2 队列功能	93
		5.2.3 完成工作站	94

第6章 外部轴 ... 98
6.1 伺服焊枪 ... 98
6.2 直线导轨 ... 101
6.2.1 外轴位置自动插补 ... 101
6.2.2 自定义导轨 ... 102
6.3 XYZ 型龙门架 ... 105
6.4 变位机 ... 108
6.4.1 单轴变位机 ... 108
6.4.2 双轴变位机 ... 115

第7章 TCP 标定与视觉标定 ... 121
7.1 Probe 标定 ... 121
7.2 单光电 TCP 校正 ... 126
7.2.1 姿态 ... 126
7.2.2 位置 ... 131
7.3 十字激光 ... 134
7.3.1 标定原理 ... 134
7.3.2 仿真实现 ... 135
7.4 基于平面的 TCP 标定 ... 143
7.5 线激光标定 ... 145
7.5.1 通用线激光标定原理介绍 ... 145
7.5.2 仿真及实现 ... 147
7.6 2D 相机标定 ... 156
7.6.1 9 点标定 ... 156
7.6.2 12 点标定 ... 159
7.7 基于 2D 相机的 TCP 标定 ... 161

第8章 3D 视觉与 AGV 联合仿真 ... 164
8.1 3D 视觉的手眼标定 ... 164
8.2 3D 相机修正机器人路径 ... 172
8.3 AGV 复合机器人仿真 ... 174
8.3.1 AGV 与机器人仿真 ... 174
8.3.2 2.5D 修正路径 ... 178

进 阶 篇

第9章 机器人写字与画画 ... 184
9.1 读取 G 代码 ... 184
9.2 板材喷号 ... 188
9.3 基于 PCSDK 的人工路径复现 ... 190
9.4 图片轮廓自动识别与绘图 ... 195

第 10 章　Externally Guided Motion······198
10.1　EGM 介绍······198
10.2　通信协议解析······199
10.2.1　Google Protocol Buffers······199
10.2.2　EGM.proto 解析······201
10.3　EGM 的位置显示······203
10.3.1　创建 C#可用的 ProtoBuf 文件······203
10.3.2　上位机显示 EGM 位置······204
10.4　EGM 的位置与速度控制······208
10.4.1　位置控制······209
10.4.2　速度控制······213
10.5　Python 使用 EGM······216
10.6　基于 MediaPipe 的手势控制······221

第 11 章　ROS 与 ABB 机器人······227
11.1　ROS 介绍······227
11.1.1　ROS······227
11.1.2　ROS2······228
11.2　ROS Kinetic······228
11.2.1　环境配置与项目搭建······228
11.2.2　路径规划实例······233
11.3　ROS Noetic······235
11.3.1　StateMachine Add-In······235
11.3.2　StateMachine Add-In 介绍······236
11.3.3　机器人侧配置······237
11.3.4　Ubuntu ROS 配置······239
11.3.5　实例 I：RWS······241
11.3.6　实例 II：EGM 控制机器人运动······243

第 12 章　RobotStudio Smart 组件开发······246
12.1　RobotStudio SDK 安装······246
12.2　四元数与欧拉角转换组件······248
12.3　读取 DH 参数······252
12.4　最短距离组件······255
12.5　联合 OpenCV 仿真······258
12.5.1　模拟相机拍照组件······258
12.5.2　基于 OpenCV 的识别与抓取系统实现······262

第 13 章　RobotStudio 20XX······269
13.1　新功能······269
13.1.1　显示移动距离/设置移动距离······269
13.1.2　机器人工作空间导出功能······270
13.1.3　WorldZone 可视化······270

13.1.4　自动避障路径创建 ………………………………………………… 271
　13.2　Omnicore 系统示教器开发 ………………………………………………… 273
　　　13.2.1　Omnicore App SDK and AppMaker ……………………………… 273
　　　13.2.2　读取与写入数据 …………………………………………………… 275
　　　13.2.3　I/O 控制 …………………………………………………………… 277
　　　13.2.4　启动/停止 …………………………………………………………… 278
　　　13.2.5　显示当前位置 ……………………………………………………… 280
　　　13.2.6　示教点位 …………………………………………………………… 284

第 14 章　RobotWare Add-Ins ……………………………………………………… 290
　14.1　Add-Ins 介绍 ………………………………………………………………… 290
　14.2　Add-Ins 的文件制作 ………………………………………………………… 291
　　　14.2.1　RAPID ……………………………………………………………… 292
　　　14.2.2　WebApps …………………………………………………………… 295
　　　14.2.3　配置文件（.cfg）…………………………………………………… 297
　　　14.2.4　install.cmd ………………………………………………………… 301
　14.3　Add-in Packaging Tool ……………………………………………………… 302
　14.4　Add-Ins 的使用 ……………………………………………………………… 304

基 础 篇

第1章 RobotStudio 介绍

RobotStudio 是 ABB 机器人公司推出的一款 PC 应用程序，用于 ABB 机器人单元的建模、离线创建和仿真设计。其软件界面包括多个选项卡，如图 1-1 所示。

RobotStudio 允许用户使用离线控制器，即在 PC 上本地运行的虚拟机器人控制器，也允许用户连接真实的机器人控制器。

RobotStudio 提供了两种工作模式：离线模式和在线模式。在离线模式下，用户可以通过虚拟机器人控制器（Virtual Controller，VC）在 PC 上本地运行并进行仿真，无须连接真实的机器人控制器。此模式使用户能够在不占用生产线的情况下，进行机器人程序的创建和测试。当 RobotStudio 与真实的机器人控制器连接时，系统进入在线模式。此时，用户可以实时与实际机器人进行交互、调试和调整程序。在线模式适用于实际生产环境中的操作，确保仿真和控制系统之间的一致性。

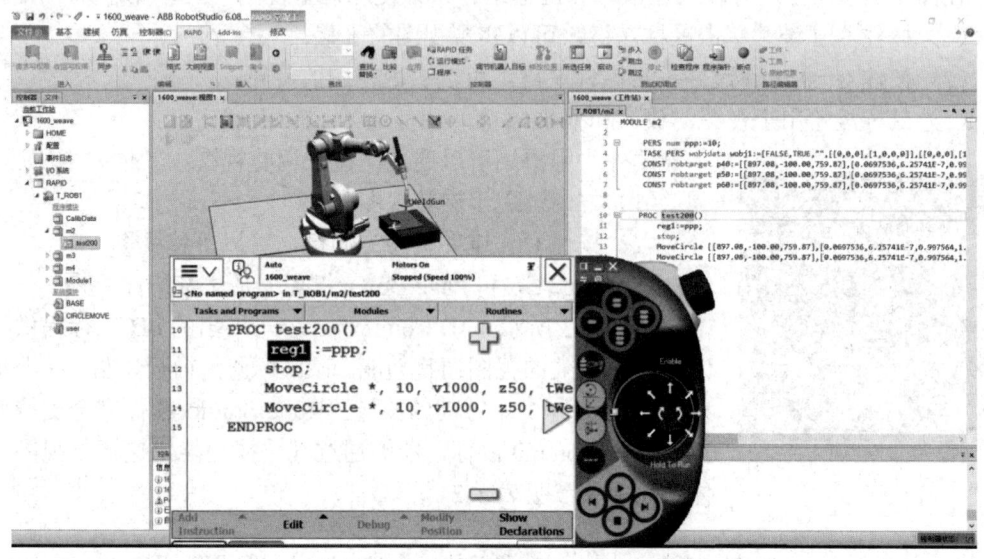

图 1-1

1.1 用户选项卡

RobotStudio 软件界面中的选项卡如图 1-2 所示。相关选项卡的介绍见表 1-1。

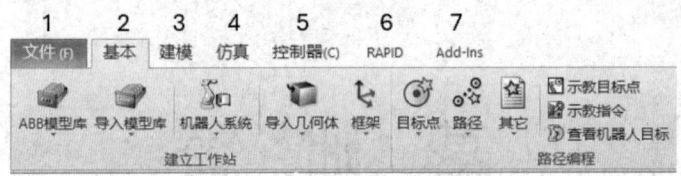

图 1-2

表 1-1 相关选项卡的介绍

序号	选项卡	介绍
1	文件	包含创建新工作站、创造新机器人系统、连接到控制器、将工作站另存为查看器的选项和 RobotStudio 选项
2	基本	包含搭建工作站、创建系统、编程路径和摆放物体所需的控件
3	建模	包含创建和分组工作站组、创建实体、测量及其他 CAD 操作所需的控件
4	仿真	包含创建、控制、监控和记录仿真所需的控件
5	控制器（C）	包含用于虚拟机器人控制器（VC）的同步、配置和分配给它的任务的控制措施，还包含用于管理真实控制器的控制措施
6	RAPID	包含集成的 RAPID 编辑器，用于编辑除机器人运动外的其他所有机器人任务
7	Add-Ins	包含 PowerPacs、RobotWare 安装包、用户自定义 Add-Ins 的控件

1.2 鼠标与键盘的使用

在图 1-1 中，用户可以通过鼠标和键盘组合来方便地调整视图。具体操作如下所述。

（1）按住 Ctrl 键并单击鼠标左键，可以实现视图的平移；

（2）按住 Ctrl+Shift 键并单击鼠标左键，可以实现视图的旋转；

（3）鼠标滚轮用于视图的放大和缩小。

此外，用户还可以通过键盘来调整视图，具体如下所述。

（1）方向键用于旋转视图；

（2）按住 Ctrl 键并使用方向键，可以平移视图；

（3）Page Up 和 Page Down 键用于放大和缩小视图。

如图 1-3 所示，3D Connexion 公司推出的 6D 鼠标提供了更为精准和高效的视图调整功能。该鼠标支持前后、左右、上下的移动，以及绕 3 个方向的旋转。RobotStudio 软件完全支持使用 3D Connexion 6D 鼠标，能够通过其快捷功能快速调整视图，具体的功能请参见表 1-2。

图 1-3

表 1-2 3D Connexion 6D 鼠标对 RobotStudio 的视图操作

动作	描述
 左右平移	视图左右平移
 前后平移	视图放大与缩小

续表

动　作	描　述
 上下平移	视图上下平移
 绕纵轴旋转	视图绕着纵轴旋转
 绕左右轴倾斜	视图向前/向后倾斜
 绕前后轴滚动	视图向左/向右滚动

1.3 选择与捕捉助手

在 RobotStudio 的主视图中，提供了如图 1-4 所示的选择与捕捉助手。该助手的相关功能可以帮助用户更快捷、精确地选中产品或产品特征，或者进行相关的测量操作。相关功能的介绍见表 1-3。

图 1-4

表 1-3 相关功能的介绍

序　号	功　能	序　号	功　能
1	查看全部视图	2	查看视图中心
3	选择曲线	4	选择表面
5	选择物体	6	选择部件
7	选择组	8	选择机械装置
9	选择目标点/框架	10	移动指令
11	路径选择	12	捕捉对象的特征点
13	捕捉中心	14	捕捉中点
15	捕捉末端	16	捕捉边缘
17	捕捉重心	18	捕捉本地原点
19	捕捉网格	20	测量两点距离
21	测量两条直线夹角	22	测量直径
23	最短距离	24	保存/清除显示测量结果
25	启动仿真	26	停止仿真

1.4 坐标系

在 RobotStudio 中，使用了若干种坐标系来描述机器人系统中的位置和方向。具体的坐标系及其作用如下所示。

（1）RS-WCS（RobotStudio 的大地坐标系）：RS-WCS 是整个工作站的原点坐标系，是所有其他坐标系的顶层坐标系。在使用 RobotStudio 时，所有其他坐标系均与 RS-WCS 相关联。这意味着，所有位置、运动轨迹等都是相对于 RS-WCS 进行描述的。

（2）BF（Base Frame，基坐标系）：在 RobotStudio 中，每个机器人都有一个基坐标系，即 Base Frame（BF）。这个坐标系始终位于机器人的底部，用于定义机器人本体的位置和方向。BF 是机器人坐标系的原点，所有相对于机器人的运动和位置都会参考这个坐标系。

（3）TF（Task Frame，任务框架）：Task Frame（TF）表示机器人控制器的大地坐标系的原点。它是任务执行的参考坐标系，用于描述机器人执行任务时的位置和方向。TF 与机器人的基坐标系通常并不重合，而是根据任务的需要进行定义和调整。

图 1-5 说明了基坐标系（BF）与任务框架（TF）之间的差异，具体如下所述。

（1）在图 1-5 的左侧，TF 与机器人基坐标系位于同一位置，说明任务框架的原点与机器人基座的原点重合。

（2）在图 1-5 的右侧，TF 被移动到了另一个位置，这表明任务框架的原点可以根据需要偏移，以便更好地适应不同的任务需求。

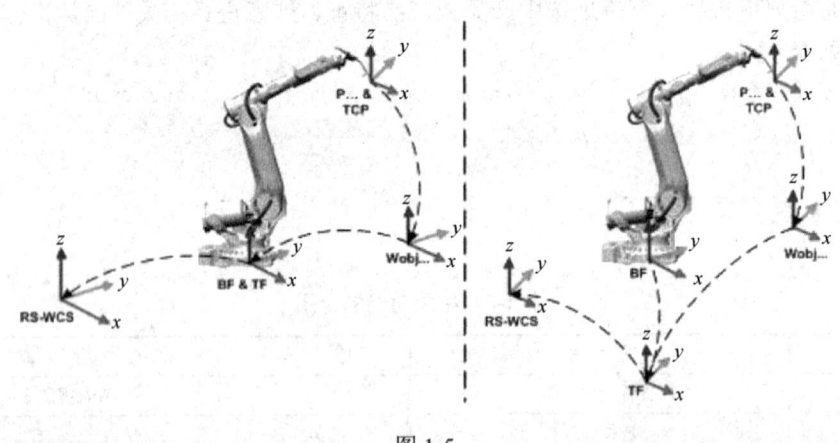

图 1-5

图 1-6 进一步说明了如何将 RobotStudio 中的 TF 映射到现实中的机器人控制器的大地坐标系。这个映射过程帮助用户将 RobotStudio 中的仿真环境与实际机器人的控制环境相匹配，从而实现更精准的仿真和调试。

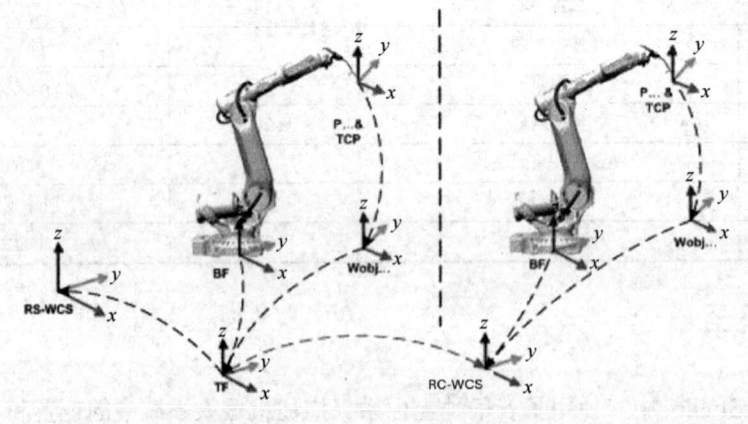

图 1-6

第 2 章 涂胶与喷漆

2.1 涂胶

涂胶是机器人应用中一种常见且重要的工艺，广泛应用于汽车制造、电子装配、包装等多个行业。相关的机器人涂胶仿真通常涉及胶枪工具的制作、涂胶路径的生成、胶条效果的动态生成、胶枪的固定与安装、机器人手持工件进行涂胶等。

2.1.1 创建工具

创建工具的步骤如下所述。

（1）打开 RobotStudio 软件，新建一个空工作站。

（2）单击图 2-1（a）中"基本"选项卡下的"ABB 模型库"按钮，选择并导入 IRB2600 机器人模型。

（3）单击图 2-1（b）中"基本"选项卡下的"机器人系统"按钮，单击"从布局"选项，创建机器人系统。在创建过程中，用户可以选择合适的 RobotWare 版本，并根据需要添加相关选项。

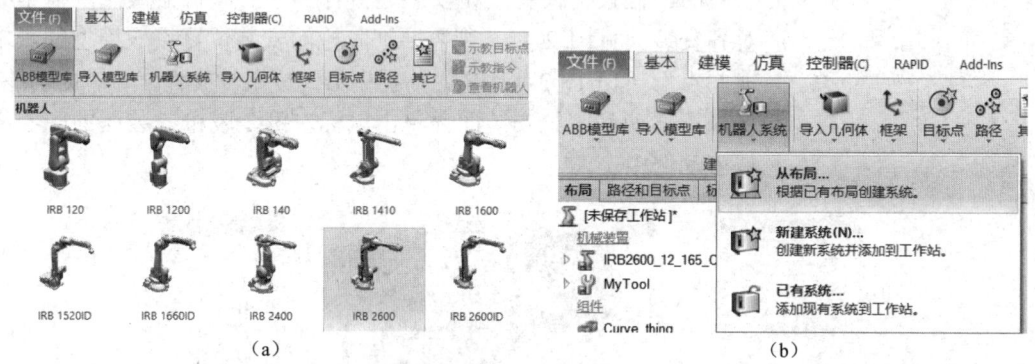

图 2-1

（4）单击图 2-1（b）中"基本"选项卡下的"导入几何体"按钮，选择并导入胶枪数模文件（RobotStudio 软件支持常见的 3D 数模格式，包括 step、igs、sldprt、sldasm 等）。由于在不同 3D 软件中创建的数模的原点不一致，导入 RobotStudio 中的数模位置可能不在大地原点上，如图 2-2（a）所示。若直接将图 2-2（b）中"布局"选项卡下的胶枪数模（SpintecTool）拖曳到机器人模型（IRB2600_12_165_C_01）（软件弹出提示框"是否更新位置"，单击"是"按钮），会产生胶枪没有正确安装到机器人法兰盘的情况。

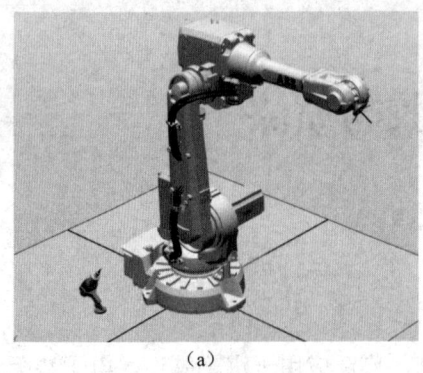 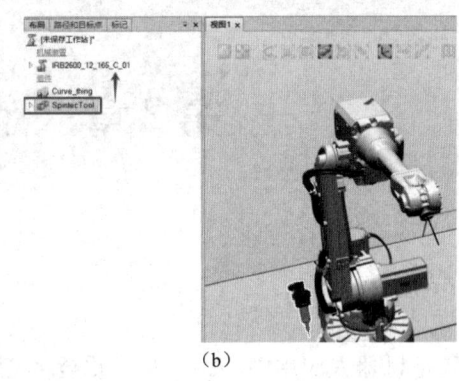

（a）　　　　　　　　　　　　　（b）

图 2-2

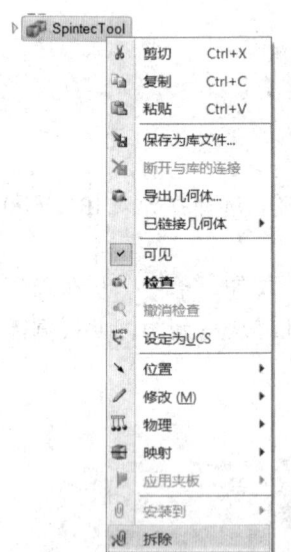

（5）右键单击图 2-2（b）中"布局"选项卡下的胶枪模型（SpintecTool），在弹出的菜单中选择"拆除"选项（见图 2-3），将胶枪模型重新放回原处（若弹出提示框"是否恢复位置"，单击"是"按钮）。在 RobotStudio 中进行模型安装时，默认将模型的"本地原点"和需要安装位置的坐标系（如机器人法兰盘）重合来实现安装的效果。

（6）右键单击图 2-2（b）中"布局"选项卡下的机器人模型（IRB2600_12_165_C_01），在弹出的菜单中取消勾选"可见"选项，隐藏机器人模型。

（7）假设需要将胶枪安装连接件的中心和机器人法兰盘中心对齐安装（见图 2-4），则需要把胶枪的安装位置设成模型的"本地原点"。单击图 2-4 中的"捕捉中心"按钮，激活自动捕捉功能。将光标移动到胶枪安装面并单击鼠标左键，胶枪安装面的中心将被自动选中。

图 2-3

图 2-4

（8）如图 2-5 所示，在"布局"选项卡下选中胶枪（SpintecTool）并单击鼠标右键，在弹出的菜单中，依次选择"位置"→"放置"→"一个点"选项。RobotStudio 软件的"一个点"功能，会将产品从图 2-6 中的"主点-从"标题下的文本框中的位置数据填写到"主点-到"标题下的文本框中。

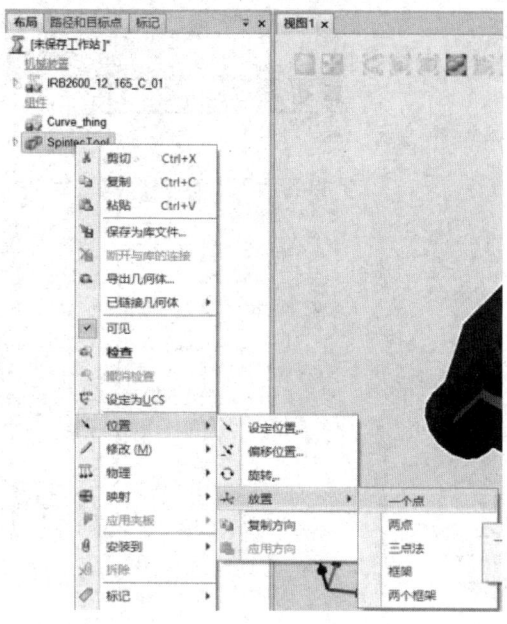

图 2-5

（9）单击图 2-6 中"主点-从"标题下的文本框，确保"主点-从"标题下的文本框被选中。将鼠标移动到胶枪安装面并单击鼠标，此时胶枪安装盘的中心被自动选中，坐标数据自动填入图 2-6 中"主点-从"标题下的文本框中［参考步骤（7），开启"捕捉中心"功能］。

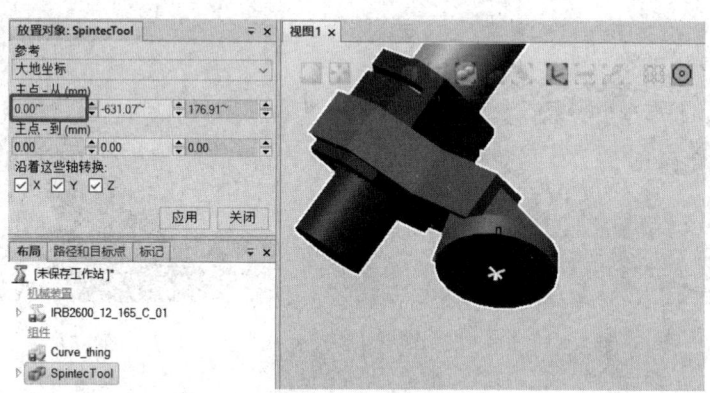

图 2-6

（10）图 2-6 中的"主点-到"标题下的文本框数据为产品需要放置的目标位置，保留默认的"0,0,0"，即移动产品的安装位置到大地坐标系的原点。若此时产品的姿态不是希望的姿态，参考图 2-7，右键单击 SpintecTool，在弹出的菜单中依次选择"位置"→"旋转"选项，手动进行调整。

（11）当胶枪位置和姿态符合要求后，右键单击图 2-8 中"布局"选项卡下的 SpintecTool，在弹出的菜单中依次选择"修改"→"设定本地原点"选项。将图 2-8 中的"位置"和"方向"中的所有数据设置为 0，并单击"应用"按钮。此时再次按照图 2-2（b）中所示的方法将胶枪拖曳到机器人上，会发现胶枪已正确安装，如图 2-9 所示。

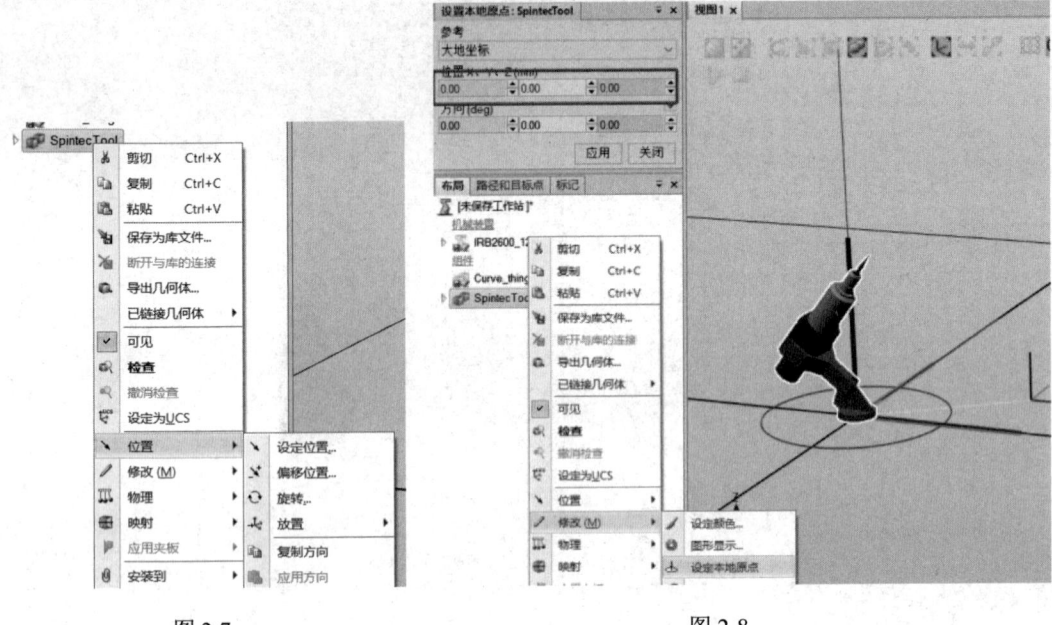

图 2-7　　　　　　　　　　　　　　图 2-8

（12）参考图 2-3，右键单击"布局"选项卡下的 SpintecTool，在弹出的菜单中选择"拆除"选项，将胶枪拆除并放回原位。

（13）放大 RobotStudio 软件视图，直到能看到胶枪末端，如图 2-10 所示。

图 2-9　　　　　　　　　　　　　　图 2-10

（14）单击图 2-11 中"基本"选项卡下的"框架"按钮，创建"框架_1"。首先单击图 2-11 中的"框架位置"，确保被选中。然后单击胶枪末端平面上的任意位置，软件自动捕捉到胶枪末端的平面中心，此时中心位置的数据将被自动填入"框架位置"标题下的文本框中。最后单击"应用"按钮，胶枪末端出现"框架_1"框架。

（15）在图 2-12（a）中的"布局"选项卡下，右键单击"框架 1"，在弹出的菜单中选择"设定为表面的法线方向"选项。

（16）单击图 2-12（b）中的"表面或部分"标题（确保被选中），单击胶枪末端的表面，此时"表面或部分"标题下的文本框中会自动填入"SpintecTool"。"接近方向"标题下默认设置为"Z"，即待调整的框架的 Z 正方向与选择的物体表面的 Z 正方向对齐。单击"应用"按钮，"框架_1"的 Z 方向垂直于胶枪末端表面，如图 2-13 所示。

第 2 章　涂胶与喷漆

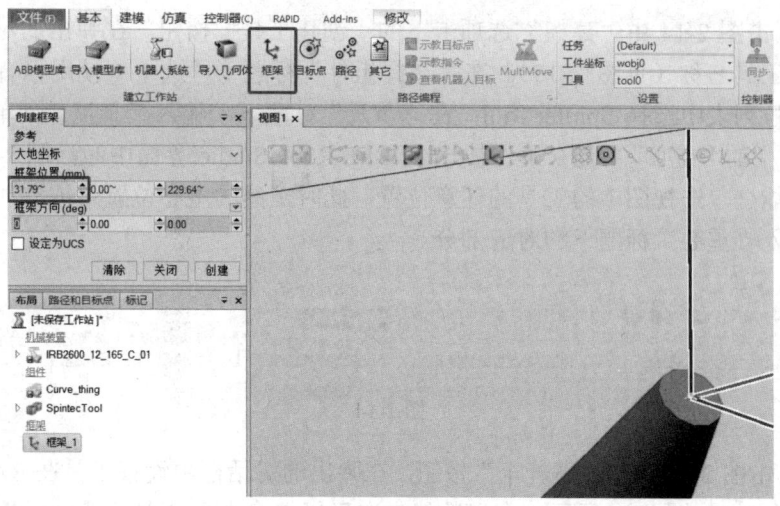

图 2-11

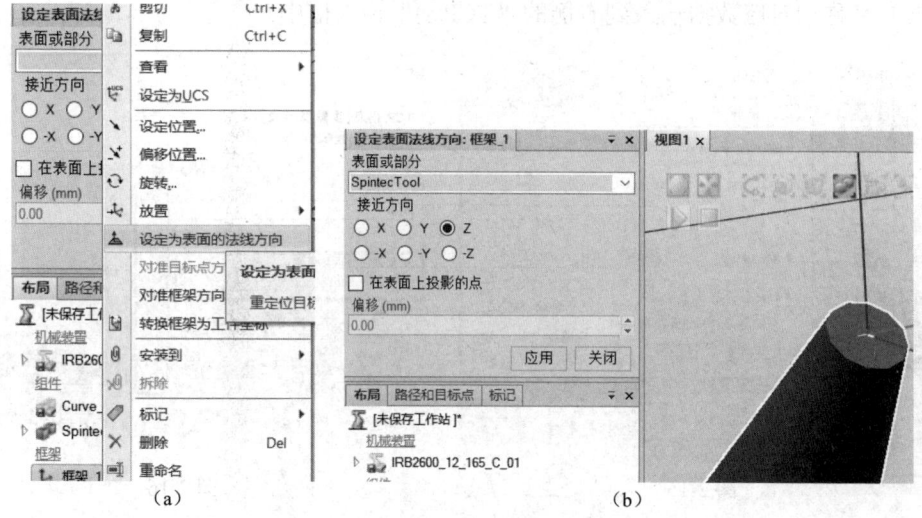

(a)　　　　　　　　　　　　　　(b)

图 2-12

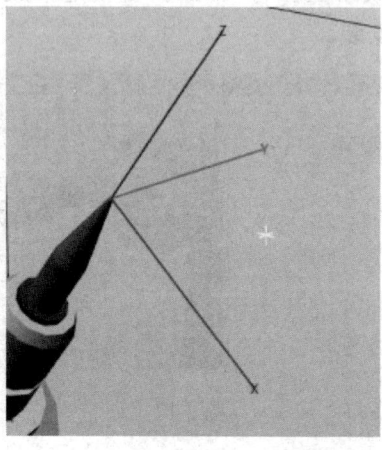

图 2-13

（17）单击图 2-14 中"建模"选项卡下的"创建工具"按钮。在弹出的对话框中，根据需要修改工具名称（见图 2-15）。在"选择组件"标题下，选中"使用已有的部件"单选框；在下拉列表中选择 SpintecTool；在"重量"标题下，输入工具重量（单位为 kg）；单击图 2-15 中的"重心"标题（确保被选中）。在 RobotStudio 界面中激活图 2-15 中的"捕捉重心"功能。单击视图中的工具的任意位置，此时工具的重心位置将被自动捕捉，数据会被自动填入"重心"标题下的对应部分。

图 2-14

（18）单击图 2-15 中的"下一个"按钮，在弹出的对话框中设置工具在 RAPID 中的名称（TCP 名称）。如图 2-16 所示，在"数值来自目标点/框架"下拉列表中，选择前文创建的"框架_1"。"框架_1"的数据被自动填入下方数据框中。单击图 2-16 中的"->"，RobotStudio 会将 TCP 名称和对应数据输入到右侧的"TCP(s)"输入框中。

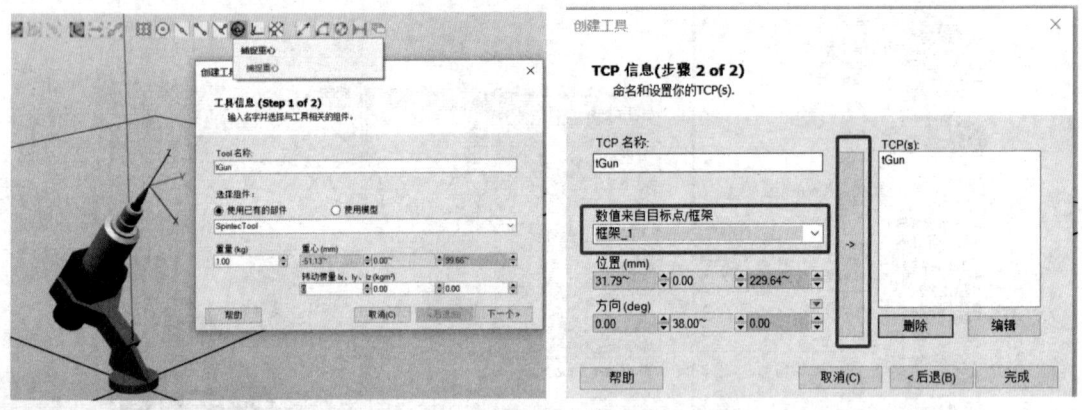

图 2-15　　　　　　　　　　　　图 2-16

（19）单击图 2-16 中的"完成"按钮。此时在图 2-17 中的"布局"选项卡下可以看到胶枪（SpintecTool）已经变成工具图标 tGun。将创建的胶枪工具 tGun 拖曳到机器人（IRB2600）上，完成工具的安装。

图 2-17

（20）单击图 2-18 中的 Freehand 的"手动重定位"按钮，并在图 2-18 的"工具"框中选择 tGun。单击机器人模型上的胶枪工具 tGun，出现图 2-18 所示的手动重定位功能图标。按住鼠标左键并移动，测试工具"重定位"功能（工具末端没有移动，姿态发生变化）。

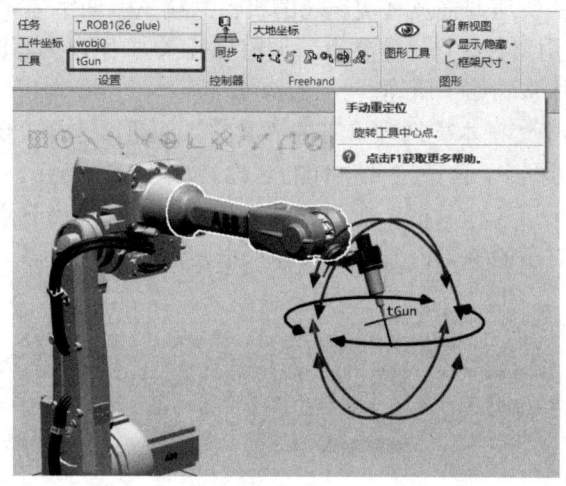

图 2-18

2.1.2 创建路径

在完成工具的创建后，单击图 2-19 中"基本"选项卡下的"导入几何体"按钮，导入待涂胶的产品数模文件。或单击图 2-19 中"基本"选项卡下的"导入模型库"按钮，导入相关模型文件，如图 2-19 中的"Curve_thing"。右键单击图 2-20 中"布局"选项卡下的"Curve_thing"，在弹出的菜单中，选择"位置"选项，根据实际需要调整产品的位置和姿态。

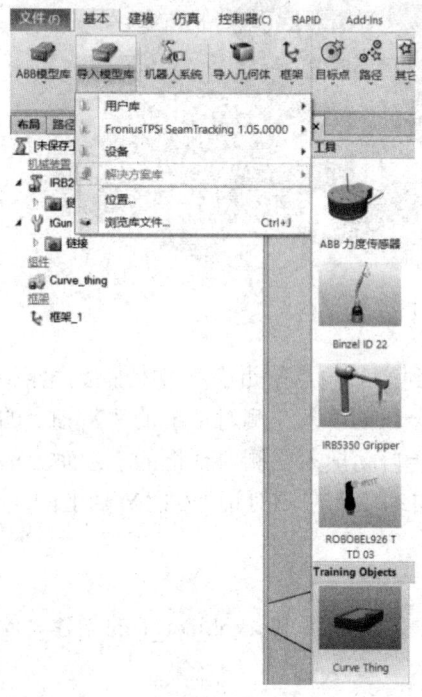

图 2-19

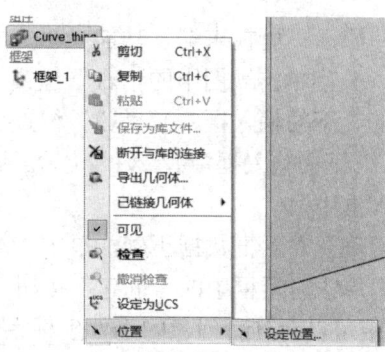

图 2-20

1. 创建工件坐标系

为便于后期路径的快速调整及真实现场的机器人调试，通常建议在产品上创建工件坐标系（Wobj）（现场使用路径时，只需要重新调整坐标系）。用户编写的路径基于该坐标系。创建工件坐标系的具体步骤如下所述。

（1）单击图 2-21 中"基本"选项卡下的"其它"按钮，选择"创建工件坐标"选项。

（2）在弹出的对话框中，修改工件坐标的名称。如图 2-22 所示，单击"用户坐标框架"下的"取点创建框架"后的输入框，在弹出的对话框中，选择"三点"单选框。单击"X 轴上第一个点（mm）"下的输入框（确认该输入框被选中）。

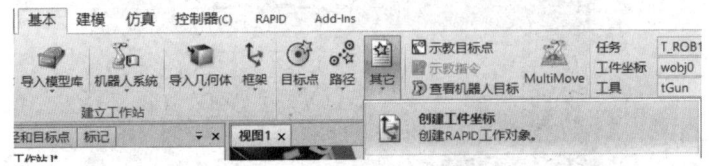

图 2-21

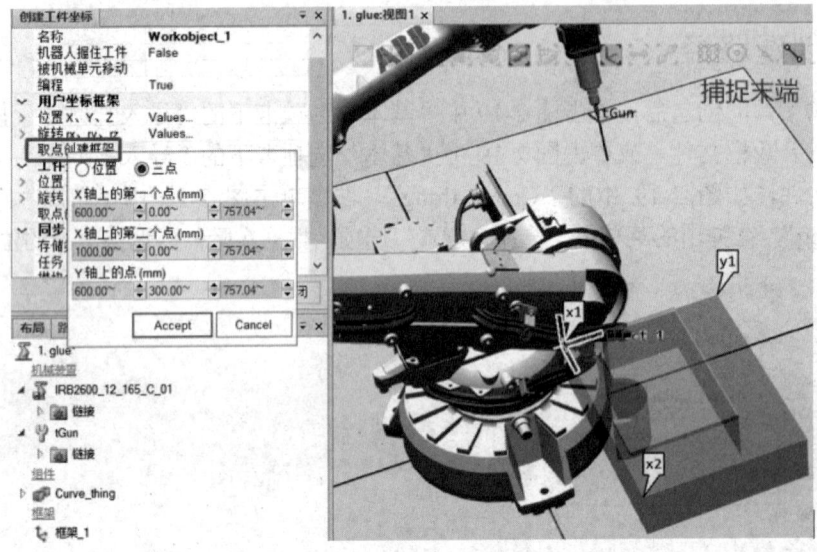

图 2-22

（3）激活"捕捉末端"功能（将光标移动到产品角点附近会自动捕捉到角点）。参考图 2-22，分别单击视图中的"x1"位置（数据会自动填入左侧对话框的"X 轴上的第一个点（mm）"下的输入框中）、"x2"位置（数据会自动填入左侧对话框的"X 轴上的第二个点（mm）"下的输入框中）、"y1"位置（数据会自动填入左侧对话框的"Y 轴上的点（mm）"下的输入框中）。

（4）确认对话框数据正确，单击"Accept"按钮。

（5）单击对话框中的"创建"按钮，完成工件坐标系 Workobject_1 的创建。此时，在图 2-22 中可以看到新创建的工件坐标系。

2. 手动创建路径

（1）分别在图 2-23 中的"工件坐标"和"工具"输入框中选择合适的坐标系和工具。

（2）单击图 2-23 中的"捕捉末端"按钮及 Freehand 下的"手动线性"按钮。

（3）单击机器人工具，在机器人工具的末端会出现"移动工具箭头"。对要移动的方向箭头，单击鼠标并移动，此时机器人进行直线运动。

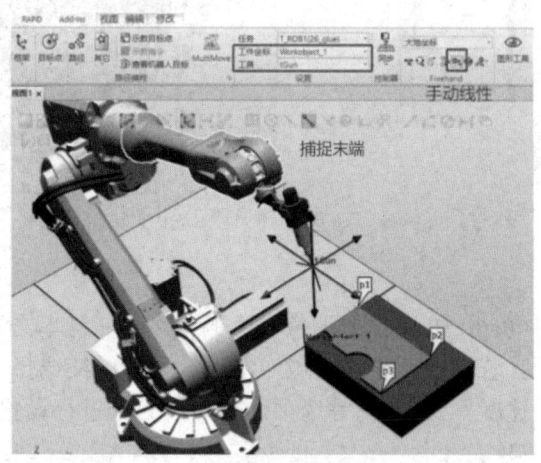

图 2-23

（4）当机器人工具的末端在产品角点附近时，胶枪会自动走到产品角点，如图 2-24 所示。单击图 2-24 中"基本"选项卡下的"示教目标点"按钮，在"路径和目标点"选项卡下的对应工件坐标系下会出现新示教的目标点。同样方法创建机器人路径上的其余目标点。

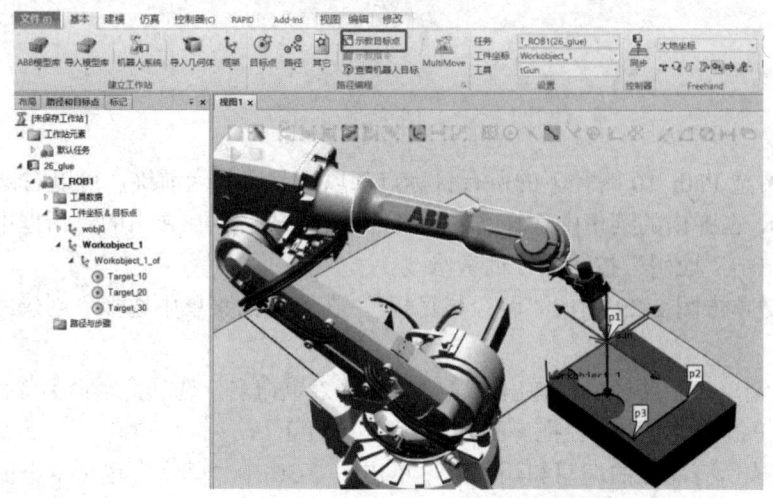

图 2-24

（5）右键单击图 2-25 中"路径和目标点"选项卡下的"路径与步骤"，在弹出的菜单中选择"创建路径"选项，在"路径与步骤"下会出现新路径 Path_10。

（6）选中图 2-25 中 Workobject_1 下创建的所有点，并将其拖曳到创建的路径 Path_10 下，完成路径的创建（见图 2-26）。根据实际需要，创建过渡点并添加目标点到路径，或者上下调整指令的顺序。

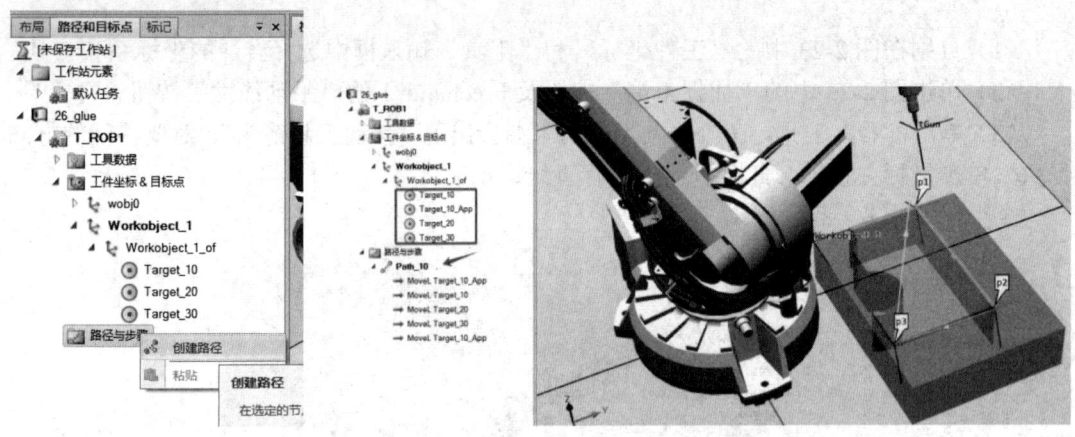

图 2-25 创建路径　　　　　　　　　　图 2-26

（7）选中图 2-27 中 Path_10 下需要调整参数的指令，右键单击鼠标，在弹出的菜单中选择"修改指令"选项。若需要调整"区域"参数，可以继续选择"区域"选项并选择需要的参数，也可选择"速度""工具"等选项，对相关参数进行设置和调整。

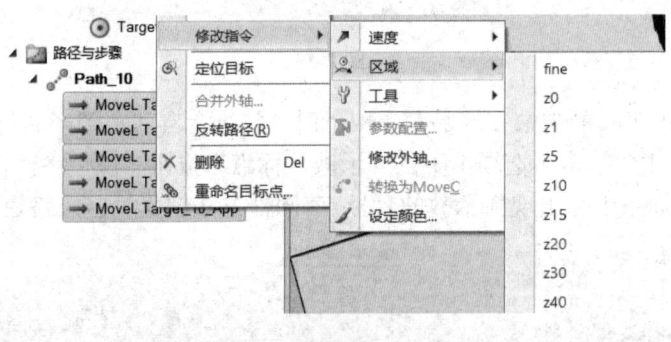

图 2-27

（8）若希望 Path_10 路径下的所有目标点都以产品名作为前缀，可以右键单击图 2-28 中的 Path_10，在弹出的菜单中选择"重命名目标点"选项。在弹出的对话框中设置目标点前缀名称并单击"应用"按钮进行批量修改。

（9）右键单击图 2-29 中的"路径与目标"，在弹出的菜单中选择"创建路径"选项，创建新路径。

（10）右键单击新路径，在弹出的菜单中选择"重命名"选项，重命名该路径为 main。将图 2-29 中 Path_10 程序路径拖曳到 main 程序路径下。

（11）完成所有路径的编写和调整后，单击图 2-30 中"基本"选项卡下的"同步"按钮，选择"同步到 RAPID"选项，在弹出的对话框中选择需要同步的内容（见图 2-31）并单击"确定"按钮。此时 RobotStudio 将工作站的仿真程序下载到虚拟控制器中。机器人仿真运行时执行的指令均为虚拟控制器中的指令。

（12）单击图 2-32 中的"RAPID"选项卡，在该选项卡下，可以查看机器人真实程序。若需多窗口显示，右键单击图 2-32 中"RAPID"选项卡下的"T_ROB1"，在弹出的菜单中选择"新垂直标签组"选项。

第 2 章 涂胶与喷漆

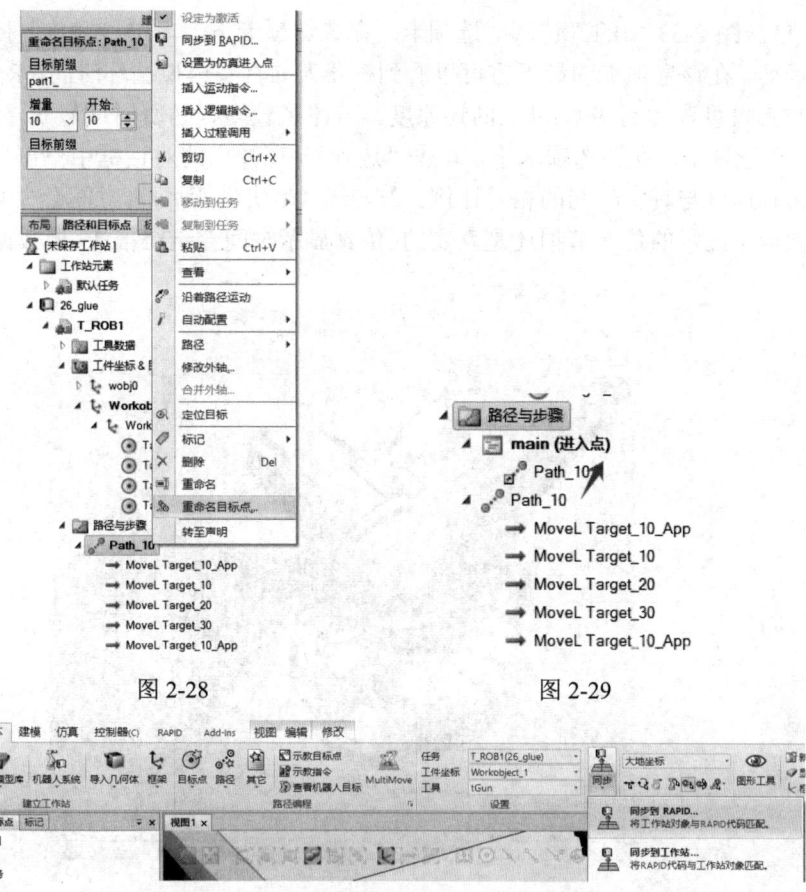

图 2-28　　　　　　　　图 2-29

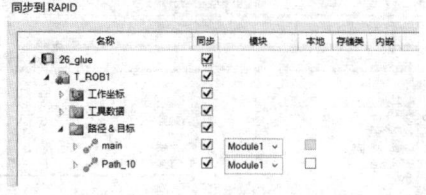

图 2-30

图 2-31

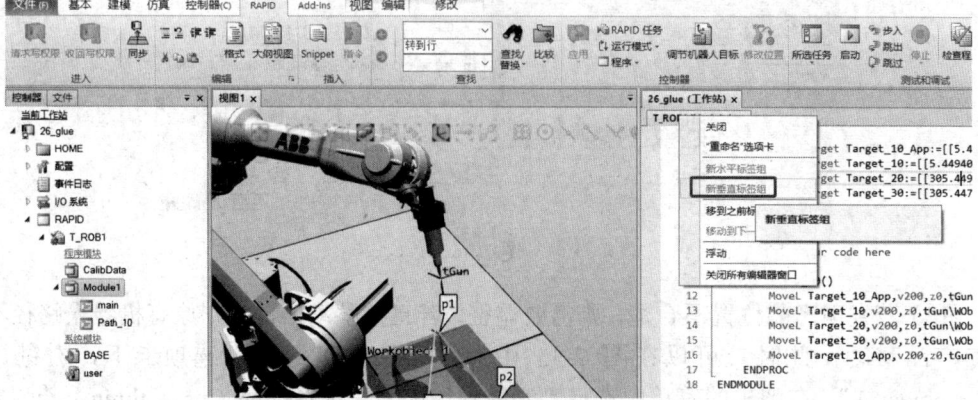

图 2-32

（13）单击图 2-33 中的"仿真"选项卡。在该选项卡下，单击"播放"按钮，机器人开始仿真运动。在该选项卡的最下方可以看到机器人的真实模拟循环时间。RobotStudio 的仿真节拍与真机可以达到 99%以上的还原度。若路径较多，仿真时间较长，单击图 2-34 中的"文件"选项卡。在该选项卡下，单击"选项"，在弹出的对话框中单击"仿真时钟"，即可设置仿真速度与真实时间的相对比例。若勾选"尽快"，则仿真时间会大幅缩短，但在"仿真"选项卡下显示的仿真节拍还是真实的（仿真显示时间会走得很快,但数据依旧正确）。

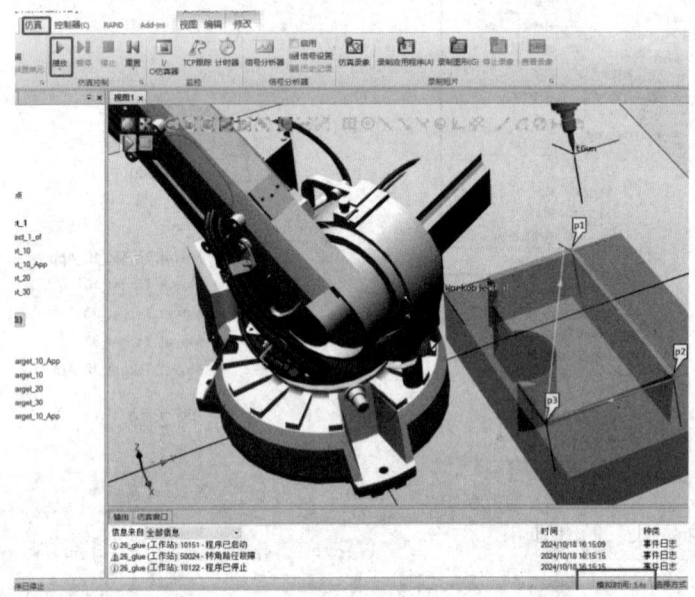

图 2-33

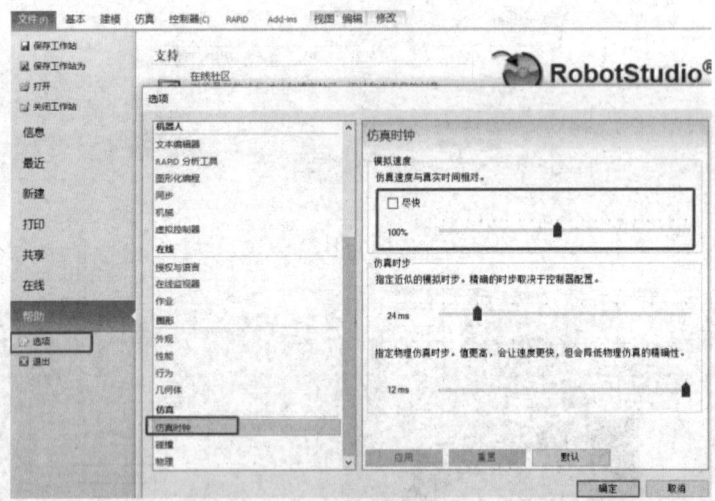

图 2-34

（14）若发现产品位置不合适，则需要调整；若直接移动产品，则原有机器人路径不会跟随产品移动。此时，可以在图 2-35 中的"路径和目标点"选项卡下，右键单击"Workobject_1"，在弹出的菜单中选择"安装到"选项，选择产品 Curve_thing。若弹出提示框"是否更新 Workobject_1 的位置",则单击"No"按钮!表示保持当前工件坐标系和产品的相对关系。

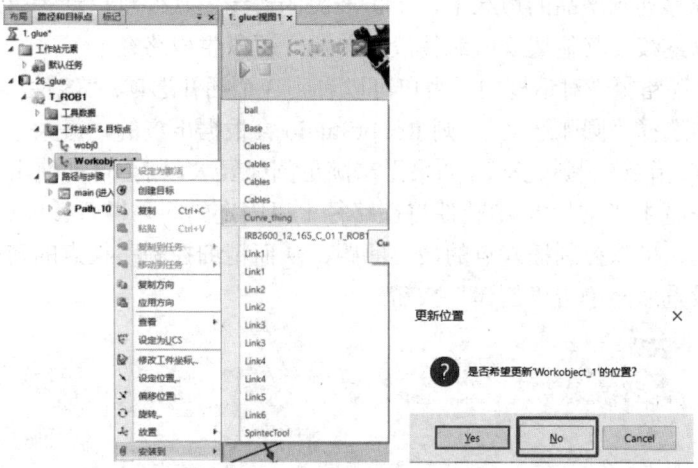

图 2-35

此时再移动产品,会发现原有路径跟随产品移动,如图 2-36 所示(实质是工件坐标系已经绑定到产品上)。由于路径被移动(工件坐标系移动),因此再次仿真前需要选择图 2-30 中的"同步到 RAPID"选项,重新下载路径程序。

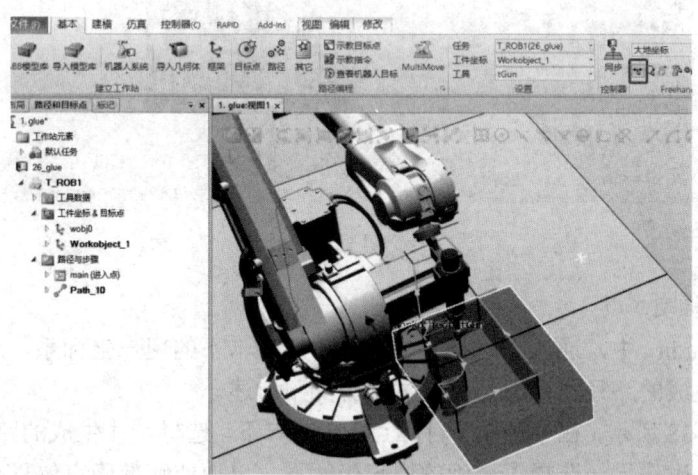

图 2-36

3．自动路径的创建

在 RobotStudio 中,除通过 Freehand 手动或半自动创建路径外,软件还提供了强大的基于 CAD 的自动路径生成功能。这使得路径创建更加高效和精准,适用于复杂的工艺任务,如涂胶、焊接等。

自动路径的创建步骤如下所述。

(1) 在"基本"选项卡下,单击"路径"按钮。

(2) 选择"自动路径"选项。此时,自动路径工具被激活。

(3) 确认"捕捉边缘"工具已启用。

(4) 单击图 2-37 中的"自动路径",确认其被激活。

(5) 将光标移动到产品的边缘上,单击产品的边缘,软件将自动为该边缘生成路径。根据需要,可以继续在其他边缘或路径段上单击,逐段生成路径。

(6) 在"自动路径"对话框中,用户可以看到 3 个插补选项:"线性"、"圆弧运动"和"常量"。若用户选择"圆弧运动",则 RobotStudio 会根据下方的"最大半径"参数,在路径中使用 MoveC 指令(圆弧运动)。如果无法满足圆弧要求,则会自动使用 MoveL 指令(直线运动)。若用户选择"常量",则软件将在路径上以固定的间隔插入目标点。通过设置"最小距离"输入框,可以控制插入点的最小间距,从而精细控制路径点的密度。

(7) 完成设置后,单击"创建"按钮。

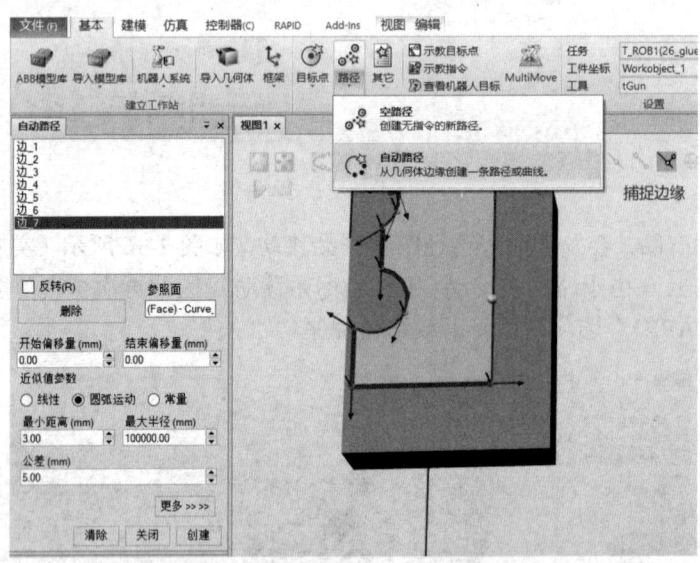

图 2-37

1)查看目标处工具

在 RobotStudio 中,通过"路径和目标点"选项卡下的用户坐标系,用户可以进一步调整和查看已生成的路径和目标点。具体步骤如下所述。

(1) 如图 2-38 所示,在"路径和目标点"选项卡下,选择刚才生成的路径上的目标点。在该选项卡下,确保已经选择了正确的用户坐标系,以便能够准确定位目标点。

(2) 右键单击选中的目标点,在弹出的菜单中选择"查看目标处工具"选项,并选择对应的工具。此时,可以在图 2-38 中看到所有目标点上的工具及对应姿态。

(3) 系统在创建自动路径时,默认将当前点到下一个点的连线作为当前目标点姿态的 x 方向,如图 2-38 所示。

2)复制姿态

在 RobotStudio 中,若机器人直接运行这些目标点,可能会出现工具姿态不一致的情况。例如,如图 2-38 所示,如果机器人在路径上运行到目标点时,胶枪的姿态可能会发生不必要的旋转,导致任务操作不连贯。为了确保机器人以一致的姿态运行所有目标点,可以通过以下步骤进行调整。

第 2 章 涂胶与喷漆

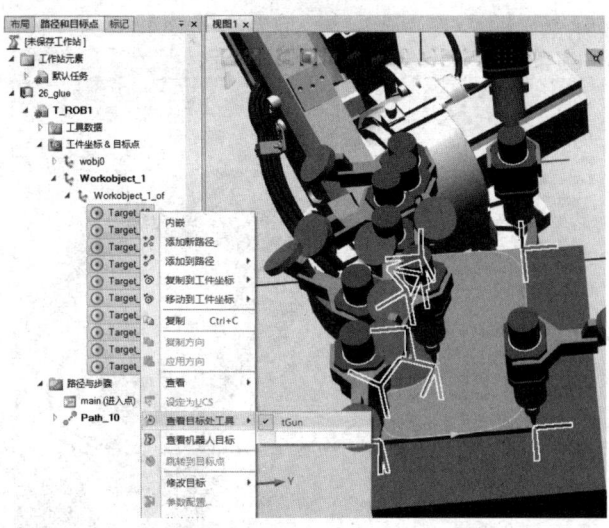

图 2-38

（1）选择一个符合要求姿态的目标点：如图 2-39（a）所示，假设目标点 Target_90 的姿态已经符合任务要求（例如，胶枪的角度和方向符合需要）。右键单击 Target_90 目标点，在弹出的菜单中选择"复制方向"选项。

（2）应用姿态到其余目标点：选中其余所有目标点（不包括 Target_90），如图 2-39（b）所示，右键单击所选目标点，在弹出的菜单中选择"应用方向"选项。此时，所有选中的目标点的姿态将与 Target_90 点的姿态保持一致。

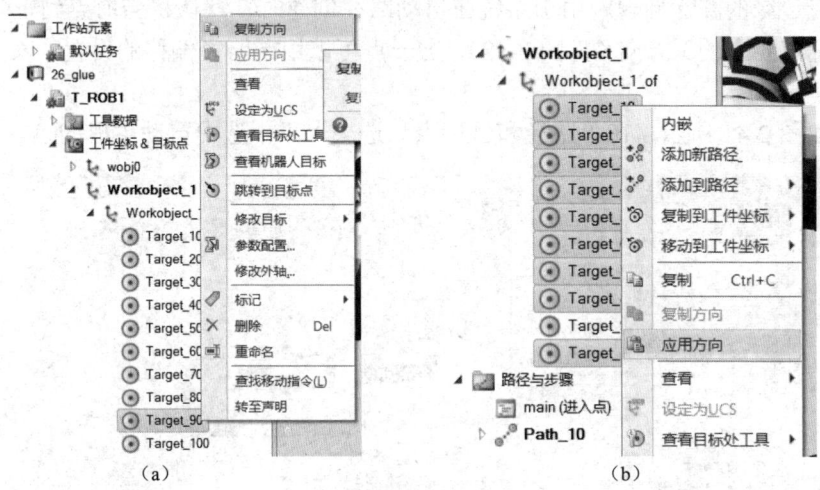

图 2-39

3）查看机器人目标点

若希望快速查看机器人是否能走到某个位置或者在该位置的实际效果，可以单击图 2-40 中"基本"选项卡下的"查看机器人目标"按钮。此时选中"路径和目标点"选项卡下的某个点（如 Target_90），机器人会直接移动该点。若不希望机器人跟随目标点移动，则关闭"查看机器人目标"功能即可。

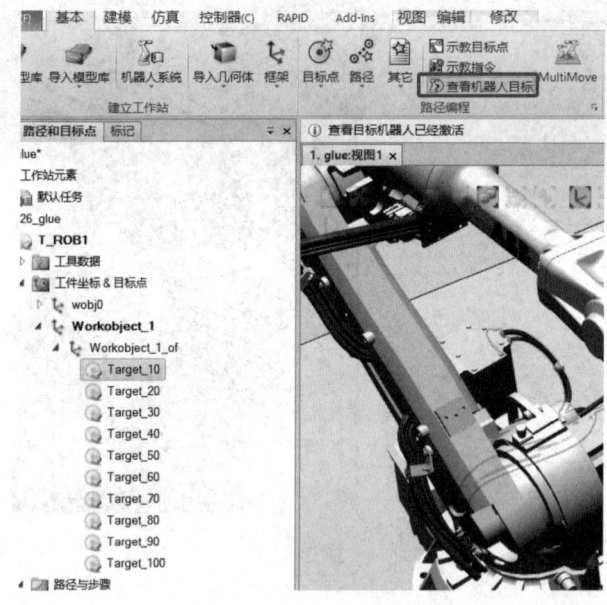

图 2-40

4. 路径优化

1）点位批量内缩

在 RobotStudio 中，用户可以通过调整目标点的偏移位置来控制涂胶路径的整体内缩，避免涂料在边缘的漏涂问题。由于系统在自动路径创建时，默认将当前点到下一个点的连线作为目标点姿态的 x 方向（见图 2-38），这一点可以用于路径偏移的设置。以下是具体的操作步骤。

（1）如图 2-41 所示，在"路径和目标点"选项卡下，选中自动生成的点。

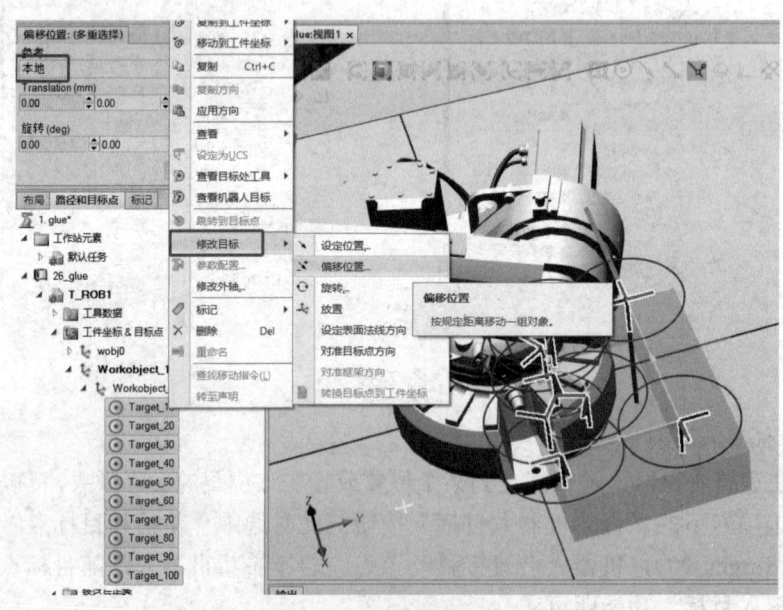

图 2-41

(2)右键单击所选中的目标点,在弹出的菜单中依次选择"修改目标"→"偏移位置"选项。

(3)在弹出的"偏移位置"对话框中,默认的"参考"坐标系是"本地"。

(4)根据路径的实际情况,路径上所有目标点的本地 y 负方向代表路径的缩小方向(沿着路径的内缩方向)。因此,在"偏移位置"对话框中的 y 坐标输入框中输入"-5",表示所有选中的目标点将沿着 y 轴负方向偏移 5mm,从而实现路径整体内缩 5mm。

(5)对于某些有特殊要求的目标点,可以通过图 2-42 手动调整其位置。

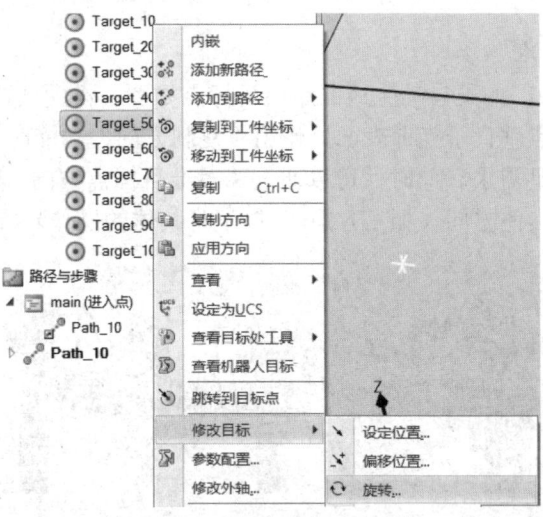

图 2-42

2)自动设置点垂直于表面

在 RobotStudio 中,如果用户希望某个目标点(见图 2-43 中"路径与目标点"选项卡下的 Target_80)与产品表面垂直,可以通过设置目标点的法线方向来实现。以下是具体的操作步骤。

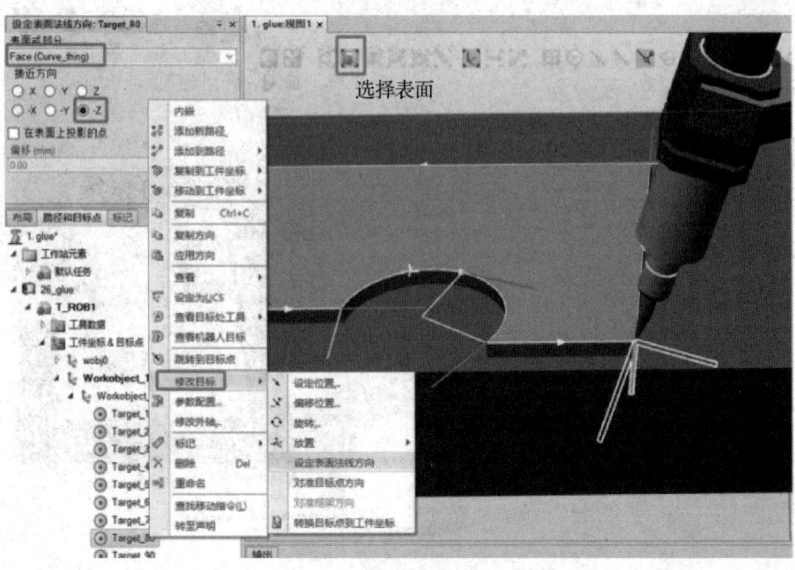

图 2-43

（1）在"路径与目标点"选项卡下，找到 Target_80 目标点，右键单击该目标点。

（2）在弹出的菜单中，依次选择"修改目标"→"设定表面法线方向"选项。

（3）在弹出的对话框中，单击"表面或部分"输入框（确保"选择表面"辅助功能已经激活）。

（4）单击产品的表面（用户希望目标点与之垂直的表面）。

（5）在对话框中的"接近方向"单选框中，选择"-Z"方向。

（6）单击"应用"按钮。此时，Target_80 目标点就会自动调整其姿态，使其垂直于选定的产品表面。

3）目标点姿态对准

在 RobotStudio 中，如果自动生成的路径目标点如图 2-44 所示，而产品表面是弧面且要求机器人所有目标点垂直于当前表面，使用"复制方向"功能时会导致目标点的 z 方向被修改，从而不能满足需求。此时，可以通过"对准目标点方向"功能来保持目标点的 z 方向不变，同时调整其他方向（如 x 方向）。以下是具体的操作步骤。

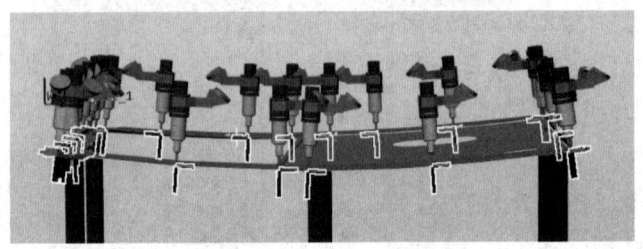

图 2-44

（1）在图 2-45 中的"路径与目标点"选项卡下，找到一个姿态正确的目标点（如图 2-45 中的 Target_300，该点的 z 方向和 x 方向均符合要求，或者您可以手动调整）。

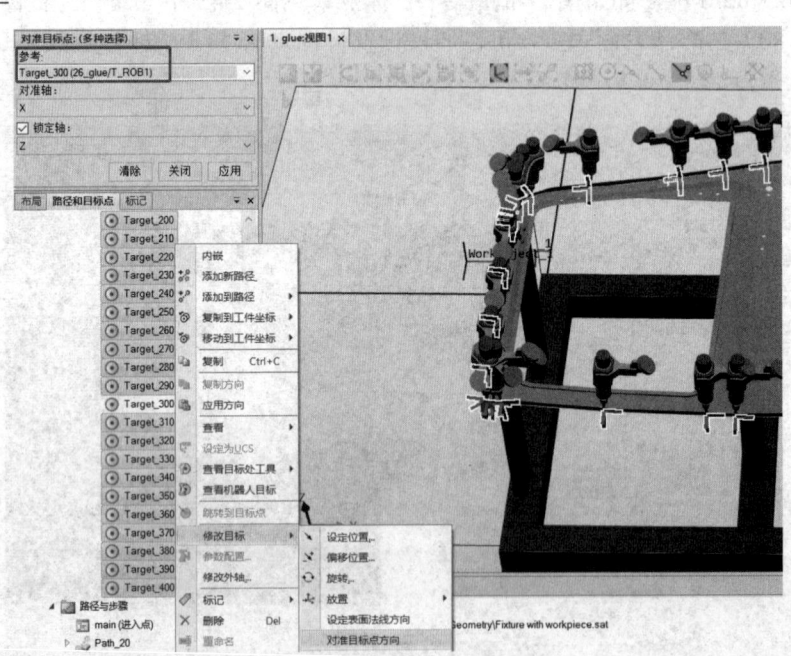

图 2-45

（2）选中所有需要调整姿态的目标点，除 Target_300 外。

（3）右键单击选中的目标点，在弹出的菜单中依次选择"修改目标"→"对准目标点方向"选项。

（4）在弹出的"对准目标点"对话框中，在"参考"输入框中，选择姿态正确的目标点（如 Target_300）作为参考点。"对准轴"下拉列表默认选择"x"，表示希望调整目标点的 x 方向与参考点的 x 方向对齐。"锁定轴"属性默认被勾选，且下拉列表选择"z"，这意味着目标点的 z 方向保持不变，而其他方向（如 x）将根据参考点的方向进行调整。点位的 y 方向自动重新计算，以确保目标点和参考点保持一致的姿态。

（5）单击"应用"按钮，系统将会自动调整所有选中的目标点，使它们的 z 方向保持不变，同时将 x 方向与参考点 Target_300 的 x 方向对齐（见图 2-46）。

图 2-46

4）路径上目标点姿态的自动重插补

在 RobotStudio 中，如果您已经自动或手动生成了一条路径上的若干目标点（见图 2-47），并希望这些目标点的 x、y、z 坐标保持不变，但点的姿态更平滑地从第一个点过渡到最后一个点，可以通过插补路径功能来调整。这样做能够使路径中的目标点姿态变得更加平滑。以下是具体的操作步骤。

（1）右键单击图 2-48 中"路径和目标点"选项卡下的路径，如 Path_40。

（2）在弹出的菜单中，依次选择"路径"→"插补路径"选项。

（3）如图 2-49 所示，在弹出的"插补路径"对话框中，可以选择两种插补方式。选择"线性"单选框后，系统会基于各点在路径上的距离长度来平滑调整除首末点之外的各点姿态（SLERP 插补方式）。选择"绝对"单选框后，系统会基于各点在路径上的序号来平滑调整除首末点之外的各点姿态。图 2-50 中，上图为"线性"插补方式（由于 2#点距离起点较近，姿态变化较慢），下图为"绝对"插补方式（每个点的姿态变化相同）。

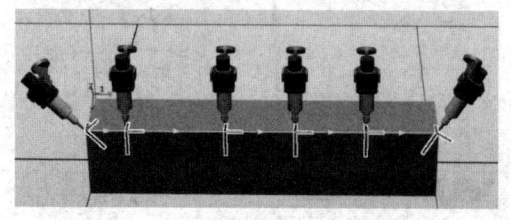

图 2-47

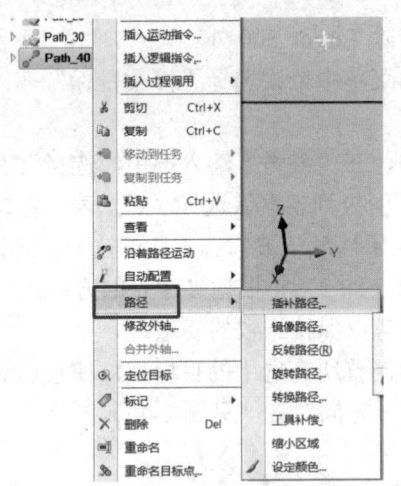
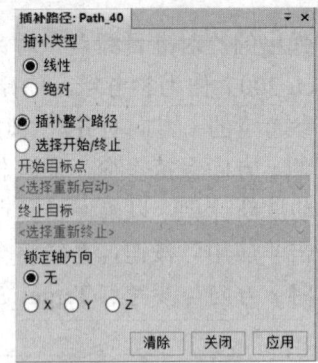

图 2-48　　　　　　　　　　　图 2-49

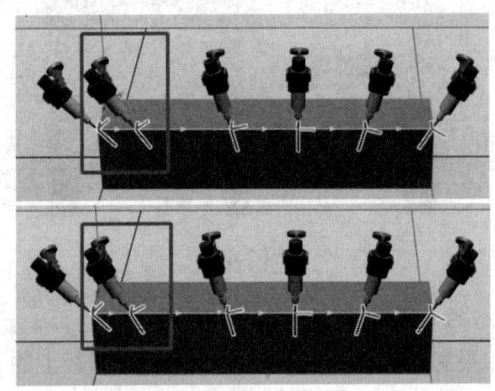

图 2-50

5）镜像路径

如果需要对图 2-51 中的左侧产品创建路径（左侧产品是右侧产品的镜像，右键单击图 2-52 中"布局"选项卡下的 Curve_thing，在弹出的菜单中依次选择"映射"→"镜像 ZX"选项，可以创建一个新的镜像产品），除参考前文对左侧产品重新进行自动路径创建外，还可以基于右侧已有的路径 Path_10 进行自动镜像路径计算。

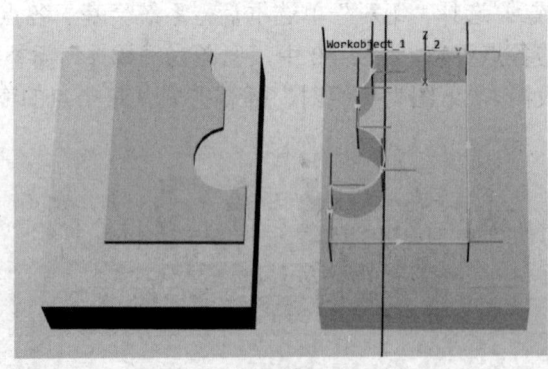

图 2-51

第 2 章 涂胶与喷漆

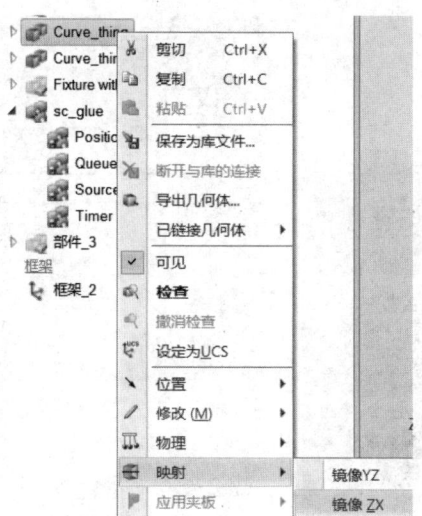

图 2-52

右侧路径可以认为是按照右侧产品上边缘的中间进行镜像。单击图 2-53 中"基本"选项卡下的"框架"按钮,在弹出的"创建框架"对话框中单击"框架位置",确认其被选中。使用自动捕捉中点功能,单击右侧产品的上边缘中间,此时相关数据被自动输入"框架位置"的输入框中。单击"创建"按钮,在图 2-53 所示的位置会创建一个框架 Frame_2。在原有工件坐标系 Workobject_1 的位置,创建工件坐标系 Workobject_2(用于接收稍后新生成的镜像路径)。

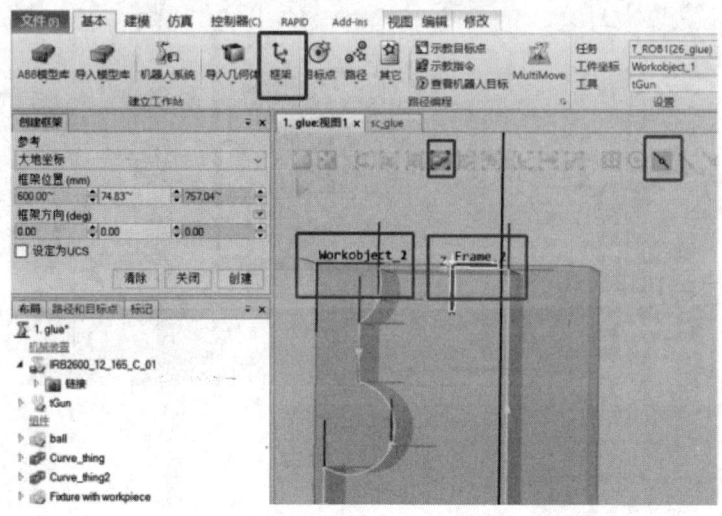

图 2-53

右键单击图 2-54 中的路径 Path_10,在弹出的菜单中依次选择"路径"→"镜像路径"选项。如图 2-55 所示,在弹出的"镜像路径"对话框中,选择"镜像平面"参数为"X-Z","参考"属性选择"Selected frame",并在下方选择"Frame_2"。"镜像方向"选择"保持方向"。单击"更多"按钮,"正在接收工作坐标"属性选择"Workobject_2"。单击"应用"按钮,完成创建。

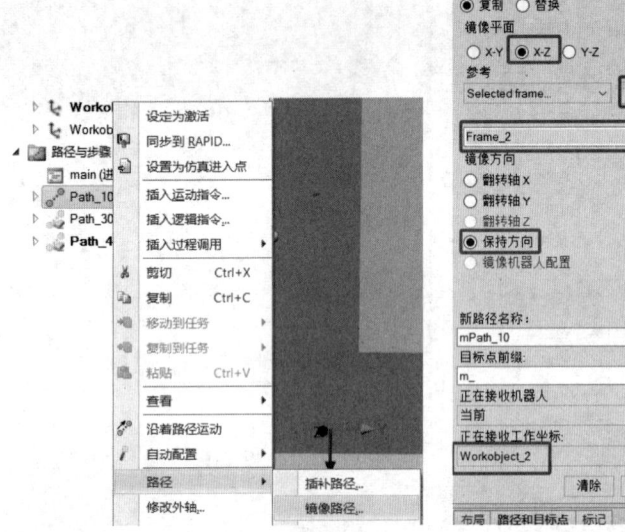 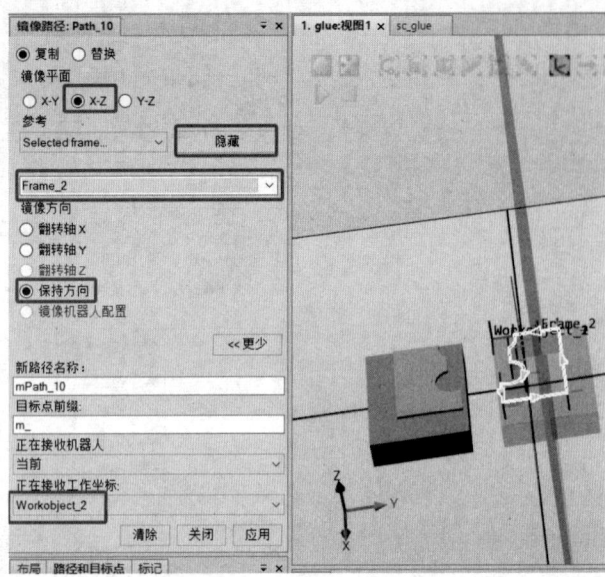

图 2-54　　　　　　　　　　　　　图 2-55

右键单击图 2-56 中的 Workobject_2，在弹出的菜单中，选择"修改工件坐标"选项。修改 Workobject_2 坐标系的原点至图 2-56 中左侧产品的左上角。单击"应用"按钮，可以看到镜像后的路径位置正确。

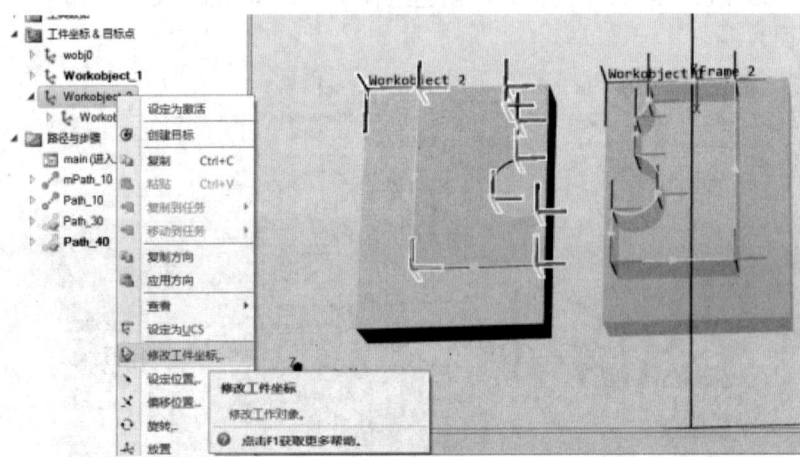

图 2-56

6）反转路径

要将 Path_10 路径按照从后往前的顺序运动，可以通过以下步骤进行操作。

（1）右键单击图 2-57 中的 Path_10 路径。

（2）在弹出的菜单中依次选择"路径"→"反转路径"选项。

（3）如果现场已经编写好了 RAPID 代码，也可以将 RAPID 代码同步到工作站，并使用"反转路径"功能调整代码顺序。

（4）选择"同步到 RAPID"选项，将反转后的路径代码下载到虚拟控制器，即可完成现场路径的"反转路径"功能。

7）旋转路径和平移路径

对于路径的整体旋转，可以通过选择图 2-57 中的"旋转路径"选项来实现；对于路径的平移，可以通过选择图 2-57 中的"转换路径"选项来实现。

8）放大与缩小路径

如果希望在平面上整体放大或缩小路径，且不涉及目标点的姿态或本地坐标系，可以使用"工具补偿"功能对路径进行调整。下面是针对 Path_10 路径进行缩小的详细操作步骤。

（1）右键单击图 2-58 中的 Path_10 路径。

（2）在弹出的菜单中，依次选择"路径"→"工具补偿"选项。

（3）在弹出的对话框中，设置相应的参数来缩小路径。例如，希望缩小路径（防止涂胶在边沿），基于图 2-58 中的路径，在弹出的"工具补偿"对话框中选择"方向"参数为左（沿着路径行进方向的左侧进行调整），设置"距离"为 10，实现路径缩小 10mm。

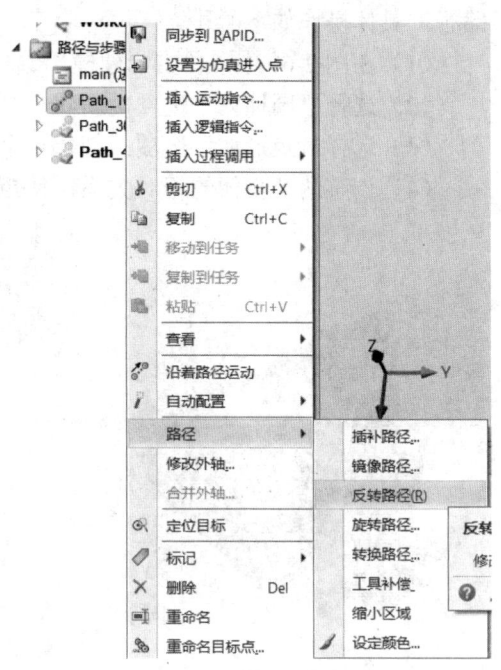

图 2-57

（4）确认"方向"和"距离"参数设置无误后，单击"确定"按钮。此时，系统会根据设置对 Path_10 路径进行缩小操作，整体路径会向左调整 10mm。

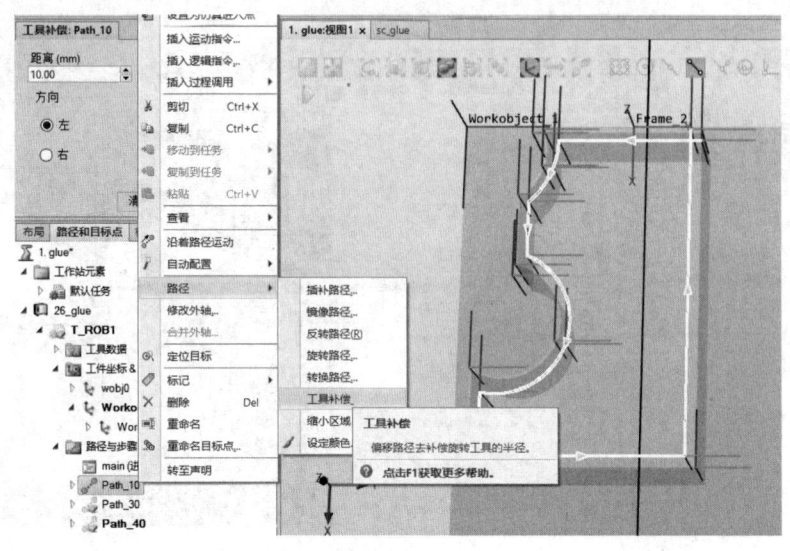

图 2-58

5. 投影到曲面的路径

为了实现如图 2-59 所示的在曲面上的往复路径，可以按照以下步骤进行操作，首先在平面上创建往复路径，然后通过"曲线投影"功能将曲线投影到曲面上，最终生成机器人路径。具体操作如下所述。

（1）在图 2-60 中，单击"建模"选项卡下的"固体"按钮。

（2）选择"圆柱体"选项，新建一个圆柱体（模拟曲面）。

（3）选择"矩形体"选项，创建一个矩形体（用于在其表面创建平面往复路径）。

（4）调整两个物体的相对关系，使矩形体的投影能够覆盖圆柱体的表面。

图 2-59　　　　　　　　　　　　　图 2-60

（5）如图 2-61 所示，单击"建模"选项卡下的"曲线"按钮，选择"多边线"选项。

（6）使用自动捕捉等功能，在矩形体表面上快速创建往复曲线（需要间距均分的目标点，可以借助"基本"选项卡下的"自动路径"和"常量"产生。激活"选择目标/框架"自动捕捉功能，快速选取这些目标点）。

图 2-61

（7）激活图 2-62 中的"选择曲线"功能，选择上一步创建的往复曲线，如图 2-62 中的"部件_3"。

（8）单击"建模"选项卡下的"修改曲线"按钮，选择"投影曲线"选项。

（9）在弹出的对话框中，选择"目标体"为下方的圆柱体（见图 2-62 中的部件_4）。

（10）单击"应用"按钮。此时，系统会将往复曲线准确地投影到圆柱体表面，生成符合需求的路径。

（11）选中投影到圆柱体表面的往复路径曲线。

（12）单击"基本"选项卡下的"自动路径"按钮，系统会基于投影后的曲线自动创建机器人路径。

（13）参考前文介绍的关于机器人的目标点姿态优化方法，调整目标点的姿态，确保机器人的运动轨迹平滑且符合实际需求。完成效果参见图2-59。

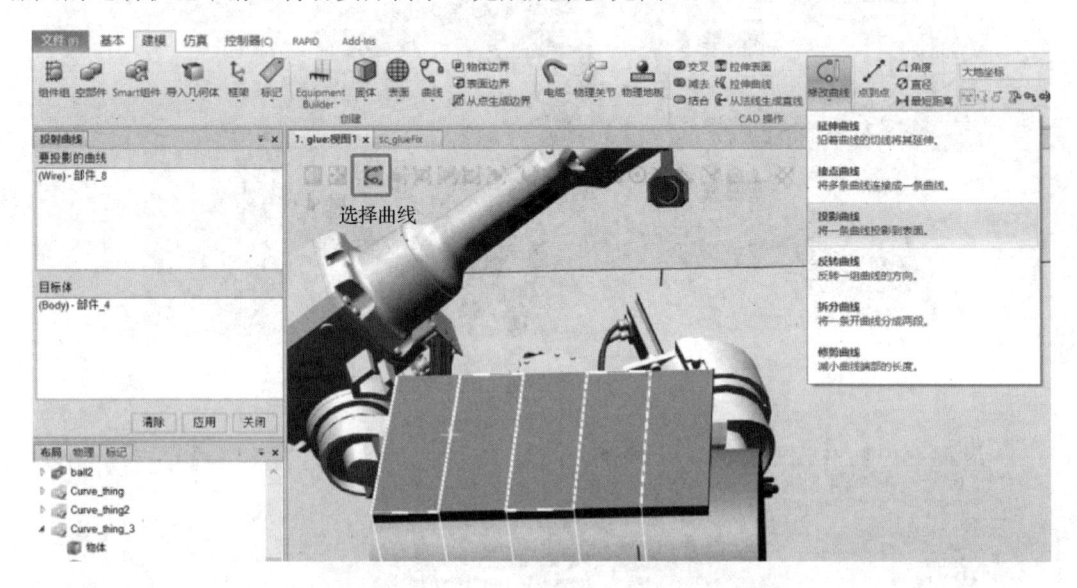

图2-62

2.1.3 路径显示

1. TCP轨迹显示

在RobotStudio中，可以通过TCP跟踪功能可视化机器人末端工具中心（TCP）在仿真过程中的路径。这不仅可以直观地查看机器人的路径轨迹，还能通过设置不同的显示选项，过滤和定制显示效果，提升仿真效率。以下是详细步骤，帮助您设置和调整TCP跟踪显示，包括如何基于I/O状态和模拟量信号显示不同的路径颜色或事件。

（1）如图2-63所示，单击"仿真"选项卡下的"TCP跟踪"按钮。

（2）在弹出的对话框中，勾选"启用TCP跟踪"，根据需要修改对话框中的"基础色"。

（3）如果希望仅在特定情况下（例如，机器人进行涂胶操作时）显示轨迹，而在机器人空中等过渡路径时不显示轨迹，可以利用基于I/O状态的副色功能实现这一需求。

① 单击图2-64中的"控制器（C）"选项卡。

② 在该选项卡下，双击"I/O System"。

③ 在右侧窗口中，右键单击"Signal"类型。

④ 在弹出的菜单中选择"新建Signal"选项。新建信号的名称为do1，信号类型为输出信号。如果有其他信号需要新建，也可以一并创建。

⑤ 创建完信号后，单击"控制器（C）"选项卡下的"重启"按钮，重启控制器，使新的信号生效。

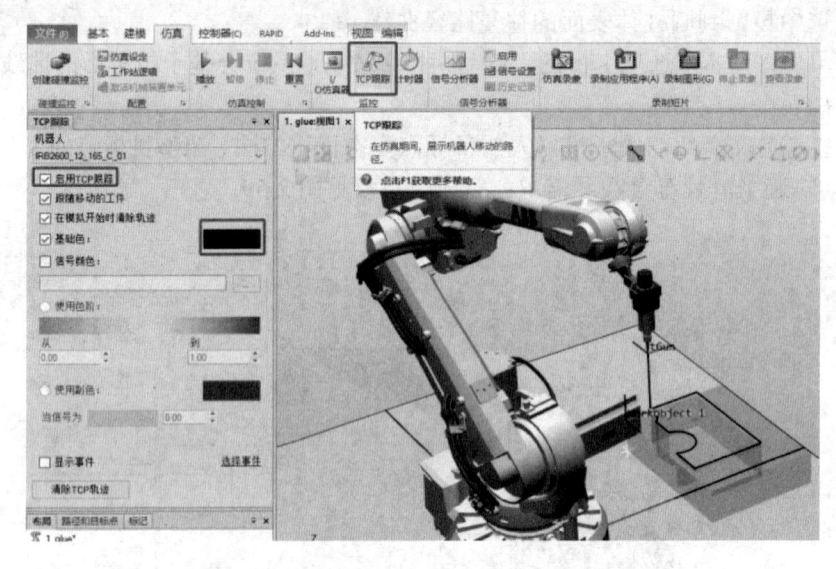

图 2-63

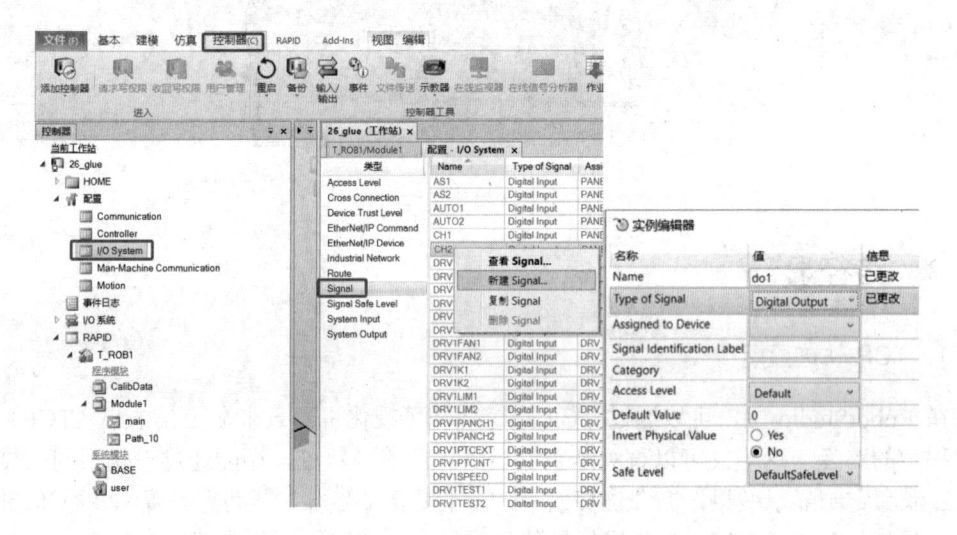

图 2-64

（4）在"RAPID"选项卡下，参考图 2-65 中的设置，调整程序以控制信号。

① 插入"set do1;"和"reset do1;"指令。

② 在 IO 控制语句指令前的运动语句中，确保转弯半径参数设置为"fine"，以防止信号提早开关。

③ 修改完程序，单击"应用"按钮，应用修改。

（5）如图 2-66 所示，在"仿真"选项卡下的"TCP 跟踪"对话框中，去除"基础色"属性的勾选，勾选"信号颜色"并选择信号"do1"，选择"使用副色"并调整颜色。再次启动仿真时，将发现只有在信号 do1 打开时，机器人涂胶路径才会显示 TCP 轨迹，其他路径则不显示。

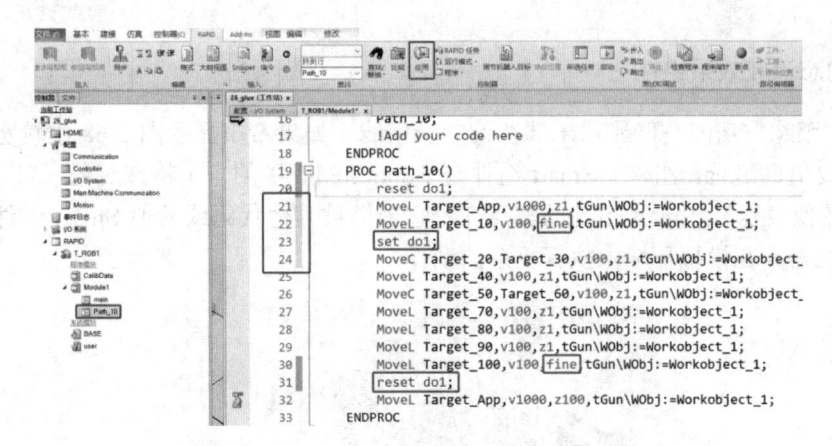

图 2-65

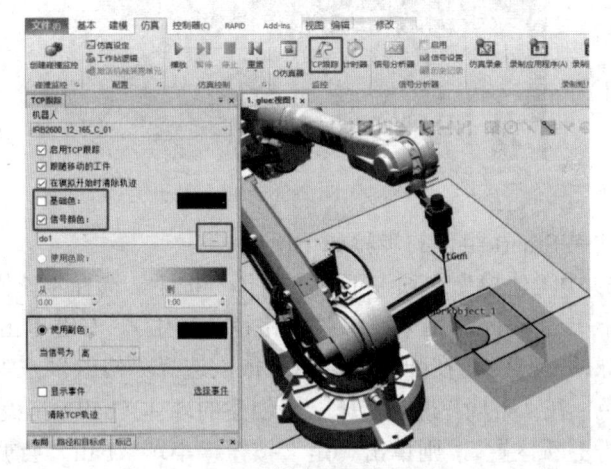

图 2-66

（6）如图 2-67 所示，当选择的是"当前 Wobj 中的速度"等模拟量信号时，可以使用"色阶"功能根据信号的数值大小在路径上显示不同颜色。例如，在图 2-67 中，若前段路径的速度为 v100，后段路径的速度为 v50，则 TCP 轨迹的颜色会随着速度的变化而变化。如果希望在信号 do1 打开和关闭时显示对应的事件，可以勾选"显示事件"属性，并在"选择事件"中选择"do1"信号。这样，将能够在仿真过程中清晰地看到信号 do1 的打开和关闭状态，以及事件发生的精确时间。

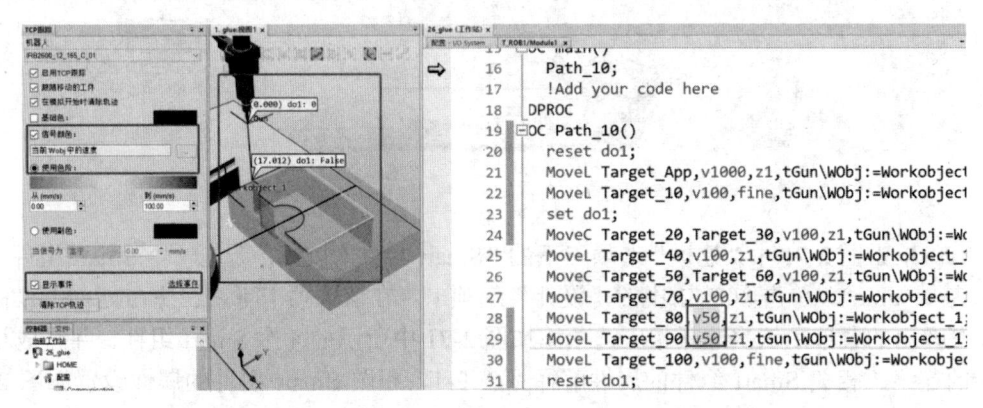

图 2-67

2. 动态涂胶效果组件

"TCP 跟踪"功能只能显示末端轨迹的一条线。如果希望显示图 2-68 中较宽的胶条轨迹，则需要借助 Smart 组件。Smart 组件是 RobotStudio 中的一个特殊对象（以 3D 图像或不以 3D 图像表示），Smart 组件的特点在于它能够被其他代码或其他 Smart 组件所控制，从而使得机器人在模拟环境中执行复杂的动作。

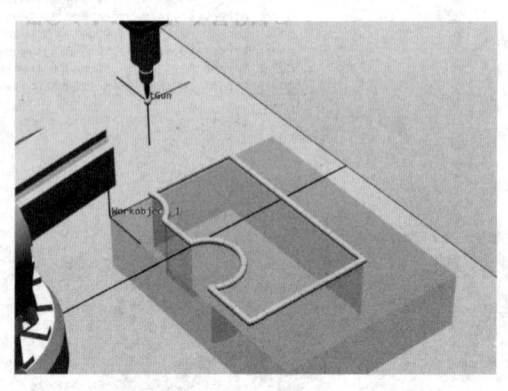

图 2-68

制作动态涂胶效果 Smart 组件的步骤如下所述。

（1）单击图 2-69 中"建模"选项卡下的"固体"按钮，选择"球体"选项。在弹出的对话框中输入球的半径为 5mm（用来模拟胶条路径的产生）。右键单击图 2-70 中"布局"选项卡下新创建的球体（ball），在弹出的菜单中依次选择"修改"→"设定颜色"选项，修改球体显示的颜色。在"布局"选项卡下，将创建的球体（ball）拖曳到胶枪（tGun）上，若弹出提示框"是否更新位置"，则单击"是"按钮，小球（ball）会被移动到胶枪末端。

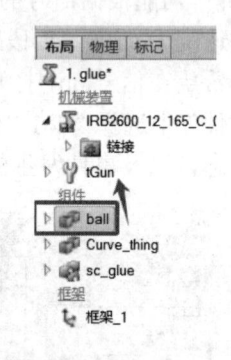

图 2-69　　　　　　　　　图 2-70

（2）单击图 2-71 中"建模"选项卡下的"Smart 组件"按钮，新建一个 Smart 组件（重命名为 sc_glue）。单击图 2-71 中的"设计"选项卡。在该选项卡下，在空白处单击鼠标右键，在弹出的菜单中依次选择相应选项添加图 2-71 中所示的 4 个 Smart 组件，并完成相应功能的连线。相关 Smart 组件的属性解释见表 2-1，相关 Smart 组件的属性设置如图 2-72 所示。

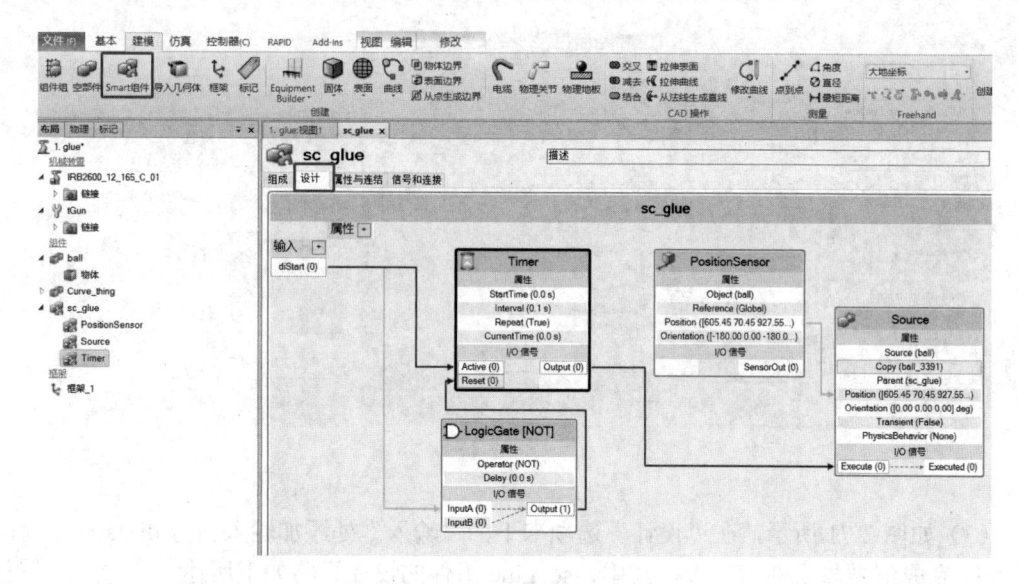

图 2-71

表 2-1 相关 Smart 组件的属性解释

Smart组件	功能	属性	输入	输出
Timer	仿真时，指定间隔时间输出脉冲	StartTime：第一个脉冲之前的时间 Interval：脉冲宽度 Repeat：指定信号脉冲是重复还是单次 CurrentTime：输出当前时间	Active：设定为 high(1) 激活计时器 Reset：设定为 high(1) 复位计时器	Output：输出信号
PositionSensor	对指定对象进行位置监控	Object：要监控的对象 Reference：参考 Global 或者某个具体对象 Position：位置 Orientation：RPY 角的朝向（欧拉 ZYX）		SensorOut：当位置或方位发生改变时是否出现脉冲
LogicGate (NOT)	进行数字信号的非运算	Operator：逻辑操作符 Delay：输出变化延迟时间	InputA：第一个输入 InputB：第二个输入	Output：逻辑操作结果
Source	创建一个图形组件的副本	Source：要复制的对象 Copy：复制产生的对象 Parent：增加副本的位置，如果与"Source"有同样的父对象则不填 Position：相对父对象的副本的位置 Orientation：相对父对象的副本的方向 Transient：在临时仿真过程中对已创建的复制对象进行标记。防止内存错误的发生。若勾选，仿真结束会自动删除仿真过程新生成的副本 PhysicsBehavior：规定副本的物理行为	Execute：设定为 high(1)去创建一个副本	Executed：当变成 high(1)时此操作完成

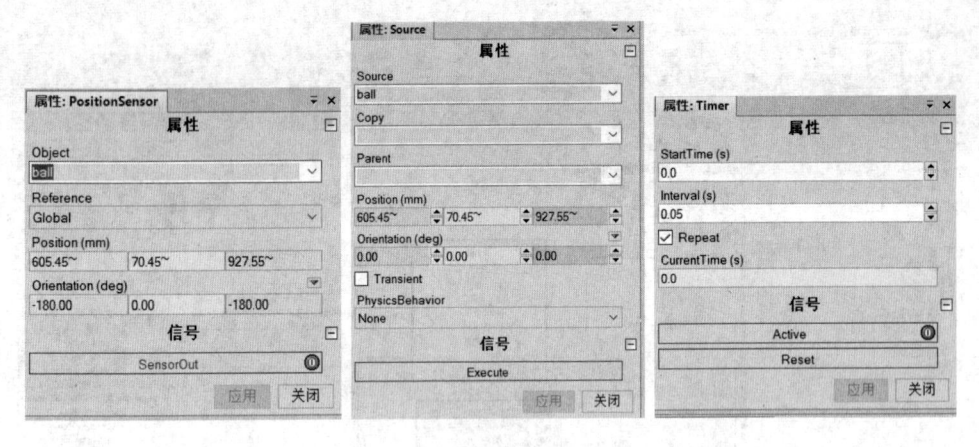

图 2-72

（3）如图 2-71 所示，在"设计"选项卡下的"输入"处添加输入信号 diStart，并参考图 2-71 完成信号与组件的连接。其中，sc_glue 组件的设计思路如下所述。

① 当仿真开启时，PositionSensor 组件会监测胶枪末端的小球（ball）的当前位置，并将该位置传递给 Source 组件。Source 组件会基于此位置复制小球。

② 当 diStart 信号为 1 时，定时器会启动，按照设定的间隔时间（Interval）输出脉冲信号。每当定时器输出脉冲信号时，Source 组件会根据接收到的小球当前位置坐标，复制并产生新的小球，从而模拟涂胶胶条的产生。

③ 当涂胶过程结束时，diStart 信号会变为 0。此时，经过 LogicGate（NOT）运算，转换为 1，触发 Timer 组件停止工作，结束涂胶过程。

（4）假设用户已经按照图 2-64 中所示的在机器人控制器中添加了输出信号 do1，在图 2-65 中的"RAPID"选项卡下，在开始涂胶指令前添加设置 do1 信号指令，在结束涂胶指令后添加关闭 do1 信号指令。

（5）如图 2-73 所示，单击"仿真"选项卡下的"工作站逻辑"按钮。参考图 2-74，将机器人的输出信号 do1 和 Smart 组件的输入信号 diStart 连接，即使用机器人的 do1 输出信号控制 Smart 组件的 diStart 输入信号。

图 2-73

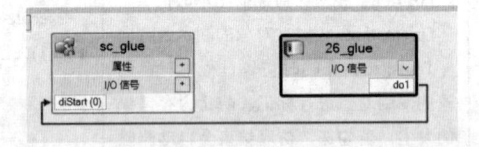

图 2-74

（6）单击"仿真"选项卡下的"播放"按钮，启动仿真。仿真效果如图 2-68 所示。

3．临时组件的删除

仿真完成后，图 2-70 中的"布局"选项卡下会生成很多新的小球副本。可以手动删除它们，或者按住键盘中的 Ctrl+X 组合键来撤销操作。为避免每次仿真结束后都需要手动处理这些新生成的小球，可以修改 Smart 组件，将新生成的小球存入一个队列中，并在每次仿真开始时通过信号清空该队列。具体实现步骤如下所述。

（1）右键单击图 2-75 中的 Smart 组件（sc_glue），在弹出的菜单中选择"编辑组件"选项。

（2）在图 2-76 中的 Smart 组件（sc_glue）"设计"选项卡下，添加一个 Queue 组件（Queue_2）和一个数字输入信号 diClear。按照图 2-76 完成信号与组件的连线。Queue_2 的介绍见表 2-2。

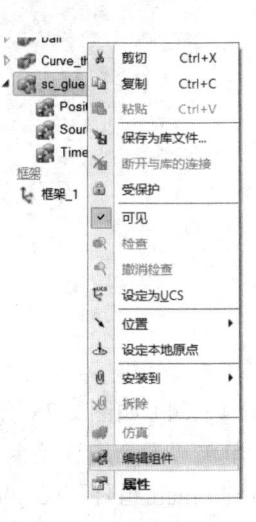

图 2-75

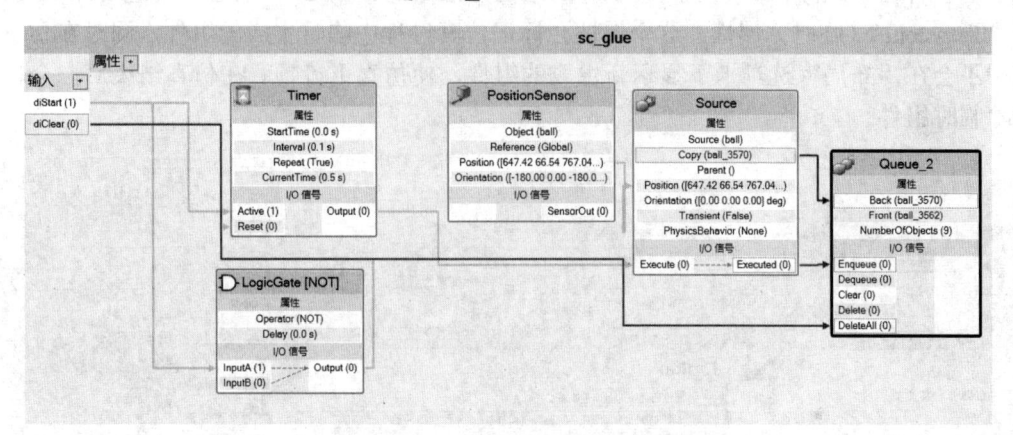

图 2-76

表 2-2 Queue_2 的介绍

Smart 组件	功能	属性	输入
Queue_2	对象的队列	Back：对象进入队列 Front：队列中的第一个对象 NumberOfObjects：队列中对象的数量	Enqueue：添加后面的对象到队列中 Dequeue：删除队列中前面的对象 Clear：清空队列 Delete：在工作站和队列中移除 Front 对象 DeleteAll：清除队列和删除所有工作站中的对象

（3）参考图 2-64，在机器人系统中添加输出信号 do_Clear。在"RAPID"选项卡下，在涂胶程序开始前添加"PulseDO do_clear"指令，用于触发 Smart 组件清空仿真过程中的临时组件，如图 2-77 所示。

```
PROC Path_10()
    PulseDO do_clear;
    reset do1;
    MoveL Target_App,v1000,z1,tGun\WObj:=Workobject_1;
    MoveL Target_10,v1000,fine,tGun\WObj:=Workobject_1;
    set do1;
    MoveC Target_20,Target_30,v100,z1,tGun\WObj:=Workobject_1;
    MoveL Target_40,v100,z1,tGun\WObj:=Workobject_1;
    MoveC Target_50,Target_60,v100,z1,tGun\WObj:=Workobject_1;
    MoveL Target_70,v100,z1,tGun\WObj:=Workobject_1;
    MoveL Target_80,v100,z1,tGun\WObj:=Workobject_1;
    MoveL Target_90,v100,z1,tGun\WObj:=Workobject_1;
    MoveL Target_100,v100,fine,tGun\WObj:=Workobject_1;
    reset do1;
    MoveL Target_App,v1000,z100,tGun\WObj:=Workobject_1;
ENDPROC
```

图 2-77

（4）如图 2-78 所示，单击"仿真"选项卡下的"工作站逻辑"按钮。在弹出对话框中，单击"设计"选项卡，在该选项卡下，将机器人（26_glue）的输出信号 do_clear 信号关联到 Smart 组件（sc_glue）的 diClear 信号。

完成以上设置，每次开始仿真时，新生成的小球副本均会被删除。

另一种自动删除仿真中生成的小球副本的方法是：如图 2-79 所示，勾选 Source 组件的"Transient"（临时）属性。这个属性会标记仿真过程中临时生成的组件，同时在仿真过程中不会在"布局"选项卡下显示新生成的组件，使仿真更流畅。在仿真结束后，会自动删除临时组件。

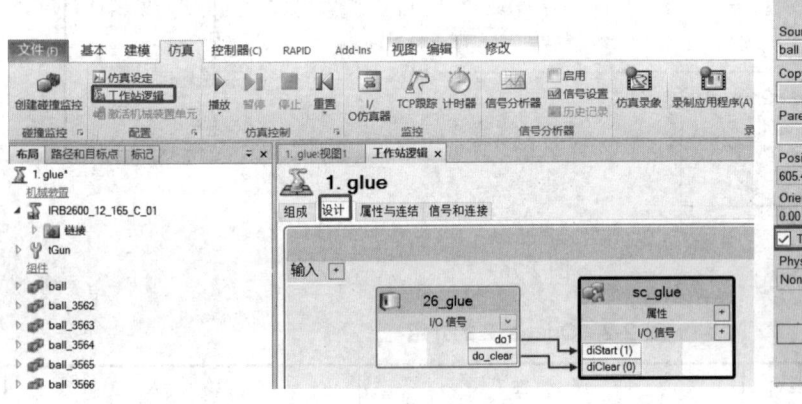

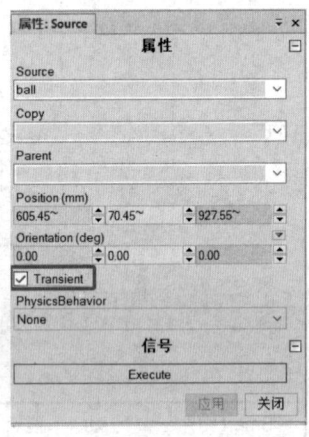

图 2-78   图 2-79

2.1.4 固定式工具

涂胶的另一种方式是通过胶枪固定安装，此时机器人手持工件。这种方式属于典型的固定式工具。在创建工具时，将工具的 robhold 属性设置为 False，而将工件坐标系的 robhold 属性设置为 True。具体实现步骤如下所述。

（1）参考图 2-19，首先导入 Curve_thing 并将其直接安装到机器人上。如果需要调整安装位置，可以修正 Curve_thing 的本地原点。接着导入一个 Pen 模型，并调整其位置和姿态，以模拟固定胶枪。

（2）单击图 2-80 中"基本"选项卡下的"其它"按钮，选择"创建工件坐标"选项。如图 2-81 所示，在弹出的对话框中修改工具的名称，设置"机器人握住工具"属性为 False。

第 2 章 涂胶与喷漆

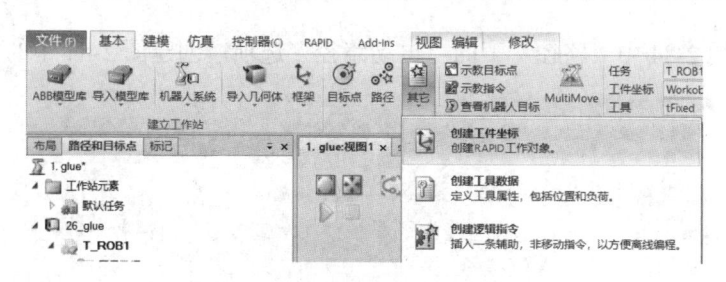

图 2-80

（3）单击"工具坐标框架"下的位置输入框，确认被选中。激活"选择目标/框架"功能，单击 Pen 的末端坐标系，此时 Pen 末端的位置数据将会被自动填入"工具坐标框架"下的位置输入框。参考图 2-81 设置工具的姿态数据。

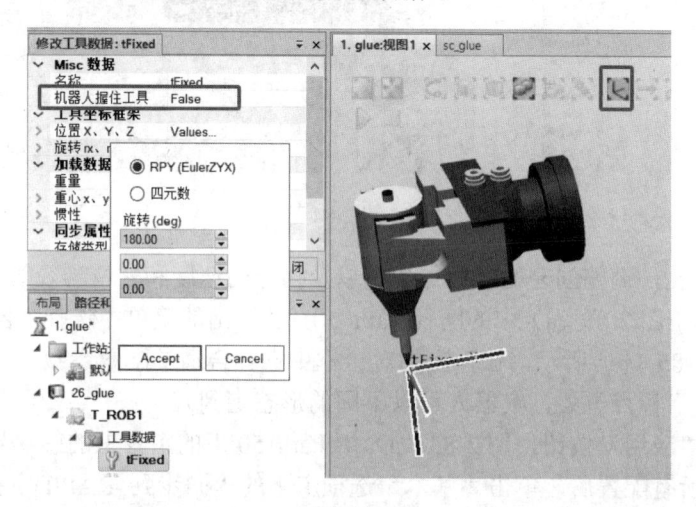

图 2-81

（3）单击图 2-82 中"基本"选项卡下的"其它"按钮，选择"创建工件坐标"选项。在弹出的对话框中，修改坐标系的名称，并将"机器人握住工件"属性设为 True。

（4）在图 2-83 中选择新创建的固定工具（tFixed）和工件坐标系（wobj_robhold）。

（5）单击图 2-83 中的"重定位"按钮，使用重定位功能测试机器人的手动运动效果。

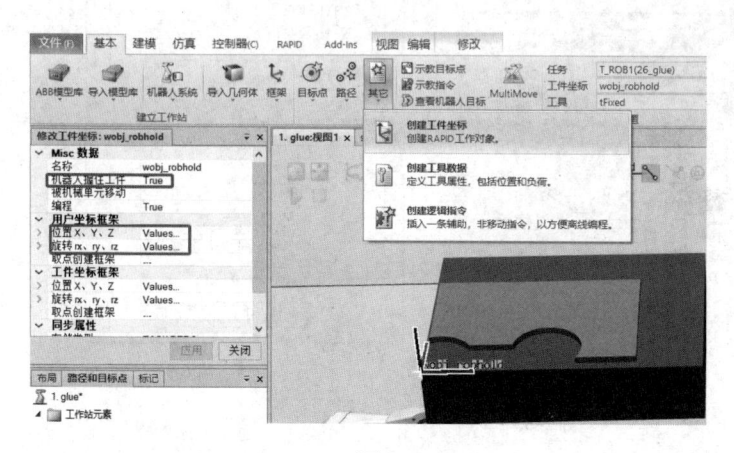

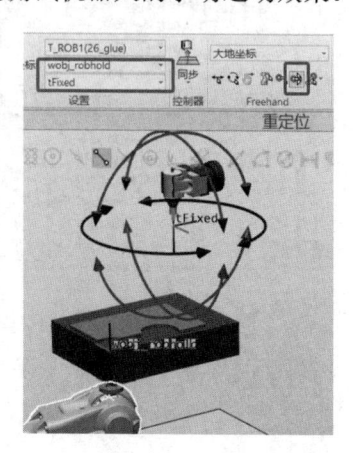

图 2-82　　　　　　　　图 2-83

（6）选择图 2-84 中 "路径" 下的 "自动路径" 选项，创建图 2-84 中的机器人路径。

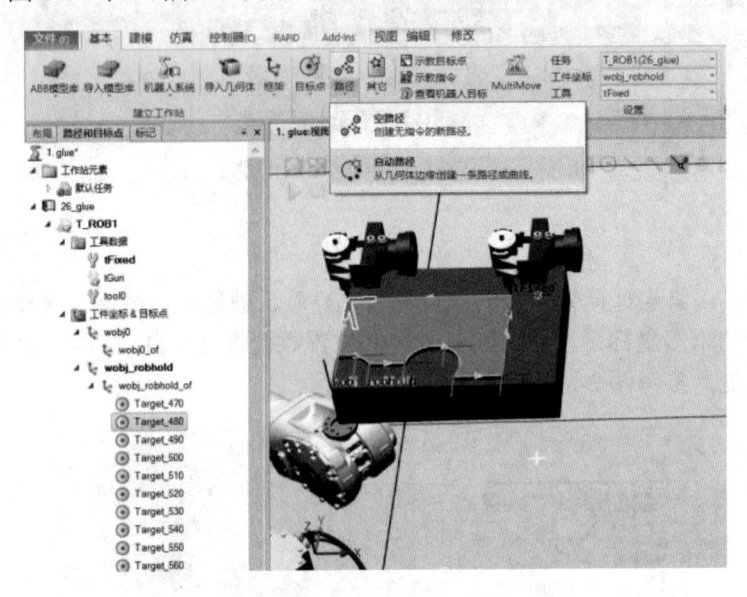

图 2-84

（7）参考前文，调整创建的目标点姿态以及指令的速度和转弯半径等参数。

（8）右键单击图 2-85（a）中的路径 Path_50，在弹出的菜单中选择 "自动配置" 选项。

（9）如图 2-85（b）所示，在弹出的对话框中选择合适的配置参数（由于 6 轴机器人的特性，同一个目标点位姿，机器人可以不同的形态走到）。

（10）单击 "应用" 按钮，图 2-85（a）中 Path_50 下的指令上的感叹号消失。

（11）完成所有配置后，单击 "基本" 选项卡下的 "同步到 RAPID" 按钮，下载路径程序并启动仿真进行测试。

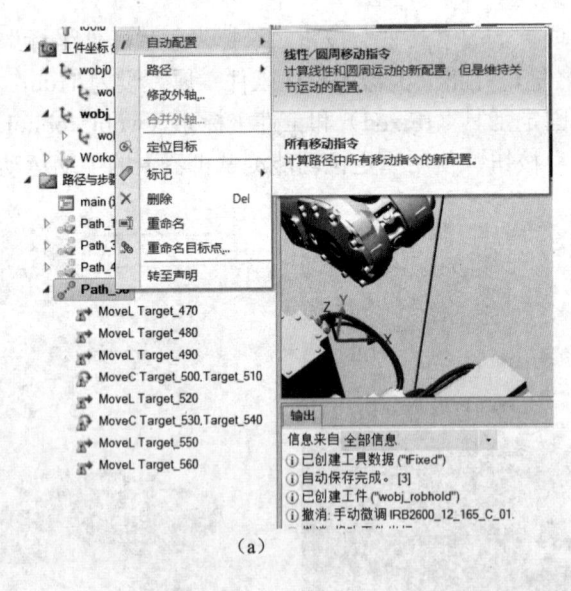

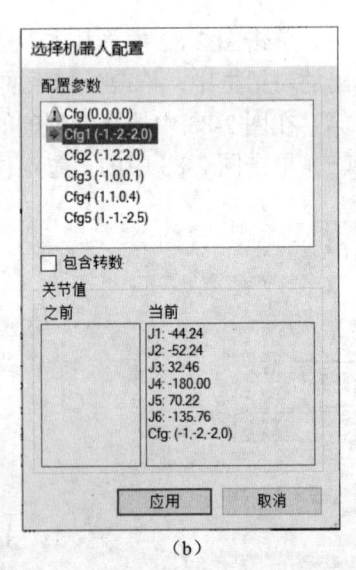

图 2-85

固定胶枪的胶条路径在 Smart 组件中的配置与前文所述类似。使用 Source 组件复制后的小球模型,并将其通过 Attacher 组件安装到机器人的手持产品上。相关组件的配置如图 2-86 所示,其中 Attacher 组件(功能介绍见表 2-3)的父级选择机器人手持产品。

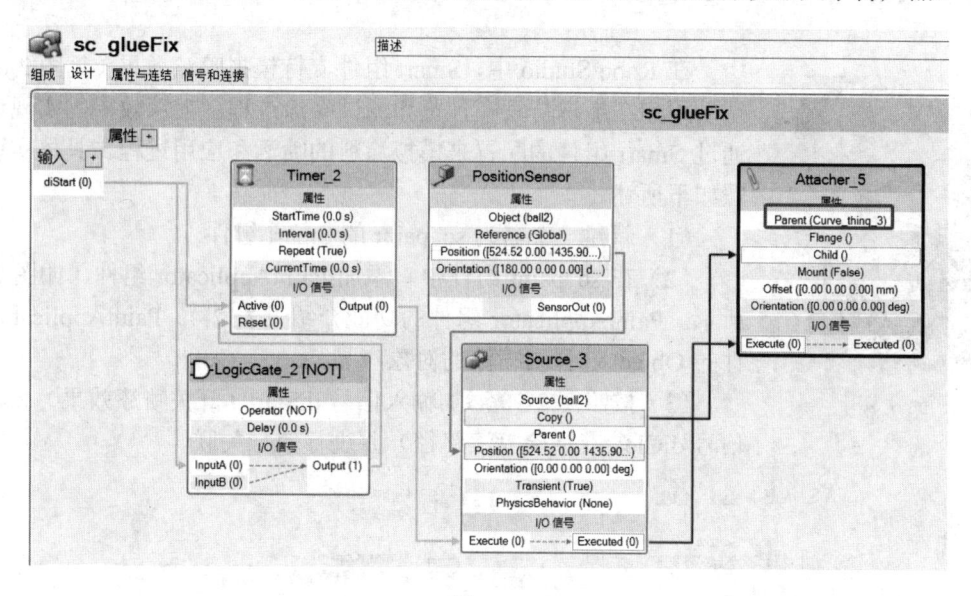

图 2-86

表 2-3 Attacher 组件的功能介绍

Smart组件	功　　能	属　　性	输　　入	输　　出
Attacher_5	安装一个对象	Parent：安装的父对象 Child：安装对象	Execute：设定为high(1)去安装	Executed：当此操作完成

整体工作站的仿真效果如图 2-87 所示。在进行仿真时,需要特别注意 RAPID 代码中的运动设置,尤其是在打开和关闭信号之前的运动语句中的转弯半径参数(见图 2-65)。

图 2-87

2.2 喷漆

在 RobotStudio 中，Smart 组件支持模拟喷漆效果（见图 2-88），帮助用户在虚拟仿真中预览和测试喷涂过程。喷漆效果的实现可以通过 Smart 组件的配置来模拟涂料的喷洒和应用过程。具体实现步骤如下所述。

（1）新建一个名为 sc_paint 的 Smart 组件。

（2）在 sc_paint 组件中，添加 PaintApplicator 组件，如图 2-89 所示。PaintApplicator 组件的功能介绍见表 2-4。PaintApplicator 组件的 Object 选择要喷涂的对象产品。

（3）按照图 2-90 添加输入信号 diStart（开关喷漆效果）和输入信号 diClear（清除喷漆路径）并进行信号关联。

图 2-88

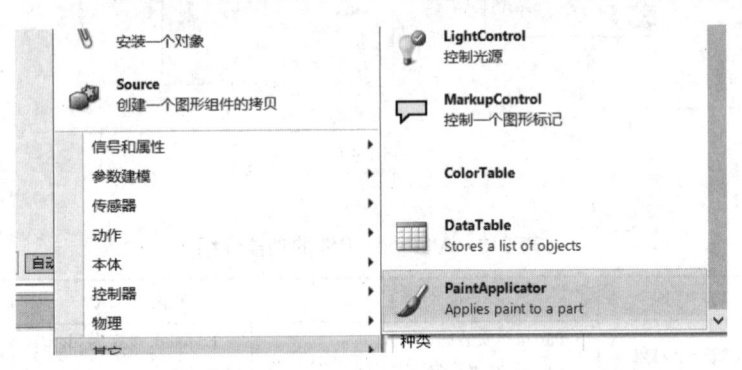

图 2-89

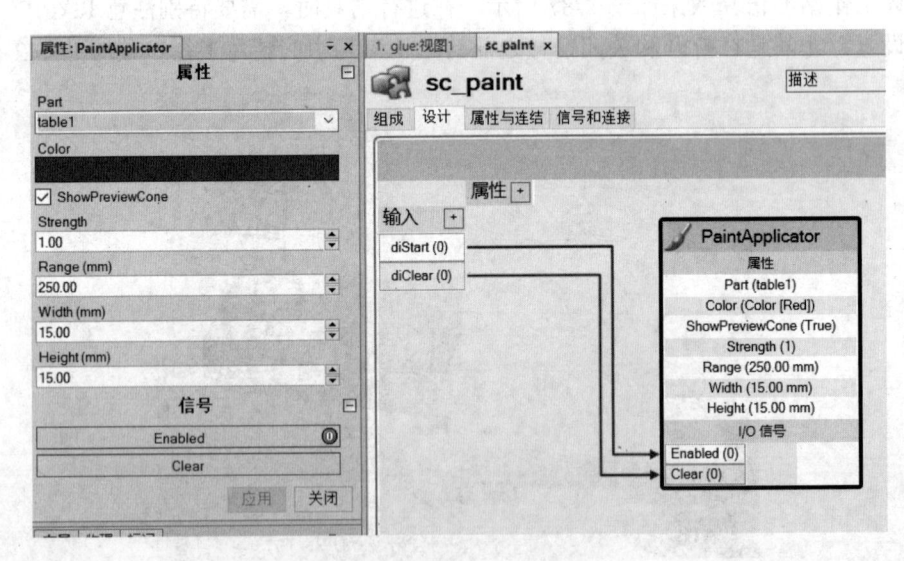

图 2-90

第 2 章　涂胶与喷漆

表 2-4　PaintApplicator 组件的功能介绍

Smart 组件	功　　能	属　　性	输　　入
PaintApplicator	往部件上喷漆	Part：待涂漆部位 Color：油漆颜色 ShowPreviewCone：应显示预览油漆锥时为真 Strength：喷漆强度，最大为 1 Range：油漆锥的范围（高度） Width：油漆锥底面的宽度 Height：油漆锥底面的长度	Enabled：设置为"高"，模拟期间启用涂漆功能 Clear：清空喷漆效果

（4）在 RobotStudio 的"布局"选项卡下，将之前创建的 Smart 组件（sc_paint）安装到机器人的工具末端。这可以通过选择机器人末端执行器并将 sc_paint 组件固定到该位置来完成。

（5）在"RAPID"选项卡下，编写机器人往复路径程序，模拟喷漆过程中机器人如何来回移动以喷涂目标对象。往复路径通常包括直线运动和转弯动作，以确保喷漆过程的覆盖范围和喷涂质量。开始喷漆前，设置输出信号 do1 为 True；完成喷漆后，设置输出信号 do1 为 False。

（6）单击图 2-91 中"仿真"选项卡下的"工作站逻辑"按钮，在相关选项卡下将机器人的输出信号和 Smart 组件的输入信号连接。

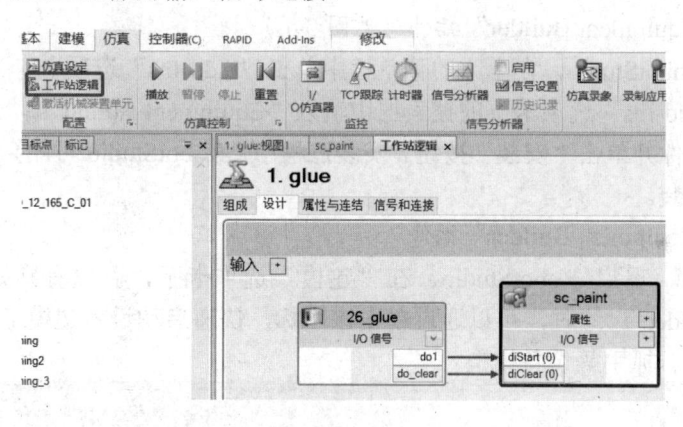

图 2-91

第 3 章 机器人码垛与拆垛

3.1 机器人码垛

码垛工艺是工业机器人最常见的应用之一，仿真过程主要涉及配套输送系统及产品移动组件的设计、机器人末端抓手组件的设计，以及码垛程序的编写等内容。

开始学习本章内容之前，打开 RobotStudio 软件，创建一个新的工作站，导入 IRB6700 机器人模型，并建立一个新的机器人系统。

3.1.1 Equipment Builder

输送系统、抓手、围栏等数字模型可以通过 SolidWorks 等 3D 设计软件创建，然后将这些模型导入 RobotStudio 进行进一步处理与优化。RobotStudio 提供了强大的 Add-Ins 插件，允许用户快速创建并集成输送系统、抓手（包括 TCP 坐标）、围栏等设备模型，从而提升自动化系统设计的效率与精度。

1）安装"Equipment Builder"插件（见图 3-1）

（1）打开 RobotStudio，在上方的菜单栏中单击"Add-Ins"选项卡。

（2）在"Add-Ins"选项卡下的搜索框中输入"Equipment Builder"。

（3）选择插件并单击"安装"按钮。安装过程中，RobotStudio 可能会提示用户重启软件以完成插件安装。

2）使用"Equipment Builder"插件

安装完成后，重启 RobotStudio。在"建模"选项卡下，可以看到如图 3-2 所示的"Equipment Builder"。这时，可以通过单击该图标，快速启动设备建模工具，方便地创建或导入输送系统、抓手等设备模型。

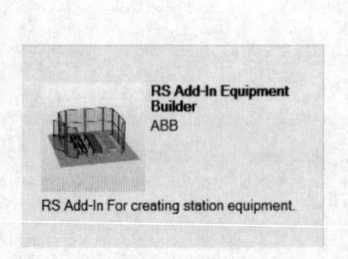

图 3-1　　　　　　图 3-2

3.1.2 输送链组件

输送链组件的创建与设置具体如下所述。

（1）单击图 3-2 中"建模"选项卡下的"Equipment Builder"按钮，在弹出的下拉列表中选择一个适合的输送链模型。在配置窗口中，设置输送链的长度、宽度等参数，并根据需要调整位置，以确保与整个生产线的布局相符。

（2）在"布局"选项卡下，单击创建的输送链。此时，RobotStudio 软件会切换到"修改"选项卡（见图 3-3）。在"修改"选项卡下，去除"可由传感器检测"的勾选，避免传感器检测到该输送链。

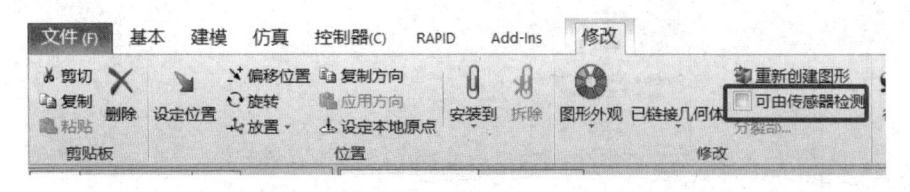

图 3-3

（4）单击图 3-4 中"建模"选项卡下的"固体"按钮，选择"矩形体"选项，创建一个矩形体作为产品模型（如 box）。

（5）在弹出的对话框中输入产品的长度为 300mm、宽度为 200mm、高度为 200 mm，单击"创建"按钮，完成产品的创建。

（6）参考图 2-5 所示的"放置"方法，将产品（box）放置到输送链的末端，如图 3-5 所示。

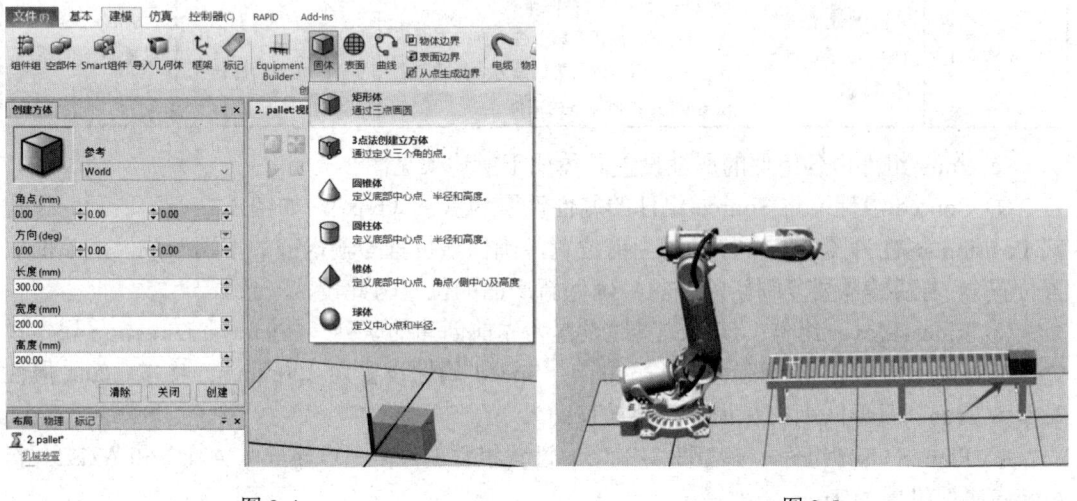

图 3-4   图 3-5

（7）单击"建模"选项卡下的"Smart 组件"按钮，新建一个 Smart 组件，并重命名为 sc_Conv。

（8）参考图 3-6 添加相关组件和信号。LinearMover 和 PlaneSensor 组件的介绍见表 3-1。

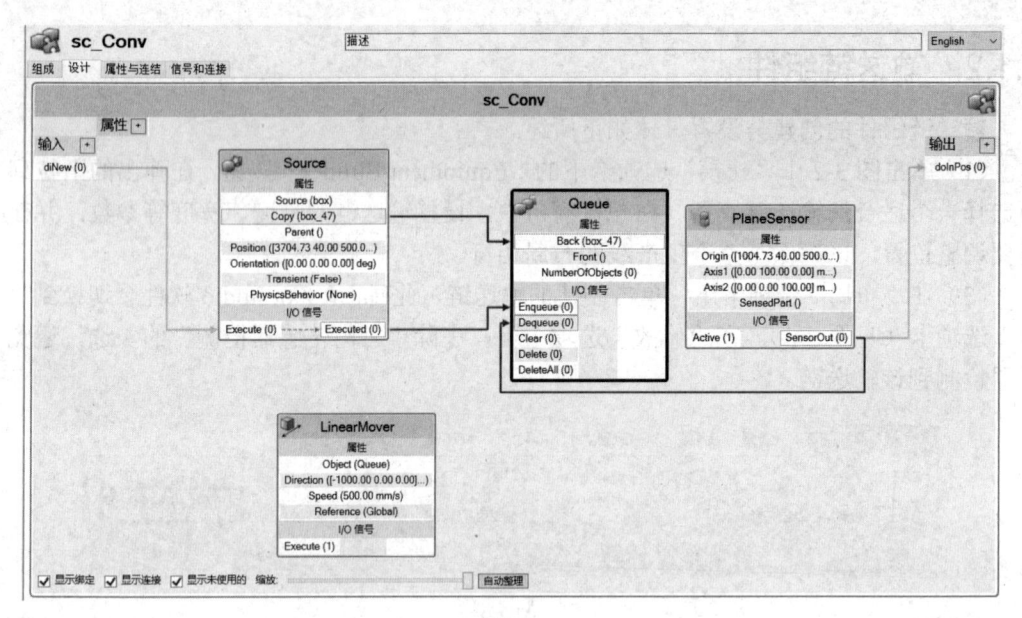

图 3-6

表 3-1 LinearMover、PlaneSensor 组件的介绍

Smart 组件	功　能	属　　性	输　　入	输　　出
LinearMover	沿着直线移动一个对象	Object：移动对象 Direction：对象移动方向 Speed：速度 Reference：已指定坐标系统的值	Execute：设定为high(1)，开始移动对象	—
PlaneSensor	监测是否有物体与平面传感器相交	Origin：平面传感器的原点 Axis1：平面传感器第一维方向的末端点 Axis2：平面传感器第二维方向的末端点 SensedPart：监测到的部件	Active：设定为high(1)激活传感器	SensorOut：当对象与平面相交时信号为 1

sc_Conv 组件内各组件的属性设置具体如下所述（见图 3-7）。

① Source 组件：将 Source 组件的属性设置为盒子（box），如图 3-7（a）所示。设置其 Position 属性为图 3-5 中产品的当前位置，确保该位置与输送链的末端一致（产品的放置位置）。若后续需要复制新的产品，确保新产品的位置与此设置一致。

② LinearMover 组件：Object 属性设置为先前创建的队列（Queue）；Direction 属性设置队列移动的方向，此处设置沿着-x 方向；Speed 属性设置为 300mm/s；将 Execute 属性设置为 True（只要队列内有物体就会被移动）。

③ PlaneSensor 组件：参考图 3-7（c）设置组件的原点（Origin）、Axis1 和 Axis2。将 Active 属性设置为 True。

④ diNew 信号：输入信号，勾选"自动复位"属性，如图 3-7（d）所示。

⑤ doInPos 信号：输出信号，见图 3-6。当 PlaneSensor 感应到物体并确认物体已经到达预定位置时，doInPos 信号会被触发并输出。

输送链组件的设计逻辑为：单击 diNew 信号，触发 Source 组件生成一个新的产品。新生成的产品将被加入队列（Queue）的 back 端。由于 LinearMover 一直在移动队列，即 Queue 里有产品就会被移动。当 PlaneSensor 感应到产品到达指定位置时，触发队列的 Dequeue

信号（把队列内最前面的产品从队列里剔除），同时给出到位信号 doInPos。

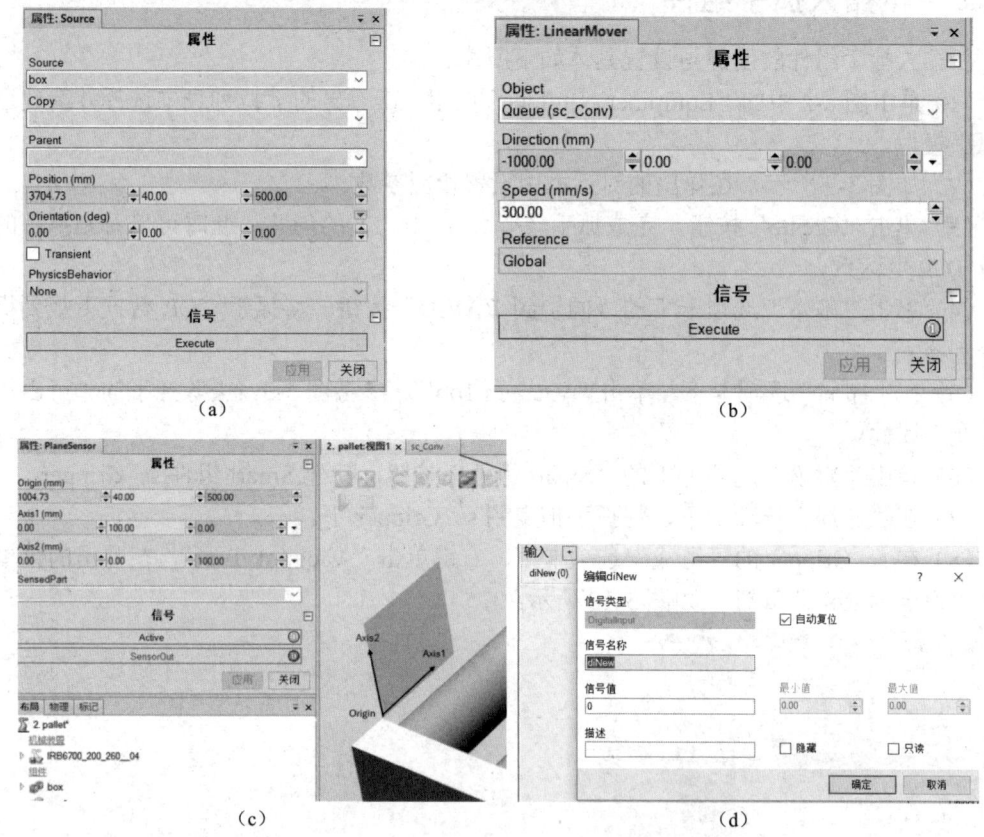

图 3-7

完成以上设置后，可以进行仿真测试以验证系统的行为。为方便测试，可以单击图 3-8 中"仿真"选项卡下的"仿真设定"。在弹出的对话框中，去除机器人控制器的仿真属性。

启动仿真，双击 sc_Conv 组件并单击 diNew 信号，此时可以看到产品被移动，直到产品到达 PlaneSensor 位置，仿真中产品停止，仿真结果会显示 doInPos 信号的输出，表示产品成功到位并触发信号。

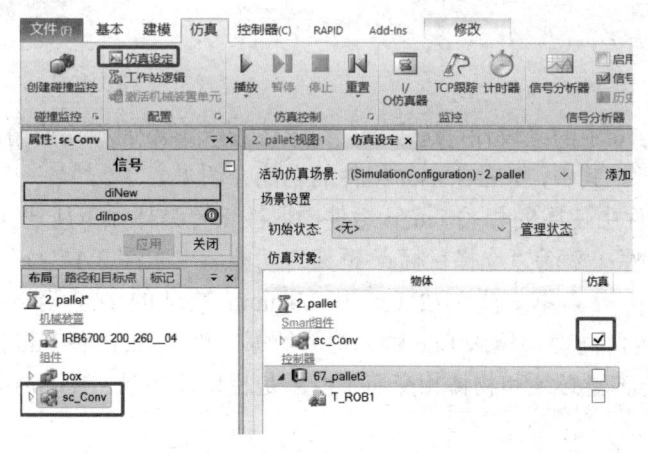

图 3-8

3.1.3 机器人抓手组件

机器人抓手组件的创建与设置具体如下所述。

（1）单击图3-2中的"Equipment Builder"按钮，在弹出的下拉列表中选择并新建适合的抓手模型。

（2）如图3-9所示，在弹出的对话框中设置相应参数。

（3）单击"Create"按钮，完成抓手（Vacuum Tool）的创建，此时可以看到抓手的末端有TCP坐标系。

（4）单击"基本"选项卡下的"同步到RAPID"按钮，将抓手TCP数据下载到机器人控制器。

（5）在"布局"选项卡下，单击"Vacuum Tool"，参考图3-3，去除抓手的"可由传感器检测"属性。

（6）单击"建模"选项卡下的"Smart组件"按钮，新建Smart组件sc_Gripper。

（7）在"布局"选项卡下，将抓手拖曳到sc_Gripper下。

（8）在sc_Gripper的"组成"选项卡下，右键单击"Vacuum Tool"，在弹出的菜单中勾选"设定为Role"属性，如图3-10所示。

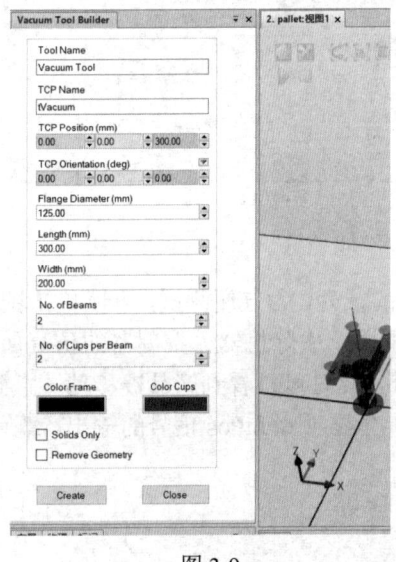

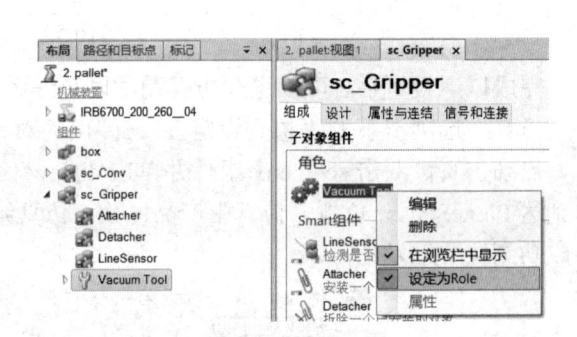

图3-9 图3-10

（9）单击图3-10中的"设计"选项卡，在该选项卡下添加相关的输入信号和Smart组件，如图3-11所示。其中，LineSensor组件的功能介绍见表3-2。

sc_Gripper组件中使用的相关Smart组件的属性设置具体如下所述（见图3-12）。

LineSensor组件：激活"选择目标点/框架"功能。单击图3-12（a）中的Start输入框（确保输入框被选中），再单击图3-12（a）中Vacuum Tool的TCP坐标系，相关数据将被填入Start输入框内。同理，填入End输入框的数据。修改Start和End的z输入框参数，见图3-12（a）。传感器必须和物体相交而不能只是相切或接触。Radius输入框输入1（传感器的半径）。

Attacher组件：如图3-12（b）所示，设置其Parent属性为sc_Gripper。后续会将sc_Gripper安装到机器人上，实现吸盘吸走产品的功能。

第 3 章 机器人码垛与拆垛

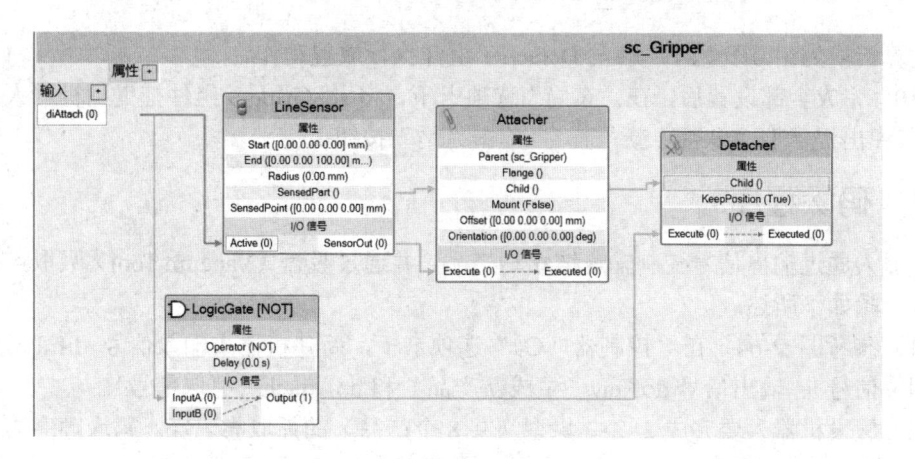

图 3-11

表 3-2 LineSensor 组件的功能介绍

Smart 组件	功　能	属　性	输　入	输　出
LineSensor	检测是否有对象和线性传感器相交	Start：起点 End：结束点 Radius：感应半径 SensedPart：感应到的物体 SensedPoint：传感器与物体的相交点	Active：设定为 1 去激活传感器	SensorOut：当对象与线段相交时变成 high(1)

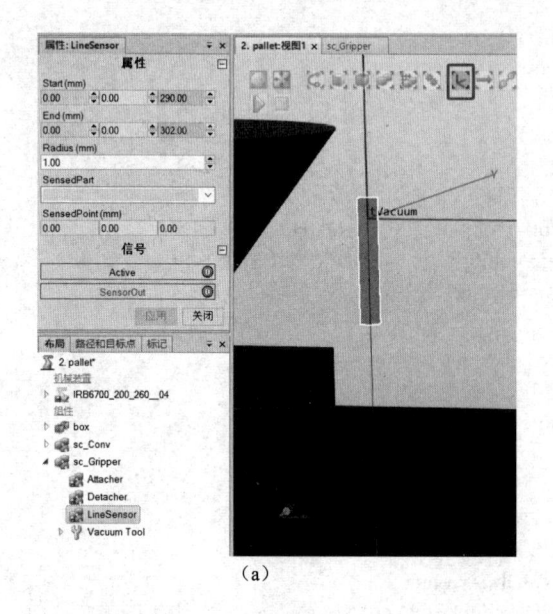

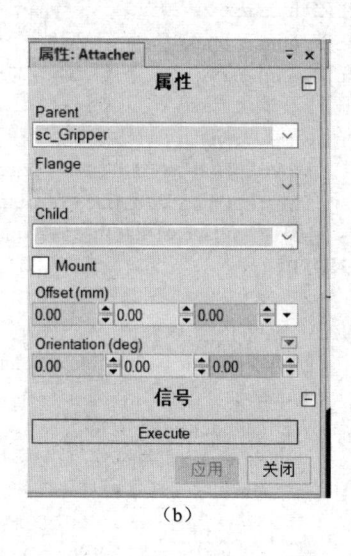

图 3-12

sc_Gripper 组件的设计逻辑（见图 3-11）为：当输入信号 diAttach 为 1 时，触发 LineSensor 组件开始感应。LineSensor 组件将感应到的物体传递给 Attacher 组件的 Child 属性。LineSensor 组件感应到物体时的输出信号触发 Attacher 组件执行安装动作（将 Attacher 组件的 Child 对象安装到 Parent 对象上）。同时，将 Attacher 组件的 Child 属性传递给 Detacher 组件的 Child 属性。当输入信号 diAttach 由 1 变为 0 时，该信号经过 LogicalGate 组件（非门）运算转换为由 0 变为 1，触发 Detacher 组件执行放置动作。

（10）完成全部设置后，在"布局"选项卡下，将 sc_Gripper 组件拖曳到机器人上（安装）。若弹出提示框"是否更新位置"，单击"是"按钮。

3.1.4 码垛程序

机器人通过输出信号控制输送链移动产品，并通过吸盘（Vacuum Tool）吸取产品。具体实现步骤如下所述。

（1）参考图 2-64，在"控制器（C）"选项卡下，新建机器人输入信号 diInPos（接收产品到位信号）、输出信号 doNew（生成新产品）和 doAttach（抓取信号）。

（2）假设机器人要完成 2×2×2 垛型（共 8 个产品）的抓取与码垛。码垛顺序为先 x 方向，后 y 方向，再 z 方向。机器人码垛的示范代码如下：

```
MODULE Module1
    CONST robtarget pHome:=[[1020.017,-634.8773,1420.477],[3.348104E-08,0.7071067,0.7071069,-1.574063E-08],[-1,-1,0,0],[9E+09,9E+09,9E+09,9E+09,9E+09,9E+09]];
    CONST robtarget pPick:=[[1154.73,140,700],[1.917893E-08,0.7071068,0.7071068,2.447107E-08],[0,0,1,0],[9E+09,9E+09,9E+09,9E+09,9E+09,9E+09]];
    CONST robtarget pPlace:=[[202.2055,-1205.021,348.1254],[6.660169E-09,0.7071066,0.7071069,1.813299E-08],[-1,0,0,0],[9E+09,9E+09,9E+09,9E+09,9E+09,9E+09]];
    VAR robtarget pPlace1;      !计算出每次新的码垛位置

    PERS num dis_x:=305;        !产品 x 方向间距
    PERS num dis_y:=205;        !产品 y 方向间距
    PERS num dis_z:=205;        !产品 z 方向间距
    PERS num count:=1;          !码垛个数计数
    PERS num ttl:=8;            !码垛总个数

    PROC rModify()
        MoveJ pHome,v1000,fine,tVacuum\WObj:=wobj0;      !示教 Home 位置
        MoveJ pPick,v1000,fine,tVacuum\WObj:=wobj0;      !示教抓取位置
        MoveJ pPlace,v1000,fine,tVacuum\WObj:=wobj0;     !示教第一个放置
    ENDPROC

    PROC main()
        MoveJ pHome,v1000,fine,tVacuum\WObj:=wobj0;
        count:=1;
        WHILE count<ttl+1 DO
            PulseDO doNew;
            rPick;      !抓取程序
            MoveJ pHome,v1000,z50,tVacuum\WObj:=wobj0;
            pPlace1:=getPalletPos(count);     !根据 count 获取新的码垛位置
            rplace ;
            Incr count;
        ENDWHILE
        MoveJ pHome,v1000,fine,tVacuum\WObj:=wobj0;
    ENDPROC

    PROC rPick()
        MoveJ offs(pPick,0,0,200),v1000,z10,tVacuum\WObj:=wobj0;
```

```
        waitdi diInPos,1;
        MoveL pPick,v1000,fine,tVacuum\WObj:=wobj0;
        set doAttach;
        waittime 0.2;
        MoveL offs(pPick,0,0,200),v500,z10,tVacuum\WObj:=wobj0;
    ENDPROC

    FUNC robtarget getPalletPos(num count)
        !使用 TEST 语句，罗列所有计算的码垛位置，顺序先 x 方向，后 y 方向，再 z 方向
        VAR robtarget p;
        TEST count
        CASE 1:
            p:=offs(pPlace,0,0,0);
        CASE 2:
            p:=offs(pPlace,dis_x,0,0);
        CASE 3:
            p:=offs(pPlace,0,dis_y,0);
        CASE 4:
            p:=offs(pPlace,dis_x,dis_y,0);
        CASE 5:
            p:=offs(pPlace,0,0,dis_z);
        CASE 6:
            p:=offs(pPlace,dis_x,0,dis_z);
        CASE 7:
            p:=offs(pPlace,0,dis_y,dis_z);
        CASE 8:
            p:=offs(pPlace,dis_x,dis_y,dis_z);
        ENDTEST
        RETURN p;
    ENDFUNC

    PROC rPlace()
        MoveJ offs(pPlace1,0,0,200),v1000,z10,tVacuum\WObj:=wobj0;
        MoveL pPlace1,v1000,fine,tVacuum\WObj:=wobj0;
        reset doAttach;
        waittime 0.2;
        MoveL offs(pPlace1,0,0,200),v500,z10,tVacuum\WObj:=wobj0;
    ENDPROC
ENDMODULE
```

3.1.5 完成工作站

对工作站进行仿真的具体步骤如下所述。

（1）单击图 3-13 中"仿真"选项卡下的"仿真设定"按钮，在弹出的对话框中勾选"sc_Conv"，开启 sc_Conv 组件的仿真功能。

（3）单击图 3-14 中的"播放"按钮，启动仿真。

（4）双击图 3-14 中"布局"选项卡下的 sc_Conv 组件。在弹出的对话框中，单击"diNew"按钮。此时，图 3-14 中的输送链将会复制一个新的产品 box，产品会被移动到输送链的末端，并停止移动。在此过程中，sc_Conv 组件的状态属性 doInPos 会从原来的值变为 1。

（5）单击图 3-14 中的"停止"按钮，停止仿真。

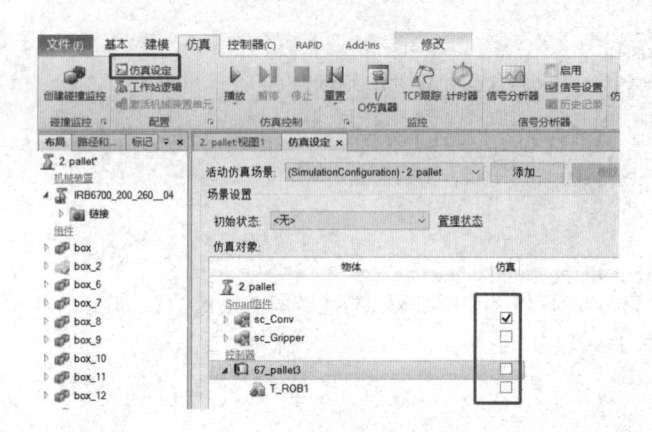

图 3-13

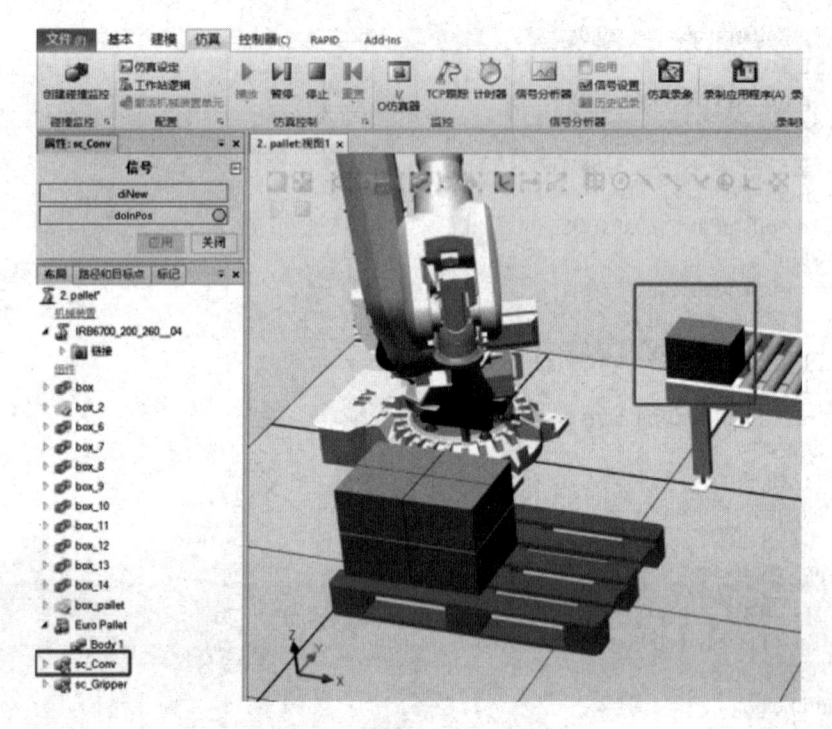

图 3-14

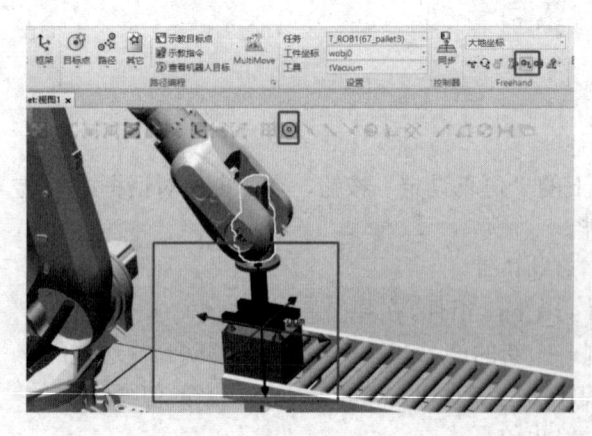

图 3-15

（6）打开图 3-15 中的"捕捉中心"功能。

（7）单击"Freehand"标签下的"直线移动"按钮。

（8）单击机器人末端的吸盘模型，通过鼠标拖动或通过界面上的控制按钮，将机器人末端执行器（吸盘）精确移动到输送链末端的产品上表面中心。

（9）单击图 3-16 中的"RAPID"选项卡，找到图 3-16 中所示的"MoveL pPick…"指令位置。

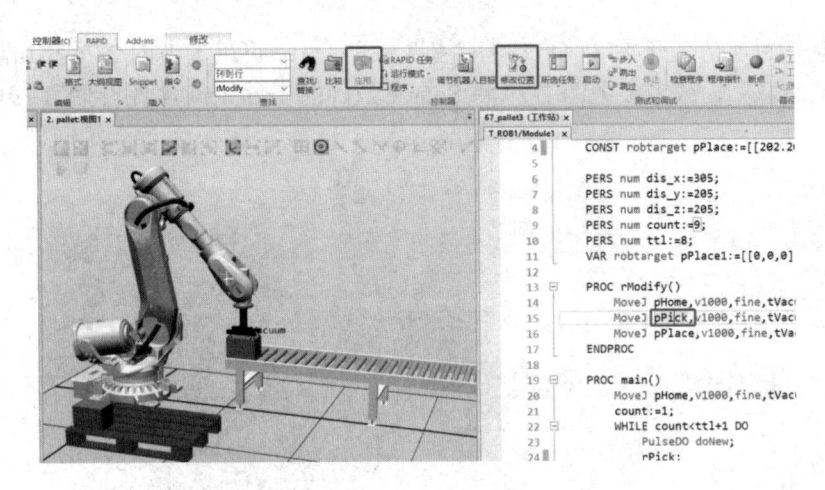

图 3-16

（10）单击"pPick"后，单击"RAPID"选项卡下的"修改位置"按钮，接着单击"应用"按钮，完成抓取点位置的示教。

（11）单击图 3-17 中"基本"选项卡下的"导入模型库"按钮，选择"设备"选项，选择并导入栈板模型。根据实际需要，调整栈板的位置。在"布局"选项卡下，复制一个产品 box，并将产生的新 box 重命名为 box_pallet。将 box_pallet 放置到栈板的相应位置，作为码垛产品的第一个放置位置，如图 3-17 所示。移动机器人到 box_pallet 的上表面中心位置，示教图 3-16 中的 pPlace 位置。

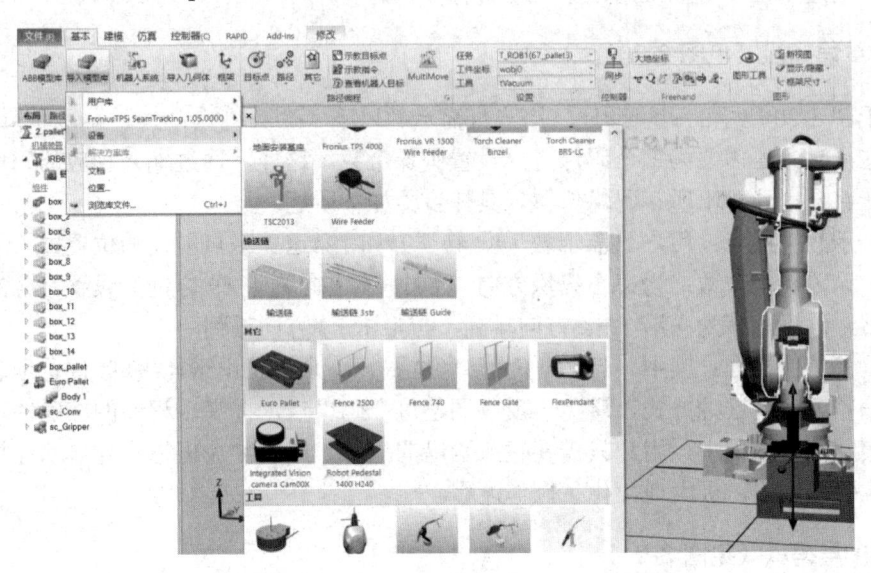

图 3-17

（12）移动机器人至合适的 Home 位置，在图 3-16 中示教 pHome 位置。

（12）单击图 3-18 中"仿真"选项卡下的"工作站逻辑"按钮。

（13）在弹出的对话框中，完成机器人信号和 sc_Conv 及 sc_Gripper 组件的信号连接。

（14）单击图 3-18 中的"播放"按钮，启动仿真。整个码垛工作站的运行效果如图 3-19 所示。

如果想在每次仿真开始以前自动清除新生成的产品，可以参考图2-76添加队列功能并通过信号清空队列，或者参考图2-79将Source组件的Transient属性设置为True来实现。

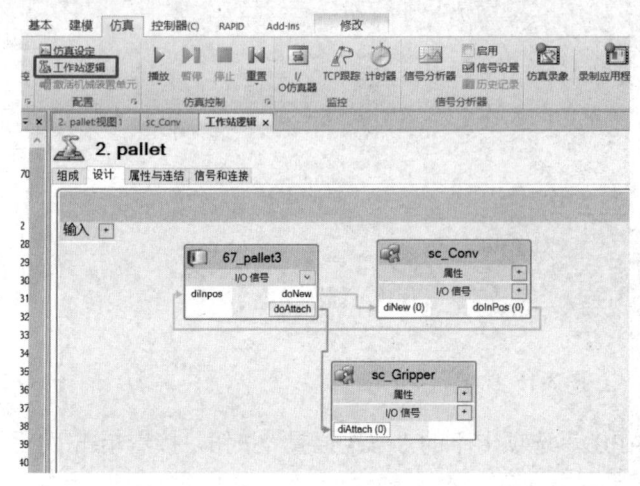

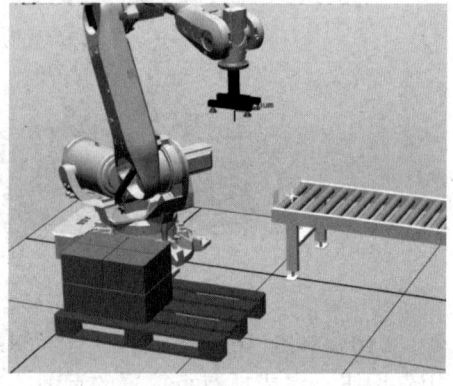

图 3-18

图 3-19

3.1.6 更通用的码垛程序框架

在3.1.4节中介绍的传统码垛程序虽然易于理解，但其步骤较为烦琐且不够通用。为简化并提高其通用性，可以采用以下方法进行优化。

1. 单层码垛（见图3-20）

对于图3-20所示的码垛顺序，用户只需示教以下4个关键点：1#、4#、9#和12#。在示教这些点时，还需要为每个码垛方向设置码垛个数。这样，通过输入相应的码垛序号，系统便能够自动计算出所有码垛位置。具体步骤如下所述。

（1）示教关键点：用户只需示教1#、4#、9#和12#这4个点所在的位置。

（2）设置码垛个数：为每个码垛方向（如1→4方向和1→9方向）设置对应的码垛个数。通常，码垛顺序为先沿1→4方向排列，再沿1→9方向排列。

（3）参考点校准：其中，12#点作为参考位置，用来修正由于4#和9#位置示教不准而导致的偏差。通过这种方式，避免了反复调整每个码垛点，提高了程序的准确性。

在实际使用过程中，用户只需要输入码垛的序号，系统便会根据序号自动计算出该位置的对应码垛位置，极大地简化了操作流程。

2. 多层码垛（见图3-21）

对于图3-21所示的多层码垛，程序会先根据用户输入的码垛序号，自动获取该序号所在的层数。通过获取层数，系统会自动进行z方向补偿，调整每一层的高度，以确保每个码垛位置都精确无误。

通过这种方式，即使是多层码垛任务，用户也只需简单输入码垛序号，系统即可自动处理所有相关计算，极大提升了自动化程度。

图 3-20

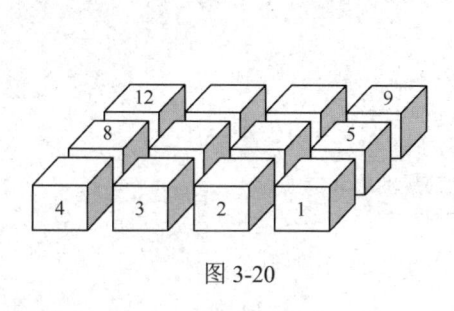

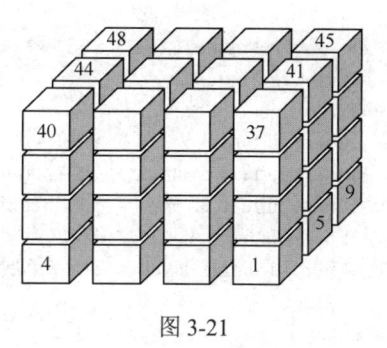

图 3-21

机器人通用的码垛框架程序如下：

```
MODULE Module1
    CONST robtarget pHome:=[[1020.017,-634.8773,1420.477],[3.348104E-08,0.7071067,0.7071069,-1.574063E-08],
[-1,-1,0,0],[9E+09,9E+09,9E+09,9E+09,9E+09,9E+09]];
    CONST robtarget pPick:=[[1154.73,140,700],[1.917893E-08,0.7071068,0.7071068,2.447107E-08],[0,0,1,0],
[9E+09,9E+09,9E+09,9E+09,9E+09,9E+09]];
    PERS num dis_z:=205;      !单层高度
    PERS num count:=1;
    PERS num ttl:=8;
    VAR robtarget pPlace1:=[[0,0,0],[1,0,0,0],[0,0,0,0],[9E9,9E9,9E9,9E9,9E9,9E9]];

    CONST robtarget pRef1:= *;
    CONST robtarget pRef2:= *;
    CONST robtarget pRef3:= *;
    CONST robtarget pRef4:= *;

    PROC rModify()
        MoveJ pHome,v1000,fine,tVacuum\WObj:=wobj0;
        MoveJ pPick,v1000,fine,tVacuum\WObj:=wobj0;
        MoveJ pRef1,v1000,fine,tVacuum\WObj:=wobj0; !示教第一个码垛点
        MoveJ pRef2,v1000,fine,tVacuum\WObj:=wobj0; !示教第一个方向最后一个码垛点
        MoveJ pRef3,v1000,fine,tVacuum\WObj:=wobj0; !示教第二个方向最后一个码垛点
        MoveJ pRef4,v1000,fine,tVacuum\WObj:=wobj0; !示教第一层最后一个码垛点
    ENDPROC

    FUNC robtarget getPalletPos2(num count,num row,num column,num layer,num layerHeight,robtarget
startpos,robtarget rowpos,robtarget columnpos,robtarget refpos)
        !   count: 当前第几个产品
        !   row: 第一个方向个数
        !   column: 第二个方向个数
        !   startpos: 码垛第一个点
        !   rowpos: 第一个方向的末端点
        !   columnpos: 第二个方向的末端点
        !   refpos: 最远端点
        !
        !   startpos  ---------->columnpos
        !   |              第二个方向    |
        !   |                            |
        !   |第一个方向                  |
        !   |                            |
        !   rowpos        ----------refpos
```

```
            VAR robtarget outpos1;
            VAR robtarget outpos2;
            VAR robtarget outpos3;
            VAR num current_row;          !根据 count 计算当前行
            VAR num current_column;       !根据 count 计算当前列
            VAR num current_layer;        !根据 count 计算当前层
            VAR num count_in_layer;       !获取当前是当前层的第几个
            VAR num ttl_single_layer;     !计算单层总个数

            IF count>row*column*layer THEN
                ErrWrite "Pallet Input Count ERROR","Pallet Input Count ERROR";
                stop;
            ELSE
                ttl_single_layer:=row*column;
                !获取单层总个数
                current_layer:=(count-1) DIV ttl_single_layer;
                !获取当前是第几层，获取除法的结果的整数部分
                count_in_layer:=(count-1) MOD ttl_single_layer;
                !获取当前是当前层的第几个，获取除法的结果的余数部分
                current_row:=(count_in_layer) MOD row;
                !获取当前是当前层的第几行，获取除法的结果的余数部分
                current_column:=Trunc((count_in_layer)/row);
                !获取当前是当前层的第几列，获取除法的结果的整数部分
                outpos1:=Interpolate_pose(startpos, rowpos, current_row/(row-1));
                !基于第 1 个点和 row 最后一个点计算
                outpos2:=Interpolate_pose(columnpos, r_efpos, current_row/(row-1));
                !基于 column 最后一点和单层最后一点计算
                outpos3:=Interpolate_pose(outpos1, outpos2, current_column/(column-1));
                !再次修正
                outpos3:=offs(outpos3, 0, 0, layerHeight*current_layer);
                !补偿高度
                RETURN outpos3;
            endif
        ENDFUNC

        FUNC robtarget Interpolate_pose(robtarget p_from,robtarget p_to,num alpha)
            !线性插补
            !当 alpha 等于 0，返回 p_from，当 alpha 等于 1，返回 p_to
            !当 alpha 在 0 和 1 之间时，返回 p_from 到 p_to 之间的直线上的一点
            !如果 alpha 小于 0，返回直线上位于 p_from 前的点
            !如果 alpha 大于 1，返回直线上位于 p_to 后的点
            VAR robtarget p:=[[0,0,0],[1,0,0,0],[0,0,0,0],[9E9,9E9,9E9,9E9,9E9,9E9]];
            p:=p_from;
            p.trans.x:=p_from.trans.x+(p_to.trans.x-p_from.trans.x)*alpha;
            p.trans.y:=p_from.trans.y+(p_to.trans.y-p_from.trans.y)*alpha;
            p.trans.z:=p_from.trans.z+(p_to.trans.z-p_from.trans.z)*alpha;
            RETURN p;
        ENDFUNC

        PROC main()
            reset doAttach;
            MoveJ pHome,vmax,fine,tVacuum\WObj:=wobj0;
```

```
        count:=1;
        WHILE count<((3*4*3)+1) DO
            PulseDO doNew;
            rPick;
            MoveJ pHome,vmax,z50,tVacuum\WObj:=wobj0;
            pPlace1:=getPalletPos2(count,3,4,3,dis_z,pref1,pref2,pref3,pref4);
            rplace;
            Incr count;
        ENDWHILE
        MoveJ pHome,vmax,fine,tVacuum\WObj:=wobj0;
    ENDPROC

    PROC rPick()
        MoveJ offs(pPick,0,0,200),vmax,z10,tVacuum\WObj:=wobj0;
        waitdi diInpos,1;
        MoveL pPick,v1000,fine,tVacuum\WObj:=wobj0;
        set doAttach;
        waittime 0.2;
        MoveL offs(pPick,0,0,200),vmax,z10,tVacuum\WObj:=wobj0;
    ENDPROC

    PROC rPlace()
        MoveJ offs(pPlace1,0,0,200),vmax,z10,tVacuum\WObj:=wobj0;
        MoveL pPlace1,v1000,fine,tVacuum\WObj:=wobj0;
        reset doAttach;
        waittime 0.2;
        MoveL offs(pPlace1,0,0,200),vmax,z10,tVacuum\WObj:=wobj0;
    ENDPROC
ENDMODULE
```

假设要完成如图 3-22 所示的机器人码垛程序,并且不需要建立 wobj(用户坐标系),用户可以使用以上代码,对 1#、4#、9#和 12#点进行示教,从而自动计算出所有码垛位置。

对于需要批量快速复制的产品,用户可以通过以下步骤来实现。

(1) 新建一个 Smart 组件,并在该组件中添加如图 3-23 所示的 MatrixRepeater 组件。

(2) 设置 MatrixRepeater 组件的相关属性。其中,Source 属性为选择需要复制的原始产品模型(要复制的单个产品);CountX、CountY、CountZ 属性分别为在 3 个方向上的复制个数,用户可以根据需要调整这些值来决定每个方向上产品的数量;OffsetX、OffsetY、OffsetZ 属性分别为 3 个方向上的偏移量,控制每个复制品在空间中的位置分布。

(3) 用户设置完以上属性后,单击"应用"按钮,系统将自动完成产品的快速复制,按设定的方向和偏移量生成多个产品。

(4) 对复制的产品进行位置和姿态的调整,以确保产品的摆放符合需求。

(5) 在调整产品位置后,为机器人进行码垛参考点位置的示教,确保机器人能够准确地抓取和码垛这些产品。

(6) 一旦所有的调整和示教工作完成,就可以选择隐藏复制的产品,这样可以在机器人控制过程中仅显示必要的部分,提高工作效率。

若希望在每次仿真开始时,RobotStudio 能自动清除新生成的产品,可以参考图 2-76 添加队列功能并通过信号清空队列,或者参考图 2-79 将 Source 组件的 Transient 属性设置为 True 来实现。

图 3-22　　　　　　　　　　　　　　　　图 3-23

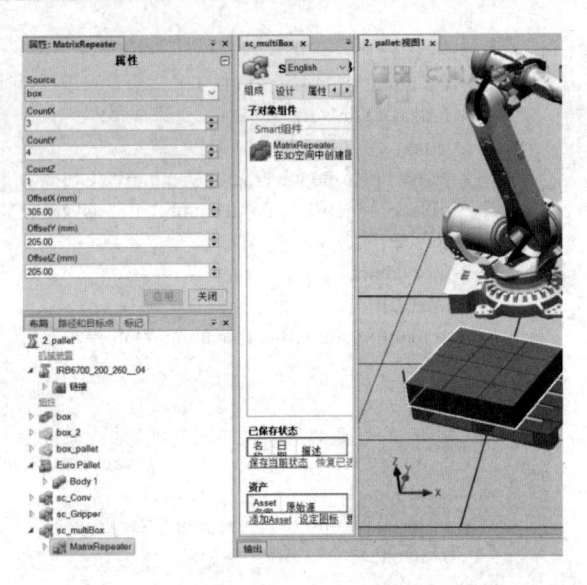

3.2　进阶码垛开发

在处理具有复杂、非规则垛型的码垛任务时，传统的偏移函数方法可能会导致计算复杂且易出错，尤其是当奇偶层的垛型不同，每层垛型也不规则时。手动编写偏移函数来计算每个码垛位置显得非常不方便。

假设存在图 3-24 所示的码垛情况（奇偶层垛型不同，且每层垛型都不规则），如果能够采用图形化拖曳方式生成垛型并自动计算码垛位置，将大大提高操作的便捷性和准确性。

图 3-24

3.2.1　图形化垛型配置软件

用户可以在 Visual Studio 中使用 C#编写如图 3-25 所示的垛型图形化配置软件。该软件的主要功能如下所述。

（1）创建等比例的示意栈板框。
（2）创建与实际大小等比例的产品，产品上有方向标识，有码垛序号。
（3）可以人为方便地移动和旋转产品。

（4）任意对换两个产品的码垛顺序。

（5）支持多个垛型的切换。

（6）支持垛型顺序的自定义（如第一层使用垛型1，第二层使用垛型2，第三层使用垛型1，第四层使用垛型2等）。

（7）保存并导出码垛配置文件。机器人在导入码垛配置文件后，只需示教第一个码垛位置，系统即可自动开始码垛作业。

（8）加载和修改码垛配置文件。

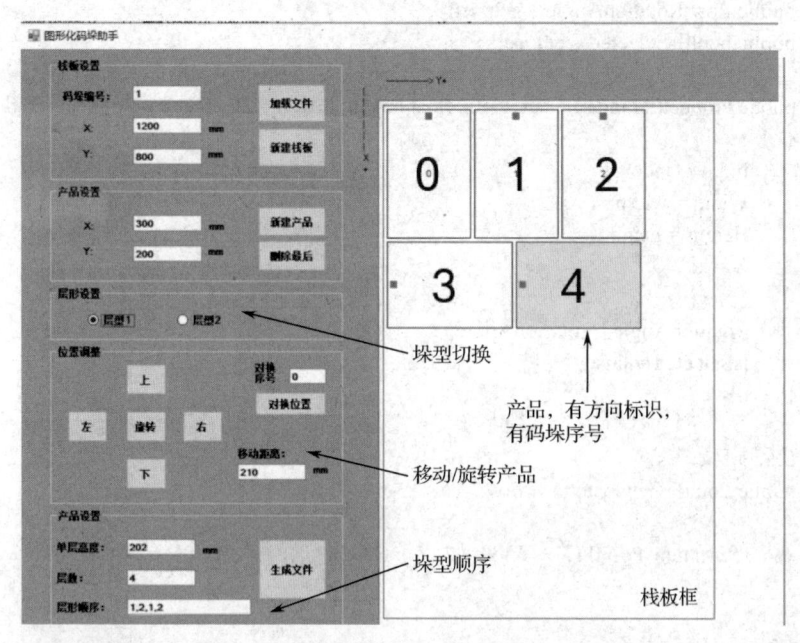

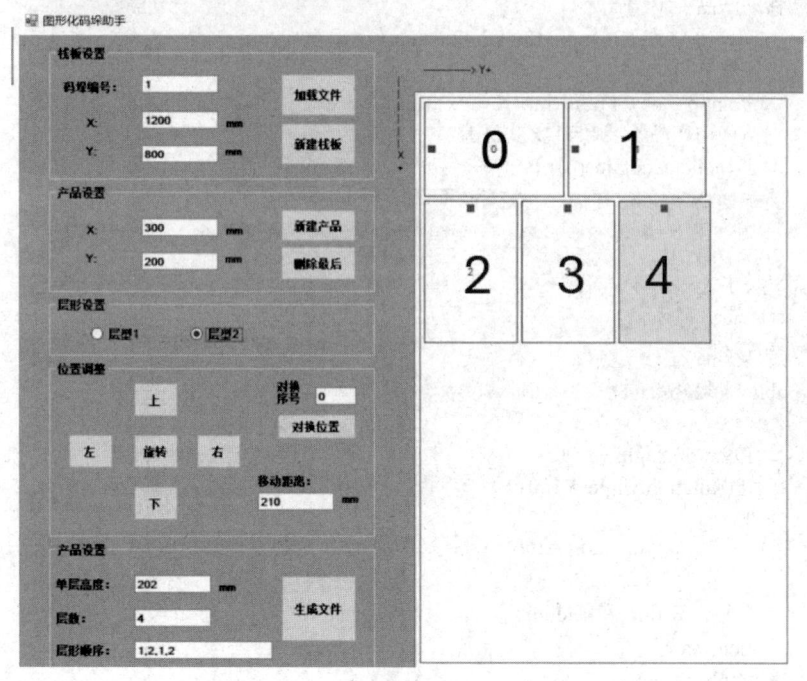

图 3-25

在 C#中创建 Product 类，具体如下所示。

```csharp
public class Product
{
    public int Index { get; set; }
    public float X { get; set; }
    public float Y { get; set; }
    public float Width { get; set; }
    public float Height { get; set; }
    public float RotationAngle { get; set; }
    public bool IsSelected { get; set; }

    public Product(int index, float width, float height, float x = 20, float y = 20, float rotationAngle = 0)
    {
        Index = index;
        Width = width;
        Height = height;
        X = x;
        Y = y;
        RotationAngle = rotationAngle;
        IsSelected = false;
    }

    //返回产品中心
    public PointF GetCenter()
    {
        return new PointF(X + Width / 2, Y + Height / 2);
    }

    //移动产品
    public void Move(float dx, float dy, Rectangle pallet)
    {
        Point p = new Point((int)(X + dx),(int)( Y + dy));
        //移动产品不要超出栈板范围
        if (pallet.Contains(p)) {
            X += dx;
            Y += dy;
        }
    }

    //旋转产品
    public void Rotate()
    {
        RotationAngle += 90;
        if (RotationAngle > 180)
        {
            RotationAngle = -90;
        }
        //交换 Width 和 Height
        float tmp;
        tmp = Width;
        Width = Height;
```

```csharp
        Height = tmp;
}

//绘制产品图
public void Draw(Graphics g)
{
    var rect = new RectangleF(X, Y, Width, Height);
    using (var brush = new SolidBrush(IsSelected ? Color.Yellow : Color.White))
    {
        g.FillRectangle(brush, rect);
    }
    using (var pen = new Pen(Color.Blue, 2))
    {
        g.DrawRectangle(pen, RectFToRect(rect));
    }
    //在中心显示码垛序号
    using (var font = new Font("Arial", 16))
    using (var brush = new SolidBrush(Color.Black))
    {
        var textSize = g.MeasureString(Index.ToString(), font);
        g.DrawString(Index.ToString(), font, brush, X + (Width - textSize.Width) / 2, Y + (Height - textSize.Height) / 2);
    }
    //绘制方向标志
    using (var brush = new SolidBrush(Color.Red))
    {
        var directionSquareSize = 16f;
        switch (RotationAngle)
        {
            case 0:
                g.FillRectangle(brush, X + Width / 2 - directionSquareSize / 2, Y + directionSquareSize / 2, directionSquareSize, directionSquareSize);
                break;
            case 90:
                g.FillRectangle(brush, X + directionSquareSize / 2, Y + Height / 2 - directionSquareSize / 2, directionSquareSize, directionSquareSize);
                break;
            case 180:
                g.FillRectangle(brush, X + Width / 2 - directionSquareSize / 2, Y + Height - 1.5f * directionSquareSize, directionSquareSize, directionSquareSize);
                break;
            case -90:
                g.FillRectangle(brush, X + Width - 1.5f * directionSquareSize, Y + Height / 2 - 0.5f * directionSquareSize, directionSquareSize, directionSquareSize);
                break;
        }
    }
}

// 鼠标单击的位置是否在产品内，用于修改产品的选中状态
public bool ContainsPoint(float x, float y)
{
```

```csharp
            var rect = new RectangleF(X, Y, Width, Height);
            return rect.Contains(x, y);
        }

        //浮点数 rectF 转为整型 rect
        private Rectangle RectFToRect(RectangleF rectF)
        {
            return new Rectangle((int)Math.Round(rectF.X), (int)Math.Round(rectF.Y), (int)Math.Round(rectF.Width), (int)Math.Round(rectF.Height));
        }
    }
```

实现其余功能的示意代码如下所示。

```csharp
        private int palletX = 200;
        private int palletY = 300;
        private float productX = 50;
        private float productY = 30;
        private float moveDistance = 10;
        private int singleLayerHeight = 50;
        private int numberOfLayers = 3;
        private string layerOrder = "1,2,1";

        private bool bPallet = false;
        private Rectangle recPallet = new Rectangle();
        private List<Product> products = new List<Product>();
        private List<Product> products1 = new List<Product>();
        private List<Product> products2 = new List<Product>();
        private Product selectedProduct;
        private float ratio = 0.5f; //显示比例

        private void BtnNewPallet_Click(object sender, EventArgs e)
        {
            //新建栈板，清空 products1 和 products2 列表
            …
            pictureBox1.Invalidate();
        }

        private void BtnNewProduct_Click(object sender, EventArgs e)
        {
            //新建产品
            ….
            products.Add(newProduct);
            SelectProduct(newProduct);
            pictureBox1.Invalidate();
        }

        private void BtnMove_Click(object sender, EventArgs e)
        {
            //移动
            if (selectedProduct == null) return;
            moveDistance = Convert.ToInt32(txtMoveDistance.Text.Trim());
            switch (((Button)sender).Text)
```

```csharp
        {
            //移动
        }
        pictureBox1.Invalidate();
}

//旋转产品
private void BtnRotate_Click(object sender, EventArgs e)
{
    if (selectedProduct != null)
    {
        selectedProduct.Rotate();
        pictureBox1.Invalidate();
    }
}
private void BtnDeleteLast_Click(object sender, EventArgs e)
{
    //删除最后一个产品
}

private void BtnSwapPosition_Click(object sender, EventArgs e)
{
    //交换两个产品
    pictureBox1.Invalidate();
}

private void SelectProduct(Product product)
{
    //选中产品
    pictureBox1.Invalidate();
}

private void PictureBox1_Paint(object sender, PaintEventArgs e)
{
    e.Graphics.ScaleTransform(ratio, ratio);
    //按 ratio 比例显示
    DrawPallet(e.Graphics);
    DrawProducts(e.Graphics);
}
private void pictureBox1_MouseClick(object sender, MouseEventArgs e)
{
    foreach (var product in products) //Check from topmost product
    {
        //返回的是 pictureBox 中的像素，是缩放后的像素，需要除以 ratio
        if (product.ContainsPoint(e.X / ratio, e.Y / ratio))
        {
            SelectProduct(product);
            return;
        }
    }
}
```

```csharp
        private void DrawPallet(Graphics g)
        {
            //绘制栈板
        }

        private void DrawProducts(Graphics g)
        {
            //绘制产品
            foreach (var product in products)
            {
                product.Draw(g);
            }
        }

        private void BtnSaveFile_Click(object sender, EventArgs e)
        {
            //保存文件
        }
```

生成的码垛配置文件 pallet1.txt 中的具体内容如下所示。用户需要将该文件复制到机器人系统的 Home 文件夹下，然后通过机器人控制系统导入并进行相应的示教，完成自动化码垛作业。

```
PalletX:1200         //栈板 X
PalletY:800          //栈板 Y
ProductX:300         //产品 X
ProductY:200         //产品 Y
Height:202           //产品 Z
LayerNo:4            //层数
PatternOrder:1,2,1,2 //每层垛型号
startCenterX:170     //第一个产品的中心位置，用于重新加载文件时计算
startCenterY:120
startAngle:0
Pattern1:5           //垛型 1，共 5 个产品
[0,0,0]              //相对于第一个产品的 x、y 和角度
[0,210,0]
[0,420,0]
[260,50,90]
[260,360,90]
Pattern2:5           //垛型 2，共 5 个产品
[-50,50,90]          //相对于第一个产品的 x、y 和角度
[-50,360,90]
[210,0,0]
[210,210,0]
[210,420,0]
```

3.2.2 机器人程序

在 ABB 机器人的 RAPID 中，新建一个模块文件 MPallet 用于存储与码垛相关的函数和指令。具体代码如下所示。

```
MODULE MPallet
    PERS pos pattern1{10}:=[[0,0,0],[0,210,0],[0,420,0],[260,50,90],
```

```
                    [260,360,90],[0,0,0],[0,0,0],[0,0,0],[0,0,0], [0,0,0]];
!垛型1的每个产品相对于1#位置的x、y和角度偏差
PERS pos pattern2{10}:=[[-50,50,90],[-50,360,90],[210,0,0],[210,210,0],
                    [210,420,0],[0,0,0],[0,0,0],[0,0,0], [0,0,0]];
!垛型2的每个产品相对于1#位置的x、y和角度偏差
PERS num patternOrder{10}:=[1,2,1,2,0,0,0,0,0,0];
!垛型顺序
PERS num patternCount{4}:=[5,5,0,0];
!每种垛型的产品个数
PERS num productX:=300;
PERS num productY:=200;
PERS num productZ:=202;
PERS num layer{10}:=[5,5,5,5,0,0,0,0,0,0];
!实际每层的个数
PERS bool hasPattern2:=TRUE;
!是否有垛型2
PERS num palletX:=1200;
PERS num palletY:=800;
PERS num layerCount:=4;
PERS num productTotal:=20;
VAR iodev iodevPallet;

PROC palletIni(num PalletNo)
    !初始化，根据PalletNo读取对应的palletX.txt文件
    VAR string s;
    VAR bool flag;
    hasPattern2:=FALSE;
    Open "HOME:"\File:="pallet"+valtostr(PalletNo)+".txt",iodevPallet\Read;
    palletX:=getData(ReadStr(iodevPallet),":");
    palletY:=getData(ReadStr(iodevPallet),":");
    productX:=getData(ReadStr(iodevPallet),":");
    productY:=getData(ReadStr(iodevPallet),":");
    productZ:=getData(ReadStr(iodevPallet),":");
    layerCount:=getData(ReadStr(iodevPallet),":");
    getData2 ReadStr(iodevPallet),":",patternOrder;
    s:=ReadStr(iodevPallet);
    s:=ReadStr(iodevPallet);
    s:=ReadStr(iodevPallet);
    patternCount{1}:=getData(ReadStr(iodevPallet),":");
    !垛型1的产品数量
    FOR i FROM 1 TO patternCount{1} DO
        getData3 ReadStr(iodevPallet),pattern1{i};
        !垛型1的所有产品数据
    ENDFOR

    IF hasPattern2 THEN
        patternCount{2}:=getData(ReadStr(iodevPallet),":");
        FOR i FROM 1 TO patternCount{2} DO
            getData3 ReadStr(iodevPallet),pattern2{i};
        ENDFOR
    ENDIF
    close iodevPallet;
```

```
            productTotal:=0;     !计算总个数和每层产品的个数
        FOR i FROM 1 TO layerCount DO
            IF patternOrder{i}=1 THEN
                productTotal:=productTotal+patternCount{1};
                layer{i}:=patternCount{1};
            ENDIF
            IF patternOrder{i}=2 THEN
                productTotal:=productTotal+patternCount{2};
                layer{i}:=patternCount{1};
            ENDIF
        ENDFOR
    ENDPROC

    !根据第一个产品的参考位置和现在的码垛序号，获取对应的码垛位置
    FUNC robtarget getPallet(robtarget pRef,num count)
        VAR num layerNo:=1;    !根据 count，计算在第几层
        VAR num countInLayer;
        VAR num tmpCount;
        VAR num ntmp;
        VAR num patternNo;
        VAR num offsX;
        VAR num offsY;
        VAR num offsRz;
        VAR robtarget pResult;
        tmpCount:=count-1;
        ntmp:=layer{1};
        !计算在第几层
        WHILE (tmpCount div ntmp)>0 DO
            incr layerNo;
            ntmp:=ntmp+layer{layerNo};
        ENDWHILE

        IF layerNo>1 THEN
            ntmp:=ntmp-layer{layerNo-1};
        endif
        countInLayer:=(tmpCount mod ntmp)+1;
        !计算在这一层的第几个

        patternNo:=patternOrder{layerNo};
        IF patternNo=1 THEN
            pResult:=offs(pRef,pattern1{countInLayer}.x,pattern1{countInLayer}.y,productZ*(layerNo-1));
            pResult.rot:=orientzyx(pattern1{countInLayer}.z,0,0)*pResult.rot;
        ENDIF
        IF patternNo=2 THEN
            pResult:=offs(pRef,pattern2{countInLayer}.x,pattern2{countInLayer}.y,productZ*(layerNo-1));
            pResult.rot:=orientzyx(pattern2{countInLayer}.z,0,0)*pResult.rot;
        ENDIF
        RETURN pResult;
    ENDFUNC

    FUNC num getData(string s,string sp)
    !输入 palletX:4，返回后面的数字
```

```
        VAR num c;
        VAR bool flag1;
        VAR string sPart;
        VAR num result;
        c:=StrFind(s,1,":");
        sPart:=StrPart(s,c+1,StrLen(s)-c);
        flag1:=StrToVal(sPart,result);
        RETURN result;
    ENDFUNC

    PROC getData2(string s,string sp,inout num result{*})
    !输入 patternOrder: 1,2,1,2,返回后面的数字到数组
        VAR num c;
        VAR bool flag1;
        VAR string sPart;
        VAR string stmp;
        VAR string stmp2;
        VAR num count:=1;

        c:=StrFind(s,1,":");
        sPart:=StrPart(s,c+1,StrLen(s)-c)+",";
        FOR i FROM 1 TO strlen(sPart) DO
            stmp:=StrPart(sPart,i,1);
            IF stmp<>"," THEN
                stmp2:=stmp2+stmp;
            ELSE
                flag1:=StrToVal(stmp2,result{count});
                IF result{count}=2 THEN
                    hasPattern2:=true;
                ENDIF
                incr count;
                stmp2:="";
            ENDIF
        ENDFOR
    ENDPROC

    PROC getData3(string s,inout pos p)
    !输入[1,2,3],直接将数据赋值到传入的 pos 类型数据
        VAR bool flag1;
        VAR pos p1;
        flag1:=StrToVal(s,p1);
        p:=p1;
    ENDPROC
ENDMODULE
```

使用 RAPID 编程语言编写机器人动作的相关程序。用户只需对如图 3-26 所示的第一个码垛位置进行示教。之后,用户可以将机器人代码和 pallet1.txt 文件复制到真实机器人进行测试。具体实现如下所示。

```
PROC rModify1()
    MoveL pStart1,v1000,fine,tVacuum\WObj:=wobj0;
ENDPROC
```

```
PROC main()
    palletIni 1;
    reset doAttach;
    MoveJ pHome,vmax,fine,tVacuum\WObj:=wobj0;
    count:=1;
    WHILE count<productTotal+1 DO
        PulseDO doNew;
        rPick;
        MoveJ pHome,vmax,z50,tVacuum\WObj:=wobj0;
        pPlace1:=getPallet(pStart1,count);
        rplace;
        Incr count;
    ENDWHILE
    MoveJ pHome,vmax,fine,tVacuum\WObj:=wobj0;
ENDPROC
```

图 3-26

第 4 章 随机位置物体的抓取与装箱

4.1 产生位置随机的物体

实际生产中,来料位置往往如图 4-1 所示不固定。因此,可以通过在来料上方安装相机,对产品进行拍照识别与定位,从而引导机器人进行抓取。

RobotStudio 中提供了随机(Random)的 Smart 组件,可以生成随机数。利用这些随机数配合 Source 组件,可以生成位置随机的新物体。

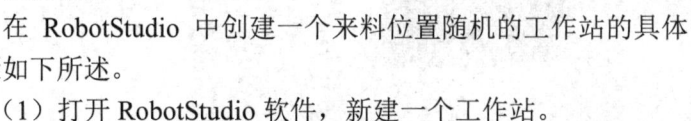

在 RobotStudio 中创建一个来料位置随机的工作站的具体步骤如下所述。

(1)打开 RobotStudio 软件,新建一个工作站。

(2)导入 IRB1200 机器人模型,并新建一个机器人系统。

图 4-1

(3)单击"建模"选项卡下的"固体"按钮,选择"矩形体"选项,创建一个尺寸为 400mm×400mm×400mm 的矩形体,作为桌子模型(table)。

(4)根据实际需要调整桌子的位置。

(5)单击"布局"选项卡下的桌子(table),在"修改"选项卡下,去除"可由传感器检测"属性的勾选,以确保桌子不被传感器检测。

(6)单击"建模"选项卡下的"固体"按钮,选择"矩形体"选项,创建一个尺寸为 70mm×30mm×2mm 的矩形体,作为物料模型(part1)。

(7)为后续方便参照 part1 的中心旋转,右键单击图 4-2 中"布局"选项卡下的 part1,在弹出的菜单中选择"修改"→"设定本地原点"选项。

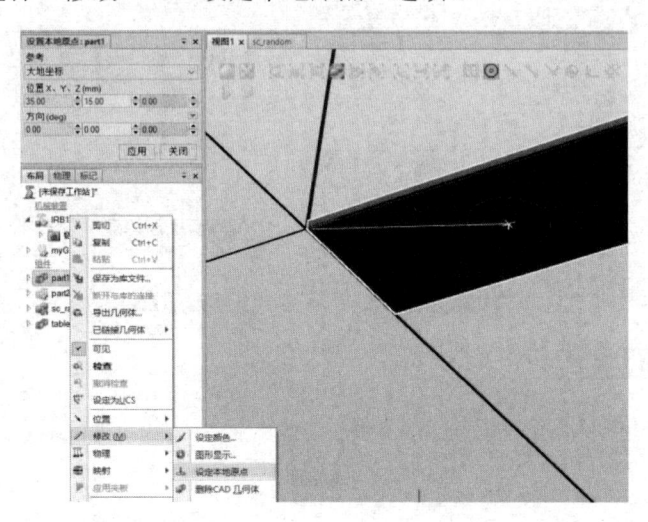

图 4-2

（8）在弹出的"设定本地原点"对话框中，单击"位置"标签下的输入框（确认被选中），并使用自动捕捉功能获取 part1 下表面的中心位置。

（9）单击 part1 下表面的中心位置，相关数据会自动填入"位置"标签下的输入框。

（10）单击"应用"按钮，完成本地原点的设置。

（11）将 part1 放置到桌子表面中心的位置，如图 4-3 所示，桌子上表面中心的坐标为（500.00,0.00,400.00）。

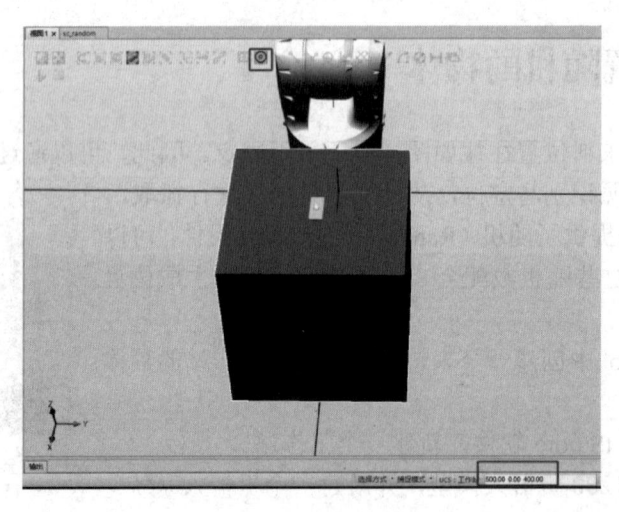

图 4-3

（12）单击"建模"选项卡下的"Smart 组件"按钮，新建一个 Smart 组件，并重命名为 sc_random。

（13）在图 4-4 所示的 sc_random 组件的"设计"选项卡下，添加并设置相关信号和组件的属性（见表 4-1 和表 4-2）。

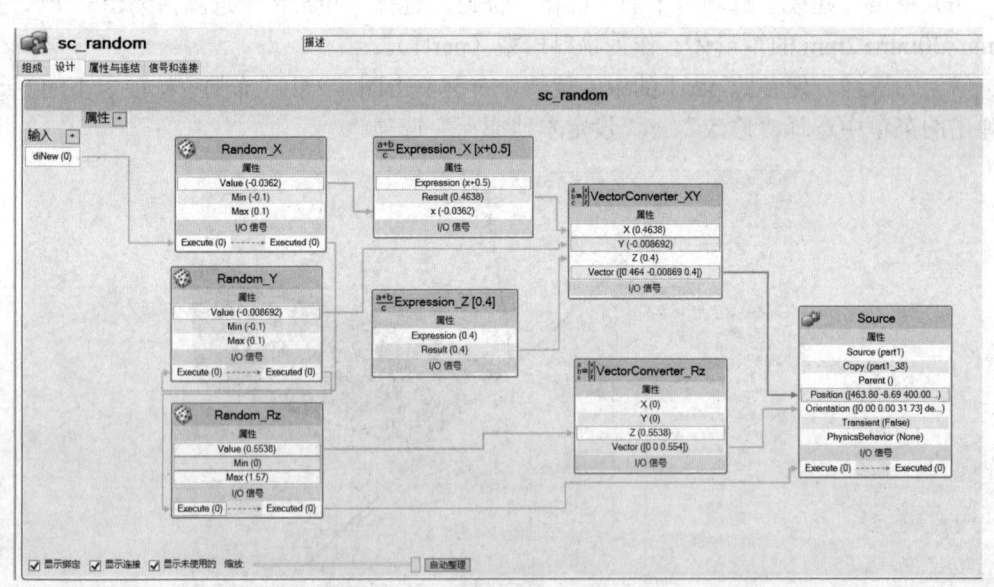

图 4-4

表 4-1 相关组件的介绍

Smart 组件	功 能	属 性	输 入	输 出
Random	生成一个随机数	Value：在 Min 和 Max 之间的随机数 Min：最小值 Max：最大值	Execute：设定为 high(1) 去生成一个新的随机数	Executed：当操作完成就变成 high(1)
Expression	数学表达式	Expression： 支持 +、-、*、/、^(power), sin, cos, tan, asin, acos, atan, atan2, sqrt, abs, pi 等，如 2*x+y，会自动创建输入 x 和 y Result：内容为求值的结果		
VectorConverter	Vector 和 X、Y、Z 之间的转换	X：x 值 Y：y 值 Z：z 值 Vector：向量值		

表 4-2 sc_random 组件中相关组件和信号的功能与属性设置

信号或组件	功 能	属 性 设 置
diNew	信号触发整个组件，产生一个新的位置随机的产品（part1）的复制品	设置自动复位属性
Random_X	设置新产品在 x 方向上的随机偏差	Max：0.1，单位为 m Min：-0.1，单位为 m （VectorConverter 会把单位"m"自动转化成"mm"）
Random_Y	设置新产品在 y 方向上的随机偏差	Max：0.1，单位为 m Min：-0.1，单位为 m
Random_Rz	设置新产品在旋转方向上的随机偏差	Max：1.57，单位为 rad Min：0，单位为 rad
Expression_X	基于标准位置的偏移	表达式为 x+0.5，此处 0.5 是 table 中心的 x 坐标。（由于 table 中心的 y 坐标为 0，此处不使用表达式计算）
Expression_Z	标准位置时在 z 方向上的高度	表达式为 0.4，此处 0.4 是 table 中心的 z 坐标
VectorConverter_XY	将 X、Y、Z 转为 Vector	
VectorConverter_Rz	将 Rz 偏差数据（弧度）转为向量（角度）	
Source	基于 Position 和 Orientation 属性，复制一个产品	Sourse：属性为创建的 part1 Position：VectorConverter_XY 转化后的 Vector Orientation：VectorConverter_Rz 转化后的 Vector

sc_random 组件的设计逻辑（见图 4-4）具体如下所述。

① diNew 信号触发 Random_X 组件，Random_X 组件产生随机偏差 Value，并将 Value 传递给 Expression_X 组件的属性 x。

② Expression_X 组件接收到 Value 后，加上原始数据 0.5（table 中心的 x 坐标），得到其 Result 属性。将 Result 属性传递给 VectorConverter_XY 组件的 X 属性。

③ Expression_Z 组件将其自己的 Result 属性（table 中心的 z 坐标）传递给 VectorConverter_XY 组件的 Z 属性。

④ Random_X 组件执行成功信号 Executed, 触发 Random_Y 组件产生随机偏差 Value, 并将 Value 传递给 VectorConverter_XY 的属性 Y。

⑤ Random_Y 组件执行成功信号 Executed, 触发 Random_Rz 组件产生随机偏差 Value, 并将 Value 传递给 VectorConverter_Rz 的属性 Z。

⑥ VectorConverter_XY 组件将转化后的 Vector 属性传递给 Source 组件的 Position 属性。

⑦ VectorConverter_Rz 组件将转化的 Vector 属性传递给 Source 组件的 Orientation 属性。

⑧ Random_Rz 组件执行成功信号 Executed 触发 Source 组件复制一个新产品。

（14）完成以上设置后，双击图 4-5 中"布局"选项卡下的 sc_random 组件。在弹出的"属性：sc_random"对话框中，单击"diNew"按钮，测试是否产生位置随机的新物体。

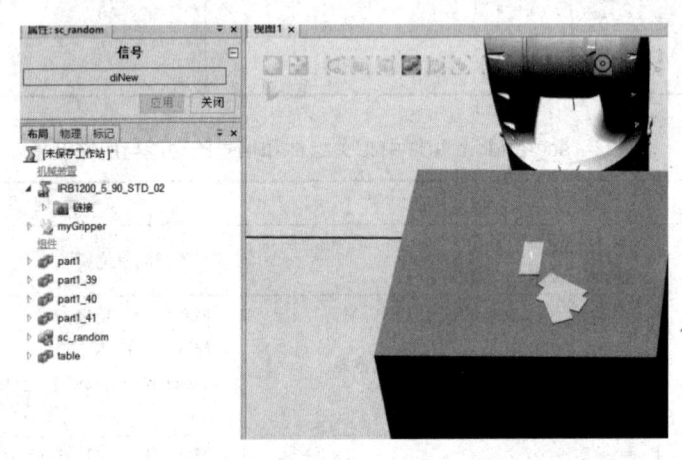

图 4-5

4.2 物体位置数据与机器人交互

Smart 组件产生的物体偏差数据，可以通过 RapidVariable 组件来实现传递。具体实现如下所述。

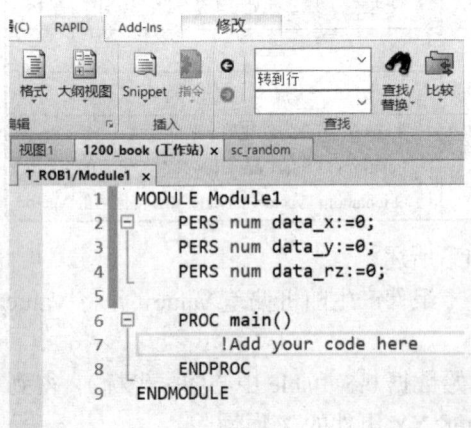

（1）如图 4-6 所示，在"RAPID"选项卡下，新建 data_x、data_y 和 data_rz 数据，用来存储 Smart 组件传递的原始数据。

（3）在"布局"选项卡下，右键单击前文创建的 sc_random 组件，在弹出的菜单中选择"编辑组件"选项。

（4）如图 4-7 所示，在"设计"选项卡下，添加 3 个 RapidVariable 组件，其具体功能和属性设置见表 4-3 和见表 4-4。

图 4-6

第 4 章 随机位置物体的抓取与装箱

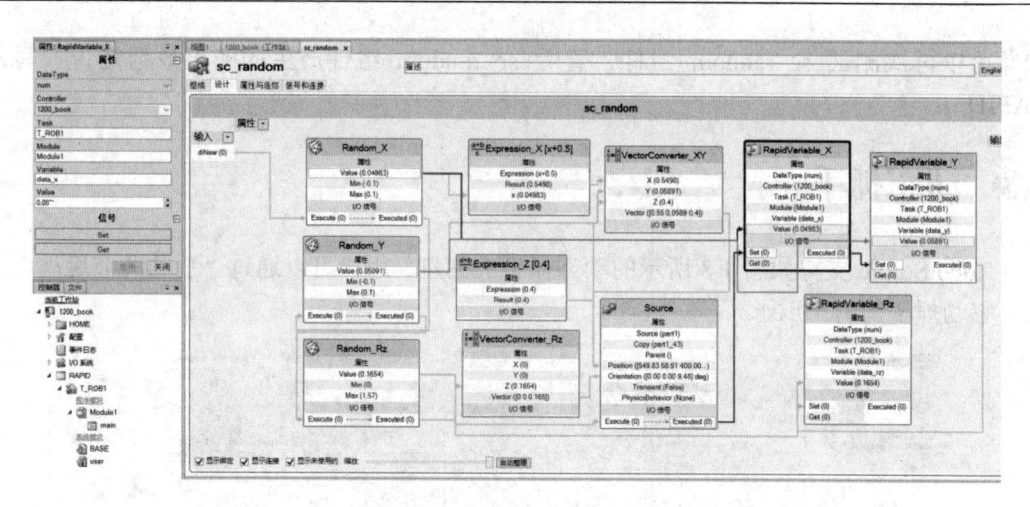

图 4-7

表 4-3 RapidVariable 组件的功能介绍

Smart 组件	功 能	属 性	输 入	输 出
RapidVariable	生成一个随机数	DataType：变量的 RAPID 数据类型 Controller：控制器名称 Task：任务名称 Module：模块名称 Variable：RAPID 变量的名称 Value：RAPID 变量的值	Set：设置为"high(1)"，以设置该值 Get：设置为"high(1)"，以获得该值	Executed：当操作完成就变成 high(1)

表 4-4 RapidVariable 组件的属性设置

组 件	属 性 设 置
RapidVariable_X	Task：T_ROB1 Module：module1（RAPID 中的模块名字） Variable：data_x（RAPID 中的变量名字）
RapidVariable_Y	Task：T_ROB1 Module：module1（RAPID 中的模块名字） Variable：data_y（RAPID 中的变量名字）
RapidVariable_Rz	Task：T_ROB1 Module：module1（RAPID 中的模块名字） Variable：data_rz（RAPID 中的变量名字）

修改后的 sc_random 组件的设计逻辑具体如下所述。

① 将 Random_X 组件的 Value 属性传递给 RapidVariable_X 的 Value 属性。

② 将 Random_Y 的 Value 属性传递给 RapidVariable_Y 的 Value 属性。

③ 将 Random_Rz 的 Value 属性传递给 RapidVariable_Rz 的 Value 属性。

④ Source 组件执行成功信号 Executed，触发 RapidVariable_X 组件的 Set 信号，将 Value 数据写入 RAPID 中的 data_x 数据。

⑤ RapidVariable_X 组件执行成功信号 Executed，触发 RapidVariable_Y 组件的 Set 信号以及 RapidVariable_Rz 组件的 Set 信号，完成数据的写入。

可以再次测试 sc_random 组件，查看 sc_random 组件产生的随机数据是否被写入 RAPID 中。

4.3 动态抓手

RobotStudio 支持如图 4-8 所示的动态抓手的创建。用户可以通过"手动关节运动"方式，移动抓手的两个爪子。

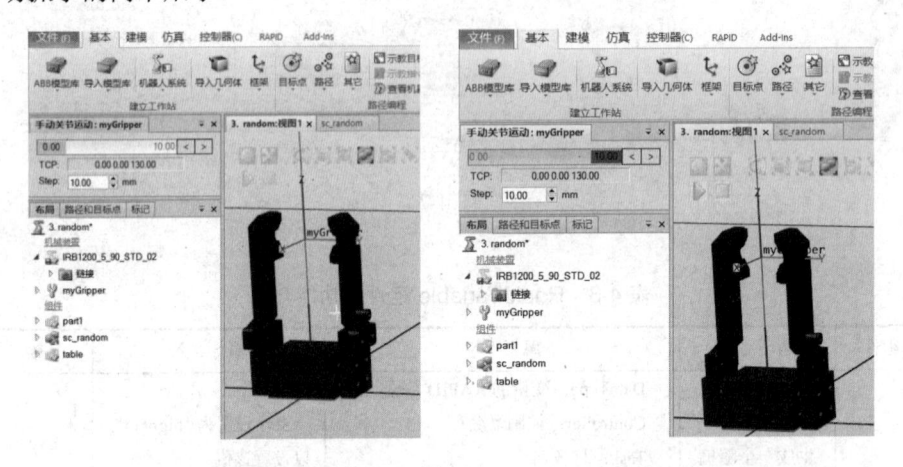

图 4-8

创建动态抓手机械装置的步骤如下所述。

（1）单击图 4-9 中"基本"选项卡下的"导入几何体"按钮，导入抓手的 3 个部件，即右气爪、左气爪、气爪底座。

（2）单击"建模"选项卡下的"创建机械装置"按钮。如图 4-10 所示，在弹出的对话框中，修改"机械装置模型名称"为 myGripper；"机械装置类型"选择为"工具"。机械装置类型具体见表 4-5。

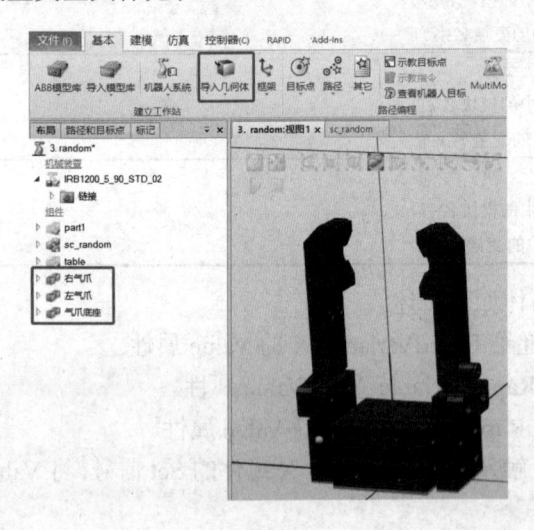

图 4-9 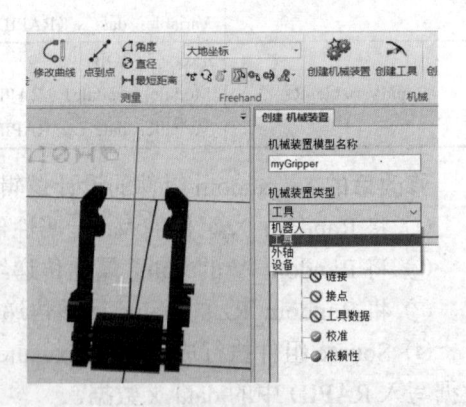　　　　　　　　　　　　　图 4-10

表 4-5 机械装置类型

机 器 人	工 具	外 轴	设 备
可以使用控制器直接控制的模型，RobotStudio 不支持控制器直接控制自定义 6 轴串联结构机器人	可以动态运动，带有 TCP	可以由机器人驱动直接控制，包括伺服焊枪、导轨、变位机等	可以动态运动，无 TCP

（3）右键单击图 4-10 中的"链接"选项，在弹出的菜单中选择"添加链接"选项。如图 4-11 所示，在弹出的对话框中添加 L1 链接、L2 链接和 L3 链接。其中，对于 L1 链接（气爪底座），需要勾选"设置为 BaseLink"属性。

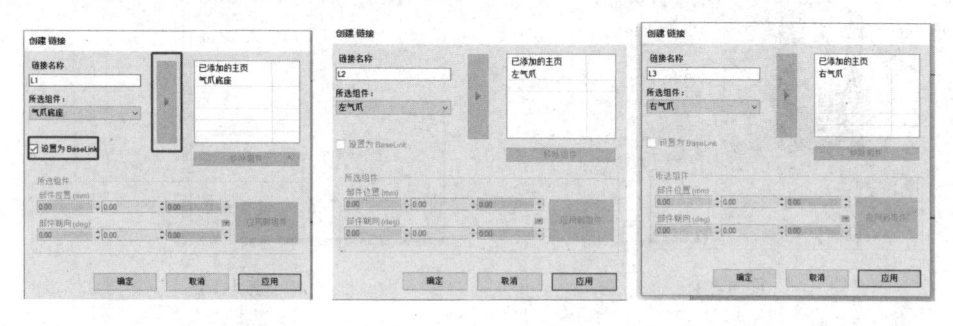

图 4-11

（4）右键单击图 4-10 中的"接点"选项，在弹出的菜单中选择"添加接点"选项。

（5）在弹出的对话框中，分别创建两个接点。其中，第一个"接点"J1 的设置如图 4-12（a）所示，选择"往复的"属性（表示直线运动），设置"Axis Direction（mm）"属性的 Y 数据为 1（表示运动方向），设置"最大限值（mm）"为 10.00mm。可以通过单击"操纵轴"滑动块并左右拖动，测试该接点的运动方向和限位是否正确。第二个"接点"J2 的相关设置如图 4-12（b）所示。注意，右气爪相对底座运动，故第二个"接点"J2 的父链接选择 L1，同时取消"启动"属性的勾选。

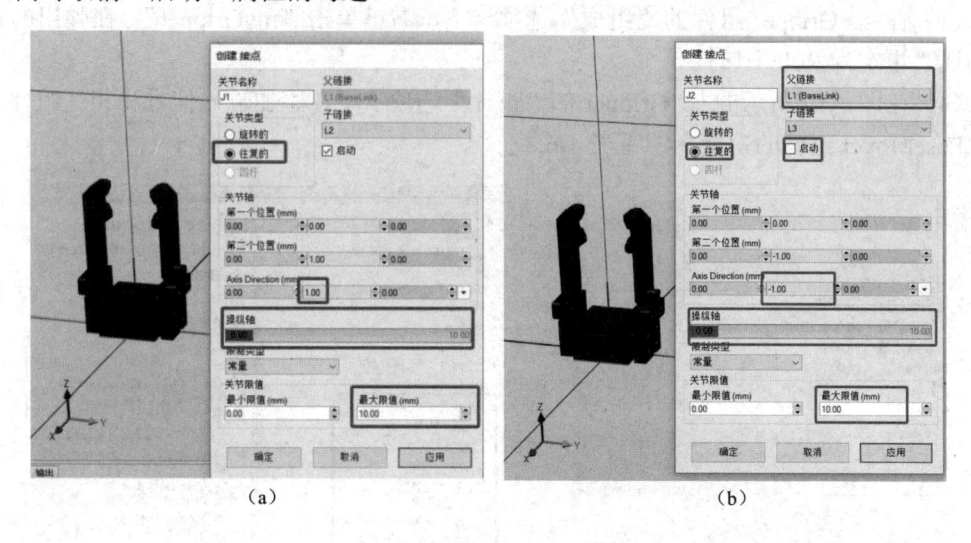

（a）　　　　　　　　　　（b）

图 4-12

（6）右键单击图 4-10 中的"工具数据"选项，在弹出的菜单中选择"添加"选项。

（7）在弹出的对话框中，参考图 4-13 设置 TCP 的位置。

（8）右键单击图 4-10 中的"依赖性"选项，在弹出的菜单中选择"添加"选项。

（9）如图 4-14 所示，在弹出的对话框中，设置"关节"为"J2"、"LeadJoint"为"J1"，"系数"为 1（J2 完全跟随 J1 移动）。

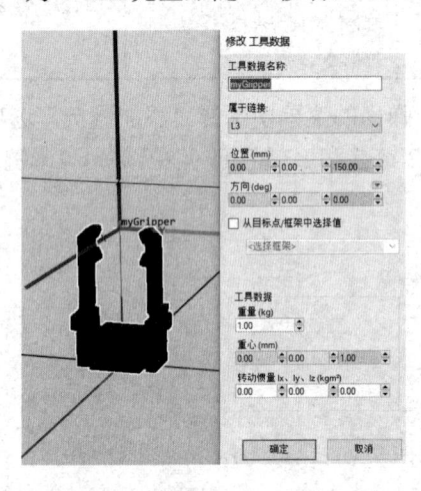

图 4-13

图 4-14

（10）单击图 4-15 中的"添加"按钮，添加"close"和"open"的姿态值。此功能便于后期机器人通过 IO 控制抓手运动。

（11）单击"编译机械装置"按钮，完成机械装置的创建。

后续需要使用该动态抓手实现抓取动作，具体实现如下所述。

（1）单击"建模"选项卡下的"Smart 组件"按钮，新建一个 Smart 组件，并重命名为 sc_Gripper。

（2）在图 4-16 所示的"布局"选项卡下，将前文创建的机械装置 myGripper 拖入 sc_Gripper 组件。

（3）在 sc_Gripper 组件的"组成"选项卡下，右键单击"myGripper"，在弹出的菜单中勾选"设定为 Role"属性。

（4）在图 4-17 所示的 sc_Gripper 的"设计"选项卡下，添加输入信号和相关组件。其中，PoseMover 组件的功能介绍见表 4-6。

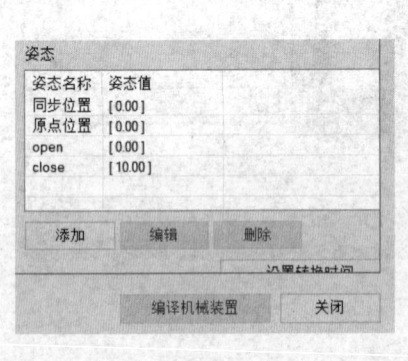

图 4-15

图 4-16

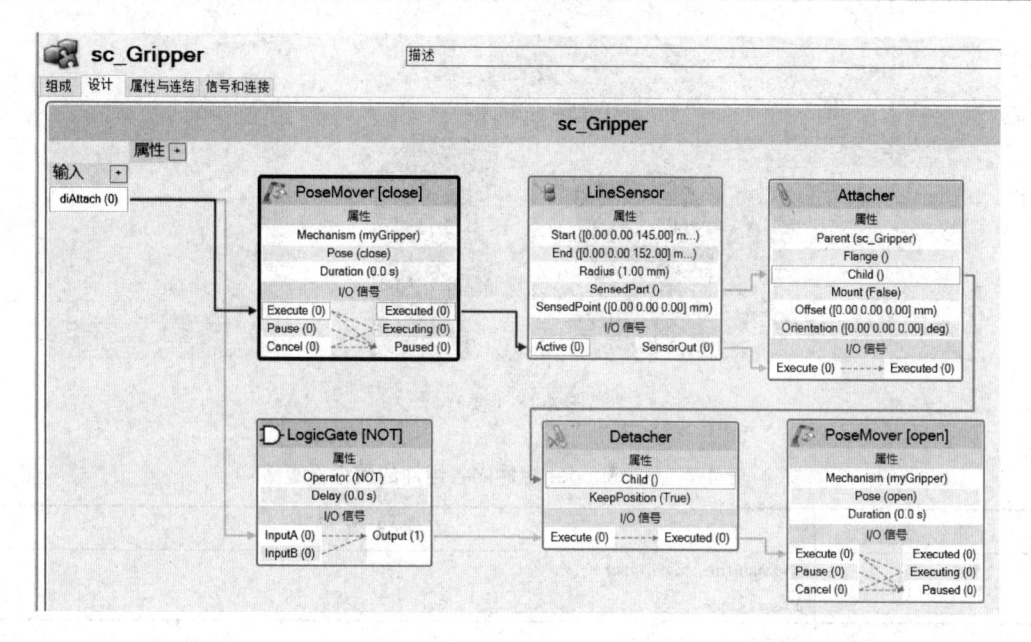

图 4-17

表 4-6　PoseMover 组件的功能介绍

Smart组件	功　能	属　性	输　入	输　出
PoseMover	机械装置移动一个定义位置	Mechanism：移动机械装置 Pose：目标位置 Duration：运行时间	Execute：设定为 high(1)，开始移动 Pause：设定为 high(1)，暂停移动 Cancel：设定为 high(1)，取消移动	Executed：当移动完成后变成 high(1) Executing：移动的时候变成 high(1) Paused：当移动被暂停变为 high(1)

sc_Gripper 组件内各组件的属性设置见图 4-18 和表 4-7。

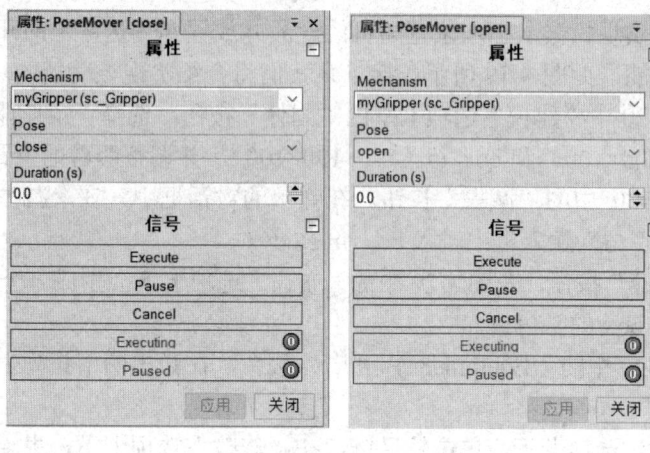

图 4-18

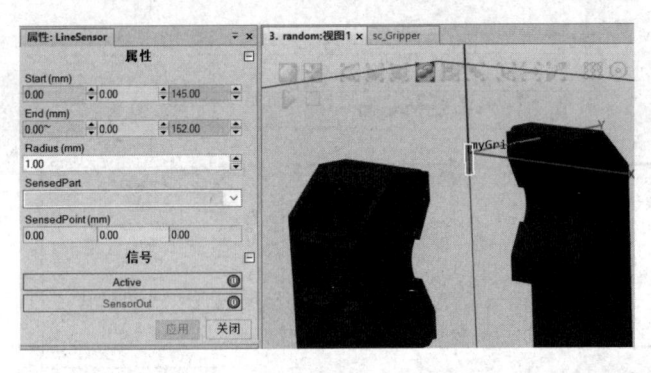

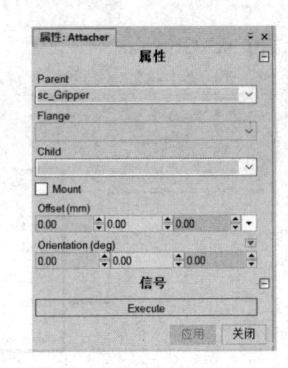

图 4-18（续）

表 4-7　sc_Gripper 组件内各组件的属性设置

组　件	属　性　设　置
PoseMover [close]	Mechanism：myGripper Pose：close
PoseMover [open]	Mechanism：myGripper Pose：open
Attacher	Parent：sc_Gripper
LineSensor	Start 属性位置低于 TCP 位置，End 属性位置高于 TCP 位置，使 LineSensor 能与产品有交集 Radius：1mm

（5）按照上述内容，完成 sc_Gripper 组件的配置。

（6）在图 4-16 中的"布局"选项卡下，将 sc_Gripper 拖曳到"IRB1200"上实现安装。

（7）为便于后续 RAPID 代码的编写，单击"基本"选项卡下的"同步到 RAPID"按钮，将 TCP 数据下载到 RAPID。

4.4　产品装箱

本工作站需要实现机器人抓取位置随机的产品并放置到输送链上的开口箱（box）内，完成装箱动作的功能，如图 4-19 所示。接下来我们将介绍实现该功能的具体步骤。

（1）单击图 4-20 中"建模"选项卡下的"固体"按钮，选择"矩形体"选项，新建矩形 box_out（200×200×100）和 box_in（190×190×100），并调整两者的位置。

（2）单击图 4-20 中的"减去"按钮。在弹出的对话框中，在"减去"输入框中输入 box_out-Body；在"与"输入框中输入 box_in-Body。

（3）单击"创建"按钮，在图 4-20 中的"布局"选项卡下会生成一个新的 box。此时，可以根据需要设置 box 的颜色。

（4）单击图 4-20 中的"Equipment Builder"按钮，在弹出的下拉列表中选择并创建一个输送链模型。

（5）在"布局"选项卡下，单击输送链，在"修改"选项卡下，去除"可由传感器检测"属性。

（6）将新建的 box 放置到输送链上。在"布局"选项卡下，复制一个之前创建的 part1，并将其重命名为 part2。将 part2 移动到 box 内，作为机器人装箱的标准位置。

图 4-19　　　　　　　　　　　　　　图 4-20

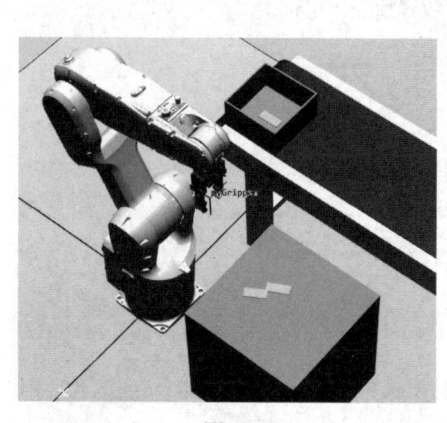

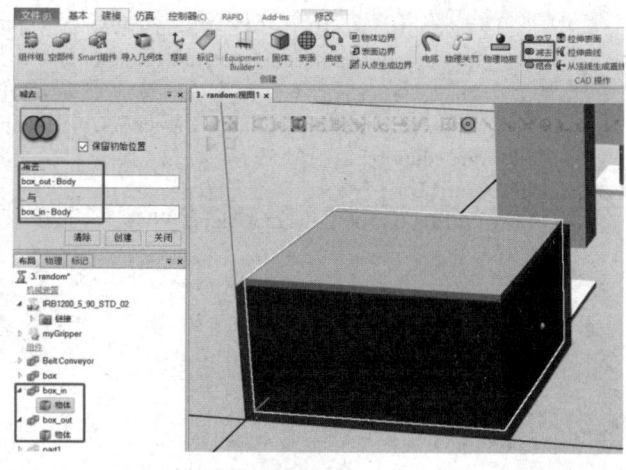

（7）在"控制器（C）"选项卡下，新建机器人系统的输出信号 doNew 和 doAttach。

（8）单击"RAPID"选项卡，在该选项卡下，参考以下代码编写基于随机位置偏差数据的机器人抓取和放置程序（放置 6 层）。

```
MODULE Module1
    PERS num data_x:=-0.0808434;
    PERS num data_y:=-0.00156372;
    PERS num data_rz:=1.10008;

    CONST robtarget pPick:=[[500,8.611545E-28,399.9999],[3.956182E-08,4.240734E-30,-1,-1.855937E-30],[0,0,-1,0],[9E+09,9E+09,9E+09,9E+09,9E+09,9E+09]];
    CONST robtarget pPlace:=[[99.99997,440,503.9999],[1.018069E-09,-6.716386E-09,1,-8.111262E-08],[0,-1,0,0],[9E+09,9E+09,9E+09,9E+09,9E+09,9E+09]];
    CONST robtarget pHome:=[[265.7673,-2.354569,597],[3.508358E-09,3.995535E-09,-1,7.220584E-08],[-1,-1,-1,0],[9E+09,9E+09,9E+09,9E+09,9E+09,9E+09]];
    VAR robtarget pPick1;        !计算的临时新抓取位置
    VAR robtarget pPlace1;       !计算的临时新放置位置
    PERS num count:=7;
    PERS num height:=3;          !单层高度

    PROC rModify()
        MoveJ pHome,v1000,fine,myGripper\WObj:=wobj0;     !Home 位置
        MoveJ pPick,v1000,fine,myGripper\WObj:=wobj0;     !标准抓取位置
        MoveJ pPlace,v1000,fine,myGripper\WObj:=wobj0;    !标准放置位置
    ENDPROC

    PROC getData()
        pPick1:=Offs(pPick,data_x*1000,data_y*1000,0);              !获取的偏差数据的单位为米
        pPick1.rot:=OrientZYX(data_rz/3.1416*180,0,0)*pPick.rot;    !获取的偏差角度的单位是弧度
    ENDPROC

    PROC main()
        MoveJ pHome,v1000,fine,myGripper\WObj:=wobj0;
        count:=1;
        WHILE count<7 DO
            rPick;
```

```
            MoveJ pHome,v1000,z10,myGripper\WObj:=wobj0;
            pPlace1:=Offs(pPlace,0,0,height*(count-1));    !每次放置增加一层位置
            rPlace;
            MoveJ pHome,v1000,z10,myGripper\WObj:=wobj0;
            Incr count;
        ENDWHILE
        MoveJ pHome,v1000,fine,myGripper\WObj:=wobj0;
    ENDPROC

    PROC rPick()
        PulseDO doNew;
        WaitTime 0.5;
        getData;
        waittime 0.5;
        MoveJ Offs(pPick1,0,0,20),v1000,z10,myGripper\WObj:=wobj0;
        MoveL pPick1,v1000,fine,myGripper\WObj:=wobj0;
        Set doAttach;
        WaitTime 0.2;
        MoveL Offs(pPick1,0,0,20),v1000,z10,myGripper\WObj:=wobj0;
    ENDPROC

    PROC rPlace()
        MoveJ Offs(pPlace1,0,0,100),v1000,z10,myGripper\WObj:=wobj0;
        MoveL pPlace1,v1000,fine,myGripper\WObj:=wobj0;
        Reset doAttach;
        WaitTime 0.2;
        MoveL Offs(pPlace1,0,0,100),v1000,z10,myGripper\WObj:=wobj0;
    ENDPROC
ENDMODULE
```

（9）使用 Freehand 和自动捕捉功能，移动机器人抓手到图 4-21 所示的标准抓取位置（part1）。

（10）单击图 4-21 中的 pPick，再单击"修改位置"和"应用"按钮，完成示教。

（11）移动机器人到开口箱内的 part2 的上表面中心位置，示教 pPlace 位置。根据需要示教 pHome 位置。

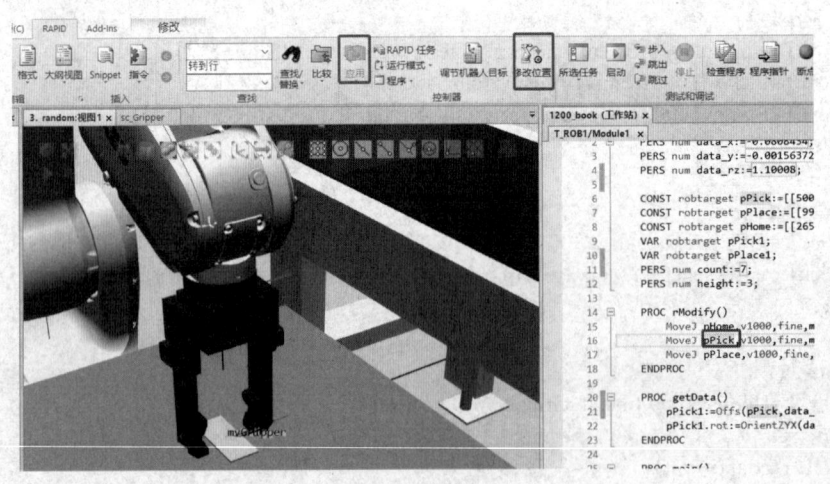

图 4-21

工作站逻辑连接如图 4-22 所示。在"布局"选项卡下，分别右键单击 part1 和 part2，在弹出的菜单中去除"可见"属性（隐藏）。选择"仿真运行"选项，此时即可对工作站进行测试。

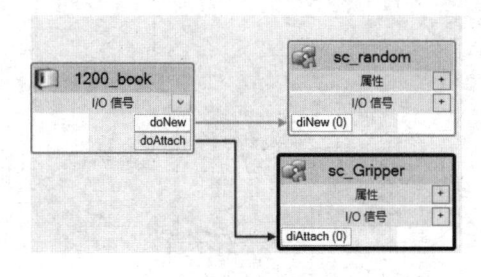

图 4-22

4.5 装有产品的箱子移动与消除

前文已经实现了机器人动态抓手控制功能，并且基于产品的位置偏差数据来执行多个产品的抓取及放置到箱子（box）的任务。

本节将介绍机器人如何将 6 个产品装箱到一个箱子内，并将该箱子与其中的多个产品一起移动到输送链末端，然后使箱子和产品一起消除，如图 4-23 所示。

（1）由于涉及多个产品的消失，因此需要使用"组件组"功能，并使用 Smart 组件消除整个"组件组"。单击图 4-24 中"建模"选项卡下的"组件组"，新建一个"组件组"，并重命名为 group_box。

（2）在"布局"选项卡下，将前文创建的开口箱 box 拖入 group_box。后续仿真时，可以将 group_box 隐藏。

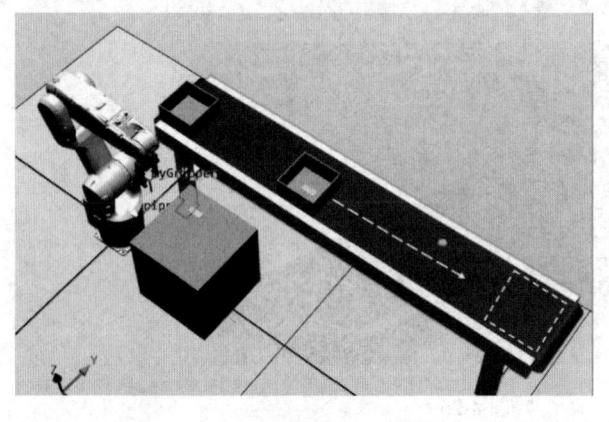

图 4-23　　　　　　　　　　　图 4-24

（3）新建一个 Smart 组件，并将其重命名为 sc_Conv。

（4）如图 4-25 所示，在 sc_Conv 组件的"设计"选项卡下，插入 3 个输入信号，即 diNew、diMove 和 diAttach，以及一个输出信号 doSinked（表示整个 box 消除成功）。

（5）添加图 4-25 中所示的其他组件并设置各组件相应的属性（见图 4-26）。其中，SetParent、GetParent 和 Sink 组件的功能介绍见表 4-8。

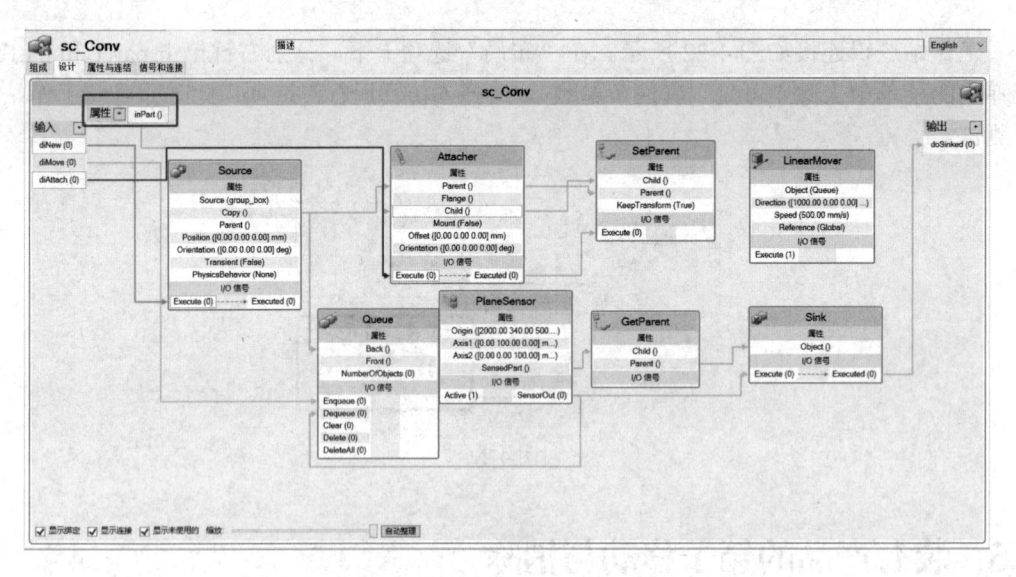

图 4-25

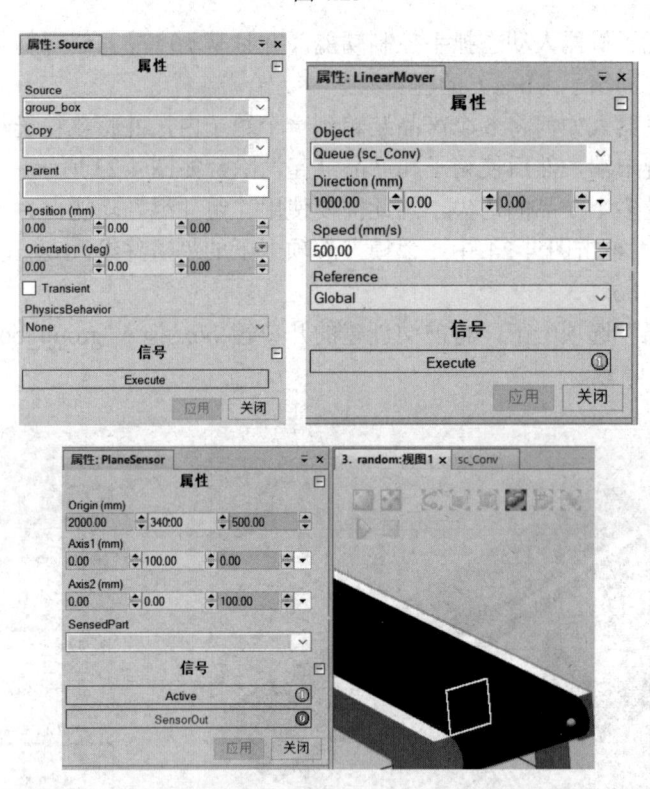

图 4-26

表 4-8 SetParent、GetParent 和 Sink 组件的功能介绍

Smart 组件	功　能	属　性	输　入	输　出
SetParent	设置图形组件的父对象	Child：子对象 Parent：新建父对象 KeepTransform：保持子对象的位置和方向	Execute：执行	

续表

Smart 组件	功　能	属　性	输　入	输　出
GetParent	获取图形组件的父对象	Child：子对象 Parent：父级	Execute：执行	
Sink	删除图形组件	Object：要删除的对象	Execute：设定为 high(1)，消除对象	Executed：操作完成

（6）单击图 4-25 中的"属性"按钮，为 sc_Conv 组件添加动态属性 inPart（用于接收抓手放置到 box 里的产品 part1）。

（7）如图 4-27 所示，在弹出的对话框中，设置"发生属性类型"为 ABB.Robotics.RobotStudio. Stations.GraphicComponent。

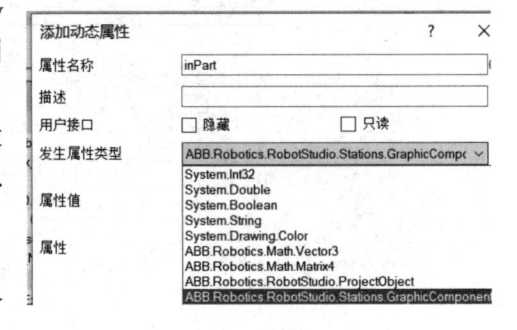

图 4-27

sc_Conv 组件的设计逻辑如下所述。

① diNew 信号触发 Source 组件，复制一个 group_box 组。将 Source 组件的 Copy 属性传递给 Attacher 的 Parent 属性，同时也传递给 Queue 组件的 Back 属性。

② 将 sc_Conv 组件的 inPart 属性（当前放置的产品，通过"工作站逻辑"传递）传递给 Attacher 组件的 Child 属性。

③ 将 Attcher 组件的 Child 属性传递给 SetParent 组件的 Child 属性，将 Attcher 组件的 Parent 属性传递给 SetParent 组件的 Parent 属性。

④ diAttach 信号由 0 变 1，触发 Attacher 组件执行，将 Attacher 组件的 Child 属性（part1）安装到 Parent 属性（group_box）上。

⑤ Attcher 组件执行成功信号 Executed，触发 SetParent 组件执行，重新设置 Child 属性（part1）的 Parent 属性（group_box）。若不使用 SetParent 组件，设置 part1 的 Parent 属性，则在最后使用 Sink 组件消除 group_box 时，part1 会被放回原处。

⑥ 由于 LinearMover 组件的对象是 Queue，且 LinearMover 组件一直执行。diMove 信号触发 Queue 的 Enqueue 信号（Queue 内有对象），group_box 会移动。

⑦ PlaneSensor 感应到开口箱 box（部件类型），通过 GetParent 组件获取 box 部件的 Parent 属性（group_box）并传递给 Sink 组件的 Object 属性。

⑧ PlaneSensor 组件执行成功信号 Executed，触发 Sink 组件消除整个 group_box 组（包括组的 Child 属性）。

（8）如图 4-28 所示，修改 4.3 节创建的 sc_Gripper 组件。

（9）在"设计"选项卡下，增加 doDetached 信号（Detacher 组件执行成功），增加动态属性 Part（将 Detacher 组件的 Child 属性传出）。

（10）在 RobotStudio 的"控制器（C）"选项卡下，增加机器人的输出信号 doNewBox（产生新的 box）、doConvMove（装箱完毕移动输送链）和输入信号 diSinked（box 消除成功）。

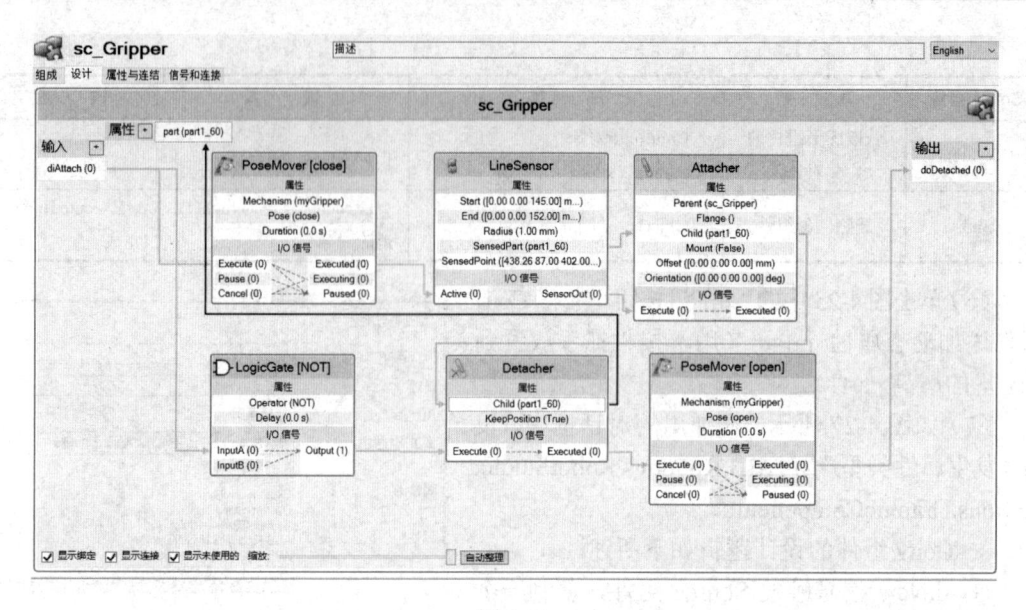

图 4-28

（11）参考以下代码修改机器人程序。

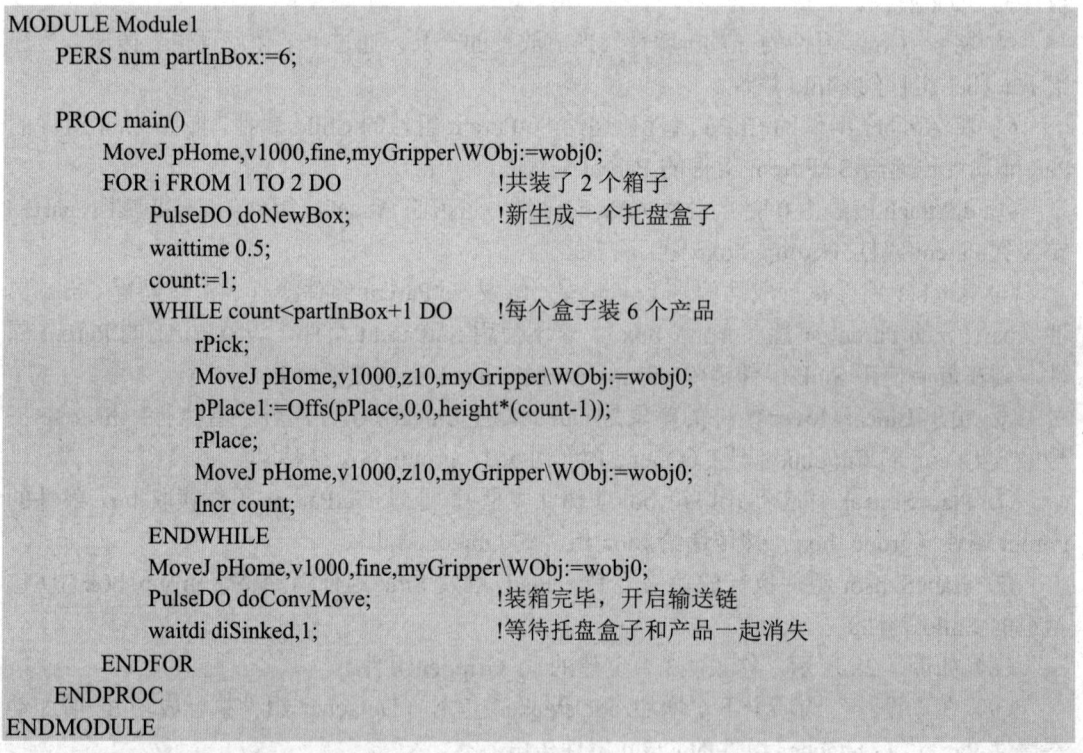

```
MODULE Module1
    PERS num partInBox:=6;

    PROC main()
        MoveJ pHome,v1000,fine,myGripper\WObj:=wobj0;
        FOR i FROM 1 TO 2 DO            !共装了 2 个箱子
            PulseDO doNewBox;           !新生成一个托盘盒子
            waittime 0.5;
            count:=1;
            WHILE count<partInBox+1 DO  !每个盒子装 6 个产品
                rPick;
                MoveJ pHome,v1000,z10,myGripper\WObj:=wobj0;
                pPlace1:=Offs(pPlace,0,0,height*(count-1));
                rPlace;
                MoveJ pHome,v1000,z10,myGripper\WObj:=wobj0;
                Incr count;
            ENDWHILE
            MoveJ pHome,v1000,fine,myGripper\WObj:=wobj0;
            PulseDO doConvMove;         !装箱完毕，开启输送链
            waitdi diSinked,1;          !等待托盘盒子和产品一起消失
        ENDFOR
    ENDPROC
ENDMODULE
```

（12）如图 4-29 所示，在"工作站逻辑"的"设计"选项卡下，完成机器人控制器和若干 Smart 组件的信号与属性连接。

（13）单击"仿真"选项卡下的"播放"按钮，开始仿真。仿真效果如图 4-23 所示。

图 4-29

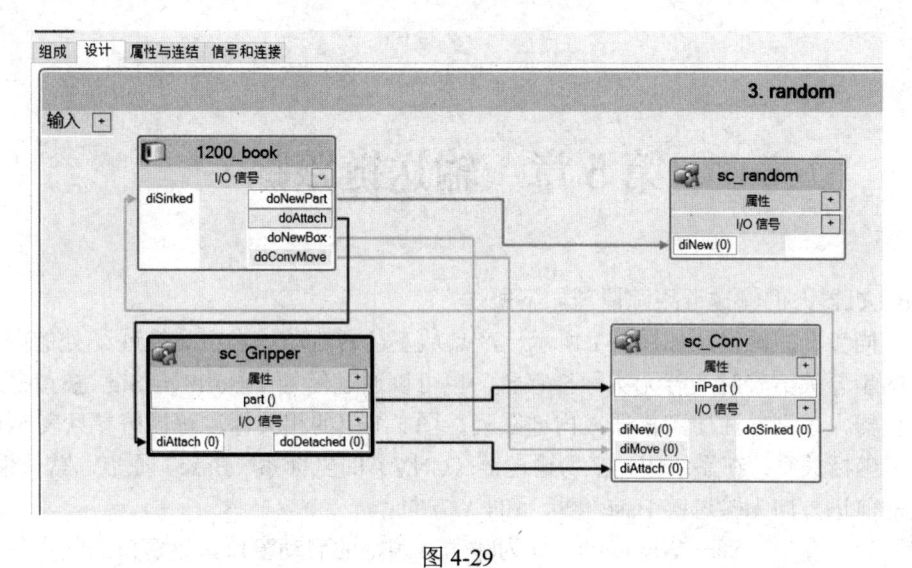

第 5 章　输送链跟踪

ABB 机器人的输送链跟踪原理如下所述。

（1）同步开关触发：如图 5-1 所示，产品从左往右流动。当产品经过 A 处的同步开关并触发同步开关信号时（若无实际传感器，也可以通过信号 c1SoftSyncSig 进行触发），该产品被机器人识别并注册到机器人内部队列。图 5-1 中的相关标注解释请参见表 5-1。

（2）坐标关系：在系统中，H 为输送链（CNV）的坐标系（Base）原点。默认情况下，输送链的前进方向为输送链 Base 坐标系的 X 方向。

（3）启动窗口（Start Window）：D 为输送链跟踪的启动窗口，该窗口的起点位于输送链 Base 坐标系。当产品进入该区域，且机器人空闲（机器人完成了上一次的跟踪任务），机器人便开始跟踪产品。如果机器人空闲时，产品已经超过了 Start Window 的起点，则该产品会被放弃。

（4）同步开关到启动窗口距离：F 为同步开关到输送链 Base 坐标系原点的距离（到启动窗口的距离）。由于现场抓取工作范围与同步传感器距离较远，通常会设置该距离。也可以将该距离设置为 0，并通过增大启动窗口的范围来使机器人能够覆盖该区域。

（5）最大跟踪距离：G 为最大跟踪距离，即如果产品超出该范围，且机器人尚未完成跟踪操作，则该产品会被放弃。

（6）最小跟踪距离：C 为最小跟踪距离，通常为 0。理论上，如果输送链倒退运行，机器人也可以倒退进行跟踪。

（7）工件坐标系：B 为正在跟踪的产品的工件坐标系。当产品进入 Start Window 后，机器人会依据该坐标系进行跟踪，并且该坐标系的 Uframe 将由输送链驱动。

（8）跟踪的产品：图 5-1 中的产品 1 为正在被机器人跟踪的产品。

（9）被放弃的产品：图 5-1 中的产品 2 已经超出启动窗口，因此会被放弃，无法继续跟踪。

（10）后续跟踪任务：当机器人完成对产品 1 的跟踪后，产品 3 和产品 4 仍在 D（启动窗口）区域内。机器人会继续跟踪产品 3，随后是产品 4。

（11）等待新的产品：产品 5 已经越过同步开关并注册到输送链跟踪系统中。如果此时机器人空闲，且当前输送链上没有产品 1 到产品 4，机器人将等待产品 5 经过 H（进入 D 区域）后开始跟踪。

（12）同步开关触发的新产品：产品 6 刚好经过同步开关位置，触发同步开关并被注册到系统中。

（13）尚未触发同步开关的产品：产品 7 尚未触发同步开关，因此不会被立即注册到输送链跟踪系统中。

第 5 章 输送链跟踪

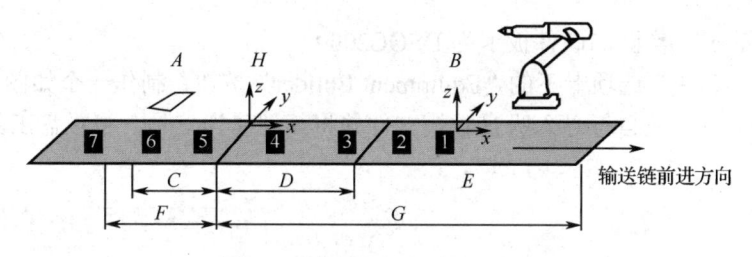

图 5-1 输送链跟踪原理示意图

表 5-1 图 5-1 中的相关标注解释

标 注	解 释
A	同步开关的位置
B	正在跟踪产品的工件坐标系（Uframe）
C	最小跟踪距离
D	启动窗口
E	工作区域
F	同步开关到启动窗口的距离
G	最大跟踪距离
H	输送链 Base 坐标系
1～7	输送链上工件的位置示意图

5.1 创建输送链跟踪仿真

本节将介绍如何创建输送链并进行跟踪仿真，具体实现步骤如下所述。

（1）在 RobotStudio 中，新建一个工作站，并导入 IRB360 机器人。

（2）单击"基本"选项卡下的"导入模型库"按钮，导入输送链模型。根据实际需要，调整机器人的位置和输送链的位置，如图 5-2 所示。

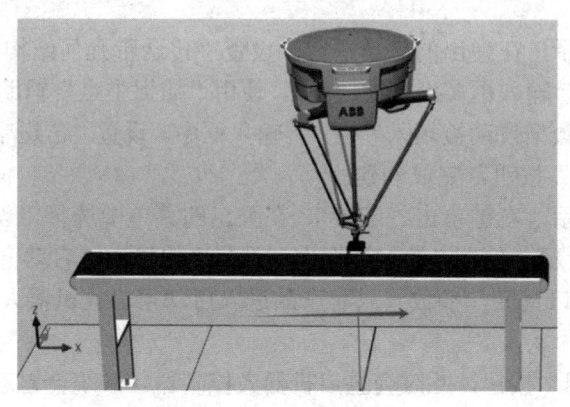

图 5-2

（3）单击"基本"选项卡下的"机器人系统"按钮，选择"从布局创建"选项，创建机器人系统。在创建机器人系统的过程中，单击图 5-3 中的"选项"按钮，添加"606-1 Conveyor Tracking"和"709-1 DeviceNet Master/Slave"选项（也可选择"1552 Conveyor

Tracking Interface",实际的硬件板卡为 DSQC2000)。

(4)单击"建模"选项卡下的"Equipment Builder"按钮,制作一个如图 5-4 所示的吸盘工具(带 TCP)。或自行导入吸盘数模文件并将其创建为工具,将吸盘工具安装到机器人末端。

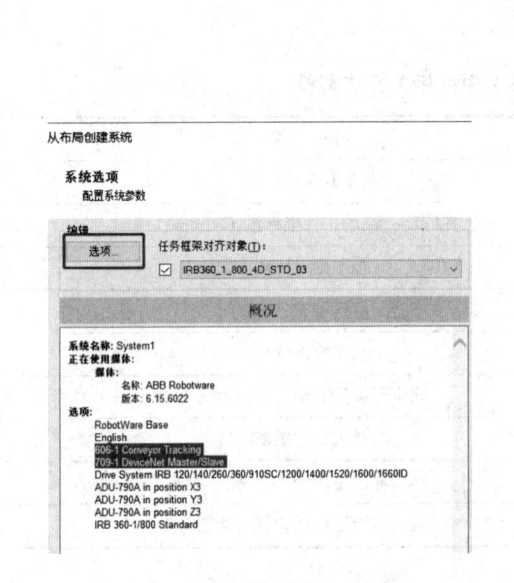

图 5-3

图 5-4

(5)如图 5-5 所示,单击"建模"选项卡下的"创建输送带"按钮。

图 5-5

(6)如图 5-6 所示,在弹出的对话框中,设置"传送带几何结构"为 Belt Conveyor。

(7)单击"位置"输入框(确认被选中),使用"捕捉中点"辅助功能,单击输送带末端的中间位置,相关数据自动被填入"位置"输入框中。设置"传送带长度"为 25000mm。

(8)单击"应用"按钮,完成创建。

(9)如图 5-7 所示,右键单击"连接",在弹出的菜单中选择"创建连接"选项。

(10)如图 5-8 所示,在弹出的对话框中,设置"偏移"("启动窗口"距离输送链原点的距离)和"启动窗口宽度"参数(只有产品进入启动窗口且机器人空闲,机器人才会跟踪产品)。

(11)单击"应用"按钮,此时会重启机器人控制器(系统会自动创建一个 wobj_cnv1 的坐标系,该坐标系的 uFrame 被输送链驱动)。

图 5-6　　　　　　　　　　　　　　　图 5-7

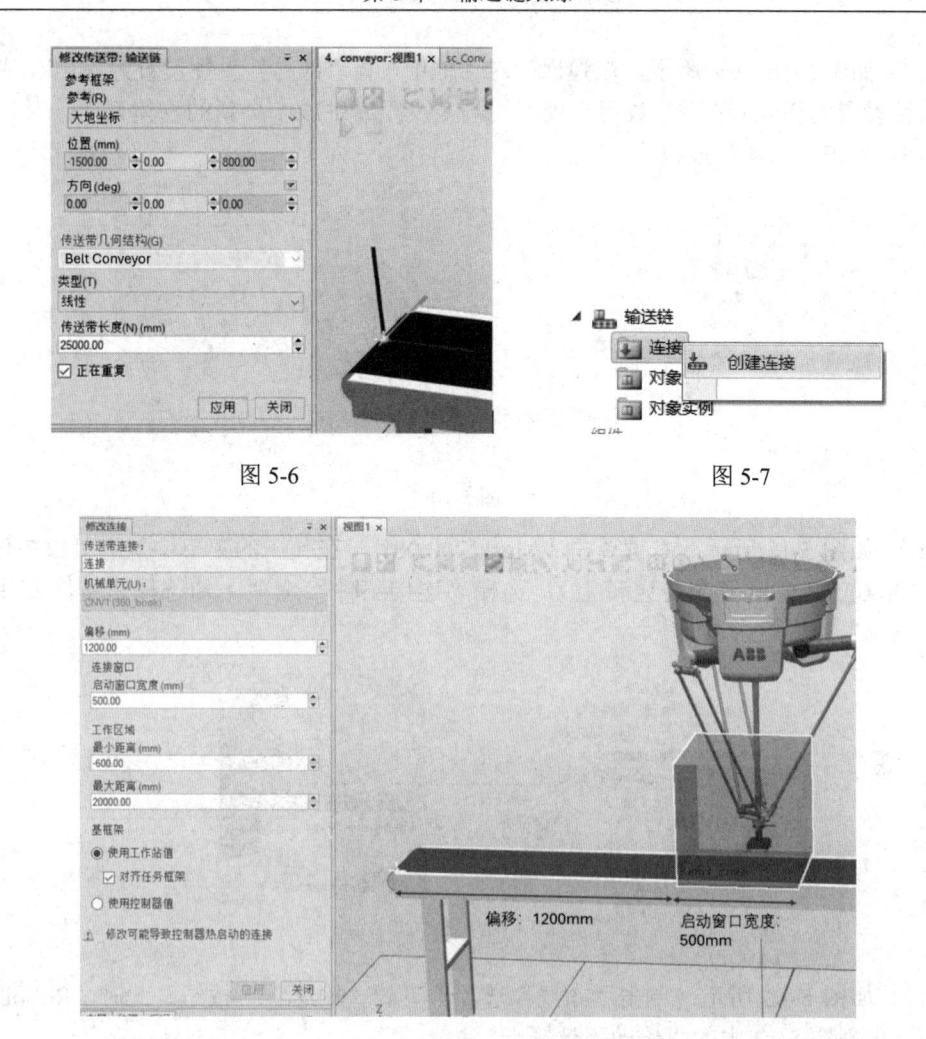

图 5-8

（12）单击"建模"选项卡下的"固体"按钮，选择"矩形体"选项，创建一个 100×200×5（mm）的物体，并重命名为 Musk。调整物体的本地原点到产品中心，如图 5-9 所示。

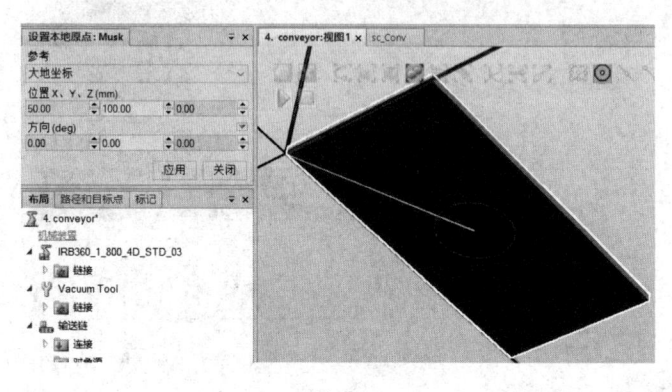

图 5-9

（13）如图 5-10（a）所示，右键单击"对象源"，在弹出的菜单中选择"添加对象"→"添加对象"选项。

（14）如图 5-10（b）所示，在弹出的对话框中，将"部件"属性设置为 Musk，将"节距"属性设置为 300（节距参数用于模拟间隔多少距离生成一个新的物体）。

（15）单击"创建"按钮。

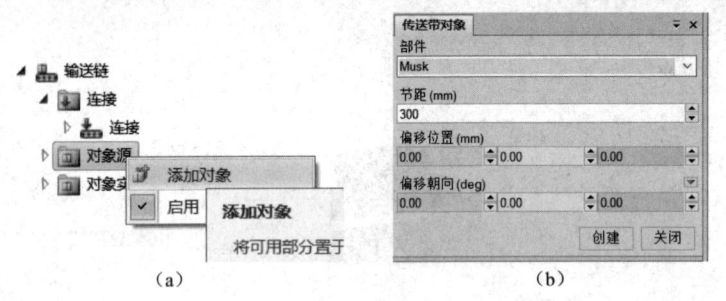

图 5-10

（16）如图 5-11 所示，右键单击"Musk[300.00]"，在弹出的菜单中勾选"放在传送带上"选项（产品会出现在传送带上），选择"连接工件"选项，勾选输送链跟踪坐标系"wobj_cnv1"。

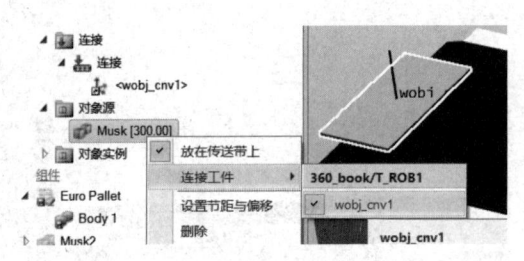

图 5-11

（17）如图 5-12 所示，单击"布局"选项卡下的"输送链"按钮。此时，RobotStudio 主界面会出现图 5-12 中的"修改"选项卡。

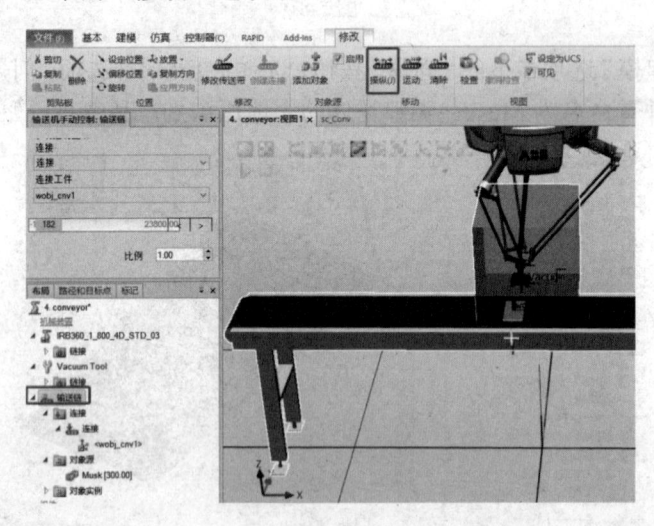

图 5-12

（18）单击"修改"选项卡下的"操纵"按钮。在弹出的对话框中，用户可以手动操作输送链。用户通过拖动对话框中的滑块，可以移动产品至机器人能够到达的位置。

（19）确认机器人当前使用的工具和工件坐标系（wobj_cnv1），如图 5-13 所示。

（20）使用 Freehand 功能，打开自动捕捉，完成机器人在 Musk 四周角点的目标点示教和路径的生成，如图 5-13 所示。

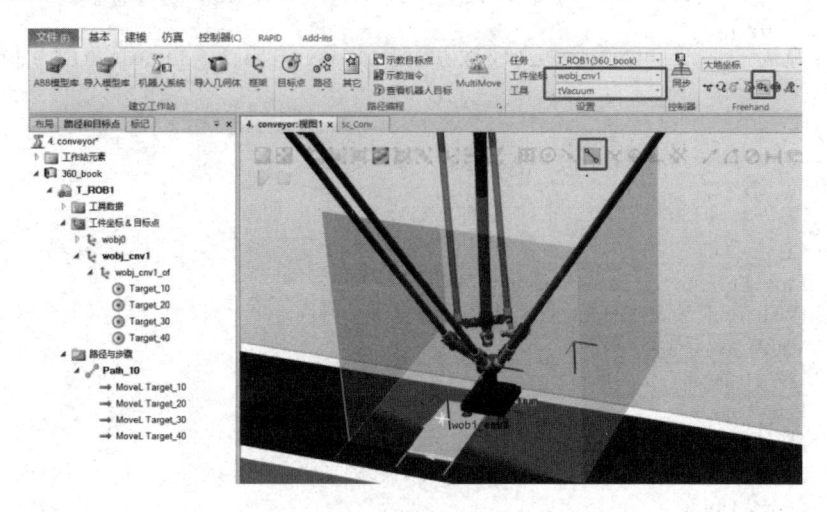

图 5-13

（21）切换图 5-14 中的"工件坐标"对象为 wobj0。使用 tVacuum 工具和 wobj0 工件坐标系，示教 pHome 点和路径。

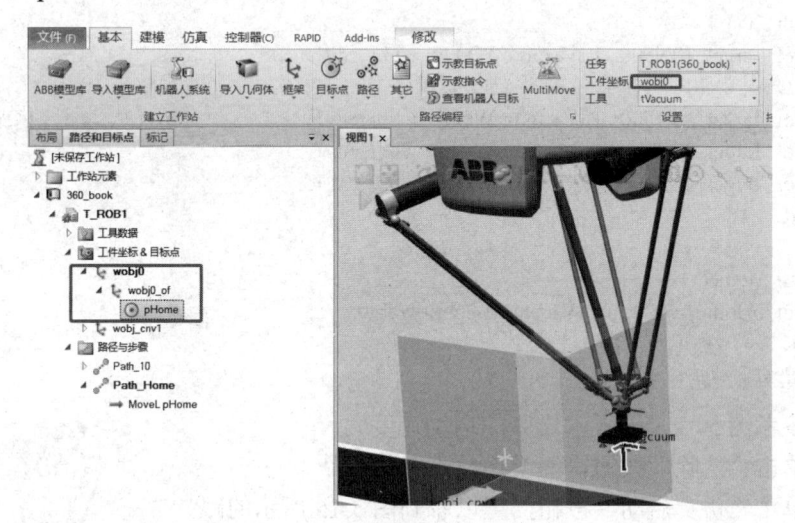

图 5-14

（22）单击图 5-13 中的"同步"按钮，将示教的机器人目标点和路径下载到机器人控制器中。

（23）单击"RAPID"选项卡，在该选项卡下，参考以下代码修改程序。

```
MODULE Module1
    CONST robtarget Target_10:=[[100.000035136,0.000000391,0.028364331],[0,1,0,0],[0,0,0,0],[9E+09,9E+09,9E+09,9E+09,9E+09,9E+09,0]];
    !此处外轴数据无实际意义，但不能将数值改成 9E9  （9E9 表示不激活该轴）
    CONST robtarget Target_20:=[[0.000048891,-0.000002719,0.028361276],[0,1,0,0],[0,0,0,0],[9E+09,9E+09,
```

```
                9E+09,9E+09,9E+09,0]];
        CONST robtarget Target_30:=[[0.000042224,199.999996582,5.028347358],[0,1,0,0],[0,0,0,0],[9E+09,9E+09,
9E+09,9E+09,9E+09,0]];
        CONST robtarget Target_40:=[[100.000035492,199.999999241,0.028352805],[0,1,0,0],[0,0,0,0],[9E+09,9E+09,
9E+09,9E+09,9E+09,0]];
        CONST robtarget pHome:=[[387.093092185,342.773901038,139.315342225],[0,1,0,0],[0,0,0,0],[9E+09,9E+09,
9E+09,9E+09,9E+09,0]];

        PROC main()
            ActUnit CNV1;
            !激活输送链
            WHILE true DO
                MoveJ pHome,vmax,fine,tVacuum\WObj:=wobj0;
                !WaitWobj 指令前的运动语句要用 fine 且移动到固定坐标系
                WaitWObj wobj_cnv1;
                !等待产品进入启动窗口
                Path_10;
                MoveJ pHome,vmax,fine,tVacuum\WObj:=wobj0;
                !DropWobj 指令前的运动语句要用 fine 且移动到固定坐标系
                DropWObj wobj_cnv1;
                !结束跟踪
            ENDWHILE
        ENDPROC

        PROC Path_10()
            MoveL Target_10,v500,z1,tVacuum\WObj:=wobj_cnv1;
            !点位均基于跟踪坐标系
            MoveL Target_20,v500,z1,tVacuum\WObj:=wobj_cnv1;
            MoveL Target_30,v500,z1,tVacuum\WObj:=wobj_cnv1;
            MoveL Target_40,v500,z1,tVacuum\WObj:=wobj_cnv1;
        ENDPROC

        PROC Path_Home()
            MoveL pHome,v1000,fine,tVacuum\WObj:=wobj0;
        ENDPROC
ENDMODULE
```

（24）参考图 5-12，设置输送带的运动速度。

（25）单击"清除"按钮，清空输送带上的产品。

（26）单击"仿真启动"按钮，可以看到图 5-15 所示的跟踪效果（当产品进入启动窗口且机器人空闲时，机器人会执行路径跟踪。当机器人再次空闲时，如果新的产品已经超过启动窗口范围，该产品会被丢弃）。

5.2 带视觉的输送链跟踪仿真

图 5-15

在上一节介绍的内容中，物体的来料位置是固定的。而在实际应用中，来料位置可能会存在偏差。针对这个情况，如图 5-16 所示，可以在输送链的前方安装相机对产品进行拍照，从而引导机器人进行跟踪与抓取。

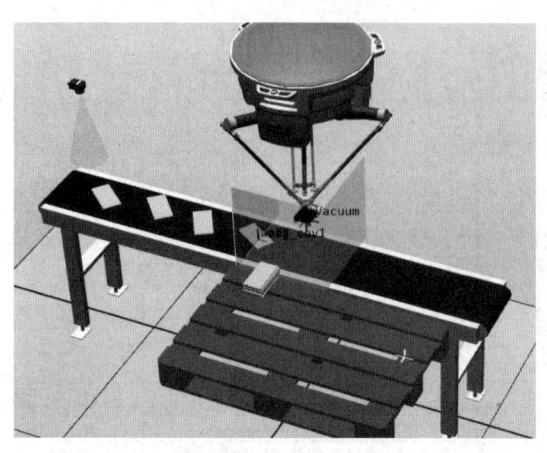

图 5-16

5.2.1 输送链上的随机位置物料模拟

基于前文的设置,当输送链产生一个产品时,产品的位置如图 5-17 所示,即产品的本地坐标原点和输送链的坐标原点对齐。在该位置,可以增加一个 LineSensor 组件,用于获取输送链产生的新产品。通过 Random 组件生成随机数,再通过 Positioner 组件(功能见表 5-2)修改新产品的位置。随机偏差位置通过 RapidVariable 组件写入 RAPID 程序。

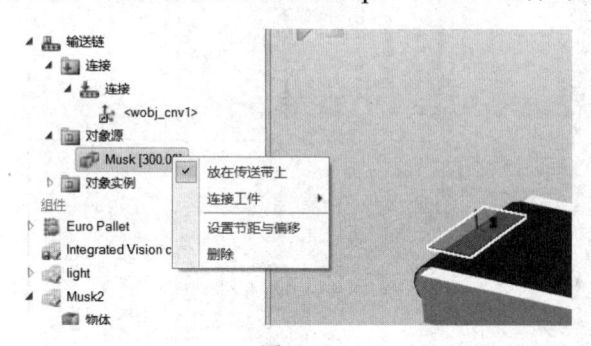

图 5-17

表 5-2 Positioner 组件的功能介绍

Smart 组件	功 能	属 性	输 入	输 出
Positioner	设置对象的位姿	Object:移动对象 Position:对象的位置 Orientation:RPY 角的朝向(欧拉 ZYX) Reference:已指定坐标系统	Execute:设定为 high(1),设定位置	Executed:当操作完成就变成 high(1)

在"RAPID"选项卡下,新建 3 个 num 数据,用于存储偏差数据。

PERS num data_x:=0.0343168;   !单位 m
PERS num data_y:=0.0149753;   !单位 m
PERS num data_rz:=0.874958;   !弧度

新建一个 Smart 组件,并将其重命名为 sc_Conv,参考图 5-18 插入相关组件和信号。其中,LineSensor 组件的位置设置如图 5-19 所示(注:将输送链的"可由传感器检测"属性去除)。

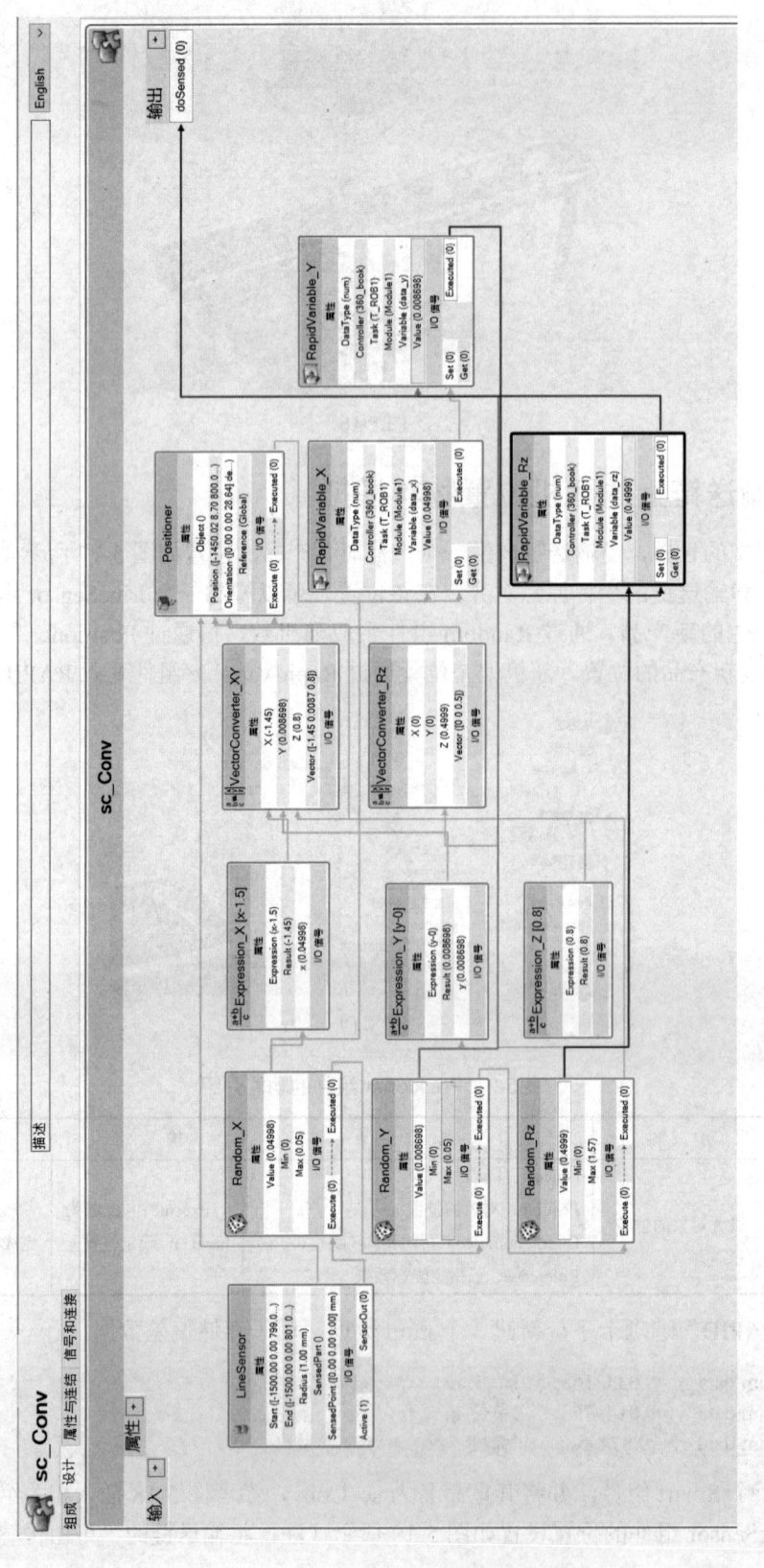

图 5-18

sc_Conv 组件的设计思路如下所述。

（1）仿真开始，LineSensor 组件检测到新的产品，将产品的属性传递给 Positioner 的 Object 属性（需要通过 Positioner 组件修改的对象）。

（2）LineSensor 检测到产品的 Executed 信号，触发 3 个 Random 组件的 Execute 输入信号，产生偏差值（距离单位：米，角度单位：弧度）。

（3）偏差值通过 VectorConverter 组件转换，传递给 Positioner 组件的 Position 和 Orientation 属性。Positioner 组件修改产品的位置。

（4）将偏差值同时传递给 3 个 RapidVariable 组件的 Value 属性。在 Positioner 组件修改对象坐标后，触发 RapidVariable 组件的 Executed 信号，将偏差值写入 RAPID 程序中。

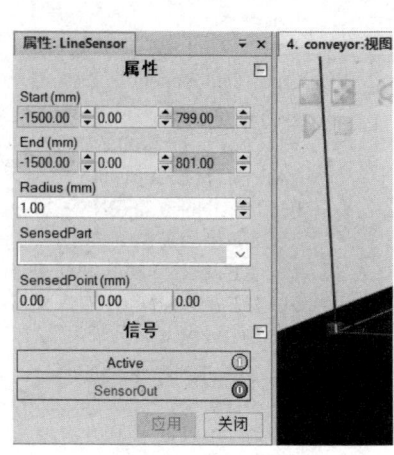

图 5-19

（5）RapidVariable 组件完成写入动作，给出 doSensed 输出信号（在 RAPID 程序中，通过获取该信号来触发将新接收到的偏差数据写入队列）。

5.2.2 队列功能

通常，相机的拍摄位置距离机器人抓取位置较远。相机传输的数据需要存入队列（先进先出）。当产品进入"启动窗口"时，机器人从队列中取出最前面的数据进行位置纠正。

由于 ABB 机器人的 RAPID 语言没有提供队列函数，用户可以参考以下代码实现队列功能。

```
MODULE mQueue
    PERS num q_LastNo:=0;          !队列内有效数据长度
    PERS pos q_pos{100};           !假设队列最大长度为 100

    PROC InsertQueue(pos pos1)
        !向队列内插入数据
        q_LastNo:=q_LastNo+1;
        !队列内数据长度+1
        q_pos{q_LastNo}:=pos1;
        !将数据填充到队列的最后
    ENDPROC

    FUNC num getQLastNo()
        !获取当前队列长度，即最后一个数据的序号
        RETURN q_lastNo;
    ENDFUNC

    PROC ClearQueue()
        !清空队列
        FOR i FROM 1 TO 100 DO
            q_pos{i}:=[0,0,0];
        ENDFOR
        q_LastNo:=0;
    ENDPROC
```

```
FUNC pos GetQueue()
    !获取队列的第一个数据
    VAR pos pos_result;
    VAR pos pos_tmp{100};
    IF q_LastNo=0 THEN
        !如果当前队列为空，返回 999
        RETURN [-999,-999,-999];
    ELSEIF q_LastNo=1 THEN
        !如果当前队列长度为 1，返回第一个数据，有效数据长度清零，数据清零
        pos_result:=q_pos{1};
        q_LastNo:=0;
        q_pos{1}:=[0,0,0];
    ELSE
        pos_tmp:=q_pos;
        pos_result:=q_pos{1};
        q_pos{q_LastNo}:=[0,0,0];
        q_LastNo:=q_LastNo-1;
        FOR i FROM 1 TO q_LastNo DO
            q_pos{i}:=pos_tmp{i+1};
        ENDFOR
        !数据左移
    ENDIF
    RETURN pos_result;
ENDFUNC
ENDMODULE
```

5.2.3 完成工作站

完成工作站并对其进行仿真的具体步骤如下所述。

（1）单击"基本"选项卡下的"导入模型库"按钮，导入如图 5-20 所示的栈板模型。

（2）在"布局"选项卡下，复制一个前文制作的 Musk 产品并放置到栈板上，作为机器人放置产品的标准位置。

（3）在"布局"选项卡下，右键单击"Vacuum Tool"，在弹出的菜单中选择"拆除"选项（若弹出提示框"是否放回原位置"，单击"Yes"按钮）。

（3）新建 Smart 组件 sc_Gripper。

（4）在"布局"选项卡下，将 Vacuum Tool 工具拖入 sc_Gripper 组件。

图 5-20

（5）在 sc_Gripper 组件的"组成"选项卡下，右键单击"Vacuum Tool"，在弹出的菜单中选择"设定为 Role"选项。

（6）参考图 5-21，在 sc_Gripper 组件的"设计"选项卡下，插入相关组件和信号。其中，Attacher 组件的 Parent 属性为 sc_Gripper，SetParent 组件的 Parent 为前文导入的栈板（直接使用 Detacher 组件将输送链上的产品放下而不使用 SetParent 功能，该产品会继续随输送链移动）。LineSensor 组件 Start 和 End 属性的设置如图 5-22 所示。

第 5 章 输送链跟踪

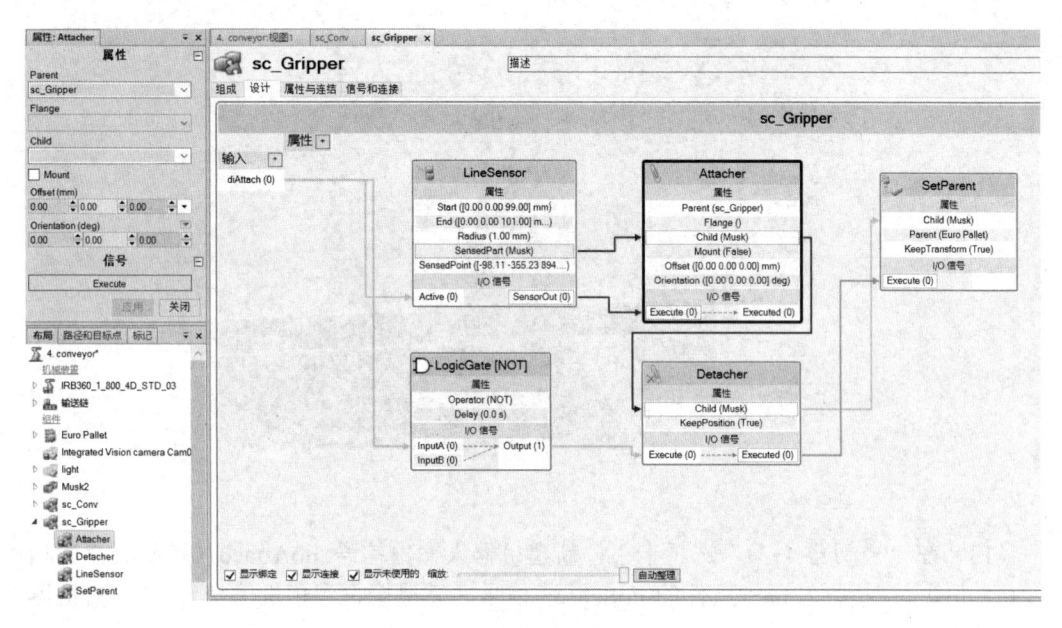

图 5-21

（7）完成 sc_Gripper 组件的设置，将 sc_Gripper 组件安装到机器人上。

（8）如图 5-23 所示，右键单击"布局"选项卡下的"Musk[300.00]"，在弹出的菜单中，勾选"放在传送带上"，选择"连接工件"选项，勾选"wobj_cnv1"。

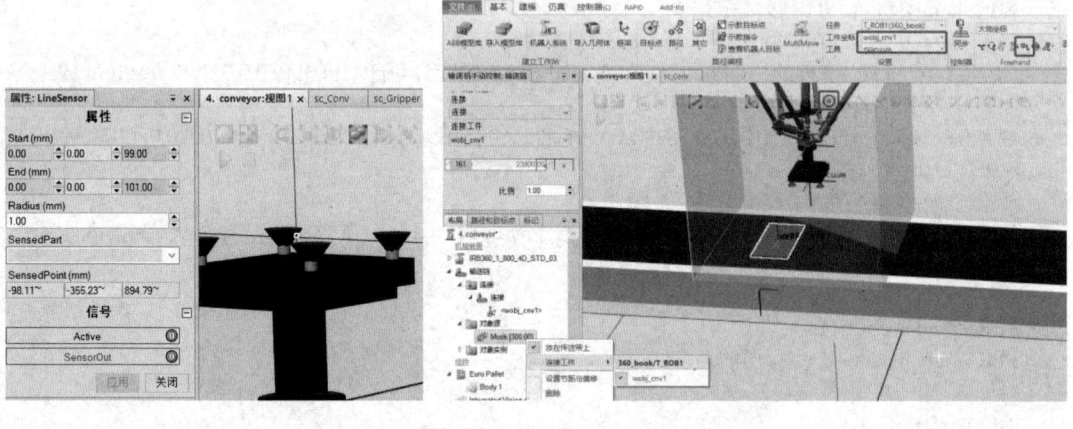

图 5-22　　　　　　　　　　图 5-23

（9）单击"操纵"按钮，移动输送链上的产品至机器人可以到达的位置。确认机器人使用 wobj_cnv1 坐标系。

（10）使用 Freehand 和自动捕捉功能，移动机器人吸盘到达产品的中心位置并示教 pPick 位置。

（11）如图 5-24 所示，切换到"wobj0"工件坐标系，使用 Freehand 功能对产品的标准放置位置 pPlace 进行示教。

（12）完成所有的机器人位置示教后，单击"基本"选项卡下的"同步"按钮，下载程序。

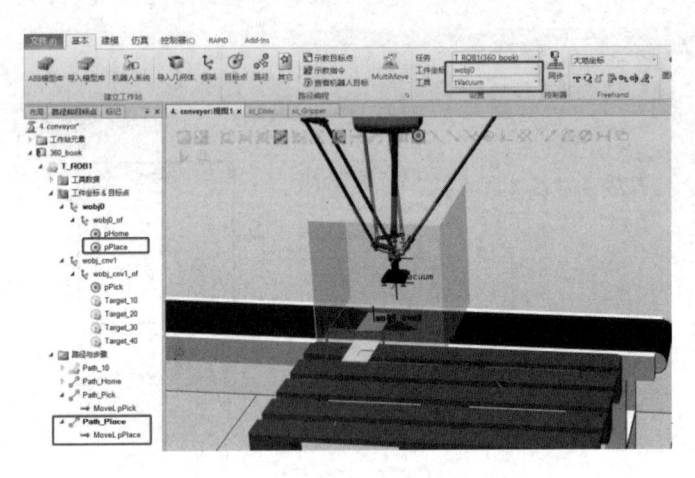

图 5-24

（13）在"控制器（C）"选项卡下，新建机器人输出信号 doAttach（控制吸盘）和输入信号 diNew（接收 Smart 组件的 doSensed 信号，模拟接收到相机信号），并重启机器人控制器。

（14）在 RAPID 中，通过中断方式（机器人运动不会停止）将收到的偏差数据写入队列。参考以下代码，编写机器人程序。

```
MODULE Module1
    PERS num data_x:=0.0343168;
    PERS num data_y:=0.0149753;
    PERS num data_rz:=0.874958;
    CONST robtarget pPick:=[[-0.000044132,-0.00000426,5.02835144],[0,1,0,0],[0,0,0,0],[9E+09,9E+09,9E+09,9E+09,9E+09,0]];
    CONST robtarget pPlace:=[[201.885839823,-195.225600316,39.746405186],[0,1,0,0],[0,0,0,0],[9E+09,9E+09,9E+09,9E+09,9E+09,0]];

    VAR intnum int1;        !中断号，基于 Smart 组件的 doSensed 信号触发中断，将偏差数据写入队列
    PERS pos pData:=[34.3168,14.9753,50.1313];
    !每次收到的偏差数据
    PERS num count:=11;    !计数
    PERS num height:=6;    !每层的高度

TRAP trData
    !中断程序
    pData:=[data_x*1000,data_y*1000,data_rz*180/3.1416];
    !将当前的数据转换为单位为 mm 的数据，将弧度数据转换为角度，存入 pData
    InsertQueue pData;
    !将 pData 数据写入队列的最后
ENDTRAP

PROC main()
    ClearQueue;    !清空队列
    IDelete int1;
    CONNECT int1 WITH trData;
    ISignalDI diNew,1,int1;    !diNew 信号由 0 变 1，触发中断程序 trData
    count:=1;
```

```
        ActUnit CNV1;
        WHILE count<11 DO
            MoveJ pHome,vmax,fine,tVacuum\WObj:=wobj0;
            !WaitWobj 前的运动语句使用 fine 和固定坐标系
            WaitWObj wobj_cnv1;
            rPick;
            rPlace;
            MoveJ pHome,vmax,fine,tVacuum\WObj:=wobj0;
            DropWObj wobj_cnv1;
            incr count;
        ENDWHILE
    ENDPROC

    PROC rPick()
        VAR num qLast;
        VAR pos ptmp;
        VAR robtarget pPick1;
        qLast:=getQLastNo();                                    !获取队列的长度
        IF qLast>0 THEN
            !只有队列有效长度>0 时
            ptmp:=GetQueue();                                   !获取队列最前面的偏差值
            pPick1:=offs(pPick,ptmp.x,ptmp.y,0);                !修正抓取位置
            pPick1.rot:=OrientZYX(ptmp.z,0,0)*pPick.rot;        !修正抓取角度
            MoveL offs(pPick1,0,0,10),vmax,z1,tVacuum\WObj:=wobj_cnv1;
            MoveL pPick1,v1000,fine,tVacuum\WObj:=wobj_cnv1;
            set doAttach;
            waittime 0.2;
            MoveL offs(pPick1,0,0,50),vmax,z1,tVacuum\WObj:=wobj_cnv1;
        ENDIF
    ENDPROC

    PROC rPlace()
        VAR robtarget pPlace1;
        pPlace1:=offs(pPlace,0,0,height*(count-1));             !根据计数,计算放置位置
        MoveJ offs(pPlace1,0,0,10),vmax,z10,tVacuum\WObj:=wobj0;
        MoveL pPlace1,v1000,fine,tVacuum\WObj:=wobj0;
        reset doAttach;
        waittime 0.2;
        MoveL offs(pPlace1,0,0,10),vmax,z10,tVacuum\WObj:=wobj0;
    ENDPROC
ENDMODULE
```

（15）设置工作站的逻辑（见图 5-25）。启动仿真后，可以看到如图 5-16 所示的效果。

图 5-25

第 6 章　外部轴

6.1　伺服焊枪

机器人点焊是工业机器人中非常常见的应用。伺服焊枪作为机器人的第 7 轴，与机器人联动运动。要进行伺服焊枪的仿真，首先需要创建伺服焊枪工具模型，具体实现步骤如下所述。

（1）单击"基本"选项卡下的"导入几何体"按钮，导入如图 6-1 所示的焊枪模型。

（2）单击"建模"选项卡下的"创建机械装置"按钮（见图 6-2），创建机械装置。

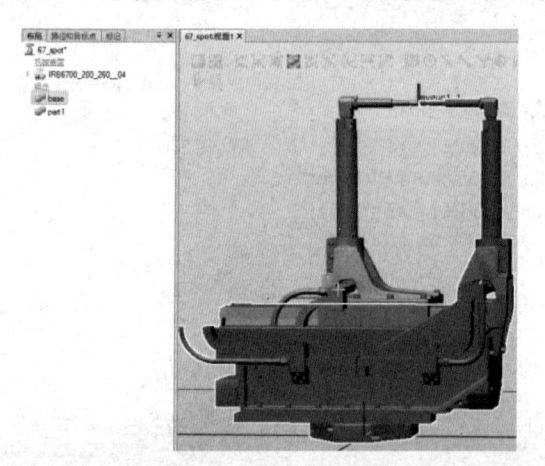

图 6-1　　　　　　　　　　　　　　图 6-2

（3）在弹出的对话框中，将"机械装置类型"设置为"工具"。

（4）右键单击图 6-3 中的"链接"，在弹出的菜单中选择"创建链接"选项。在弹出的对话框中，设置焊枪不动的静臂作为 BaseLink，如图 6-4 所示。

（5）单击"应用"按钮。

（6）右键单击图 6-3 中的"接点"，在弹出的菜单中选择"创建接点"选项。如图 6-5 所示，在弹出的对话框中，设置焊枪动臂的运动方向和上下限数值。在设置过程中，可以通过拖动滑动条来测试焊枪动臂的运动方向和大小。

（7）右键单击图 6-3 中的"工具数据"，在弹出的菜单中选择"创建工具数据"选项。如图 6-6 所示，在弹出的对话框中，设置伺服焊枪的 TCP（通常在静臂表面，TCP 的 z 方向为沿着静臂向外）。

（8）单击"编译机械装置"按钮，完成伺服焊枪的创建。

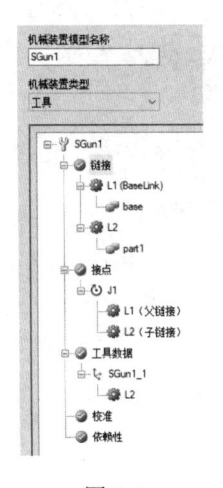

图 6-3 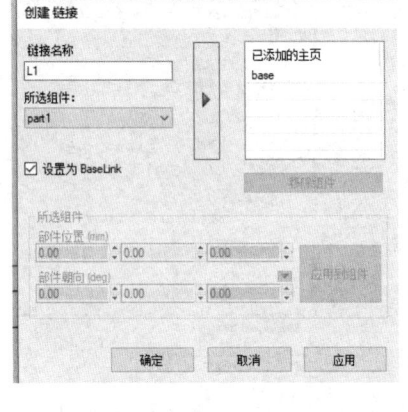　　　　　　　　　　　　　图 6-4

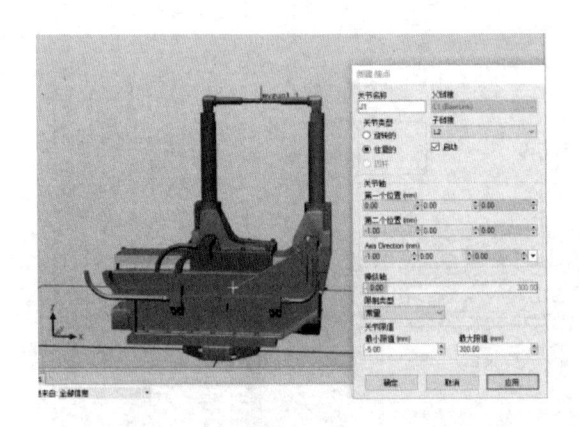

图 6-5 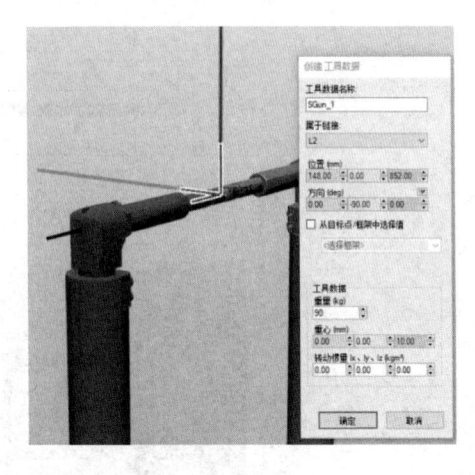　　　　　　　　　　　　　图 6-6

（9）如图 6-7 所示，在 RobotStudio 软件的"Add-Ins"选项卡下，可以快速找到 RobotStudio 提供的各类机器人的配置参数模板。伺服焊枪模板的位置为"RobotPackages\RobotWare_RPK_6.15.0151\utility\AdditionalAxis\ServoGun\DM1"。

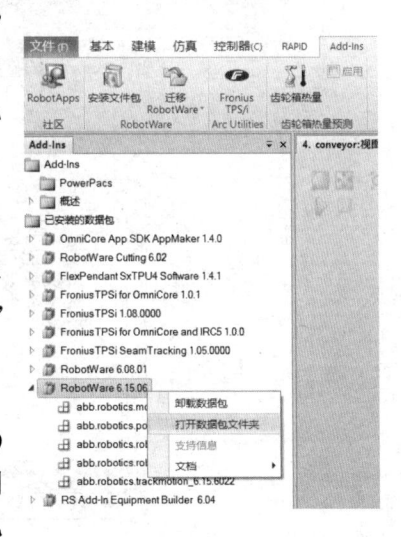

（10）单击"控制器（C）"选项卡，在该选项卡下，如图 6-8 所示，单击"加载参数"按钮，选择参数模板并重启机器人控制器。对于真实焊枪，还需要在"控制器（C）"选项卡下的"配置"→"Motion"属性下修改电机型号、减速比、Lag Control Master（Kp, Kv, Ti）等参数。

（11）重启后系统会提示外轴需要关联模型。选择图 6-9 中所示的前文制作的伺服焊枪模型。将伺服焊枪安装到机器人末端。此时可以通过示教器控制伺服焊枪运动（见图 6-10），也可运行程序中的 SpotX 指令（见图 6-11），伺服焊枪跟随运动。

图 6-7

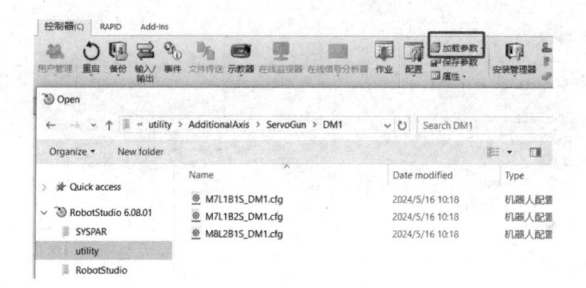

图 6-8

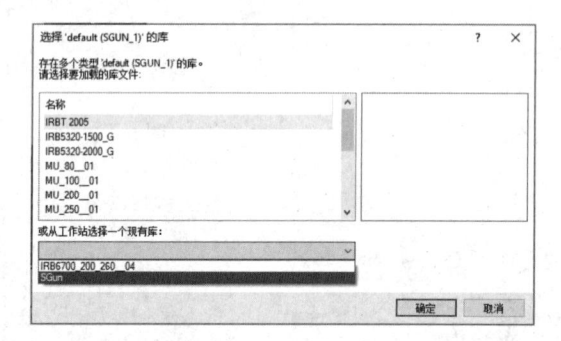

图 6-9

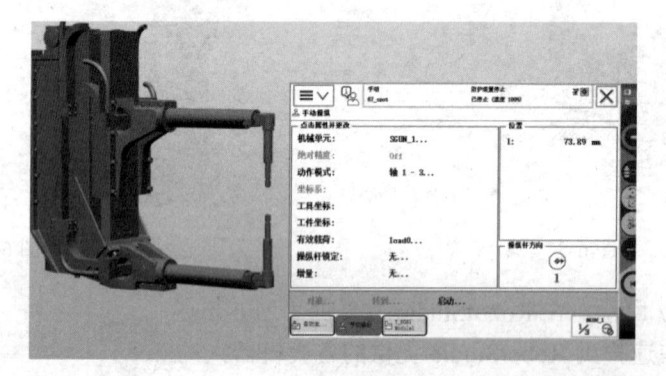

图 6-10

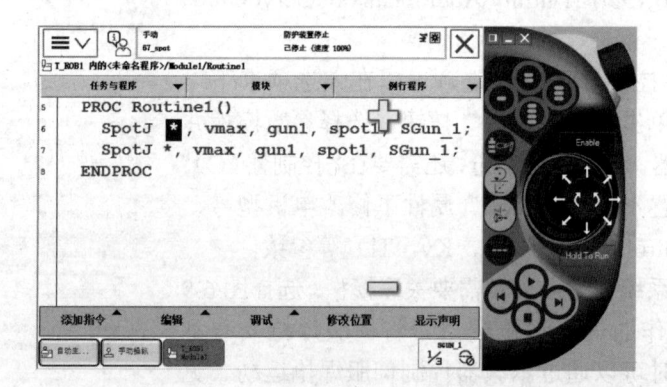

图 6-11

6.2 直线导轨

RobotStudio 提供了若干 ABB 标准直线导轨。若使用这些导轨,只需要在新建工作站的时候,导入机器人和导轨的模型,并将机器人安装到导轨上。

在使用 RobotStudio 进行 ABB 机器人与标准直线导轨的集成时,可以按照以下步骤将机器人安装到导轨上并进行操作。

(1)单击"基本"选项卡下"机器人系统"按钮,选择"从布局"选项。

(2)右键单击图 6-12 中的"IRB4600_20_250_C_01",在弹出的菜单中,选择"手动关节移动"选项。

(3)在弹出的对话框中,勾选"固定 TCP"属性后,用户在移动导轨时,机器人末端的位姿将保持不变,并且 7 轴联动操作。

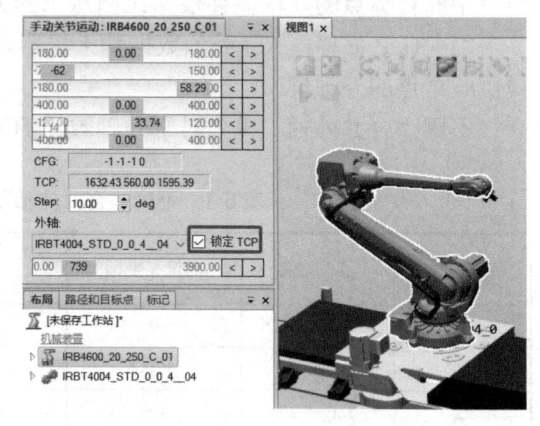

图 6-12

6.2.1 外轴位置自动插补

在使用 RobotStudio 时,结合"基本"选项卡下的"路径"和"自动路径"功能,用户可以方便地创建和调整机器人路径,同时利用"示教目标点"功能来精确控制路径顺序。以下是如何利用"合并外轴"功能批量调整目标点外轴数据的步骤。

(1)在 RobotStudio 中,首先创建一条包含多个目标点的路径。假设路径顺序为 Target_10、Target_40、Target_20、Target_50、Target_60,如图 6-13 所示。

(2)在"基本"选项卡下,单击"路径"按钮,选择"自动路径"选项,自动生成一个路径,连接所有目标点。

(3)右键单击图 6-13 中的 Path_10,在弹出的菜单中选择"合并外轴"选项,使用"合并外轴"功能对各目标点的外轴数据进行批量调整。

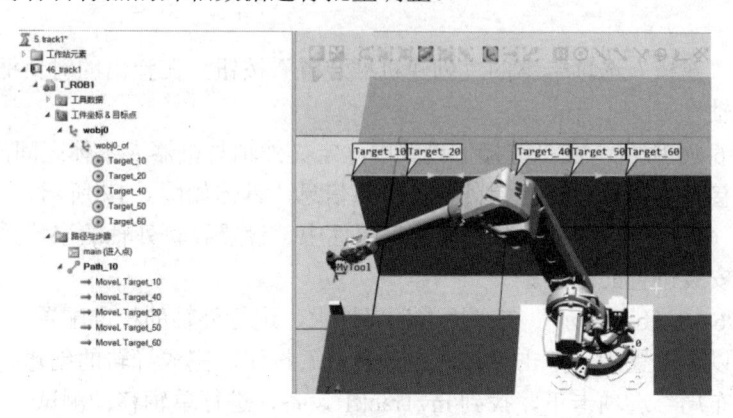

图 6-13

在 RobotStudio 中,"合并外轴"功能提供了 3 种模式,具体如下所述。

（1）常量模式：所有目标点的外轴将被修改为相同的值。

（2）恒定速度模式：使外轴尽量保持匀速运动。这个模式根据路径中第一个和最后一个点的外轴值，按比例分配中间点位的外轴值。例如，图 6-13 中的第一个点（Target_10）的外轴值是 0，最后一个点（Target_60）的外轴值是 1000，不论路径上的目标点顺序如何，所有中间目标点的外轴值会根据比例从小到大分布。

（3）TCP 偏移模式：外轴数据基于机器人 TCP 路径自动计算（无须人为设置第一个和最后一个点的外轴值）。

不同"合并外轴"模式对于外轴数据的影响见表 6-1。

表 6-1 不同"合并外轴"模式对于外轴数据的影响

序号	点位	点位 x 坐标	上一个点到这个点的 x 距离（绝对值）	合并外轴恒定速度外轴值	合并外轴 TCP 偏移外轴值
1	Target_10	0	—	0	0
2	Target_40	1200	1200	333.33	804.5
3	Target_20	400	800	555.55	4.5
4	Target_50	1600	1200	888.88	1204.5
5	Target_60	2000	400	1000	1604.5

6.2.2 自定义导轨

在 RobotStudio 中，用户可以使用"外轴向导（External Axis Wizard）"来创建和配置自定义的导轨模型外轴。通过该功能，用户能够将外部轴设备（如导轨或滑轨）与机器人系统整合，进而进行精确的路径规划和控制。"External Axis Wizard"（见图 6-14）是 RobotStudio 提供的一个外轴配置插件，可以在 RobotStudio 的"Add-Ins"选项卡下搜索到并安装。以下是如何使用"External Axis Wizard"插件和"创建机械装置"功能来创建自定义导轨外轴的详细步骤。

图 6-14

（1）在 RobotStudio 中，如图 6-15 所示，创建 2 个矩形体（base 和 L1），并调整其位置。

（2）单击"建模"选项卡下的"创建机械装置"按钮，在弹出的对话框中设置机械装置类型为"外轴"。

（3）如图 6-16 所示，在"链接"设置中，定义外轴与机器人本体之间的连接方式。

（4）在"接点"设置中，配置外轴的接点信息，具体如图 6-17 所示。

（5）如图 6-18（a）所示，在"框架"属性中，设置导轨外轴的坐标系。该框架定义了后续机器人安装位置的基准。

（6）如图 6-18（b）所示，在"校准"属性中，进行外轴的校准配置。

（7）完成以上配置后，单击"编译机械装置"按钮，完成导轨的创建。

（8）在"布局"选项卡下，找到 myTrack1 设备，进行单轴移动测试。

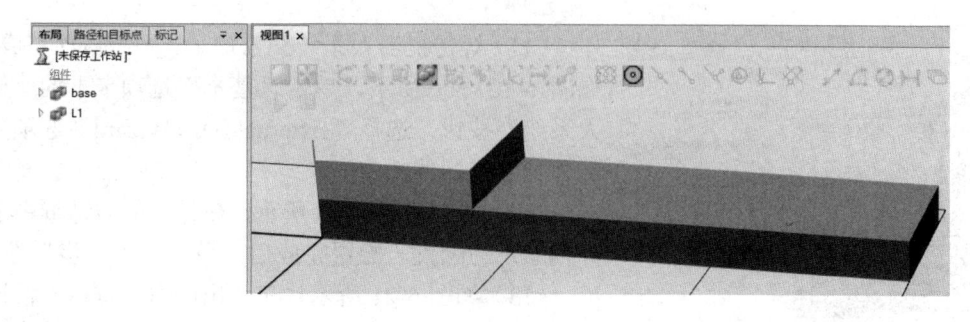

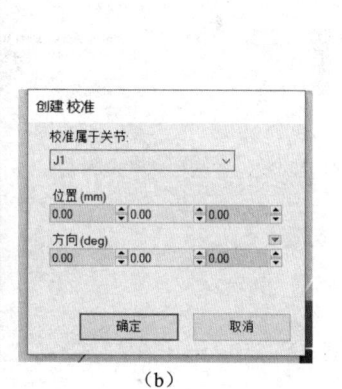

图 6-15

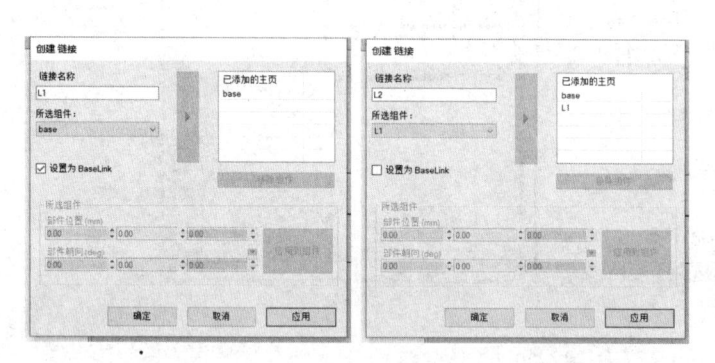

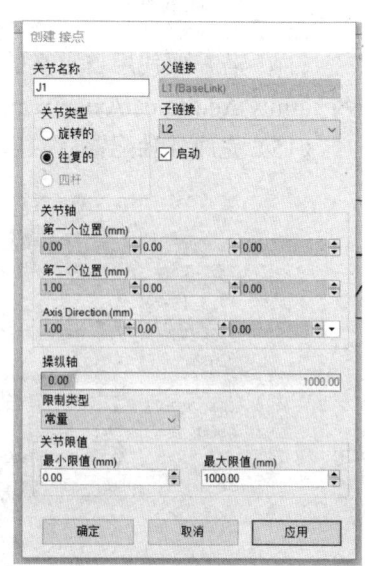

图 6-16   图 6-17

（a）   （b）

图 6-18

（9）导入机器人模型（如 IRB4600）到 RobotStudio 中。确保机器人模型在导入时保持在地面上。

（10）单击"基本"选项卡下的"机器人系统"按钮，选择"从布局"选项。如图 6-19 所示，在弹出的对话框中创建系统。在此过程中，不要勾选"自定义导轨"，这是因为 RobotStudio 在创建系统时无法识别自定义的机械装置。

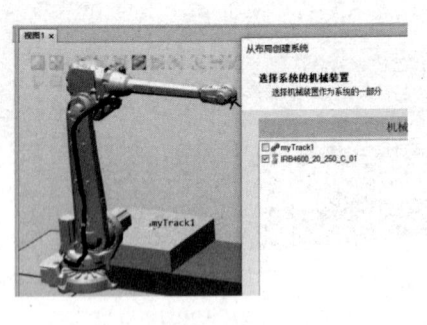

图 6-19

(11) 等待机器人系统正常启动。系统启动完成后，如图 6-20（a）所示，单击"基本"选项卡下的"机器人系统"按钮，选择"External Axis Wizard"选项，启动外轴配置插件。

(12) 如图 6-20（b）所示，在弹出的对话框中进行外轴系统的配置。配置完成后，单击"下一步"按钮。

(13) 如图 6-21 所示，在弹出的对话框中，根据实际情况选择与外轴匹配的电机型号。图 6-21 中其他相关参数的解释见表 6-2。

(14) 若需要使用自定义的导轨参数，可以参考图 6-8，导入相关的外轴参数（大致路径：utility\AdditionalAxis\Track\DM1）。

(15) 完成外轴配置后，重启系统并关联自定义的导轨。

(a)

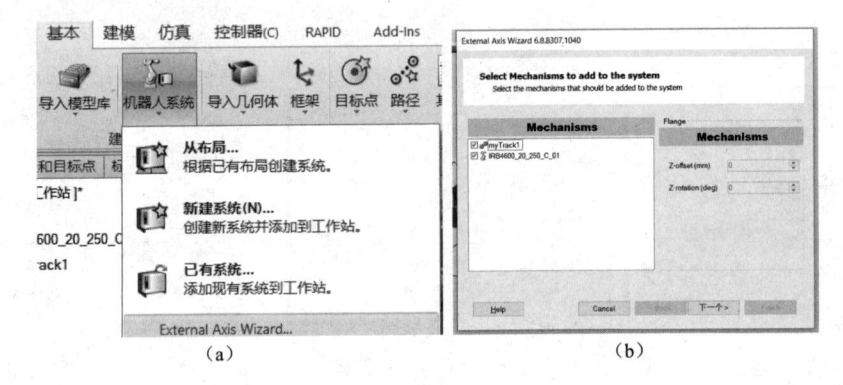

(b)

图 6-20

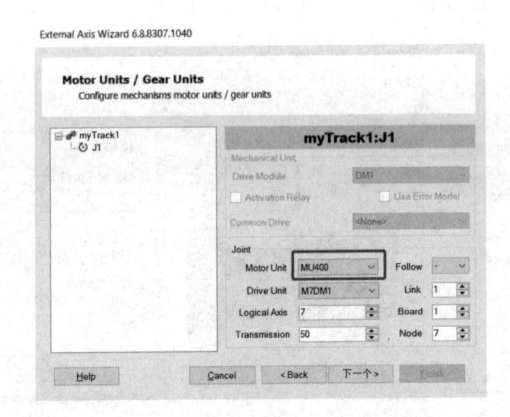

图 6-21

表 6-2 图 6-21 中其他相关参数的解释

参　　数	解　　释
Motor Unit	外轴电机类型
Drive Unit	外轴驱动位置
Logical Axis	Robtarget、Jointtarget 等数据中记录外轴的数据位置

第 6 章 外部轴

续表

参 数	解 释
Transmission	减速比
Link	轴计算机上的链接位置。通常机器人本体 SMB 连接 Link1,第二块 SMB 板连接 Link2
Board	一个 Link 允许串联 2 块 SMB 板（2 块 SMB 使用的 Node 不能冲突），离轴计算机近的 SMB 板 Board 为 1
Node	该轴编码器反馈接入 SMB 中的第几个节点（需和实际接线对应,一块 SMB 板最多支持 7 个节点）

（16）在"布局"选项卡下，将机器人拖曳到 myTrack1 上完成安装。若弹出如图 6-22 所示的提示框，单击"Yes"按钮。此时机器人可以和导轨联动。

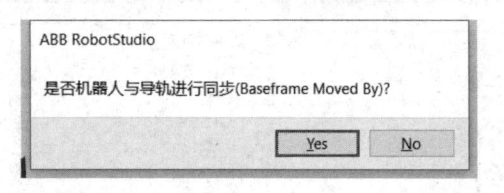

图 6-22

6.3 XYZ 型龙门架

首先介绍如何创建 XYZ 型龙门架。
（1）单击"建模"选项卡下的"固体"按钮，创建龙门架模型。
（2）如图 6-23 所示，单击"建模"选项卡下的"组件组"按钮，创建组件组 frame_X。
（3）将龙门架的 3 个部件拖入 frame_X 组。
（4）创建龙门架的地面导轨 frame_Ride、frame_Y、frame_Z，如图 6-24 所示。

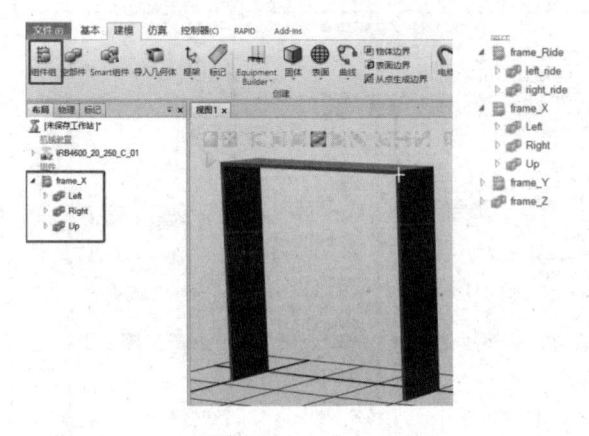

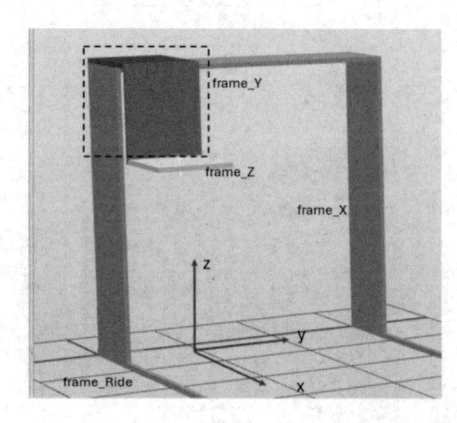

图 6-23　　　　　　　　　　图 6-24

（5）单击"建模"选项卡下的"创建机械装置"按钮。在弹出的对话框中选择"机械装置类型"为"外轴"。
（6）设置外轴的"链接"属性，按照图 6-25 所示进行设置。

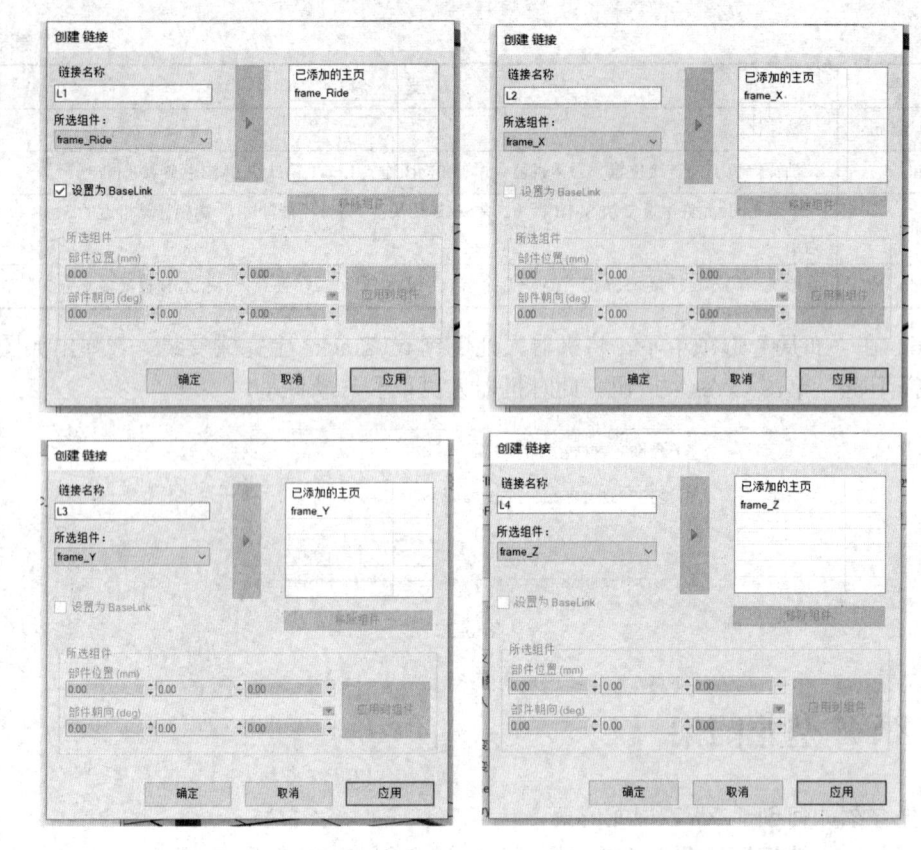

图 6-25

（7）设置外轴的"接点"属性，如图 6-26 所示。这里需要注意每个轴的正方向和上下限，确保外轴的运动范围正确。

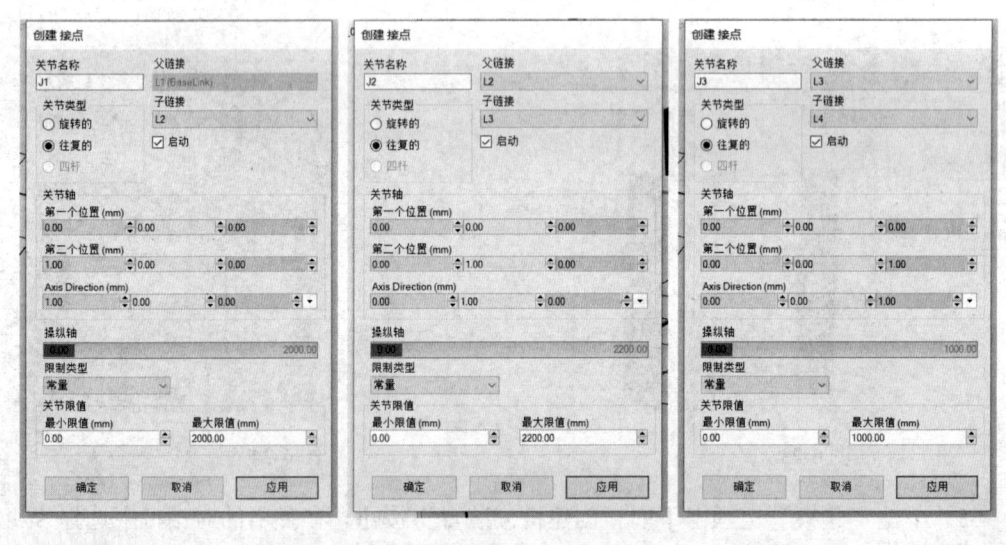

图 6-26

（8）设置"框架"属性，按照图 6-27 所示设置。在此步骤中，确保框架的 Z 正方向朝下，以正确标定机器人的安装位置。

第 6 章 外部轴

（9）添加"校准"属性，分别为 J1、J2 和 J3 轴设置默认校准值。
（10）单击"编译机械装置"按钮，完成 XYZ 型龙门架的制作。

接下来介绍如何测试 XYZ 型龙门架的运动。如图 6-28 所示，使用"机械装置手动关节"功能，对 XYZ 型龙门架进行测试。

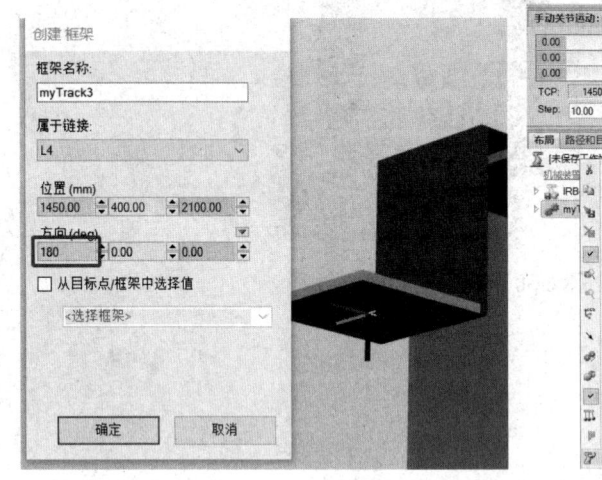

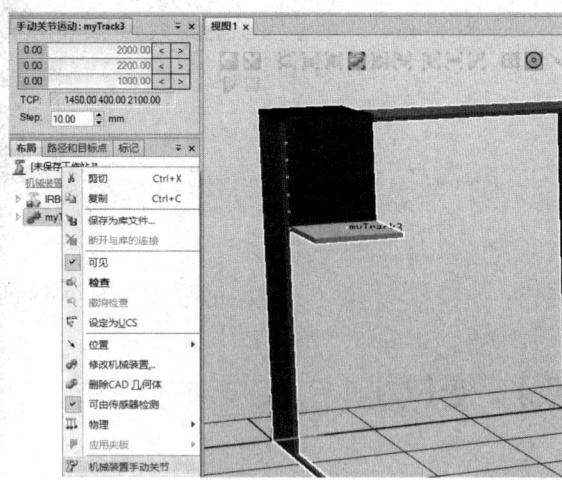

图 6-27　　　　　　　　　　　　　图 6-28

最后介绍如何配置机器人系统并进行外轴集成。假设工作站已经导入机器人模型 IRB4600，且已经基于机器人建立系统（不含龙门架）。主要步骤如下所述。

（1）单击"基本"选项卡下的"机器人系统"按钮，选择"External Axis Wizard"选项。

（2）在弹出的对话框中选择机器人和 myTrack3 作为外轴配置对象。此时，会自动添加一个虚拟轴。

（3）当出现如图 6-29 所示的提示框时，单击"OK"按钮。

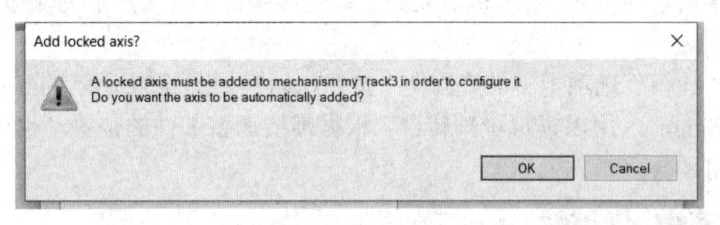

图 6-29

（4）为每个外轴分配电机型号，单击"完成"按钮，此时将会自动重启机器人系统。
（5）在"布局"选项卡下，将 IRB4600 机器人模型拖曳到 myTrack3 上进行安装。如果弹出如图 6-22 所示的提示框，单击"Yes"按钮。
（6）完成手动关节移动和联动测试，即在"手动关节移动"对话框中，选择一个外轴并勾选"锁定 TCP"属性，如图 6-30 所示。此时，用户可以通过手动移动外轴，观察到外轴与机器人联动的效果，且机器人末端的位姿保持不变。
（7）完成龙门架与机器人联动编程（与 5.2.1 节所述的单导轨联动编程相似）。

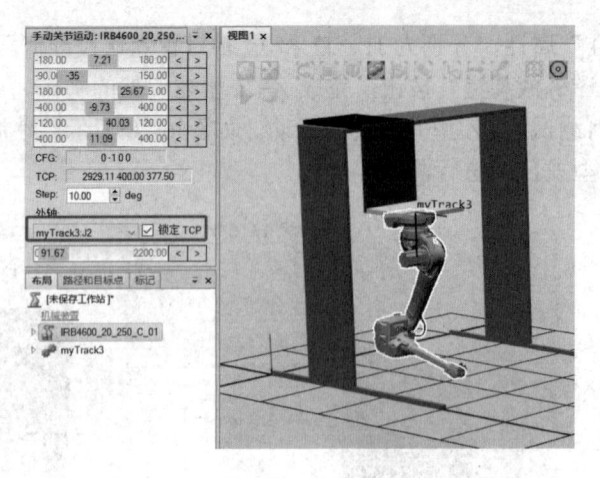

图 6-30

6.4 变位机

6.4.1 单轴变位机

1. 变位机联动的自动路径生成

在生产制造过程中,特别是在涉及精密装配或者加工的场景时,机器人可能无法准确地到达目标点位或保持所需的姿态。这种情况通常发生在产品形状不规则,或者外观和位置特性使机器人无法在固定位置下完成任务时。为了克服这一挑战,可以使用变位机(也叫旋转工作台或旋转平台)来配合机器人工作。变位机能够旋转或调整产品的角度,确保机器人能够始终以正确的角度和姿态执行操作,从而提高生产效率并减少机械臂的复杂性。例如,如图 6-31 所示的工艺,要求机器人的工具始终保持垂直于产品的侧边进行路径执行。具体实现如下所述。

(1)单击"建模"选项卡下的"固体"按钮,创建如图 6-32 所示的 base 模型和 L1 模型(直径为 200mm),用以模拟单轴转台。根据需要调整部件的位置(也可直接导入外部三维软件制作好的转台部件)。

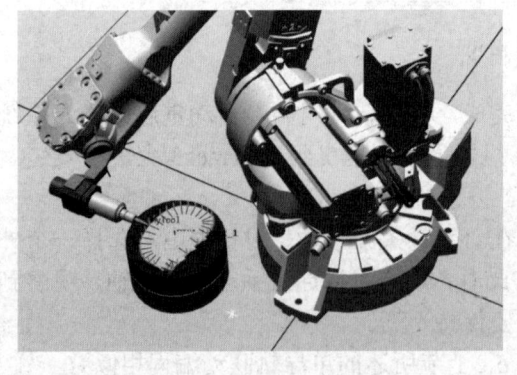

图 6-31 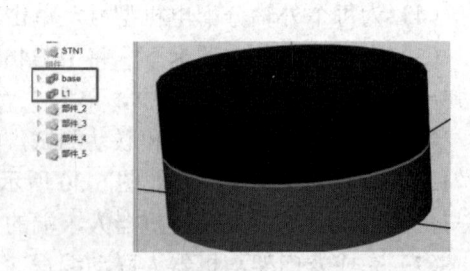　　　　　　　　　　图 6-32

(2) 单击"建模"选项卡下的"创建机械装置"按钮。在弹出的对话框中将"机械装置类型"设置为"外轴"。

(3) 参考图 6-33 设置机械装置参数并单击"编译"按钮。

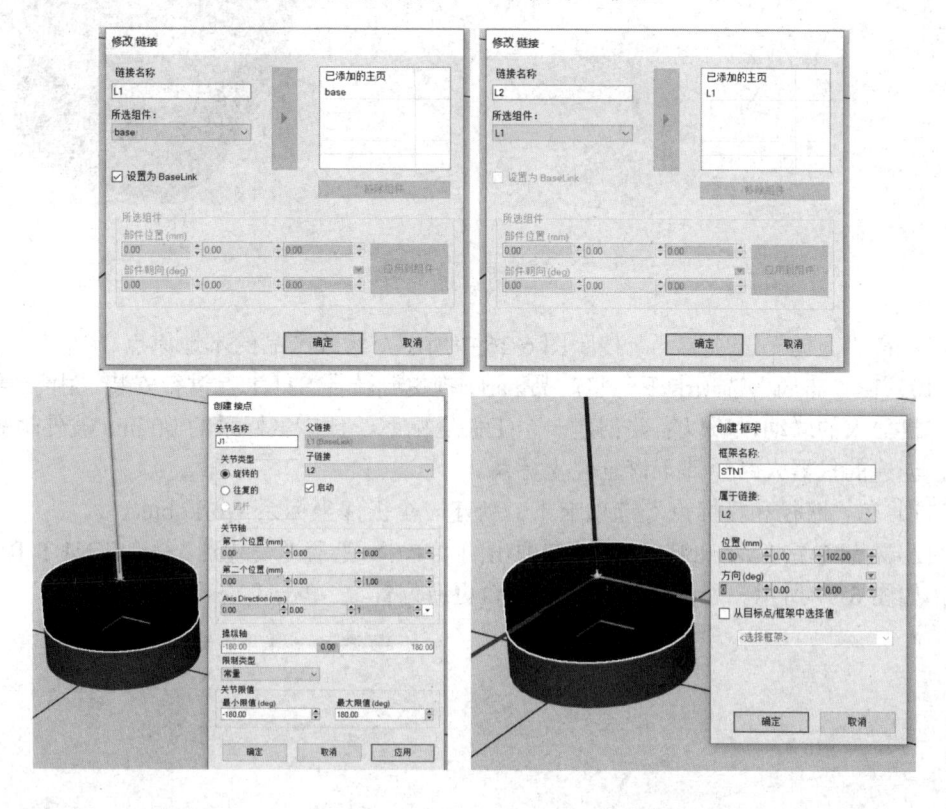

图 6-33

(4) 导入机器人模型 IRB2600 和工具（如 myTool），创建机器人系统（无转台）。

(5) 参考图 6-20 和图 6-21，使用 External Axis Wizard 进行外轴系统的配置。也可参考图 6-8，导入相应参数（大致路径为 utility\AdditionalAxis\General\DM1）后重启系统并关联自定义转台。

(6) 导入需要生产的工件。若需要制作图 6-31 中的工件，可以选择图 6-34 中"曲线"按钮下的"样条插补"选项，生成一条封闭曲线。

(7) 单击图 6-35（a）中的"拉伸曲线"按钮，激活"曲线选择工具"并选择该曲线。

(8) 设置拉伸的高度参数，单击"创建"按钮，得到如图 6-35（b）所示的产品。

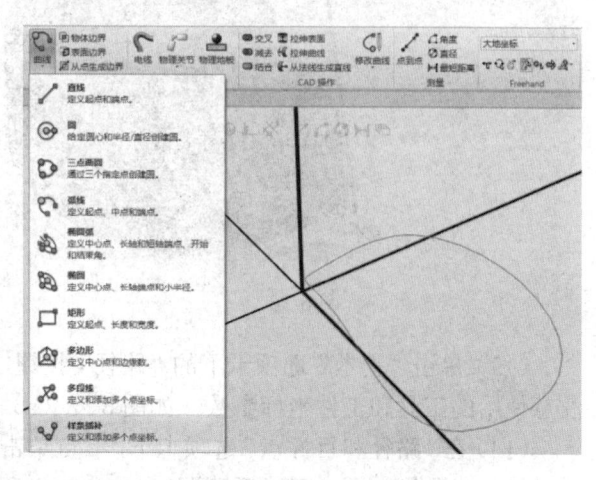

图 6-34

(a)

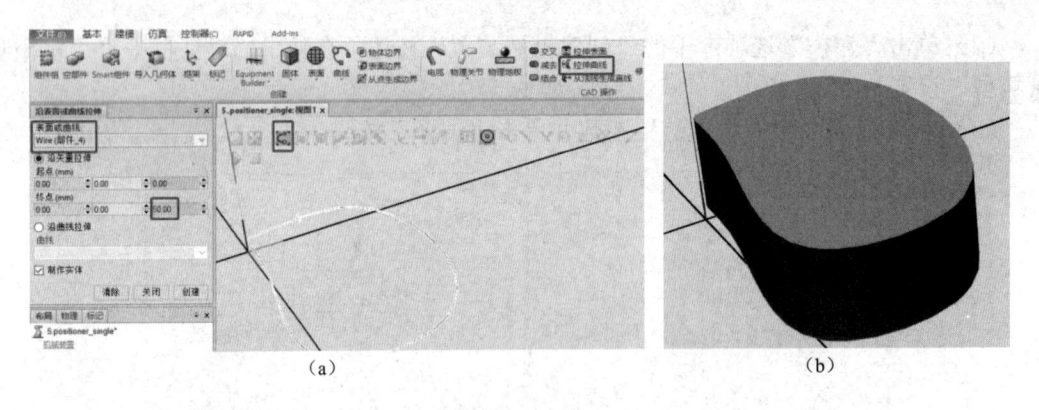

(b)

图 6-35

（9）在"布局"选项卡下，按照图 6-36 中所示，修改产品的本地原点。

（10）在"布局"选项卡下，将产品 part1 拖曳到转台 STN1 上进行安装。由于要实现转台与机器人的联动，所以需要创建一个工件坐标系，且该坐标系的 uframe 被外轴驱动。其中，创建的机器人路径基于该工件坐标系。

（11）在"路径和目标点"选项卡下，新建一个工件坐标系 Workobject_1。

（12）右键单击"Workobject_1"，在弹出的菜单中，选择"安装到"→"STN1 T_ROB1"选项，如图 6-37 所示。若弹出提示框"是否更新位置"，单击"Yes"按钮。

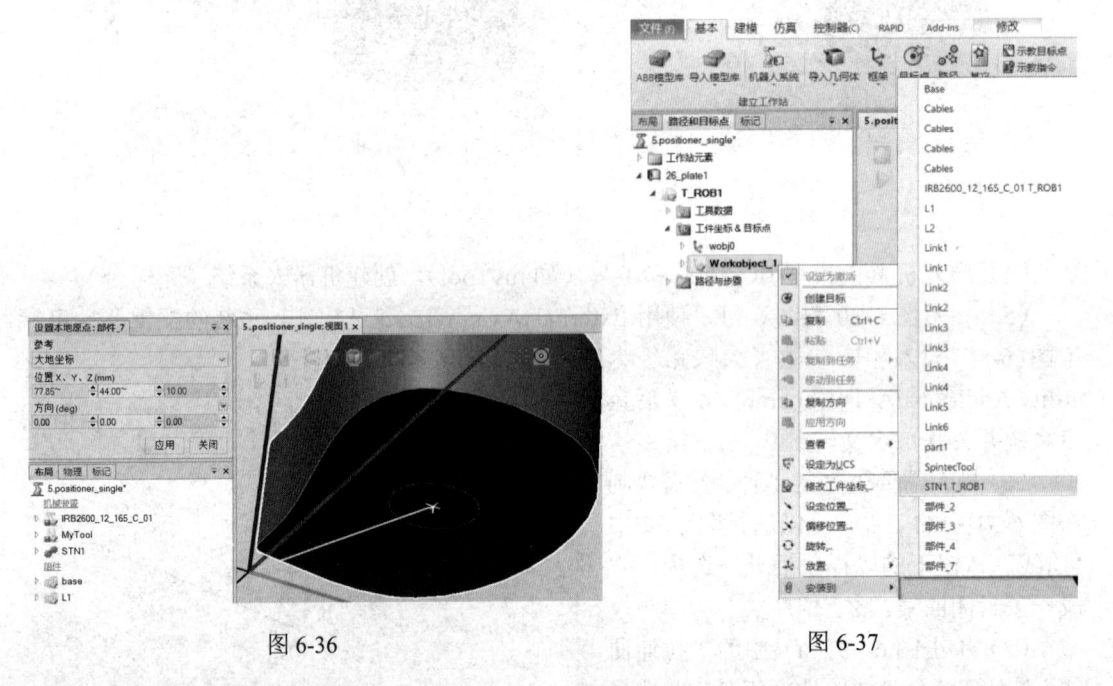

图 6-36   图 6-37

（13）单击"基本"选项卡下的"路径"按钮，选择"自动路径"选项，创建自动路径。注意使用的工具和工件坐标参数，如图 6-38（a）所示。

（14）在"路径和目标点"选项卡下，右键单击生成的目标点，在弹出的菜单中选择"查看目标处工具"选项，可以看到图 6-38（b）中所示的所有目标点的姿态。

(a)   (b)

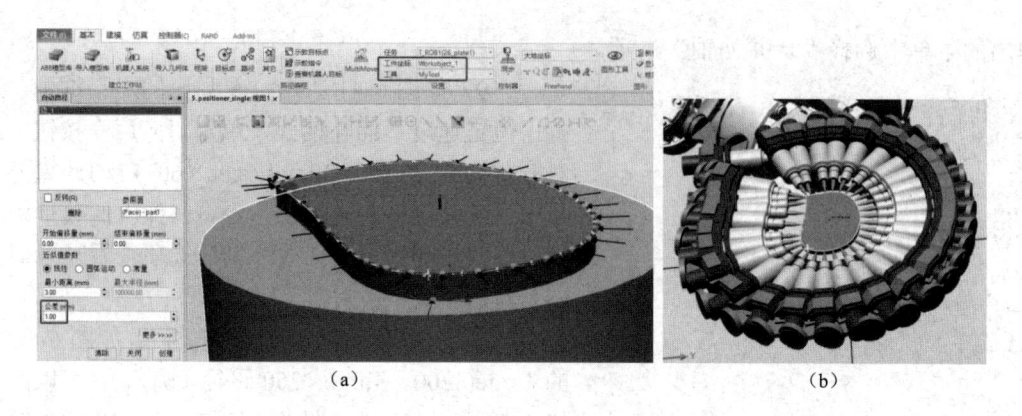

图 6-38

（15）由于 STN1 转台的运动范围为-180～180°。因此，对于图 6-38 中所示的路径，可以让转台先转到-180°位置，整个运动过程转台从-180 向 180°方向运行。即手动移动转台至-180°位置，根据需要，调整图 6-39 中 Path_10 的路径顺序。为便于后续观察，右键单击"Path_10"，在弹出的菜单中选择"重命名目标点"选项，设置目标点前缀并自动重新排序。

（16）查看图 6-40 中的路径，发现 Target_160 差不多处于需要转台旋转 180°的位置（到达图 6-40 中的 Target_10 位置附近）。右键单击图 6-40 中的"MoveL Target_160"，在弹出的菜单中选择"修改指令"→"修改外轴"选项。其中，"Eax"标签下的数据是需要修改的数据，"关节值"标签下的数值为当前外轴的位置数据。

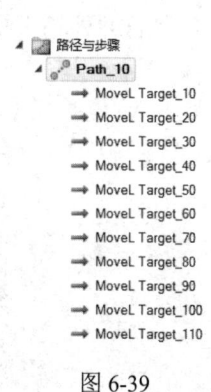

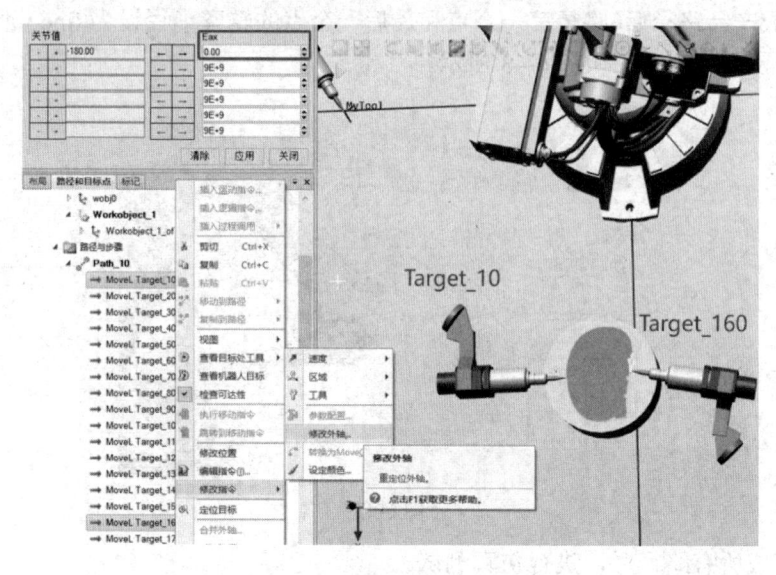

图 6-39

图 6-40

（17）修改 Eax 为"0.00"（起始位置的转角是-180°，需要旋转 180°到达 0°），单击"应用"按钮。

（18）选中图 6-40 中的"MoveL Target_10～MoveL Target_160"，单击鼠标右键，在

弹出的菜单中选择"合并外轴"选项。

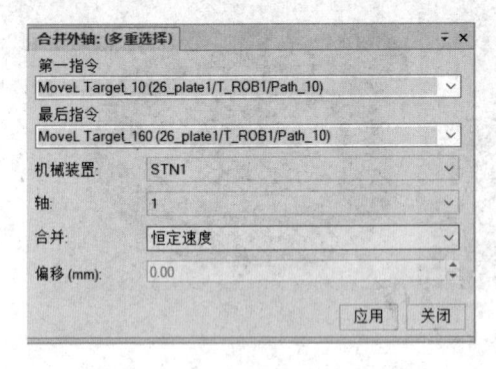

图 6-41

使用"合并外轴"功能进行自动计算。

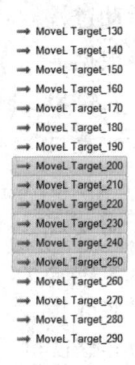

（19）如图 6-41 所示，在弹出的对话框中，选择"恒定速度"插补模式，单击"应用"按钮。此时软件会对 Target_20～Target_160 自动计算外轴数据。可以单独右键单击指令，在弹出的菜单中选择"修改指令"→"修改外轴"选项查看计算后的 Eax 值。

（20）其余指令的外轴设置类似。如图 6-42 中的 Target_200～Target_250 路径（圆角），可以人为修正 Target_200 的外轴为 0°、Target_250 的外轴为 120°。再对 Target_200～Target_250 的中间路径，

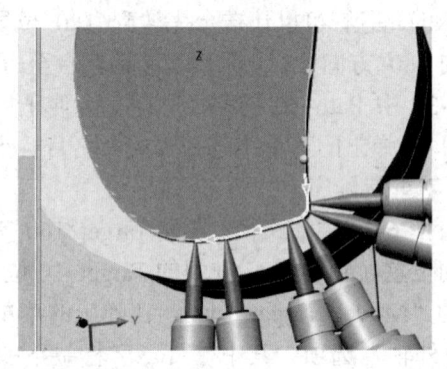

图 6-42

（21）完成产品路径后（路径第一个点和最后一个点的转弯半径设为 fine），切换到 wobj0 坐标系，记录 pHome 点，如图 6-43 所示。

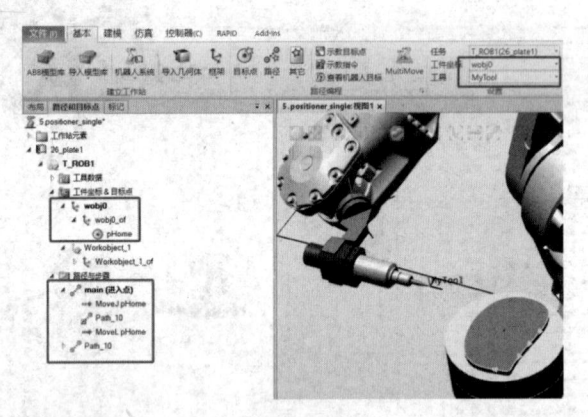

图 6-43

（22）完成所有路径后，进行仿真测试。

2．单轴变位机的校准

如果变位机和机器人在同一个任务（Task）中，可以使用 CalcRotAxisFrame 函数校准单轴变位机，具体实现如下所示。

```
targetlist{1}:= pos1;
targetlist{2}:= pos2;
targetlist{3}:= pos3;
targetlist{4}:= pos4;
resFr:=CalcRotAxisFrame(STN_1 , targetlist, 4, max_err, mean_err);
!四个点为变位机上同一参考物在外轴不同位置时机器人工具记录的点
!四点计算的圆心到第一个点的方向作为变位机坐标系的 x 方向
```

如果变位机和机器人不在同一个 Task 中,可以使用 CalcRotAxFrameZ 函数校准单轴变位机,具体实现如下所示。

```
targetlist{1}:= pos1;
targetlist{2}:= pos2;
targetlist{3}:= pos3;
targetlist{4}:= pos4;
resFr:=CalcRotAxFrameZ(targetlist, 4, zpos, max_err, mean_err);
!四个点为变位机上同一参考物在外轴不同位置时机器人工具记录的点
!四点计算的圆心到第一个点的方向作为变位机坐标系的 x 方向
!zpos 用于指示变位机坐标系的 z 方向
```

用户也可直接在示教器中完成设置。设置前,要先建立准确的 Tool 数据(TCP),并且使用正确的 Tool 进行操作。整个过程的关键步骤如下所述。

(1)在"手动操纵"选项卡下,选择正确的工具坐标,如图 6-44 所示。

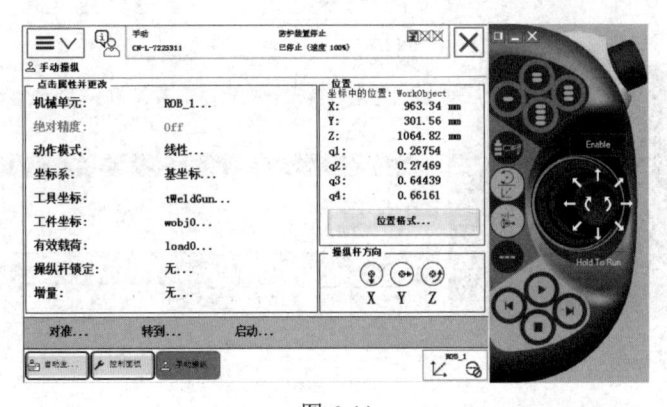

图 6-44

(2)在"校准"选项卡下,选择"基座"选项,如图 6-45 所示。

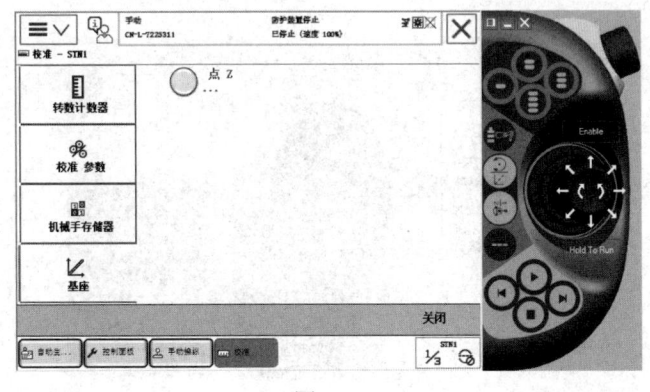

图 6-45

（3）移动机器人工具至变位机旋转盘上一标记处（见图 6-46），并单击"修改位置"按钮记录位置（见图 6-47）。该点与稍后计算出的 Base 坐标系原点构成 Base 坐标系的 X 方向。

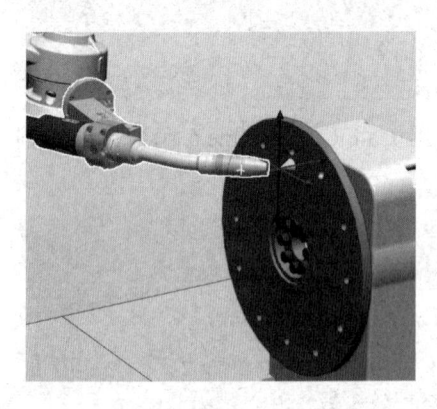

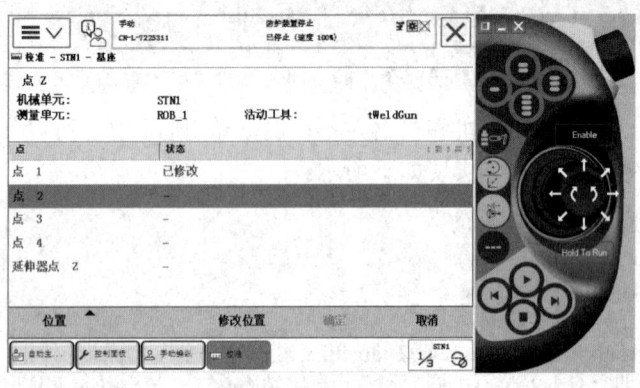

图 6-46　　　　　　　　　　　　　图 6-47

（4）旋转变位机一定角度（比如 45°），再次移动机器人工具至变位机旋转盘上的一标记处（见图 6-48），并单击"修改位置"按钮记录第二个位置（见图 6-49）。

图 6-48　　　　　　　　　　　　　图 6-49

（5）同理记录点 3 和点 4。

（6）移动机器人离开变位机并记录为点 Z，如图 6-50 所示（该操作仅设定变位机 Base 坐标系的 Z 正方向）。

图 6-50

（7）完成所有记录，单击"确定"按钮，完成计算。步骤（3）中记录的第一个位置与计算出的变位机 Base 坐标系原点构成 Base 坐标系的 X 方向。

（8）在"控制面板"选项卡下，可以看到变位机的 Base 坐标系相对于 World 坐标系的关系（见图 6-51）。

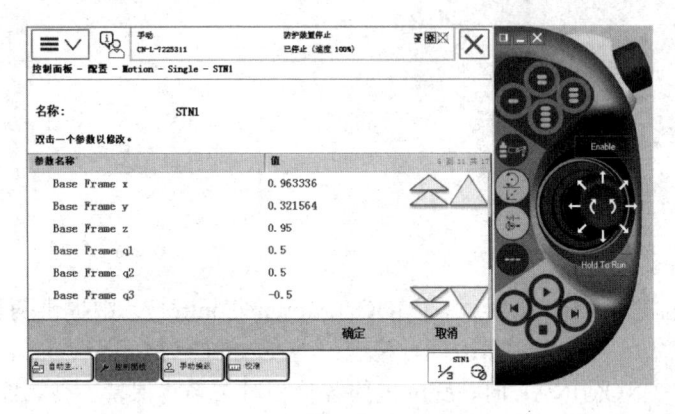

图 6-51

6.4.2 双轴变位机

1. 配置二轴变位机

如图 6-52 所示，二轴变位机是一种典型的焊接辅助设备。在机器人焊接过程中，变位机的两个旋转轴与机器人协调运动，确保焊接路径的可达性并提高焊接质量。二轴变位机尤其适用于焊接相贯线等复杂路径，因为它能够有效地调整工件的姿态，使焊接过程更加稳定，减少了人为操作的误差，提高了焊接精度和效率。

ABB 机器人提供了标准的二轴变位机，这些变位机可以直接与 ABB 机器人系统配合使用，支持多种焊接应用。对于客户自定义的变位机数模，需要将变位机创建为"外轴"类型的机械装置，再进行后续配置。

图 6-52

假设变位机模型如图 6-53 所示（由 base、plate1 和 plate2 构成）。在制作机械装置之前，建议按照图 6-53 所示的 3 个坐标系位姿配置每个部件的本地原点（参考图 6-54），以确保后续配置的准确性和一致性。

然后单击"建模"选项卡下的"创建机械装置"按钮，创建机械装置。在弹出的对话框中设置"机械装置类型"为"外轴"。"链接"属性的设置如图 6-55 所示（BaseLink 为不动的参考部件）。"接点"为变位机的参考旋转方向。注意，旋转正反向需与图 6-53 中的坐标系一致（旋转绕各坐标系的 Z 轴），满足右手法则。按图 6-56 添加"接点"（Joint）。"框架"为变位机对外的坐标系，即后续创建的被变位机驱动的工件坐标系的位姿。创建的框架与图 6-53 中 plate2 坐标系一致（见图 6-57）。

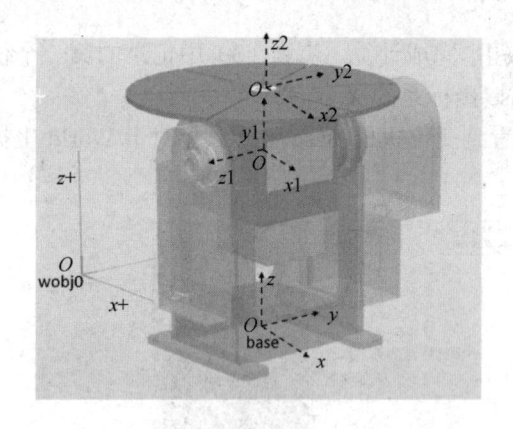

图 6-53

图 6-54

对于二轴变位机，ABB 机器人在 MOC（Motion Control））中提供两种模型。

（1）NOMINAL 模型：当在 MOC（Motion Control）中使用关键字 NOMINAL 时，变位机的各轴相对关系将保持不变，且不可通过后续人工校准进行调整。在这种模式下，用户只能设置整体变位机与机器人 Base 坐标系的相对关系（见图 6-58）。这意味着变位机各轴的相对关系已经预设并且是固定的，不能进行个别轴的校准或修改。

（2）ERROR 模型：当 MOC 中使用关键字 ERROR 时，系统允许现场人工标定变位机的各单轴，并根据标定结果计算和调整变位机的 DH（Denavit Hartenberg）模型。这种模式下，用户需要对变位机的若干单轴进行现场标定，得到每个轴的旋转坐标系。标定后，机器人系统将自动重新计算变位机各轴之间的相对关系，自动调整 DH 参数，确保变位机与机器人之间的协调运动更加精确。

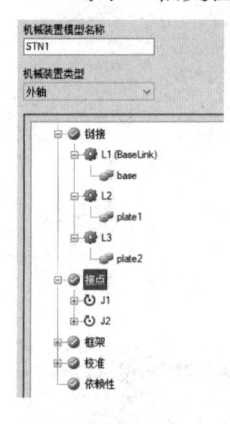

图 6-55

图 6-55 中的"校准"即设置上文所述 ERROR 模型的 2 个旋转轴的坐标系。此处，可以把这 2 个坐标系（J1 和 J2）设置为与图 6-53 中显示的一致，如图 6-59 所示。此步骤在后续配置采用 ERROR 模型时非常重要。

最后单击"编译机械装置"按钮，完成机械装置的创建。

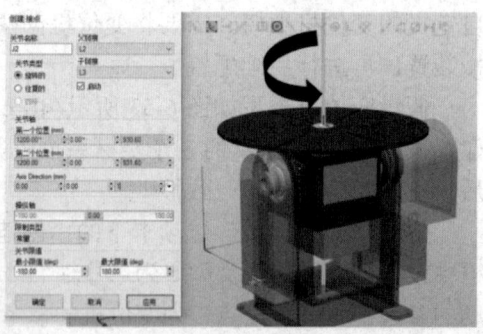

图 6-56

图 6-57

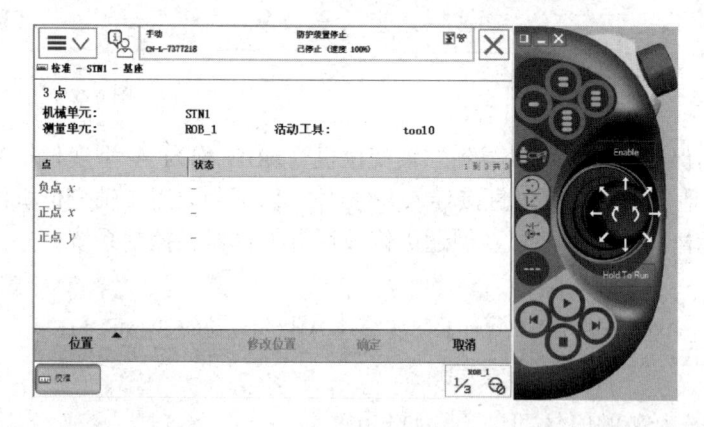

图 6-58

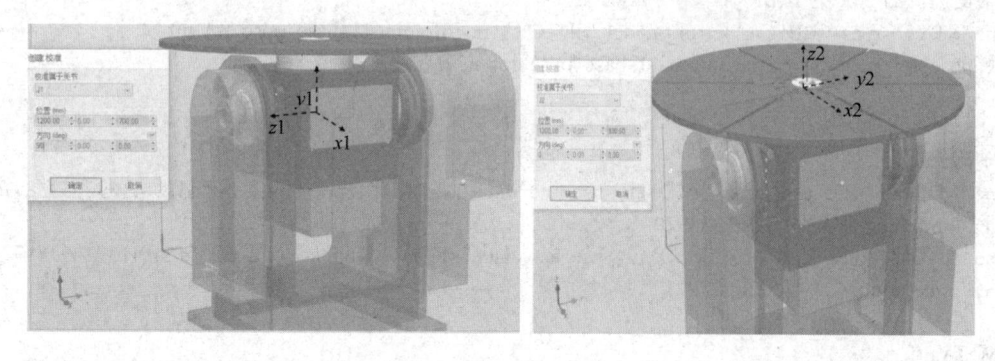

图 6-59

假设已经导入机器人并根据机器人创建机器人控制系统（不含变位机），则单击"基本"选项卡下的"机器人系统"按钮，选择"External Axis Wizard"选项，开始配置。然后在图 6-60 中勾选"Use Error Model"。若不能勾选，则前文模型制作有误，需要调整。此处也可不勾选，在后续生成的 MOC 文件中直接修改即可。

接下来配置各轴的电机型号、减速比等参数，如图 6-61 所示。配置完成后，单击"下一个"按钮，完成配置。最后单击图 6-62 中的"Finish"按钮，将参数导入机器人控制器。

图 6-60

图 6-61　　　　　　　　　　　　　图 6-62

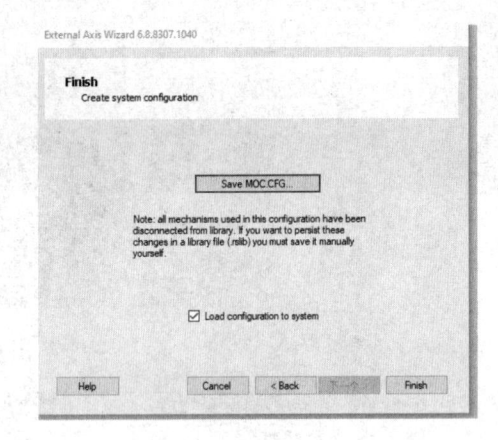

若此处手动保存参数，可以得到二轴变位机（ABB 称为 A 型变位机）的通用配置参数（以后配置其他二轴变位机可直接导入并修改）。以下为通用二轴变位机的部分配置文件内容。根据实际情况和下文注释，做适当修改后导入机器人控制系统。

```
ROBOT:
-name "STN1" -use_robot_type "STN1" -use_joint_0 "M7DM1" -use_joint_1 "M8DM1"

ROBOT_TYPE:
#若此处 error_model 为 NOMINAL,可以修改为 ERROR
#二轴变位机的 type 为 IRBP_A, 不可修改
-name "STN1" -type "IRBP_A" -error_model "ERROR" -no_of_joints 2 -base_pose_rot_u0 1 \
-base_pose_rot_u1 0 -base_pose_rot_u2 0 -base_pose_rot_u3 0

ARM:
#各轴的上下限
-name "M7DM1" -use_arm_type "M7DM1" -use_acc_data "M7DM1" -upper_joint_bound 3.14159265358979 \
-lower_joint_bound -3.14159265358979
-name "M8DM1" -use_arm_type "M8DM1" -use_acc_data "M8DM1" -upper_joint_bound 3.14159265358979 \
-lower_joint_bound -3.14159265358979

ARM_TYPE:
#若前文 error_model 为 NOMINAL，机器人使用以下的 DH 参数（length、offset、theta 和 attitude）
#若前文 error_model 为 ERROR，可以在示教器变位机校准选项卡
#对 2 个外轴进行单独校准，计算得到的 rot_axis_pose 数据用于自动重新计算变位机的内部 DH 模型
-name "M7DM1" -length 0 -offset_z 0 -theta_home_position 0 -attitude 0 -rot_axis_pose_pos_x 1.2 \
-rot_axis_pose_pos_y 0 -rot_axis_pose_pos_z 0.7 -rot_axis_pose_orient_u0 0.707106781186548 \
-rot_axis_pose_orient_u1 0.707106781186547 -rot_axis_pose_orient_u2 0 -rot_axis_pose_orient_u3 0

-name "M8DM1" -length 0 -offset_z 0.2306 -theta_home_position -3.14159265358979 \
-attitude 1.5707963267949 -rot_axis_pose_pos_x 1.2 -rot_axis_pose_pos_y 0 \
-rot_axis_pose_pos_z 0.9306 -rot_axis_pose_orient_u0 1 -rot_axis_pose_orient_u1 0 \
-rot_axis_pose_orient_u2 0 -rot_axis_pose_orient_u3 0
```

以下为未使用 ERROR 模型的二轴变位机的部分配置内容，对应的各轴坐标系如图 6-63 所示（其中 Base 与轴 1 坐标系重合）。

```
ROBOT:
-name "STN1" -use_robot_type "STN1" -use_joint_0 "M7DM1"\
 use_joint_1 "M8DM1" -base_frame_pos_x 1.2 -base_frame_pos_z 0.7\
  -base_frame_orient_u0 0 -base_frame_orient_u2 -0.707107\
  -base_frame_orient_u3 0.707107
ROBOT_TYPE:
 -name "STN1" -type "GEN_KIN" -error_model "NOMINAL" -no_of_joints 2
ARM:
-name "M7DM1" -use_arm_type "M7DM1" -use_acc_data "M7DM1" -upper_joint_bound 3.14159265358979 \
-lower_joint_bound -3.14159265358979
-name "M8DM1" -use_arm_type "M8DM1" -use_acc_data "M8DM1" -upper_joint_bound 3.14159265358979 \
-lower_joint_bound -3.14159265358979
ARM_TYPE:
 -name "M7DM1"
-name "M8DM1" -length 1.4013E-45 -offset_z 0.2306 -attitude 1.5708\
 -theta_home_position -3.14159
```

重启控制器后，可以看到二轴变位机已经配置成功（见图 6-64）。接下来，我们可以创建并安装工件坐标系到变位机 STN1（坐标系由变位机驱动）。此时设置机器人在工件坐标系下移动，切换到变位机后移动变位机，机器人会跟随变位机运动，实现联动。

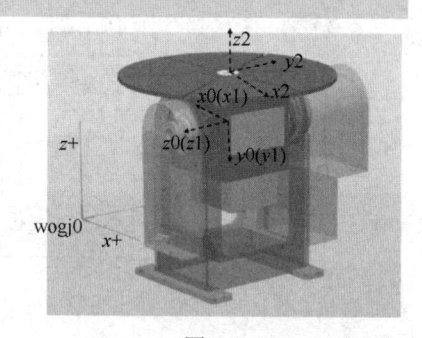

图 6-63

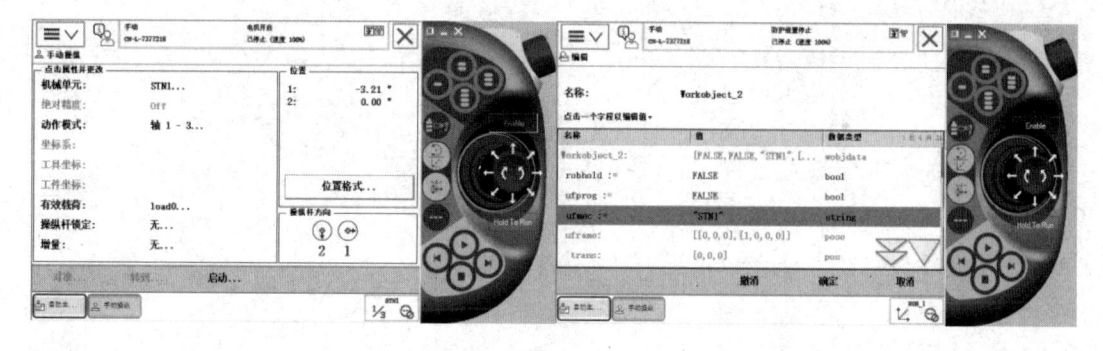

图 6-64

2. 双轴变位机的校准

对于真实机器人系统，通过示教器-校准-STN1 进入如图 6-65 所示的界面。在该界面中，分别对 2 个单轴进行校准。使用机器人精准控制其 TCP（工具中心点），将其移动到变位机某个轴上的固定参考点。此时，记录下机器人的第一个位置（位置 1）。这个位置将作为校准的基准点，用来参考后续的变化。在记录下第一个位置后，启动变位机，并将其单轴转动一定角度（变位机正向旋转），机器人再次通过精准的控制，将其 TCP 移动到变位机上的同一个固定点。记录下此时机器人的第二个位置（位置 2）。按照同样的步骤，依次完成 4 个点的示教，并完成该轴的校准。校准结果如图 6-66 所示。

各轴校准时，建议在示教第一个点时，变位机的各轴均处于0°。

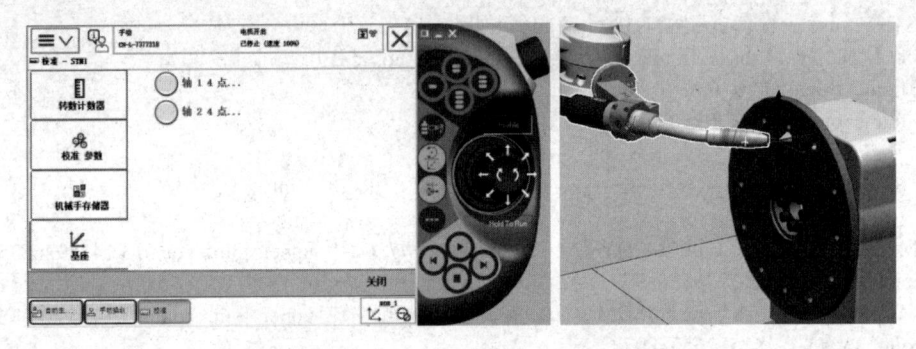

图 6-65

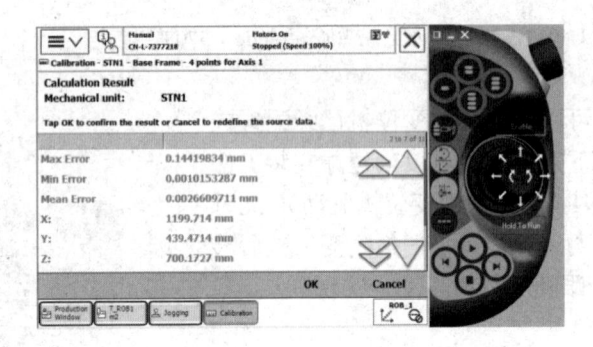

图 6-66

第 7 章　TCP 标定与视觉标定

机器人工具中心点（Tool Center Point，TCP）是指机器人当前工具的计算点相对于机器人法兰盘（tool0）的位置偏差。准确的 TCP 是机器人能够以工具中心进行路径规划和精确运动的基础。

为了准确地确定 TCP 位置，常用的方法是 4 点法人工校准，如图 7-1（a）所示。具体实现步骤是：机器人工具末端以 4 种不同的姿态分别接近同一个空间固定点（World Fixed Tip），记录每一种姿态下机器人法兰盘（tool0）的位姿，利用最小二乘法对这 4 个点进行拟合，计算出 TCP 的精确位置。

对于 TCP 的姿态，根据实际情况人为设定，如图 7-1（b）所示。

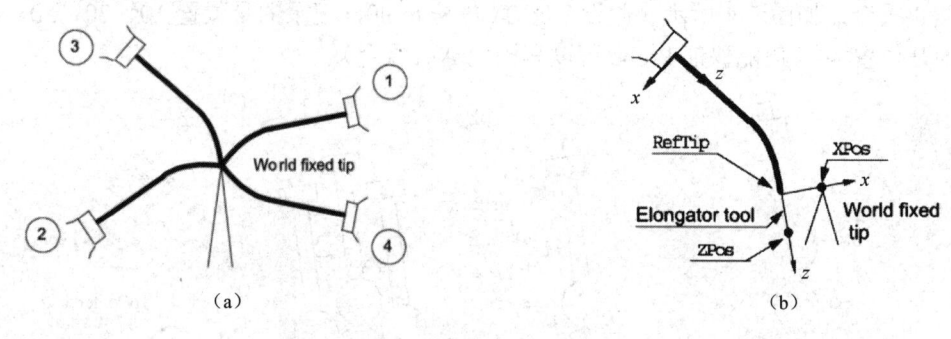

图 7-1

在实际生产中，还有更多的自动标定/计算 TCP 方法，这些方法均可在 RobotStudio 中仿真实现。

7.1　Probe 标定

Probe（测头）又称为对刀仪，是一种高精度的测量工具，常用于机器人系统中的位置校准和工件检测。图 7-2 展示了雷尼绍 OMP-400 Probe，这种类型的工具末端能感应微小的形变，并迅速输出信号，具有极高的精度。其末端通常安装有已知直径的红宝石球体，红宝石的硬度使其在接触物体时几乎不产生形变，从而确保高精度的测量。

Probe 的工作原理基于其末端的红宝石球体。当外力作用于测头时，红宝石球体会发生微小形变并触发信号输出。当外力撤除后，球体会迅速回弹到原位，从而确保精确的测量。由于红宝石的硬度非常高，通常情况下其在触碰物体时不会发生明显的形变，确保了测量的稳定性和准确性。

图 7-2

要使用 Probe 进行有效的测量，首先必须知道安装在机器人末端的 Probe 末端（红宝石球心）相对于机器人法兰盘的位置，这一位置通常被称为机器人 TCP（工具中心点）。通过确定这个关系，机器人可以精确地进行位置校准和测量工作。

通常校准方法是在一个空间固定位置安装一个精加工的球体，利用 Probe 末端的红宝石球体和固定球体碰撞，自动计算 TCP，计算过程如下所述。

（1）搜索过程使用名义 TCP，便于机器人绕名义 TCP 旋转并调整姿态。

（2）移动 Probe 至固定球上方并记录位置 p100，如图 7-3 中的 A。

（3）令 Probe 向下搜索，直到 Probe 与固定球刚好接触（可以采用先快速搜索，得到上升沿信号，再反向慢速搜索，记录信号下降沿时的机器人位姿），得到位置 p0，如图 7-3 中的 A。

（4）基于 Probe 末端球的半径和固定球的半径，计算后续平移搜索的起点 pStart（建议 7 组以上）和终点 pRef，如图 7-3 中的 B。

（5）机器人分别从 pStart 数组不同位置向 pRef 搜索，记录 Probe 刚好与固定球接触时的位置 pSen，如图 7-3 中的 C。

（6）基于 pSen 数组，拟合计算得到 Probe 可以和固定球心完全重合的 pCenter 位置，如图 7-3 中的 D。虽然名义 TCP 不在机器人末端真实 Probe（安装误差）的中心，但由于整个过程是平移运动，基于名义 TCP 记录的 pSen 拟合的球心坐标，也能让真实 Probe 与固定球心重合，如图 7-4 所示（假设名义 TCP 是 tool0，记录的是位置 10、20、30，计算得到的是位置 40，但能保证 Probe 可以和固定球心重合）。

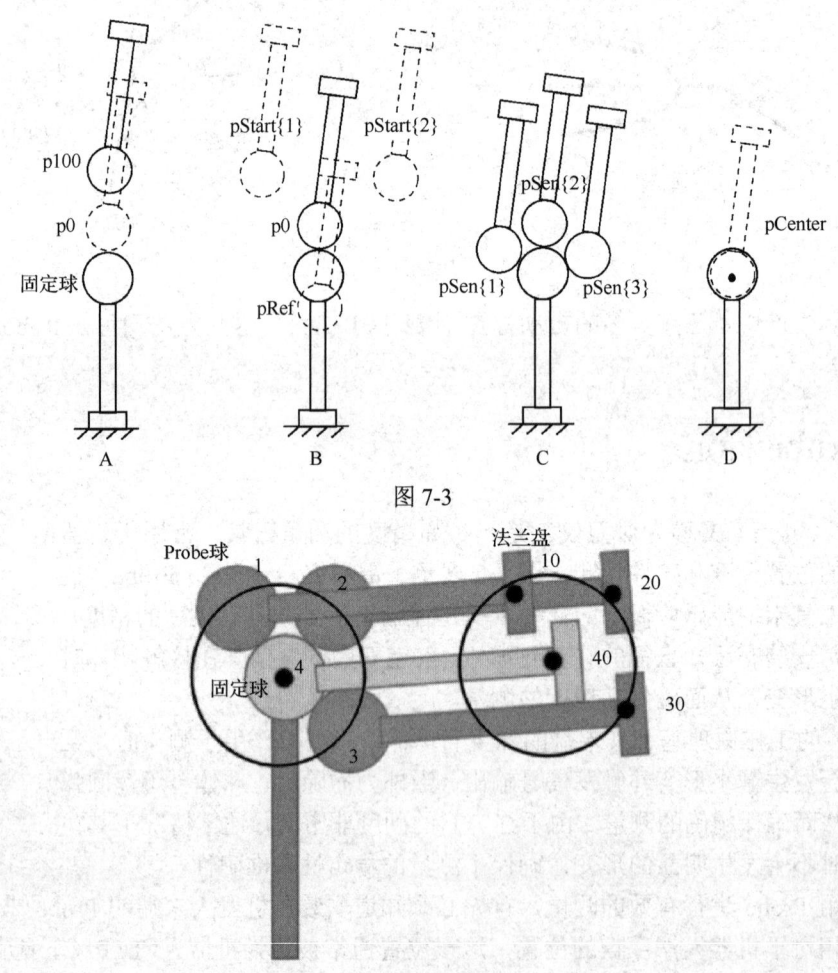

图 7-3

图 7-4

第 7 章　TCP 标定与视觉标定

（7）调整机器人姿态，再重复步骤（1）～（6）共 3 次。

（8）得到不同姿态的基于名义 TCP 的 pCenter 位姿 4 个。基于 pCenter 数组，可以计算 Probe 的 TCP。

接下来介绍如何创建一个机器人工作站并在仿真中进行碰撞检测，具体实现如下所述。

（1）新建机器人工作站，导入 IRB4600 机器人模型，并创建机器人系统。

（2）在"建模"选项卡下单击"固体"按钮，选择"圆柱"选项，创建 Probe 的杆，设置高度为 100mm，半径为 5mm（见图 7-5）。再创建一个球体，设置位置为[0,0,100]，半径为 8mm。

（3）单击"建模"选项卡下的"组件组"按钮，新建 probeNew 组，并将圆柱和球体拖入该组。

（4）复制 probeNew 组件组，并将其重命名为 fix_probe，作为固定球，根据需要调整其位置。

（5）参考 2.1.1 节内容，创建 myProbe 工具，并将其 TCP 设置为球体的中心，然后将该工具安装到机器人上。

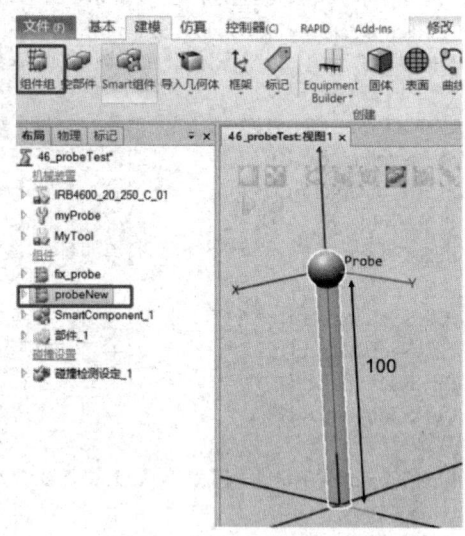

图 7-5

（6）新建一个 Smart 组件，并将其重命名为 sc_Collision，如图 7-6 所示。

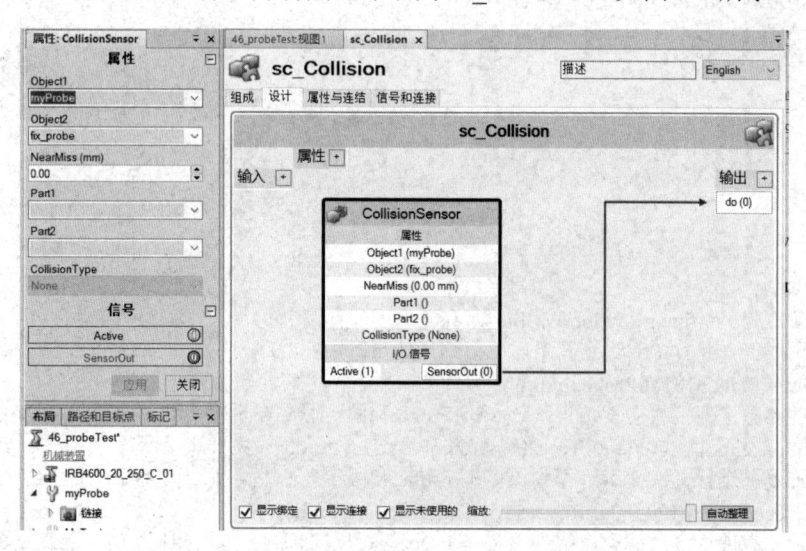

图 7-6

（7）添加 CollisionSensor 组件（功能见表 7-1）和输出信号。CollisionSensor 组件的 Object1 属性为 myProbe、Object2 属性为 fix_probe。

表 7-1　CollisionSensor 组件的功能

Smart 组件	功　　能	属　　性	输　　入	输　　出
CollisionSensor	检测两个物体是否有碰撞	Object1：第一个对象 Object2：第二个对象	Active：设定为 high(1)，激活	Output：有碰撞信号为 1

(8) 在机器人系统中创建输入信号 diProbe。以下为 Probe 中心 TCP 自动标定代码。

```
PERS num nBallR:=8;              !固定球的半径
PERS num nProbeR:=8;             !Probe 末端球的半径
PERS tooldata myProbe:=[TRUE,[[0,0,100],[1,0,0,0]],[1,[0,0,1],[1,0,0,0],0,0,0]];
!理论 TCP 初值,用于让机器人以该 TCP 旋转姿态

CONST robtarget p100:=* ;        !开始位置示教
PERS robtarget p101:=*;          !第一种姿态 Probe 和固定球心完全重合时的基于理论 TCP 的位姿
PERS robtarget p102:=*;          !第二种姿态 Probe 和固定球心完全重合时的基于理论 TCP 的位姿
PERS robtarget p103:=*;          !第三种姿态 Probe 和固定球心完全重合时的基于理论 TCP 的位姿
PERS robtarget p104:=*;          !第四种姿态 Probe 和固定球心完全重合时的基于理论 TCP 的位姿

PERS jointtarget j101:=*;        !第一种姿态 Probe 和固定球心完全重合时的 6 轴数据
PERS jointtarget j102:=*;        !第二种姿态 Probe 和固定球心完全重合时的 6 轴数据
PERS jointtarget j103:=*;        !第三种姿态 Probe 和固定球心完全重合时的 6 轴数据
PERS jointtarget j104:=*;        !第四种姿态 Probe 和固定球心完全重合时的 6 轴数据

PERS tooldata tResult:=[TRUE,[[2.13431,-3.93264,99.842],[1,0,0,0]],[1,[0,0,1],[1,0,0,0],0,0,0]];
!计算得到的 TCP
VAR num maxErr;
VAR num meanErr;

PROC rModify ()
    MoveL p100,v1000,fine,myProbe\WObj:=wobj0;
    !使用理论 TCP,移动 Probe 到固定球上方约 10mm
    !该点需要人工示教
ENDPROC

PROC main()
    testMove1;
ENDPROC

PROC testMove1()
    MoveL p100,v1000,fine,myProbe\WObj:=wobj0;
    !使用理论 TCP,移动 Probe 到固定球上方约 10mm
    searchCenter p100,p101,diProbe,myProbe;
    !以第一种姿态进行多次搜索,得到该姿态 Probe 和固定球心完全重合时基于理论 TCP 的位姿
    searchCenter reltool(p100,0,0,0\Ry:=20),p102,diProbe,myProbe;
    !以第二种姿态进行多次搜索,得到该姿态 Probe 和固定球心完全重合时基于理论 TCP 的位姿
    searchCenter reltool(p100,0,0,0\Rx:=15),p103,diProbe,myProbe;
    !以第三种姿态进行多次搜索,得到该姿态 Probe 和固定球心完全重合时基于理论 TCP 的位姿
    searchCenter reltool(p100,0,0,0\Rx:=-15),p104,diProbe,myProbe;
    !以第四种姿态进行多次搜索,得到该姿态 Probe 和固定球心完全重合时基于理论 TCP 的位姿

    j101:=CalcJointT(p101,myProbe);
    j102:=CalcJointT(p102,myProbe);
    j103:=CalcJointT(p103,myProbe);
    j104:=CalcJointT(p104,myProbe);
    !转化为对应的 jointtarget

    MToolTCPCalib j101,j102,j103,j104,tResult,maxErr,meanErr;
```

```
    !计算真实的 TCP tResult
    stop;
ENDPROC

PROC searchCenter(robtarget p,inout robtarget pCenter,var signaldi di1,inout tooldata tNor)
    VAR robtarget pRef;
    VAR robtarget p0;
    VAR num offset1;
    const num count:=7;
    !单个姿态平移搜索 7 次，根据需要可以增加次数
    VAR robtarget pStart{count};
    VAR robtarget pSen{count};
    VAR pos posSen{count};
    VAR pos posCenter;
    VAR num radius;

    search2 p,offs(p,0,0,-30),p0,di1,v50,tNor;
    !向下搜索，记录 Probe 和固定球刚好接触时的位置 p0
    pRef:=offs(p0,0,0,-(nBallR+nProbeR)*2-2);
    !以 p0 为基准，计算稍后搜索的目标点（一般为固定球下表面最下方往下）
    offset1:=nBallR+nProbeR+20;
    !后续平移搜索开始位置的偏移

    FOR i FROM 0 TO count-1 DO
        pStart{i+1}:=offs(p0,offset1*cos(i*360/count),offset1*sin(i*360/count),offset1-20);
    ENDFOR
    !计算 7 个开始搜索位置

    FOR i FROM 1 TO count DO
        search2 pStart{i},pRef,pSen{i},di1,v50,tNor;
        posSen{i}:=pSen{i}.trans;
    ENDFOR
    !搜索得到 7 个 Probe 刚好与固定球接触的位姿
    fitsphere posSen,posCenter,radius;
    !利用 posSen 数组，拟合计算球心
    pCenter:=p;
    pCenter.trans:=posCenter;
ENDPROC

PROC search2(robtarget pStart,robtarget pEnd,inout robtarget pSen,var signaldi di1,speeddata v,inout tooldata t\inout wobjdata wobj)
!从 pStart 向 pEnd 快速搜索，Probe 接触到固定球（di 信号为 1）尽快停止
!再从 pEnd 向 pStart 慢速搜索，直到 Probe 和固定球完全分离（di 信号为 0）
    VAR speeddata v1:=[3,1,0,0];
    !慢速搜索速度
    MoveL pStart,v,fine,t\WObj?wobj;
    SearchL\Stop,di1\PosFlank,pSen,pEnd,v,t\WObj?wobj;
    !向 pEnd 快速搜索，直到 di 信号由 0 变为 1，机器人停止
    SearchL\stop,di1\NegFlank,pSen,pstart,v1,t\WObj?wobj;
    !慢速向 pStart 搜索，直到 di 信号由 1 变为 0，记录 Probe 与固定球完全分离时的位置 pSen
    MoveL pStart,v,fine,t\WObj?wobj;
ENDPROC
```

（9）单击"仿真"选项卡下的"工作站逻辑"按钮，在弹出的对话框中，连接 sc_Collision 组件的输出信号与机器人的 diProbe 信号。

（10）为方便观察碰撞位置，可以在"仿真"选项卡下，单击图 7-7 中的"创建碰撞监控"按钮。分别将工具 myProbe 和 fix_probe 拖入"碰撞检测设定_1"的两个 Object。

（11）单击仿真启动按钮，查看仿真结果。

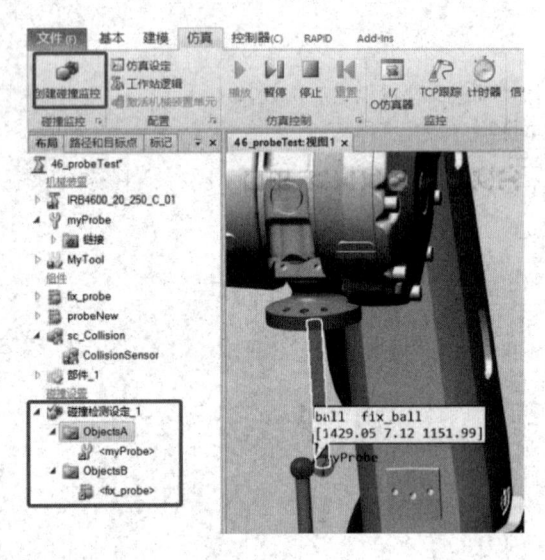

图 7-7

7.2 单光电 TCP 校正

ABB 机器人提供了如图 7-8 所示的 BullsEye（牛眼）自动校准 TCP 设备。该设备主要由一个光电传感器组成（当物体遮住传感器时，传感器输出为 1）。通过机器人在传感器区域内来回搜索，并结合触发信号时机器人 Tool0 的位姿，可以计算出机器人末端工具的 TCP 数据。

本节将介绍基于单光电设备的机器人 TCP 自动校准原理与其仿真实现过程。

7.2.1 姿态

TCP 标定分为位置数据标定和姿态数据标定两个部分。在完成姿态数据标定后，机器人可以沿着 TCP 的姿态方向进行运动，从而加快搜索速度，提高标定效率。

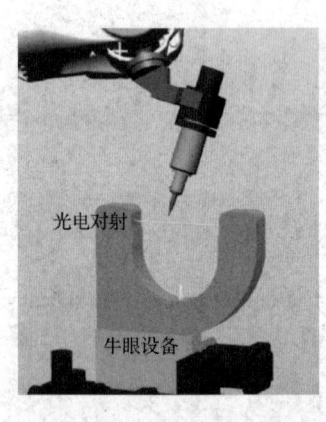

图 7-8

其中，姿态数据的标定算法如下所述。

（1）假设光电和大地坐标系（wobj0）X 方向平行（如果实际光电与 wobj0 的 X 方向不平行，可以通过在光电附近进行两次搜索，得到基于 tool0 的两个点的坐标，求出光电传感器和 wobj0 X 方向的夹角）。

（2）假设已知一个名义 TCP（该 TCP 不必非常准确，但它足以用于后期的旋转等操作，避免碰撞)。

(3) 令机器人在开始位置 $p0$ 沿着 $Y0$ 方向进行搜索,直到工具 (tool0) 恰好位于光电中间,得到位置 $p1$ (见图 7-9)。然后令机器人回到开始位置 $p0$,并沿着 Z 方向下降(如下降 20mm),再沿着 $Y0$ 方向进行搜索,直到工具 (tool0) 再次位于光电中间,得到位置 $p2$ (见图 7-9)。整个过程为平移运动,不调整机器人的姿态。

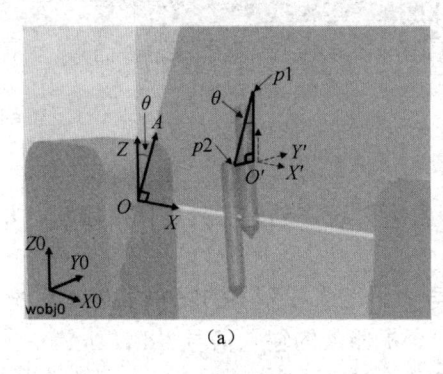

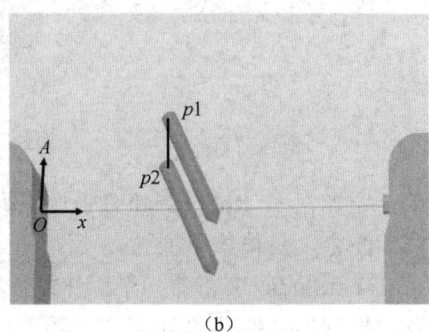

图 7-9

(4) 由于 $p1$ 和 $p2$ 的 X 坐标相同,可以通过计算 $p1$ 和 $p2$ 的 Y 与 Z 坐标偏差,来求得机器人在 $p1$ 和 $p2$ 时,工具构成的平面 XOA 与平面 XOZ 的夹角 θ [见图 7-9 (a)]。图 7-9 (b) 则显示了 $p1$ 点和 $p2$ 点在 XOA 平面内的视角。

(5) 基于步骤(4)求出的 θ,令机器人以名义 TCP 绕与 wobj0 的 X 方向平行的 X' 方向旋转角度 θ,使工具到达如图 7-10 (a) 所示的效果 [此时工具在图 7-10 (a) 所示的平面,或者平行于该平面]。

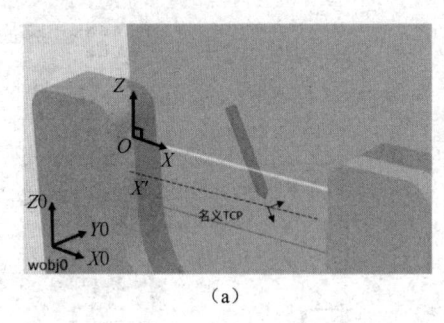

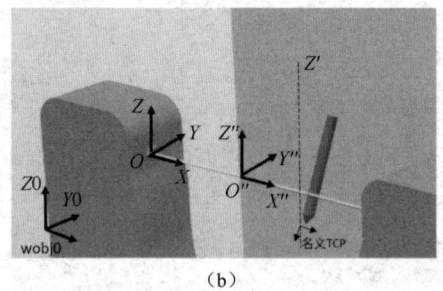

图 7-10

(6) 令机器人以名义 TCP 绕平行于 wobj0 的 Z 方向的 Z' 轴旋转-90°,从而达到如图 7-10 (b) 所示的效果 [此时工具位于图 7-10 (b) 所示的平面,或者平行于该平面]。

(7) 令机器人在图 7-10 (b) 中的位置为新的开始搜索位置 $p00$。然后,机器人沿着 wobj0 的 Y 方向进行搜索,得到工具恰好位于光电中间的位置 $p3$ [见图 7-11 (a)]。接下来,将机器人返回到开始位置 $p00$,并沿着 wobj0 的 Z 方向下降(如下降 20mm)。然后,沿着 wobj0 的 Y 方向进行搜索,直到工具位于光电中间,得到位置 $p4$ [见图 7-11 (a)]。基于 $p3$ 和 $p4$ 的 Y 坐标与 Z 坐标的偏差,可以计算出角度 $\theta 2$。令机器人以名义 TCP 绕与 wobj0 的 X 方向平行的 X' 方向旋转角度 $\theta 2$,使工具到达如图 7-11 (b) 所示的效果,此时工具垂直 wobj0 的 XOY 平面。

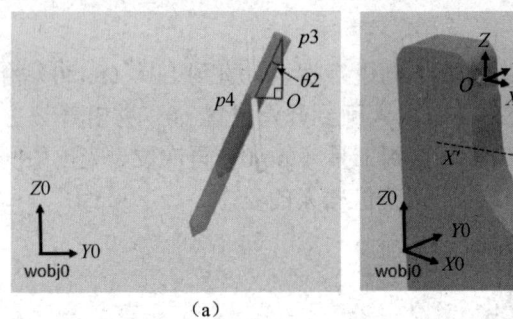

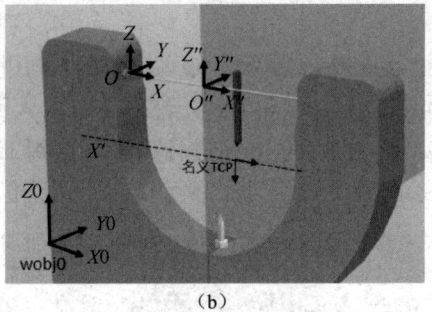

图 7-11

接下来介绍如何在 RobotStudio 中设置机器人系统、创建工具、模拟偏差,并进行与光电传感器的配合。具体如下所述。

(1) 在 RobotStudio 中新建一个工作站,导入机器人模型 IRB2600 并创建系统。

(2) 在"控制器(C)"选项卡下,新建一个机器人的输入信号"di1"。

(3) 单击"建模"选项卡下的"固体"按钮,创建一个高为 195mm、半径为 3mm 的圆柱体"部件 1"。再创建一个高为 5mm、半径为 3mm 的圆锥体"部件 2"。

(4) 单击图 7-12 中的"结合"按钮,将 2 个部件结合成一个物体(tStd)。

(5) 参考 2.1.1 节中介绍的方法,基于 tStd 创建一个工具,该工具的 TCP 在部件末端,并将工具安装到机器人末端。

(6) 如图 7-13 所示,在"路径和目标点"选项卡下,复制 tStd(tStd 的数据为[0,0,200]),并将生成的新工具重命名为 tRef,同时修改 tRef 的数据为[10,0,190],用于模拟有偏差的 TCP。

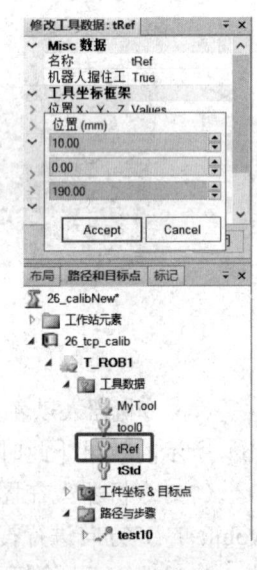

图 7-12   图 7-13

(7) 单击"同步到 RAPID"按钮,下载 2 个工具数据。

(8) 单击"基本"选项卡下的"导入模型库"按钮,选择"设备"选项,导入牛眼设备,用于放置后续使用的光电传感器。

（9）新建 Smart 组件 sc_BullEye，并添加 LineSensor 组件和输出信号。LineSensor 组件的位置如图 7-14 所示（后续机器人在搜索时，碰触到该传感器，可以接收到信号）。

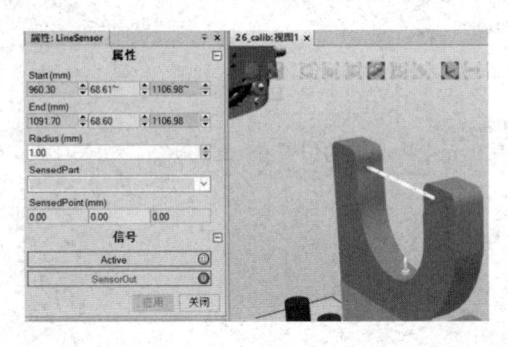

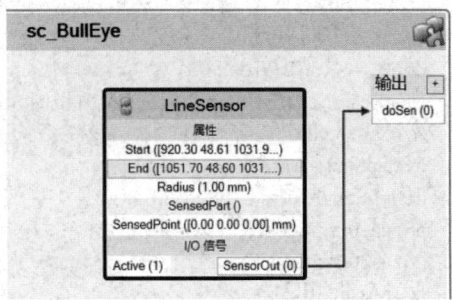

图 7-14

（10）在"RAPID"选项卡下，编写以下代码。

```
MODULE m_lineSensor_calibOrient
    PERS tooldata tStd:=[TRUE,[[0,0,200],[1,0,0,0]],[1,[0,0,1],[1,0,0,0],0,0,0]];    !准确的 TCP
    PERS tooldata tRef:=[TRUE,[[10,0,190],[1,0,0,0]],[1,[0,0,1],[1,0,0,0],0,0,0]];    !模拟的有偏差的 TCP
    PERS tooldata tReftmp:=[TRUE,[[10,0,190],[1,0,0,0]],[1,[0,0,1],[1,0,0,0],0,0,0]];
    !过程中使用的 TCP，初值等于 tRef
    CONST robtarget pHome:=[[1027.80,92.29,1100.30],[0.216855,0.0334637,0.964759,-0.145239],[0,-1,0,0],
[9E+9,9E+9,9E+9,9E+9,9E+9,9E+9]];
    !使用 tRef 在 wobj0 下示教的工具靠近光电传感器的位置
    CONST speeddata vCalib:=[20,10,0,0];
    !标定时用的速度
    
    PROC rModify()
        MoveL pHome,v100,fine,tRef\WObj:=wobj0;
        !用 tRef 在 wobj0 下示教的工具靠近光电传感器的位置
    ENDPROC
    
    PROC main()
        tReftmp:=tRef;
        MoveL pHome,v100,fine,tReftmp\WObj:=wobj0;
        CalibOrient pHome,-50,-20,vCalib,tReftmp;
    ENDPROC
    
    PROC CalibOrient(robtarget p,num searchY,num searchZ,speeddata v,INOUT tooldata t\INOUT wobjdata wobj)
        !p: 开始位置
        !searchY: Y 方向搜索距离，如-50mm
        !searchZ: 上下两次搜索时，第二次沿着 Z 方向下降的距离，如-10mm
        VAR num rx;
        VAR num dy;
        VAR num dz;
        VAR robtarget ptmp;
        VAR robtarget pSens1;
        VAR robtarget pSens2;
```

```
            MoveL p, v, fine, t\wobj? wobj;
            LineSearch2 Offs (p, 0, searchY,0) , di1,pSens1,v,t;
            !沿着 searchY 方向来回搜索，计算得到工具在光电中心时的位置 pSens1
            MoveL offs (p,0,0, searchZ), v, fine, t\wobj?wobj;
            !沿着 Z 方向下降
            ptmp: =CRobT (\Tool: =t \ WObj? wobj);
            LineSearch2 Offs(ptmp,0, searchY,0),di1,pSens2,v,t;
            !沿着 searchY 方向来回搜索，计算得到工具在光电中心时的位置 pSens2
            dy: =pSens1.trans.y -pSens2.trans.y;
            dz: =pSens1.trans.z -pSens2.trans.z;
            pSens10 :=pSens1;
            pSens20 :=pSens2;
            rx: =ATan2(dy,dz);
            !计算得到图 7-9 中的 θ 角度
            TPWrite "r1x:"\Num :=rx;
            ptmp:=CRobT(\Tool:=t\WObj?wobj);
            ptmp:=RotateWobj(\x,ptmp,rx);
            !以名义 TCP，绕着图 7-10（a）中的 X′方向旋转 rx，使工具进入图 7-10（a）所示的平面
            MoveL ptmp, v,fine,t\WObj?wobj;
            waittime 0.5;
            ptmp:=RotateWobj(\z,ptmp,-90);
            !以名义 TCP，绕着图 7-10 右图的 Z′方向旋转-90°，使工具进入图 7-10（b）所示的平面
            MoveL ptmp,v,fine,t\WObj?wobj;
            waittime 0.5;

            !图 7-11（a）的运动过程
            LineSearch2 Offs(ptmp,0,searchY,0),di1,pSens1,v,t;
            MoveL offs(ptmp,0,0,searchZ),v,fine,t\wobj?wobj;
            ptmp:=CRobT(\Tool:=t\WObj?wobj);
            LineSearch2 Offs(ptmp,0,searchY,0),di1,pSens2,v,t;
            dy:=pSens1.trans.y-pSens2.trans.y;
            dz:=pSens1.trans.z-pSens2.trans.z;
            pSens10:=pSens1;
            pSens20:=pSens2;
            rx:=ATan2(dy,dz);
            tpwrite "r2x:"\Num:=rx;
            ptmp:=CRobT(\Tool:=t\WObj?wobj);
            ptmp:=RotateWobj(\x,ptmp,rx);
            MoveL ptmp,v,fine,t\WObj?wobj;
            !绕着 X 轴旋转 rx 角度，工具和 XOY 平面垂直，如图 7-11（b）所示

            waittime 0.5;
            ptmp:=CRobT(\Tool:=tool0);
            t.tframe.rot:=OriInv(ptmp.rot)*OrientZYX(180,0,90);
            !假设目标处的姿态的 ZYX 欧拉角是[180,0,90]，计算得到工具姿态
            !目标工具的 Z 方向和工具延伸方向一致，X、Y 方向可以根据需要自定义
        ENDPROC

        PROC LineSearch2(robtarget p,VAR signaldi di,INOUT robtarget pSen,speeddata v,INOUT tooldata t\INOUT wobjdata wobj)
            !从当前位置向目标点 p 来回搜索
            !pSen = (1st sensepos + 2nd sensepos)/2
```

```
            VAR robtarget p1;
            VAR robtarget p2;
            VAR robtarget pStart;

            pStart:=CRobT(\Tool:=t\wobj?wobj);
            SearchL di\PosFlank,p1,p,v,t\wobj?wobj;
            SearchL di\PosFlank,p2,pStart,v,t\wobj?wobj;

            pSen:=p1;
            pSen.trans.x:=(p1.trans.x+p2.trans.x)/2;
            pSen.trans.y:=(p1.trans.y+p2.trans.y)/2;
            pSen.trans.z:=(p1.trans.z+p2.trans.z)/2;
        ENDPROC

        FUNC robtarget RotateWobj(\switch x|switch y|switch z,robtarget p,num angle)
            !保持当前目标点位置不变,绕着过目标点的与 wobj 平行的 X、Y、Z 轴旋转
            VAR num rx:=0;
            VAR num ry:=0;
            VAR num rz:=0;
            IF Present(x) rx:=angle;
            IF Present(y) ry:=angle;
            IF Present(z) rz:=angle;
            p.rot:=orientzyx(rz,ry,rx)*p.rot;
            RETURN p;
        ENDFUNC

        FUNC orient OriInv(orient o)
            !姿态求逆
            RETURN [o.q1,-o.q2,-o.q3,-o.q4];
        ENDFUNC
ENDMODULE
```

（11）使用 tRef（有人为偏差）工具，移动机器人至如图 7-15 所示的光电传感器附近（保证机器人沿着-Y 方向移动能切割到传感器），并示教 pHome 位置。

（12）在"仿真"选项卡下的"工作站逻辑"中，将 sc_BullEye 的输出信号和机器人的 di1 输入信号连接。

（13）启动仿真过程。

7.2.2 位置

图 7-15

如图 7-1（a）所示，通常机器人 TCP 以 4 种不同的姿态接近同一个固定点，分别记录 4 个点的 tool0 位姿，从而可以求出 TCP 的位姿数据。以上方法的约束条件是，在这 4 种姿态下，工具末端指向的空间绝对位置相同（约束为同一个点）。

基于上节内容，可以实现让机器人工具在光电传感器附近进行搜索，最终以不同姿态停留在光电传感器上（相同高度，如图 7-16 所示）。具体实现过程如下：首先，机器人沿 Y 方向来回搜索，使工具停留在光电传感器的中心位置；然后，机器人沿工具的 Z 方向来回搜索，最终使机器人工具末端停留在光电传感器上。在这些位姿下，机器人满足工具末端的位置在一条直线上的约束条件。

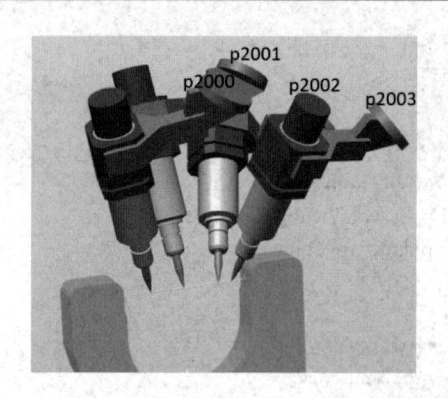

图 7-16

基于线的 TCP 求解原理如下：

（1）假设 $p2000$ 表示为 $\begin{bmatrix} a_{11} & a_{12} & a_{13} & x_1 \\ a_{21} & a_{22} & a_{23} & y_1 \\ a_{31} & a_{32} & a_{33} & z_1 \\ 0 & 0 & 0 & 1 \end{bmatrix}$，$p2001$ 表示为 $\begin{bmatrix} b_{11} & b_{12} & b_{13} & x_2 \\ b_{21} & b_{22} & b_{23} & y_2 \\ b_{31} & b_{32} & b_{33} & z_2 \\ 0 & 0 & 0 & 1 \end{bmatrix}$，TCP 表示为 $\begin{bmatrix} c_{11} & c_{12} & c_{13} & x_t \\ c_{21} & c_{22} & c_{23} & y_t \\ c_{31} & c_{32} & c_{33} & z_t \\ 0 & 0 & 0 & 1 \end{bmatrix}$

（2）$p2000$（tool0）对应的 tool 末端在坐标系下的位姿为 $p3000$，可以表达为：

$$p2000 \times \text{TCP} = \begin{bmatrix} a_{11} & a_{12} & a_{13} & x_1 \\ a_{21} & a_{22} & a_{23} & y_1 \\ a_{31} & a_{32} & a_{33} & z_1 \\ 0 & 0 & 0 & 1 \end{bmatrix} \times \begin{bmatrix} c_{11} & c_{12} & c_{13} & x_t \\ c_{21} & c_{22} & c_{23} & y_t \\ c_{31} & c_{32} & c_{33} & z_t \\ 0 & 0 & 0 & 1 \end{bmatrix} =$$

$$\begin{bmatrix} g_{11} & g_{12} & g_{13} & a_{11} \times x_t + a_{12} \times y_t + a_{13} \times z_t + x_1 \\ g_{21} & g_{22} & g_{23} & a_{21} \times x_t + a_{22} \times y_t + a_{23} \times z_t + y_1 \\ g_{31} & g_{32} & g_{33} & a_{31} \times x_t + a_{32} \times y_t + a_{33} \times z_t + z_1 \\ 0 & 0 & 0 & 1 \end{bmatrix}$$

tool 末端在坐标系下的 $z = a_{31} \times x_t + a_{32} \times y_t + a_{33} \times z_t + z_1$

记 $\boldsymbol{A}_1 = [a_{31}, a_{32}, a_{33}]$，$\boldsymbol{t} = [x_t, y_t, z_t]^\text{T}$，则 $z = \boldsymbol{A}_1 \times \boldsymbol{t} + z_1$。

$p3001$、$p3002$、$p3003$ 可以同理表示。

（3）tool 末端对应的 4 个点成一条直线。也可理解为：在某个坐标系下 tool 末端对应的 4 个点的高度 z 相同，即 $p3000$、$p3001$、$p30002$、$p3003$ 的高度 z 相同。

$$\begin{cases} \boldsymbol{A}_1 \times \boldsymbol{t} + z_1 = \boldsymbol{A}_2 \times \boldsymbol{t} + z_2 \\ \boldsymbol{A}_2 \times \boldsymbol{t} + z_2 = \boldsymbol{A}_3 \times \boldsymbol{t} + z_3 \\ \boldsymbol{A}_3 \times \boldsymbol{t} + z_3 = \boldsymbol{A}_4 \times \boldsymbol{t} + z_4 \end{cases}$$

整理上式，得到：

$$\begin{bmatrix} A_1 - A_2 \\ A_2 - A_3 \\ A_3 - A_4 \end{bmatrix} \times \begin{bmatrix} x_t \\ y_t \\ z_t \end{bmatrix} = \begin{bmatrix} z_2 - z_1 \\ z_3 - z_2 \\ z_4 - z_3 \end{bmatrix}$$

(4)使用 RAPID 的 MatrixSolve A, b, x 函数，求解得到 TCP 中的 X、Y、Z。

以下代码实现了上述原理，可以计算出图 7-16 中的 TCP 位置。图 7-16 中的 4 个位置点为机器人工具末端在该位置时的 tool0 的位姿。

```
CONST robtarget p2000:=* ;
CONST robtarget p2001:=* ;
CONST robtarget p2002:=* ;
CONST robtarget p2003:=* ;
PERS tooldata t10:=[TRUE,[[1,2,3],[1,0,0,0]],[0,[0,0,0],[1,0,0,0],0,0,0]];
    PROC rModify1()
        MoveL p2000,v1000,fine,tool0\WObj:=wobj0;
        MoveL p2001,v1000,fine,tool0\WObj:=wobj0;
        MoveL p2002,v1000,fine,tool0\WObj:=wobj0;
        MoveL p2003,v1000,fine,tool0\WObj:=wobj0;
    ENDPROC

    PROC testCalib()
        calTCP1 p2000,p2001,p2002,p2003,t10;
    ENDPROC

    PROC calTCP1(robtarget p1,robtarget p2,robtarget p3,robtarget p4,inout tooldata t)
        !工具末端均停留在光电传感器上
        !robtarget 点位均基于 tool0
        !计算 TCP 的 XYZ

        VAR dnum A1{3,3};
        VAR dnum A2{3,3};
        VAR dnum A3{3,3};
        VAR dnum A4{3,3};

        VAR dnum A{3,3};
        VAR dnum b{3};
        VAR dnum resultTCP{3};

        QuadToPostran p1.rot,A1;
        QuadToPostran p2.rot,A2;
        QuadToPostran p3.rot,A3;
        QuadToPostran p4.rot,A4;

        FOR i FROM 1 TO 3 DO
            A{1,i}:=A1{3,i}-A2{3,i};
        ENDFOR

        FOR i FROM 1 TO 3 DO
            A{2,i}:=A2{3,i}-A3{3,i};
        ENDFOR
```

```
        FOR i FROM 1 TO 3 DO
            A{3,i}:=A3{3,i}-A4{3,i};
        ENDFOR

        b{1}:=numtodnum(p2.trans.z-p1.trans.z);
        b{2}:=numtodnum(p3.trans.z-p2.trans.z);
        b{3}:=numtodnum(p4.trans.z-p3.trans.z);

        MatrixSolve A,b,resultTCP;
        t.tframe.trans.x:=dnumtonum(resultTCP{1});
        t.tframe.trans.y:=dnumtonum(resultTCP{2});
        t.tframe.trans.z:=dnumtonum(resultTCP{3});
    ENDPROC

    PROC QuadToPostran(Orient Quad,INOUT dnum Postran{*,*})
    !四元数转旋转矩阵
        !orient to matrix{3*3}
        Postran{1,1}:=numtodnum(1-2*(Quad.q3*Quad.q3+Quad.q4*Quad.q4));
        Postran{1,2}:=numtodnum(2*Quad.q2*Quad.q3-2*Quad.q1*Quad.q4);
        Postran{1,3}:=numtodnum(2*Quad.q1*Quad.q3+2*Quad.q2*Quad.q4);
        Postran{2,1}:=numtodnum(2*Quad.q2*Quad.q3+2*Quad.q1*Quad.q4);
        Postran{2,2}:=numtodnum(1-2*(Quad.q2*Quad.q2+Quad.q4*Quad.q4));
        Postran{2,3}:=numtodnum(-2*Quad.q1*Quad.q2+2*Quad.q3*Quad.q4);
        Postran{3,1}:=numtodnum(-2*Quad.q1*Quad.q3+2*Quad.q2*Quad.q4);
        Postran{3,2}:=numtodnum(2*Quad.q1*Quad.q2+2*Quad.q3*Quad.q4);
        Postran{3,3}:=numtodnum(1-2*(Quad.q3*Quad.q3+Quad.q2*Quad.q2));
    ENDPROC
```

7.3 十字激光

图 7-17

上节介绍的基于单光电传感器的 TCP 校正方法，由于只有一个光电信号的输入，使搜索时间较长。

近年来，十字形交叉的双对射传感器在机器人 TCP 标定中得到了广泛应用。例如，图 7-17 所示的是 Captron 公司生产的 OGLW2-40T-2PS6 型号的双对射传感器。该传感器具有两组交叉射信号，采样频率可达 1000Hz，能分辨最小为 0.2mm 的物体，重复测量精度可达 0.01mm。由于采用了两组传感器，并且传感器之间存在一定关系，所以这种设计在大大缩短机器人 TCP 校准的搜索时间，同时保证了 TCP 自动校准的高精度。

7.3.1 标定原理

由于十字激光交叉，若令机器人工具在如图 7-18（a）所示的传感器内画圆形轨迹运动，分别记录工具经过传感器光束时的位置 x_1、y_1、x_2、y_2，通过计算可以得到直线 x_1x_2 与直线 y_1y_2 的交点。然后，机器人工具平移到该交点（十字激光的中心），此时机器人 tool0 的位置处于图 7-18（b）中所示的 $p1$ 位置。

令机器人工具向下一定距离,继续在传感器内画圆,并计算得到机器人工具在画第二个圆时的两束光束交点,令机器人平移到该交点,此时机器人的 tool0 处于图 7-18(b)中所示的 p2 位置。

由于在两次测量中,工具均经过光束交点(同一个点),因此 p1p2 连线方向与工具的方向平行,如图 7-18(b)所示。基于该条件,可以计算出工具的姿态方向(也称为 5D 法,保证工具的 z 方向和工具方向平行)。

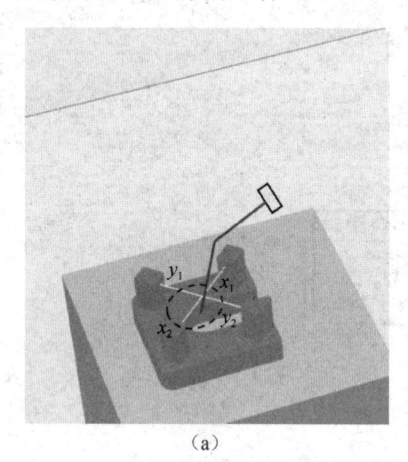

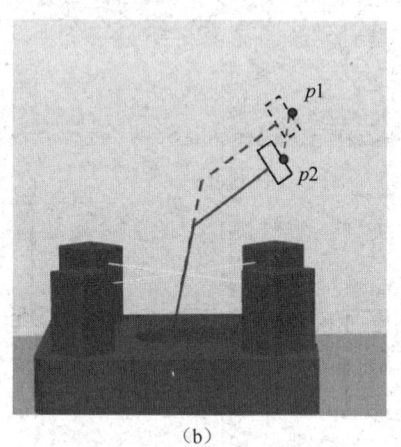

图 7-18

有了工具的姿态方向后,可以令工具在光束交点位置沿着工具的姿态 z 方向来回搜索,使工具末端刚好停在光束交点的位置。

若第一次使用传感器(传感器中心在机器人基坐标系 base 中的绝对位置未知),可以通过多次调整工具姿态并进行搜索,得到工具末端精确停在光束交点的位置数组。利用这些位置数据,使用 4 点法自动计算 TCP,并得到传感器光束中心在机器人基坐标系 base 中的绝对位置。

后续使用时,由于传感器中心位置已知,则机器人只需通过上下两个圆形轨迹进行搜索,得到工具 TCP 的姿态。然后,让工具在光束中心沿着 TCP 的 z 方向进行搜索,使工具末端精确停留在光束中心。根据公式 PosCenter=Pose_tool0*TCP.trans,可得 TCP.trans(PosCenter 是通过第一次标定得到的光束中心绝对位置,Pose_tool0 是此时机器人 tool0 的位姿)。

7.3.2 仿真实现

仿真实现的具体步骤如下所述。

(1)新建机器人工作站,导入 IRB1200 机器人模型和 myTool 工具。可以通过 Captron 官网获得十字激光传感器的数模(在"布局"选项卡下,单击该模型,在"修改"选项卡下,去掉"可由传感器检测"的属性)。根据需要绘制 table,调整所有部件的位置并创建机器人系统。

(2)创建 Smart 组件 sc_xbeam。参考图 7-19 添加两个 LineSensor 组件、两个 Highlighter 组件和输出信号。其中,LineSensor 组件的位置如图 7-20 所示(修改 LineSensor 的半径为 0.2mm 或者更小);HighLighter 组件(其功能介绍见表 7-2)用于高亮对象(如 LineSensor

感应到物体,可以高亮该 LineSensor 组件,便于观察);HighLighter 组件的属性设置如图 7-19 所示(Color[255,0,0]为 RGB 颜色,表示红色)。

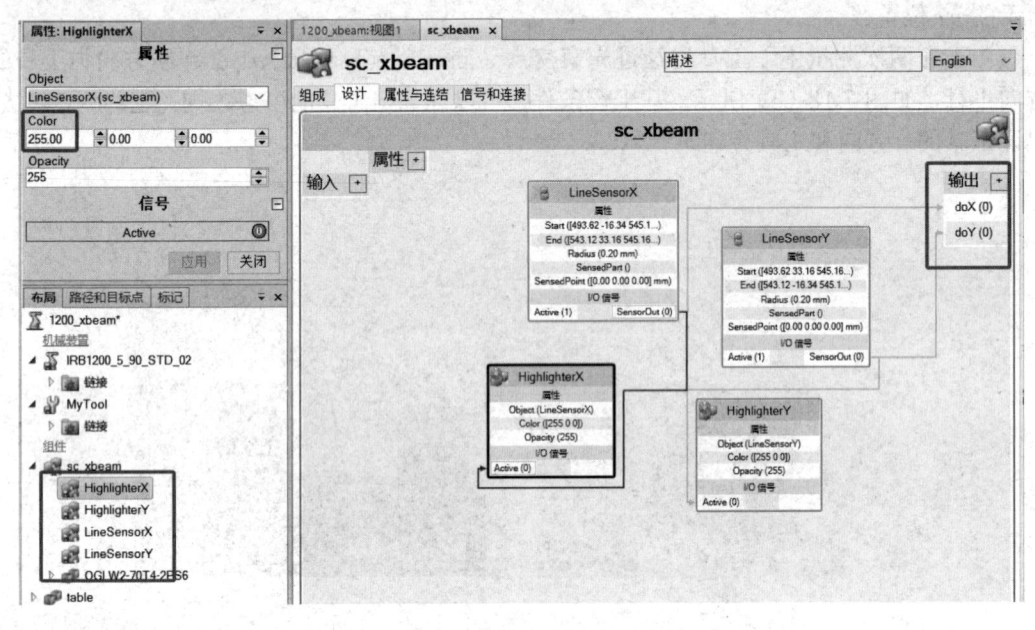

图 7-19

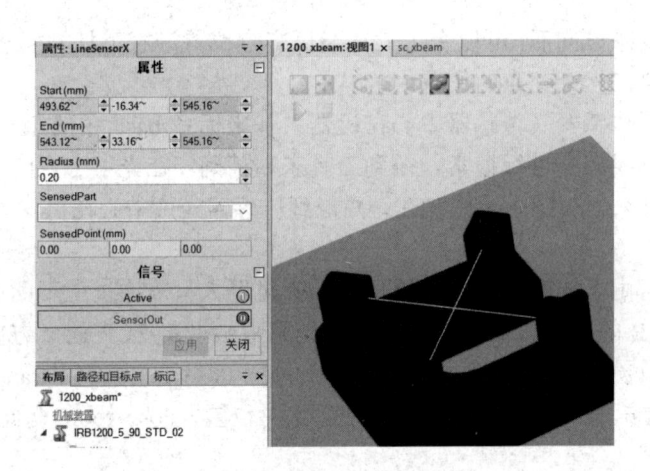

图 7-20

表 7-2 HightLighter 组件的功能介绍

Smart 组件	功能	属性	输入
HighLighter	高亮一个对象	Object:高亮显示对象 Color:高亮显示颜色(RGB) Opacity(Int32):透明度	设定为 high(1),则改变颜色; 设定为 low(0),则恢复原始颜色

(3)为机器人系统新建 di_x、di_y 输入信号,用于接收 Smart 组件的输出。

(4)单击"仿真"选项卡下的"工作站逻辑"按钮,将 Smart 组件的输出信号和机器人的输入信号连接。

（5）参考以下代码进行编写。第一次使用时，将工具末端移动到传感器两束光束的中间，使用 tool0 对 pStart 位置进行示教（见图 7-21）。

图 7-21

```
xSensorCalib pStart,tNor\v:=v20\startBelow:=5\radius:=20\zOffset:=5\searchDis:=5;
    !pStart: 开始位置，尽量移动工具末端到传感器中心，使用 tool0 示教
    !tool: 要计算的工具，可以先赋值参考 TCP 数据，过程中会让名义 TCP 的 z 方向对准计算得到的 z 方向
    !v: 搜索速度
    !startBelow: 第一个圆距离 pStart 点下降的距离
    !radius: 圆的半径
    !zOffset: 上下两个圆的高度差
    !searchDis: 沿着工具方向来回搜索的单方向距离
!xSensorCorrection 程序中参数含义与 xSensorCalib 程序中的相同
MODULE Module1
    VAR intnum intXRise;                !x 光束上升沿触发的中断
    VAR intnum intYRise;                !y 光束上升沿触发的中断
    VAR intnum intXFall;                !x 光束下降沿触发的中断
    VAR intnum intYFall;                !y 光束下降沿触发的中断
    PERS tooldata tooltmpAlign;         !计算对准 xy 平面的临时数据
    PERS robtarget pXtmp{8};            !两个圆分别经过 x 光束 8 次（上升沿 4，下降沿 4）
    PERS robtarget pYtmp{8};            !两个圆分别经过 y 光束 8 次（上升沿 4，下降沿 4）
                                        !利用上升沿和下降沿位置求平均
    PERS num countX:=1;
    PERS num countY:=1;
    PERS jointtarget jCalibArr{4};      !运行 xSensorCalib 程序时记录的 4 点法的 4 个 joint
    PERS pos posCenterCalib:=[518.212,8.26857,545.373];
    !使用 xSensorCalib 后自动计算得到传感器中心的绝对位置
    VAR num maxErr:=0;
    VAR num mearErr:=0;

    const robtarget pStart:=*;
    !开始点，让工具末端尽量对准光束中心，使用 tool0 示教
    const robtarget pStartAbove:= *;
    PERS tooldata tNor:=[TRUE,[[28,4,260],[0.945519,0,0.325568,0]],[1,[0,0,1],[1,0,0,0],0,0,0]];
    !求真实的 TCP
    PERS tooldata MyTool:=[TRUE,[[31.792631019,0,229.638935148],[0.945518576,0,0.325568154,0]],[1,[0,0,1],[1,0,0,0],0,0,0]];
    !名义 TCP
    PROC main()
        tNor:=MyTool;
```

```
            tNor.tframe.trans:=[28,4,260];
            !故意人为制造偏差,第一次测试直接使 tNor = MyTool,测试计算结果 tNor 是否正确
            MoveL pStartAbove,v100,fine,tool0\WObj:=wobj0;
            MoveL pStart,v100,fine,tool0\WObj:=wobj0;
            xSensorCalib pStart,tNor\v:=v20\startBelow:=5\radius:=20\zOffset:=5\searchDis:=5;
            !xSensorCalib 为第一次标定传感器使用,后续可以直接使用 xSensorCorrection
            ! xSensorCorrection pStart,tNor\v:=v20\startBelow:=5\radius:=20\zOffset:=5\searchDis:=5;
            !使用过 xSensorCalib 后,后续工具标定均可直接使用 xSensorCorrection
            MoveL pStartAbove,v100,fine,tool0\WObj:=wobj0;
    ENDPROC

    PROC xSensorCalib(robtarget pStart,INOUT tooldata t\speeddata v\num startBelow\num radius\num zOffset\num searchDis)
            VAR jointtarget jStart;
            VAR robtarget pStartWithTool;
            VAR robtarget pStart2;
            VAR robtarget pStartNew;
            VAR robtarget pArr{4};
            VAR robtarget pXCenter1;
            jStart:=CalcJointT(pStart,tool0);
            pStartWithTool:=CalcRobT(jStart,t);
            !将基于 tool0 的 pStart 点转为基于当前工具
            xSensorCorrection1 pStartWithTool,t\v:=v\radius:=radius\zOffset:=zOffset\searchDis:=searchDis;
            pStartNew:=crobt(\Tool:=t);
            !基于修正后的工具姿态,获取当前机器人的位姿
            FOR i FROM 2 TO 4 DO
                !调整机器人的姿态,模拟 4 点法的后 3 点
                TEST i
                CASE 2:
                    pStart2:=RelTool(pStartNew,0,0,0\Rx:=10);
                CASE 3:
                    pStart2:=RelTool(pStartNew,0,0,0\Ry:=10);
                CASE 4:
                    pStart2:=RelTool(pStartNew,0,0,0\Rx:=-10);
                ENDTEST

                MoveL Offs(pStart2,0,0,10),v,fine,t\WObj:=wobj0;
                searchCir2 Offs(pStart2,0,0,-startBelow),v,radius,t,pXCenter1;
                !单层两个圆并移动机器人到光束中心
                WaitTime 0.5;
                searchZ v10,5,t,3,jCalibArr{i};
                !沿着工具方向搜索,得到末端刚好停在传感器中心位置时的 jointtarget
            ENDFOR
            MToolTCPCalib jCalibArr{1},jCalibArr{2},jCalibArr{3},jCalibArr{4},t,maxErr,mearErr;
            !计算 TCP.trans

            FOR i FROM 1 TO 4 DO
                pArr{i}:=CalcRobT(jCalibArr{i},t);
            ENDFOR
            pXCenter1:=calMeanTarget(pArr,4);
            posCenterCalib:=pXCenter1.trans;
            !得到传感器中心的绝对位置,用于后续使用 xSensorCorreciton
```

```
            TPWrite ArgName(t)+" [x,y,z,rz,ry,rx]";
            TPWrite Pose2Str(t.tframe);
    ENDPROC

    PROC xSensorCorrection(robtarget pStart,INOUT tooldata t\speeddata v\num startBelow\num radius\num zOffset\num searchDis)
        VAR jointtarget jStart;
        VAR robtarget pStartWithTool;
        VAR robtarget ptool0;

        jStart:=CalcJointT(pStart,tool0);
        pStartWithTool:=CalcRobT(jStart,t);
        xSensorCorrection1    pStartWithTool,t\v:=v\startBelow:=startBelow\radius:=radius\zOffset:=zOffset\searchDis:=searchDis;
        WaitTime 0.5;
        ptool0:=CRobT(\Tool:=tool0);
        !获取机器人末端停在传感器中心时的 tool0 位姿
        t.tframe.trans:=PoseVect(poseinv([ptool0.trans,ptool0.rot]),posCenterCalib);
        !计算得到 TCP.trans
        !posCenterCalib 为通过 xSensorCalib 程序得到的传感器中心位置
        TPWrite ArgName(t)+" [x,y,z,rz,ry,rx]";
        TPWrite Pose2Str(t.tframe);
    ENDPROC

    PROC xSensorCorrection1(robtarget pStartWithTool,INOUT tooldata t\speeddata v\num startBelow\num radius\num zOffset\num searchDis)
        VAR robtarget pStart2;
        VAR robtarget pCalCenter;
        MoveL offs(pStartWithTool,0,0,10),v,fine,t\WObj:=wobj0;
        searchOri pStartWithTool,v,radius,zOffset,t;
        !搜索工具姿态
        pStart2:=AlignZ2XY(pStartWithTool,t);
        !机器人使用当前修正后的工具姿态，z 方向垂直于 xy 平面
        MoveL pStart2,v,fine,t\WObj:=wobj0;
        WaitTime 0.5;
        searchCir2 Offs(pStart2,0,0,-startBelow),v,radius,t,pCalCenter;
        searchZ v,searchDis,t,3,jCalibArr{1};
    ENDPROC

    PROC searchZ(speeddata v,num searchDis,INOUT tooldata t,num times,INOUT jointtarget j)
        !沿着当前工具的 z 方向来回搜索，当末端停在传感器中心时，记录对应的 jointtarget
        VAR robtarget pZStart;
        VAR robtarget pZEnd;
        VAR robtarget pSenArr{8};
        VAR robtarget pResult;

        WaitTime 0.5;
        pZStart:=CRobT(\Tool:=t);
        SearchL\SStop,di_x\NegFlank,pZEnd,RelTool(pZStart,0,0,-50),v,t\WObj:=wobj0;
        !此时工具位于传感器中心，先沿着工具的 z 的负方向找到刚好工具末端在传感器中心的位置 pZEnd
        MoveL RelTool(pZEnd,0,0,-searchDis),v,fine,t\WObj:=wobj0;
```

```
            !机器人沿着工具的 z 方向后退一定距离
            FOR i FROM 1 TO times DO
                !来回搜索,分别记录上升沿信号和下降沿信号时的机器人位置,用于求平均
                SearchL di_x\PosFlank,pSenArr{2*i-1},RelTool(pZEnd,0,0,searchDis),v10,t\WObj:=wobj0;
                SearchL di_x\NegFlank,pSenArr{2*i},RelTool(pZEnd,0,0,-searchDis),v10,t\WObj:=wobj0;
            ENDFOR

            pResult:=calMeanTarget(pSenArr,times*2);
            !计算 pSen 数组的平均值
            MoveL pResult,v,fine,t\WObj:=wobj0;
            waittime 0.5;
            j:=CalcJointT(pResult,t);
        ENDPROC

        PROC searchOri(robtarget p,speeddata v,num radius,num zOffset,INOUT tooldata t)
!上下两个圆,得到机器人在上圆和下圆时的工具走到传感器中心的位置 pCenterUpper 和 pCenterLower
            !利用两个位置的连线,得到工具的 z 方向
            VAR robtarget pCenterUpper;
            VAR robtarget pCenterlower;

            searchCir2 Offs(p,-0,0,-5),v,radius,t,pCenterUpper;
            WaitTime 0.5;
            searchCir2 Offs(p,-0,0,-5-zOffset),v,radius,t,pCenterlower;
            WaitTime 0.5;
            calOri pCenterUpper,pCenterlower,t;
            !将两个位置连线的方向修正到工具的 z 方向
        ENDPROC

        PROC calOri(robtarget pUpper,robtarget pLower,INOUT tooldata t)
            !tool z direction, pUpper ---> pLower
            VAR jointtarget j0;
            VAR jointtarget jz;
            j0:=CalcJointT(pUpper,t);
            jz:=CalcJointT(pLower,t);
            MToolRotCalib jz,j0,t;
            !注:MToolRotCalib 函数的 z 方向为第二个指向第一个,官方手册有误
        ENDPROC

        FUNC robtarget calCenter(robtarget pX{*},robtarget pY{*})
            !计算两条直线的交点
            VAR robtarget pX1;
            VAR robtarget pX2;
            VAR robtarget pY1;
            VAR robtarget pY2;
            pX1:=calMeanTarget([pXtmp{1},pXtmp{2},pXtmp{5},pXtmp{6}],4);
            pX2:=calMeanTarget([pXtmp{3},pXtmp{4},pXtmp{7},pXtmp{8}],4);
            pY1:=calMeanTarget([pYtmp{1},pYtmp{2},pYtmp{5},pYtmp{6}],4);
            pY2:=calMeanTarget([pYtmp{3},pYtmp{4},pYtmp{7},pYtmp{8}],4);
            RETURN linelineCross(pX1,pX2,pY1,pY2);
        ENDFUNC

        FUNC robtarget linelineCross(robtarget p1,robtarget p2,robtarget p3,robtarget p4)
```

```
!cal cross point between p1p2 and p3p4
    VAR robtarget p;
    VAR num dx1;
    VAR num dy1;
    VAR num dx2;
    VAR num dy2;
    VAR num denominator;

    dx1:=p2.trans.x-p1.trans.x;
    dy1:=p2.trans.y-p1.trans.y;
    dx2:=p4.trans.x-p3.trans.x;
    dy2:=p4.trans.y-p3.trans.y;
    denominator:=dx1*dy2-dy1*dx2;
    p:=p1;
    p.trans.y:=(dy2*(p1.trans.x*p2.trans.y-p2.trans.x*p1.trans.y)-dy1*(p3.trans.x*p4.trans.y-p4.trans.x*p3.trans.y))/denominator*(-1);
    p.trans.x:=(dx1*(p3.trans.x*p4.trans.y-p4.trans.x*p3.trans.y)-dx2*(p1.trans.x*p2.trans.y-p2.trans.x*p1.trans.y))/denominator;
    RETURN p;
ENDFUNC

FUNC robtarget calMeanTarget(robtarget p{*},num count)
    !计算位置数组的平均值
    VAR robtarget ptmp;
    ptmp:=p{1};
    ptmp.trans:=[0,0,0];
    FOR i FROM 1 TO count DO
        ptmp.trans:=ptmp.trans+p{i}.trans;
    ENDFOR
    ptmp.trans.x:=ptmp.trans.x/count;
    ptmp.trans.y:=ptmp.trans.y/count;
    ptmp.trans.z:=ptmp.trans.z/count;
    RETURN ptmp;
ENDFUNC

PROC searchCir2(robtarget pCenter,speeddata v,num radius,INOUT tooldata t,INOUT robtarget pCalCenter)
    !单层两个圆,并移动到十字光束中心
    MoveL Offs(pCenter,-radius,0,0),v,fine,t;
    sensorInit;
    MoveC Offs(pCenter,0,-radius,0),Offs(pCenter,radius,0,0),v,z5,t;
    MoveC Offs(pCenter,0,radius,0),Offs(pCenter,-radius,0,0),v,z5,t;
    MoveC Offs(pCenter,0,-radius,0),Offs(pCenter,radius,0,0),v,z5,t;
    MoveC Offs(pCenter,0,radius,0),Offs(pCenter,-radius,0,0),v,fine,t;
    sensorClose;
    pCalCenter:=calCenter(pXtmp,pYtmp);
    MoveL pCalCenter,v,fine,t\WObj:=wobj0;
ENDPROC

TRAP trX
    !工具经过 x 光束时,记录对应位置
    pXtmp{countX}:=CRobT();
```

```
        Incr countX;
    ENDTRAP

    TRAP trY
        pYtmp{countY}:=CRobT();
        Incr countY;
    ENDTRAP

    PROC sensorClose()
        countX:=1;
        countY:=1;
        IDelete intXRise;
        IDelete intXFall;
        IDelete intYRise;
        IDelete intYFall;
    ENDPROC

    PROC sensorInit()
        countX:=1;
        countY:=1;
        IDelete intXRise;
        CONNECT intXRise WITH trX;
        ISignalDI di_x,1,intXRise;
        IDelete intXFall;
        CONNECT intXFall WITH trX;
        ISignalDI di_x,0,intXFall;
        IDelete intYRise;
        CONNECT intYRise WITH trY;
        ISignalDI di_y,1,intYRise;
        IDelete intYFall;
        CONNECT intYFall WITH trY;
        ISignalDI di_y,0,intYFall;
    ENDPROC

    FUNC robtarget AlignZ2XY(robtarget p1,INOUT tooldata t)
        !以工具 t，将 p1 对准 xy 平面
        VAR robtarget ptool0;
        VAR robtarget pDirection;
        VAR robtarget p2;
        VAR jointtarget j1;
        VAR jointtarget j2;

        VAR pose pose0;
        VAR pose poseResult;
        VAR robtarget pResult;

        tooltmpAlign:=tool0;
        pDirection:=RelTool(p1,0,0,10);
        !判断当前位姿的 z 是朝上还是朝下
        IF pDirection.trans.z<=p1.trans.z THEN
            p2:=Offs(p1,0,0,-10);
        ELSE
```

```
                p2:=Offs(p1,0,0,10);
            ENDIF
            j1:=CalcJointT(p1,t);
            ptool0:=CalcRobT(j1,tool0);
            j2:=CalcJointT(p2,t);
            MToolRotCalib j2,j1,tooltmpAlign;
            !得到在 tool0 坐标系下的对准后的姿态
            pose0.rot:=ptool0.rot;
            poseResult:=PoseMult(pose0,tooltmpAlign.tframe);
            !将 tool0 坐标系下的对准的姿态转化到工件坐标系下
            pResult:=p1;
            pResult.rot:=poseResult.rot;
            RETURN pResult;
        ENDFUNC

        FUNC string Pose2Str(pose p)
            !将 Pose 数据截取两位，转为字符串
            VAR string s1;
            VAR num rx;
            VAR num ry;
            VAR num rz;
            rx:=EulerZYX(\x,p.rot);
            ry:=EulerZYX(\y,p.rot);
            rz:=EulerZYX(\z,p.rot);
            s1:="["+NumToStr(p.trans.x,2)+", "+NumToStr(p.trans.y,2)+", "+NumToStr(p.trans.z,2);
            s1:=s1+","+NumToStr(rz,2)+", "+NumToStr(ry,2)+", "+NumToStr(rx,2);
            RETURN s1;
        ENDFUNC
ENDMODULE
```

xSensorCalib 程序第一次使用传感器时使用，即需要通过 4 点法确定传感器中心的绝对位置。在获取了传感器中心的绝对位置后，后续其他工具 TCP 的标定可以通过 xSensorCorrection 程序进行。此时，只需要通过上下两个圆形轨迹进行搜索，并在对准 xy 平面后进行上下搜索。

（6）仿真，检查计算结果是否与预期相同。

7.4 基于平面的 TCP 标定

如果不同姿态下的工具末端位置都位于同一平面，可以利用这些点在平面上的约束关系求解 TCP 的位置，具体实现如下所述。

（1）新建机器人工作站，导入机器人模型 IRB2600 和工具 myTool。

（2）单击"建模"选项卡下的"固体"按钮，选择"矩形体"选项，创建一个 table，模拟平面。

（3）使用 myTool，在 table 平面内以不同姿态示教 20 个点（点都在同一个平面上，姿态差异越大越好），如图 7-22 所示。

（4）将这些点同步到 RAPID。由于这些点基于 myTool，所以参考图 7-23，将这些点转化到基于 tool0 下。

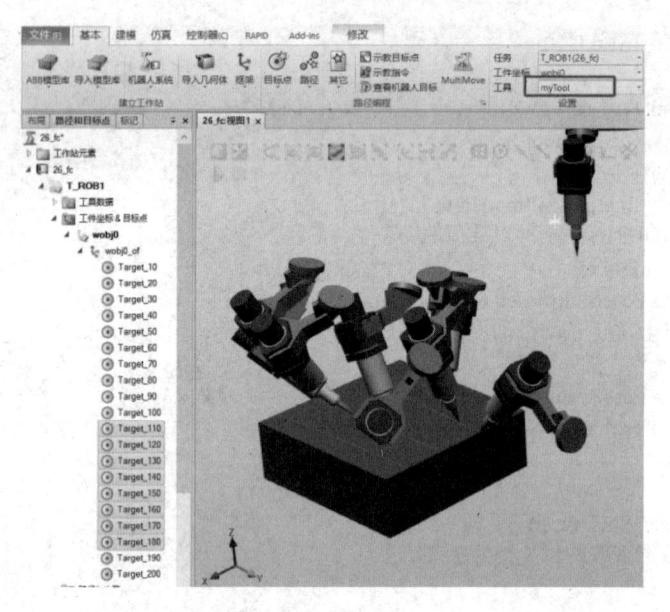

图 7-22

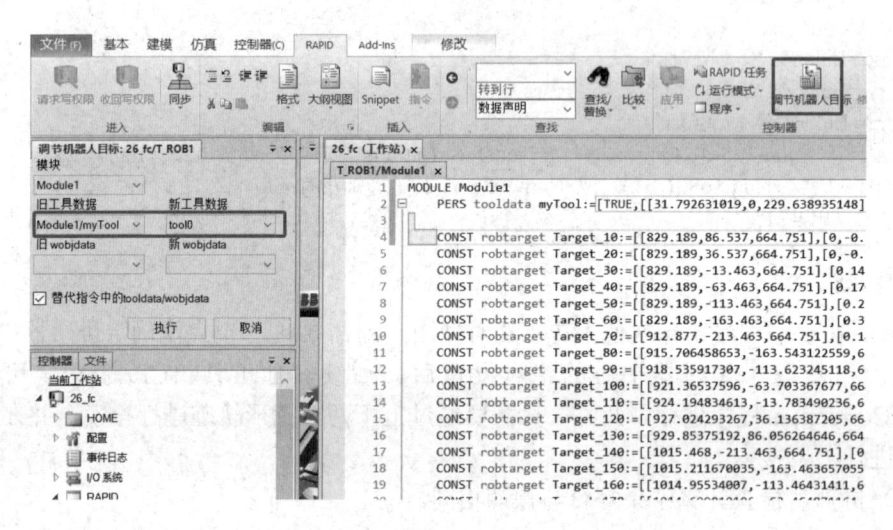

图 7-23

（5）将 20 组基于 tool0 的 pose 数据复制到以下 Python 代码的 pose 数组中。

```
import numpy as np
from scipy.optimize import least_squares
import math

def quaternion_to_rotation_matrix(q):
    # 四元数转旋转矩阵
    w, x, y, z = q
    R = np.array([
        [1 - 2*y**2 - 2*z**2, 2*x*y - 2*w*z, 2*x*z + 2*w*y],
        [2*x*y + 2*w*z, 1 - 2*x**2 - 2*z**2, 2*y*z - 2*w*x],
        [2*x*z - 2*w*y, 2*y*z + 2*w*x, 1 - 2*x**2 - 2*y**2]
    ])
```

```
        return R
def calibrate_tcp():
    poses = [[[1,2,3],[1,0,0,0]],.....]
    #从 RAPID 复制，共 20 组基于 tool0 的 pose 数据
    #初始猜测：TCP 偏移 (d_x, d_y, d_z) 和平面方程参数 (A, B, C, D)
    initial_guess = [30, 0, 250, 1, 0, 0, 0]
    #[d_x, d_y, d_z, A, B, C, D]
    #!理论值为 myTool 的 TCP[31.792631019,0,229.638935148]
    #使用非线性最小二乘法进行优化
    result = least_squares(objective_function, initial_guess, args=(poses,))
    #解析优化结果
    TCP = result.x[0:3]        #[d_x, d_y, d_z]
    plane = result.x[3:7]      #[A, B, C, D]
    #显示结果
    print(f"标定后的 TCP 位置: d_x = {TCP[0]:.2f}, d_y = {TCP[1]:.2f}, d_z = {TCP[2]:.2f}")
    print(f"标定后的平面方程: {plane[0]:.2f} * x + {plane[1]:.2f} * y + {plane[2]:.2f} * z + {plane[3]:.2f} = 0")
    return TCP, plane
#目标函数，计算每个触碰点的误差
def objective_function(params, poses):
    #提取当前优化参数
    d = np.array(params[0:3])     #针尖 TCP 的偏移量[d_x, d_y, d_z]
    A = params[3]                 #平面方程 A
    B = params[4]                 #平面方程 B
    C = params[5]                 #平面方程 C
    D = params[6]                 #平面方程 D
    #初始化误差列表
    errors = []
    #计算每个触碰点的误差
    for pose in poses:
        R = quaternion_to_rotation_matrix(pose[1])   #当前触碰点的旋转矩阵
        t = pose[0]                                  #当前触碰点的平移向量
        #计算针尖在基坐标系中的位置
        P = np.dot(R, d) + t
        #计算 P 到平面的距离
        error = abs(A * P[0] + B * P[1] + C * P[2] + D)/(math.sqrt(A*A+B*B+C*C))
        errors.append(error)
    return errors
if __name__ == "__main__":
    TCP, plane = calibrate_tcp()
```

（6）执行以上代码，可以看到计算结果中的 TCP 与理论值一致。

标定后的 TCP 位置: d_x = 31.79, d_y = -0.00, d_z = 229.64

7.5 线激光标定

7.5.1 通用线激光标定原理介绍

ABB 机器人支持基于线激光的焊接跟踪功能。在使用该功能前，需要使用如图 7-24 所示的特殊 ABB 标定板，对线激光进行标定（确定线激光坐标系原点和机器人法兰盘之

间的关系)。标定过程的详细步骤可以参考 Application Manual-Laser Tracker Calibration Interface 手册。

本小节将介绍更通用的线激光标定方法及仿真方法,无须使用图 7-24 所示的专用标定板,具体实现如下所述。

(1)现场只需要两块搭接的板材,如图 7-25 所示,在两块搭接板材上画一根线。

(2)创建一个标准 TCP,并使用该工具示教图 7-25(b)中搭接板画线处上边沿的点 pFix。

(3)调整机器人姿态,使线激光在板材上的光线与搭接板上的画线对齐,并且确保搭接板上的画线上边沿特征能被线激光识别。

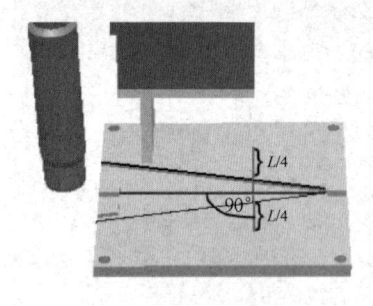

图 7-24

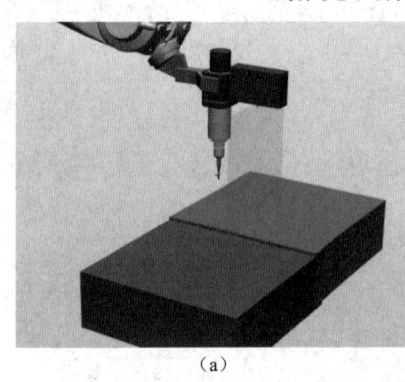

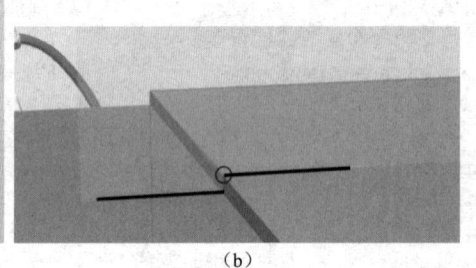

(a) (b)

图 7-25

(4)平移机器人,使焊缝在激光上的 1/3 处,如图 7-26(a)所示,记录此时机器人 tool0 的位置 $p1$ 和线激光返回数据 $s1$。接着平移机器人,使焊缝在激光上的 2/3 处,如图 7-26(b)所示,记录此时机器人 tool0 的位置 $p2$ 和线激光返回数据 $s2$。然后抬升机器人 50~80mm,使焊缝在激光上的 2/3 处,如图 7-26(c)所示,记录此时机器人 tool0 的位置 $p3$ 和线激光返回数据 $s3$。

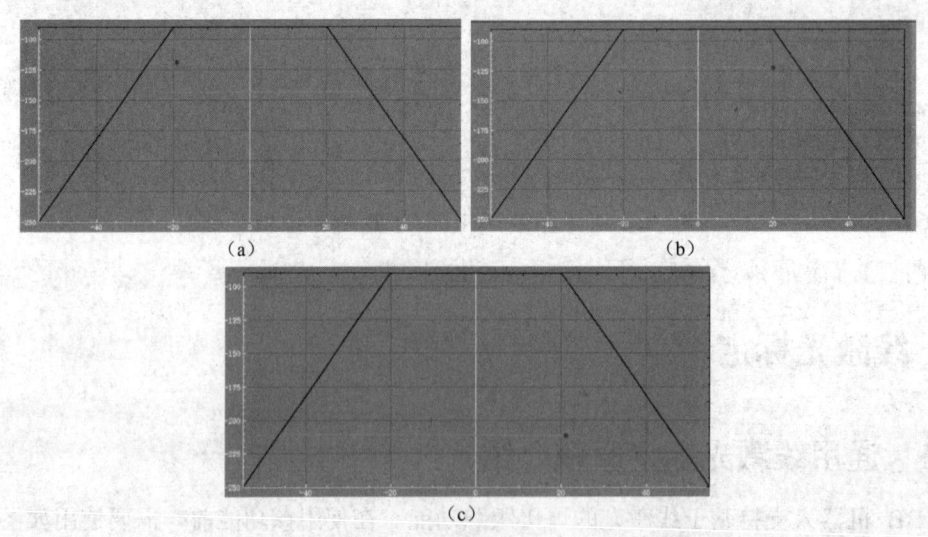

(a) (b)

(c)

图 7-26

（5）基于 pFix、p1、p2、p3 和 s1、s2、s3，即可完成线激光的标定计算，求得线激光原点相对 tool0 的位姿关系。

标定原理的推导如下。

要标定的 tool0 到线激光原点的矩阵如下：

$$_F^L\boldsymbol{T} = \begin{bmatrix} r_{11} & r_{12} & r_{13} & t_x \\ r_{21} & r_{22} & r_{23} & t_y \\ r_{31} & r_{32} & r_{33} & t_z \\ 0 & 0 & 0 & 1 \end{bmatrix}$$

则线激光识别到的焊缝特征在机器人 wobj0 下的绝对位姿表示如下：

$$_B^F\boldsymbol{T} \times \begin{bmatrix} r_{11} & r_{12} & r_{13} & t_x \\ r_{21} & r_{22} & r_{23} & t_y \\ r_{31} & r_{32} & r_{33} & t_z \\ 0 & 0 & 0 & 1 \end{bmatrix} \times \begin{bmatrix} 0 \\ l_y \\ l_z \\ 1 \end{bmatrix} = \begin{bmatrix} X' \\ Y' \\ Z' \\ 1 \end{bmatrix}$$

其中，$_B^F\boldsymbol{T}$ 表示当前 tool0 的位姿，l_y, l_z 为此时线激光返回的在线激光坐标系下的特征值（线激光无 x 数据）。$[X', Y', Z']^T$ 为特征在机器人 wobj0 下的绝对位置（通过工具 TCP 示教可得）。

令 $_B^F\boldsymbol{T}^{-1} \times \begin{bmatrix} X' \\ Y' \\ Z' \\ 1 \end{bmatrix} = \begin{bmatrix} X \\ Y \\ Z \\ 1 \end{bmatrix}$，则 $\begin{bmatrix} r_{11} & r_{12} & r_{13} & t_x \\ r_{21} & r_{22} & r_{23} & t_y \\ r_{31} & r_{32} & r_{33} & t_z \\ 0 & 0 & 0 & 1 \end{bmatrix} \times \begin{bmatrix} 0 \\ l_y \\ l_z \\ 1 \end{bmatrix} = \begin{bmatrix} X \\ Y \\ Z \\ 1 \end{bmatrix}$

整理上式，可得 $\begin{bmatrix} r_{12} & r_{13} & t_x \\ r_{22} & r_{23} & t_y \\ r_{32} & r_{33} & t_z \end{bmatrix} \times \begin{bmatrix} l_y \\ l_z \\ 1 \end{bmatrix} = \begin{bmatrix} X \\ Y \\ Z \end{bmatrix}$

将机器人的 3 个位置数据扩展，可得：

$$\begin{bmatrix} r_{12} & r_{13} & t_x \\ r_{22} & r_{23} & t_y \\ r_{32} & r_{33} & t_z \end{bmatrix} \times \begin{bmatrix} l_{y1} & l_{y2} & l_{y3} \\ l_{z1} & l_{z2} & l_{z3} \\ 1 & 1 & 1 \end{bmatrix} = \begin{bmatrix} X_1 & X_2 & X_3 \\ Y_1 & Y_2 & Y_3 \\ Z_1 & Z_2 & Z_3 \end{bmatrix}$$

其中，$[X_1, Y_1, Z_1]^T = {_B^F\boldsymbol{T}_{p1}^{-1}} \times [X', Y', Z']^T$，$[X_2, Y_2, Z_2]^T = {_B^F\boldsymbol{T}_{p2}^{-1}} \times [X', Y', Z']^T$，$[X_3, Y_3, Z_3]^T = {_B^F\boldsymbol{T}_{p3}^{-1}} \times [X', Y', Z']^T$。

其中，$_B^F\boldsymbol{T}_{p1}^{-1}$ 为机器人在第一个位置 tool0 的位姿的求逆，$_B^F\boldsymbol{T}_{p2}^{-1}$ 为机器人在第二个位置 tool0 的位姿的求逆，$_B^F\boldsymbol{T}_{p3}^{-1}$ 为机器人在第三个位置 tool0 的位姿的求逆。

7.5.2 仿真及实现

仿真及实现的具体步骤如下所述。

（1）新建 RobotStudio 工作站，导入机器人模型 IRB2600 和工具 myTool 并创建系统。

（2）创建 2 个矩形体（table_L 和 table_R），并调整位置（table_R 在右侧，略微高于 table_L），如图 7-27 所示，用于模拟两块板材搭接。

（3）修改 table_R 的本地原点到图 7-27 中的 pFix 点位置（table_R 左边沿的中点，后续需要使用 Smart 组件 PositionSensor 获取这个点，即 table_R 的本地原点）。

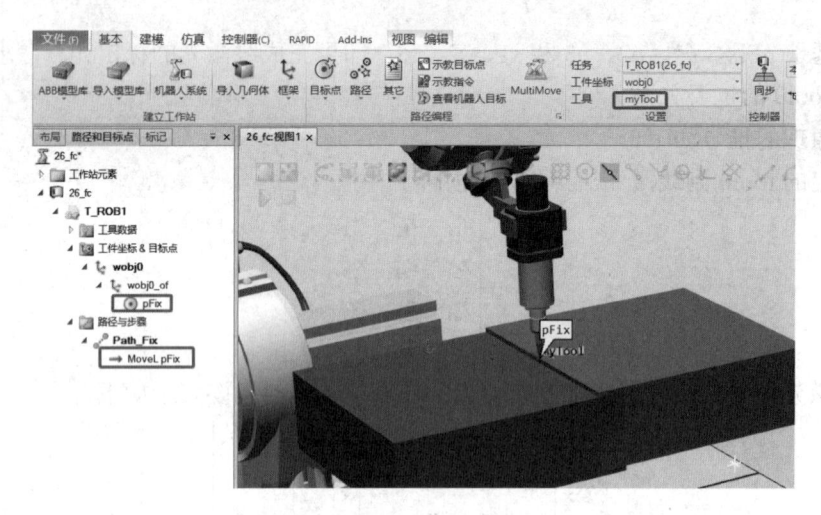

图 7-27

（3）使用 myTool 工具，示教 pFix（模拟之前提到的板材画线上边沿位置的固定点）。

（4）创建长宽高为[100,30,60]的矩形体（模拟线激光设备，即 LineLaser 组件），并将其本地原点位置修改至上方表面中心，如图 7-28 所示。

（5）在"布局"选项卡下，将 LineLaser 组件拖曳至 myTool 上，并更新其安装位置。根据图 7-29 所示，使用 Freehand 工具调整 LineLaser 组件的位置（调整位置后，移动机器人时，LineLaser 组件将能够跟随机器人运动）。

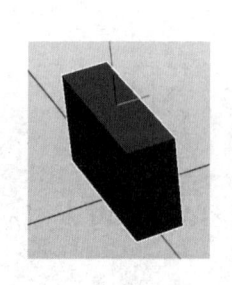

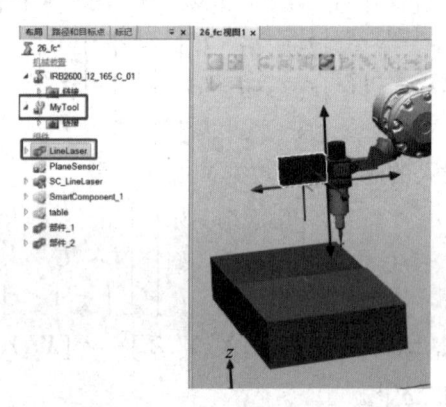

图 7-28   图 7-29

（6）在"路径和目标点"选项卡下，复制 myTool，生成一个新的 TCP，并重命名为 tLineLaser，如图 7-30（a）所示。

（7）右键单击 tLineLaser，在弹出的菜单中，选择"修改 ToolData"选项。

（8）在弹出的对话框中，单击"工具坐标框架"标题下的"位置"（确认被选中），使用自动捕捉功能，选中 LineLaser 组件的下表面中心，如图 7-30（b）所示。

（9）单击"Accept"按钮，完成 TCP 数据的修改。

（10）新建 Smart 组件 SC_LineLaser。插入一个 PlaneSenor 组件（仅用于方便显示线激光）。其中，PlaneSensor 组件的属性如图 7-31（a）所示。

（11）将 PlaneSensor 组件拖曳到 LineLaser 组件上，如图 7-31（b）所示。

第 7 章　TCP 标定与视觉标定

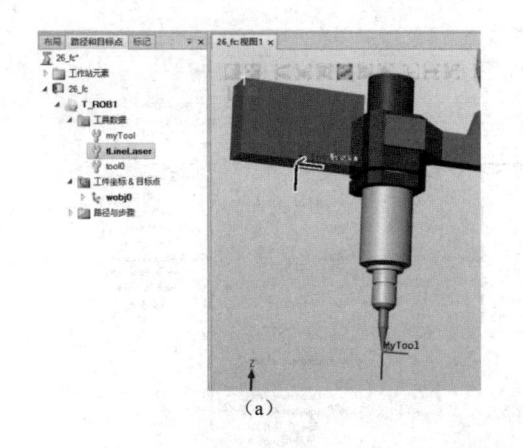

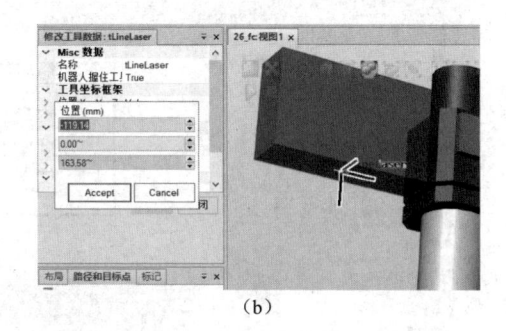

（a）　　　　　　　　　　　　（b）

图 7-30

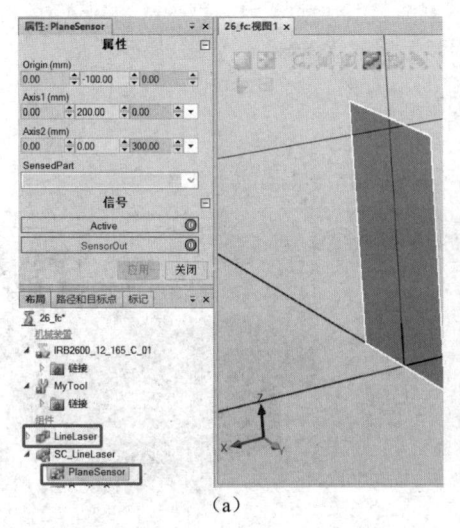

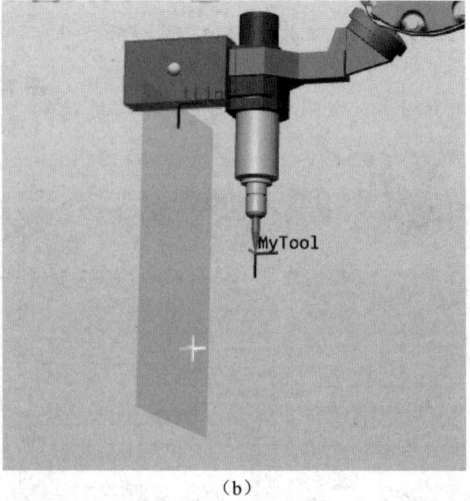

（a）　　　　　　　　　　　　（b）

图 7-31

（12）在 RAPID 中创建以下两个数据，用于记录线激光返回数据。

```
PERS num linSensorY:=-0.0535437;
PERS num linSensorZ:=0.221713;
```

（13）在 SC_LineLaser 组件中添加其他组件和 di 信号，如图 7-32 所示。其中 PositionSensor 组件的属性如图 7-32 所示，即要感知的对象是 table_R 的本地原点，也就是 pFix 位置。参考对象是 LineLaser 组件的本地原点，也就是模拟的线激光原点。RapidVariable 和 RapidVariable_2 组件的属性设置如图 7-33 所示。

（14）切换工具为 tLineLaser，如图 7-34 所示。

（15）右键单击图 7-34 中的 pFix，在弹出的菜单中选择"跳转到目标点"选项，即机器人以 tLinelassor 作为工具走到 pFix 处。

（16）使用 Freehand 工具，激活 tLineLaser 工具，并沿着本地坐标系移动，使线激光的 1/3 处位于 pFix，如图 7-35 所示。

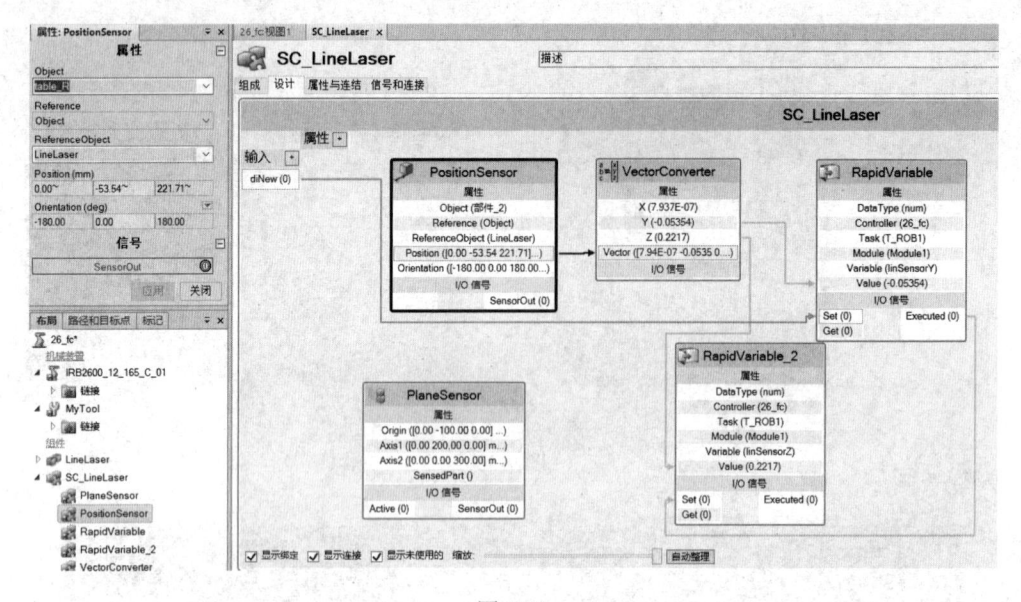

图 7-32

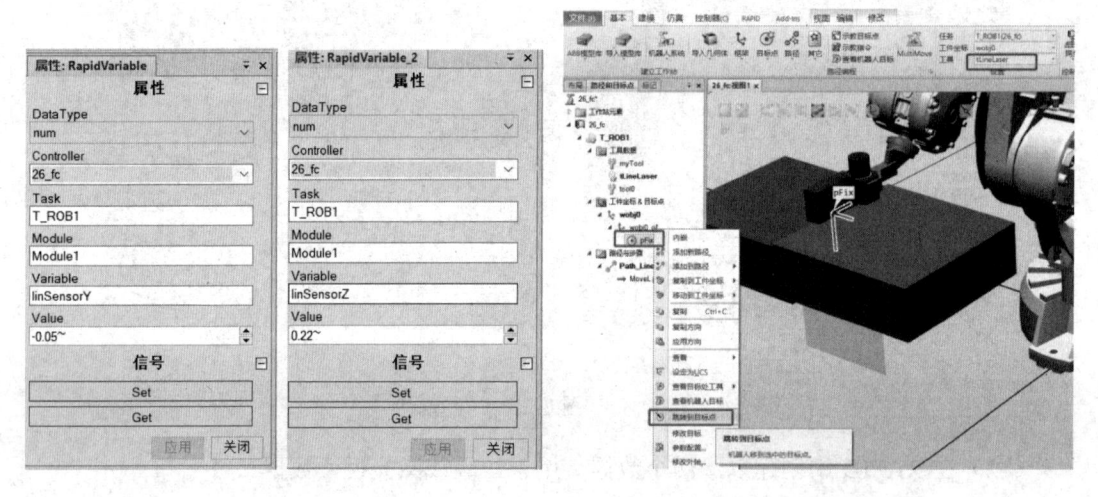

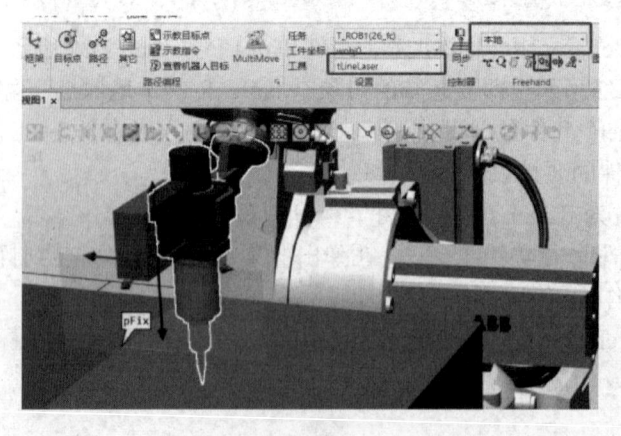

图 7-33

图 7-34

图 7-35

（17）切换工具，激活 tool0，并在该位置示教，且命名为 pCalib10（使用 tool0 示教），如图 7-36 所示。

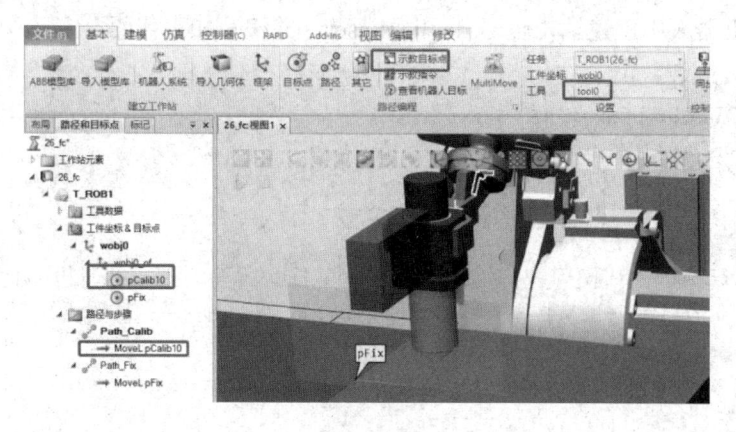

图 7-36

（18）再次切换回 tLineLaser，沿着本地坐标系移动（本质上是确保线激光与板材上的画线对齐，可以稍微抬高），使线激光的 2/3 处位于 pFix 处。然后切换回 tool0，在该位置示教并命名为 pCalib20，如图 7-37 所示。

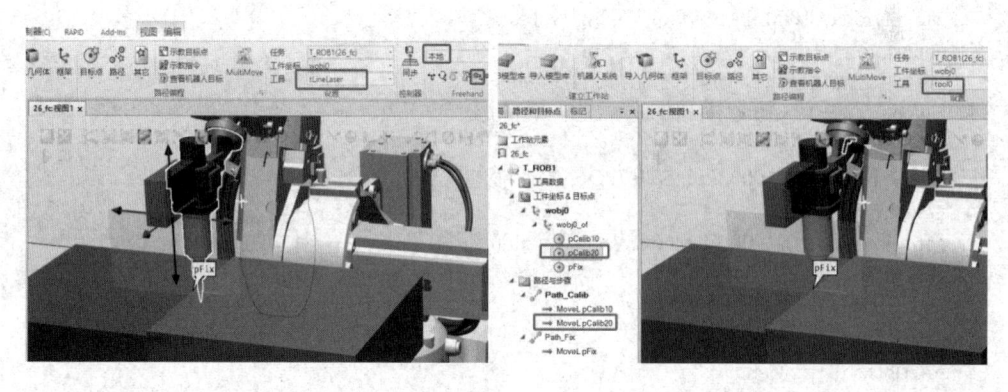

图 7-37

（19）再次切换回 tLineLaser，沿着本地坐标系移动并抬高 Z 轴，使线激光的 2/3 处位于 pFix。然后切换回 tool0，在该位置示教并命名为 pCalib30，如图 7-38 所示。

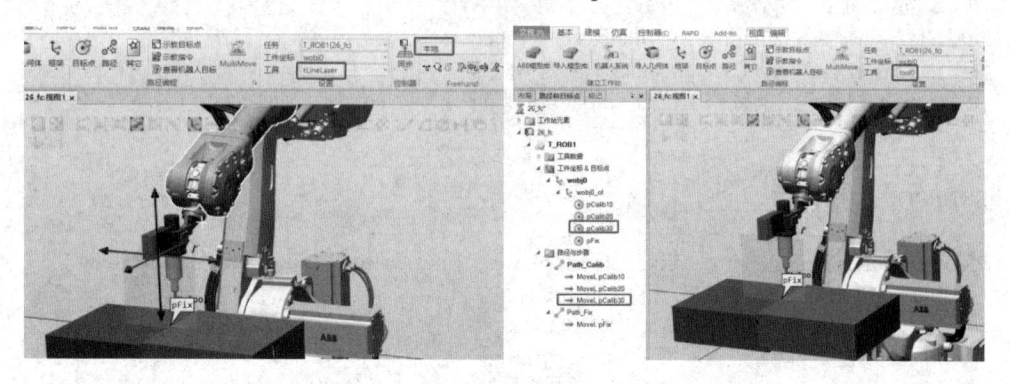

图 7-38

(20) 将所有路径和工具坐标系同步到 RAPID。可以在 RAPID 中检查 pFix 是否基于 myTool，并确认 pCalib10、pCalib20 和 pCalib30 是否基于 tool0。

(21) 在机器人中创建输出信号 do_lineLaser，并编写如下代码。

```
PERS robtarget pArrLaser{3};
!将 pCalib10、pCalib20、pCalib30 存入输入
PERS pos linSensorData{3}:=[[0,37.9866,142.511],
                            [0,-48.1193,157.198],
                            [0,-53.5437,221.713]];
!将激光返回数据存入数组
PERS tooldata tLineLaser:=[TRUE,[[-119.14,0,163.584],[0.945518576,0,0.325568154,0]],[1,[0,0,1],[1,0,0, 0],0,0,0]];
!理论标定结果
PERS pose TCP2:=[[-119.138,0.00402911,163.585],[0.945519,1.45341E-7,0.325566,7.70718E-7]];
!实际计算结果
PERS num countLaser:=1;
    PROC main()
        calibPosition;
        rlinLaserCalib pFix,pArrLaser,linSensorData,tcp2;
        stop;
    ENDPROC
    PROC calibPosition()
        MoveL pFix,v1000,fine,mytool\WObj:=wobj0;
        countLaser:=1;
        !走到某 3 个位置时，获取当前线激光返回的数据
        Movel pCalib10,v1000,fine,tool0\WObj:=wobj0;
        getLinLaser;
        Movel pCalib20,v1000,fine,tool0\WObj:=wobj0;
        getLinLaser;
        Movel pCalib30,v1000,fine,tool0\WObj:=wobj0;
        getLinLaser;
        pArrLaser{1}:=pCalib10;
        pArrLaser{2}:=pCalib20;
        pArrLaser{3}:=pCalib30;
    ENDPROC
    PROC getLinLaser()
        waittime 0.5;
        PulseDO do_lineLaser;
        waittime 0.5;
        linSensorData{countLaser}.y:=linSensorY*1000;
        linSensorData{countLaser}.z:=linSensorZ*1000;
        !Smart 组件返回的数据单位为 m，将该数据转换为以 mm 为单位的数据
        waittime 0.5;
        incr countLaser;
    ENDPROC
    PROC rlinLaserCalib(robtarget pFix,robtarget pLaser{*},pos Sensor{*},inout pose calibR)
        !pLaser * calibR * Sensor[0,y,z] = pFix.trans
        !calibR * Sensor    =    pLaser-1 *pFix.trans
        ![ r1.x  r2.x  r3.x   tx         [Sensor.x
        !  r1.y  r2.y  r3.y   ty    *     Sensor.y       =   pLaser-1 *pFix.trans
        !  r1.z  r2.z. r3.z   tz          Sensor.z
        !   0    0    0    1]            1    ]
```

```
![ r2.x    r3.x    tx         [sensor1.y    sensor2.y    sensor3.y
!  r2.y    r3.y    ty    *    Sensor1.z    sensor2.z    sensor3.z           = pLaser-1 *pFix.trans
!  r2.z.   r3.z    tz ]        1             1            1        ]
!  X * A = B
!  X = B * A-1

VAR pos posArr1{3};
VAR num matA{3,3};
VAR num matB{3,3};
VAR dnum matADnum{3,3};
VAR dnum matBDnum{3,3};
VAR dnum matCDnum{3,3};
VAR num mag;

VAR pos r1;
VAR pos r2;
VAR pos r3;
VAR num matResult{9};

FOR i FROM 1 TO 3 DO
    !pLaser-1 *pFix.trans        计算该过程，构造上方的 B
    posArr1{i}:=PoseVect(PoseInv([pLaser{i}.trans,pLaser{i}.rot]),pFix.trans);
ENDFOR

!构造 A
matA{1,1}:=Sensor{1}.y;
matA{1,2}:=Sensor{2}.y;
matA{1,3}:=Sensor{3}.y;
matA{2,1}:=Sensor{1}.z;
matA{2,2}:=Sensor{2}.z;
matA{2,3}:=Sensor{3}.z;
matA{3,1}:=1;
matA{3,2}:=1;
matA{3,3}:=1;

!构造 B
matB{1,1}:=posArr1{1}.x;
matB{1,2}:=posArr1{2}.x;
matB{1,3}:=posArr1{3}.x;
matB{2,1}:=posArr1{1}.y;
matB{2,2}:=posArr1{2}.y;
matB{2,3}:=posArr1{3}.y;
matB{3,1}:=posArr1{1}.z;
matB{3,2}:=posArr1{2}.z;
matB{3,3}:=posArr1{3}.z;
FOR i FROM 1 TO 3 DO
    FOR j FROM 1 TO 3 DO
        matADnum{i,j}:=NumToDnum(matA{i,j});
        matBDnum{i,j}:=NumToDnum(matB{i,j});
    ENDFOR
ENDFOR
```

```
!   X * A = B
!   X = B * A-1     计算 X
MatrixInverse matADnum,matCDnum;
MatrixMult matBDnum,matCDnum,matCDnum;

calibR.trans.x:=DnumToNum(matCDnum{1,3});
calibR.trans.y:=DnumToNum(matCDnum{2,3});
calibR.trans.z:=DnumToNum(matCDnum{3,3});

r2.x:=DnumToNum(matCDnum{1,1});
r2.y:=DnumToNum(matCDnum{2,1});
r2.z:=DnumToNum(matCDnum{3,1});
r3.x:=DnumToNum(matCDnum{1,2});
r3.y:=DnumToNum(matCDnum{2,2});
r3.z:=DnumToNum(matCDnum{3,2});

!利用 r1 = r2 叉乘 r3,
mag:=VectMagn(r2);
r2.x:=r2.x/mag;
r2.y:=r2.y/mag;
r2.z:=r2.z/mag;

mag:=VectMagn(r3);
r3.x:=r3.x/mag;
r3.y:=r3.y/mag;
r3.z:=r3.z/mag;

r1:=CrossProd(r2,r3);
mag:=VectMagn(r1);
r1.x:=r1.x/mag;
r1.y:=r1.y/mag;
r1.z:=r1.z/mag;

matResult{1}:=r1.x;
matResult{2}:=r2.x;
matResult{3}:=r3.x;
matResult{4}:=r1.y;
matResult{5}:=r2.y;
matResult{6}:=r3.y;
matResult{7}:=r1.z;
matResult{8}:=r2.z;
matResult{9}:=r3.z;
RotationMatrixToQuaternion matResult,calibR.rot;
!将旋转矩阵转为四元数
ENDPROC

PROC RotationMatrixToQuaternion(NUM MAT{*},inout orient q)
    VAR num trace;
    VAR num m00;
    VAR num m01;
    VAR num m02;
```

```
        VAR num m10;
        VAR num m11;
        VAR num m12;
        VAR num m20;
        VAR num m21;
        VAR num m22;
        VAR num t0;
        VAR num t1;
        VAR num t2;
        VAR num t3;
        VAR num s;

        m00:=MAT{1};
        m01:=MAT{2};
        m02:=MAT{3};
        m10:=MAT{4};
        m11:=MAT{5};
        m12:=MAT{6};
        m20:=MAT{7};
        m21:=MAT{8};
        m22:=MAT{9};

        trace:=m00+m11+m22;

        IF trace>0 THEN
            s:=0.5/SQRT(trace+1.0);
            q.q1:=0.25/s;
            q.q2:=(m21-m12)*s;
            q.q3:=(m02-m20)*s;
            q.q4:=(m10-m01)*s;
        ELSEIF m00>m11 AND m00>m22 THEN
            s:=2.0*SQRT(1.0+m00-m11-m22);
            q.q1:=(m21-m12)/s;
            q.q2:=0.25*s;
            q.q3:=(m01+m10)/s;
            q.q4:=(m02+m20)/s;
        ELSEIF m11>m22 THEN
            s:=2.0*SQRT(1.0+m11-m00-m22);
            q.q1:=(m02-m20)/s;
            q.q2:=(m01+m10)/s;
            q.q3:=0.25*s;
            q.q4:=(m12+m21)/s;
        ELSE
            s:=2.0*SQRT(1.0+m22-m00-m11);
            q.q1:=(m10-m01)/s;
            q.q2:=(m02+m20)/s;
            q.q3:=(m12+m21)/s;
            q.q4:=0.25*s;
        ENDIF
ENDPROC
```

（22）在"仿真"选项卡下的"工作站逻辑"中，将机器人的输出信号 do_lineLaser 与

SC_LineLaser 的输入信号 diNew 连接。

（23）启动仿真程序后，观察仿真结果，可以看到 TCP2 与理论中的 TCP（tLineLaser）数据一致。

7.6 2D 相机标定

7.6.1 9 点标定

通过 9 点标定法实现标定的具体过程如下所述。

（1）在 RoboStudio 中创建一个新的机器人工作站，导入 IRB1200 机器人模型，添加 myTool 工具，并创建一个机器人系统，如图 7-39 所示。同时，给机器人系统创建一个输出信号 do_cam。

（2）在机器人工作站中，单击"基本"选项卡下的"导入模型库"按钮，导入一个相机模型，并调整其位置。根据需要，还需要添加灯光模型（如圆锥体），以模拟相机的拍摄环境。

假设该相机为底拍相机，在通过 9 点标定法实现标定时，通常需要已知相机下特征点对应的机器人 TCP 位置（如图 7-39 所示，假设相机能够识别 myTool 末端的位置，且 myTool 的 TCP 已经建立好）。

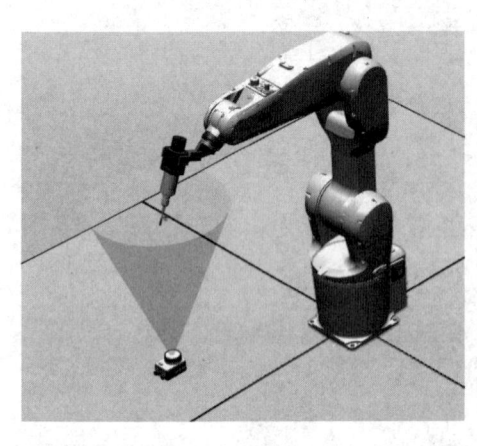

图 7-39 底拍相机 9 点标定

（3）机器人按照图 7-40 所示的路径执行运动，该路径包括 9 个不同的点。通常情况下，机器人会沿着其基座坐标系（Base）的 x 轴和 y 轴方向移动。

机器人每到一个位置时，触发相机拍照，并记录此时特征的像素坐标。机器人完成 9 个点的运动后，可以根据这 9 个点的坐标[x,y]（参考 TCP 而不是 tool0）以及对应的相机拍摄的特征像素值进行仿射变换计算。通常，这种计算是在相机端进行的，但也可以在机器人端进行（例如，某些具有视觉功能的机器人要求视觉输入的是像素值，剩余的坐标转换则在机器人端完成）。

在后续仿真过程中，仍然使用 PositionSensor 组件来获取相机坐标系下的机器人工具末端位置。需要注意的是，PositionSensor 组件获取的是对象的本地原点坐标。因此，建议创建一个小球或者矩形体，并将其安装在 myTool 末端（见图 7-41）。使用 PositionSensor 组件时，获取该小球的位置即可得到 myTool 末端的位姿。

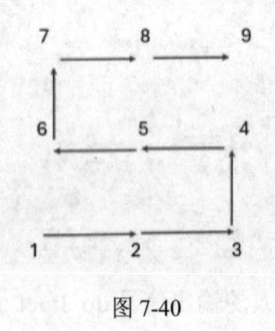

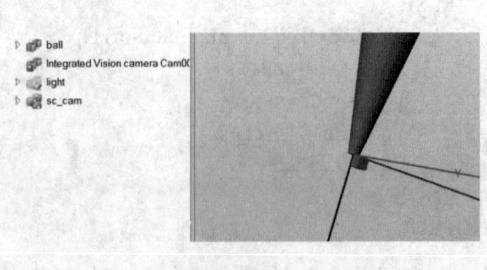

图 7-40

图 7-41

(3) 在 RAPID 中创建两个数据，用于记录 Smart 组件传回的相机数据。

```
PERS num cam_x:=-0.00667989;
PERS num cam_y:=0.01;
```

(4) 创建 Smart 组件 sc_cam，参考图 7-42，添加相关组件和信号。在此过程中，PositionSensor 组件的 object 属性设置为 myTool 末端的 ball、ReferenceObject 属性（参考对象）设置为 IntegratedVision camera Cam00（相机，输出的坐标基于相机原点）。RapidVariable 组件将经过 VectorConverter 组件转化后的 x 和 y 坐标（单位为米）写入 RAPID 中的变量。当输入信号 diNew 为 1 时，执行变量写入操作。

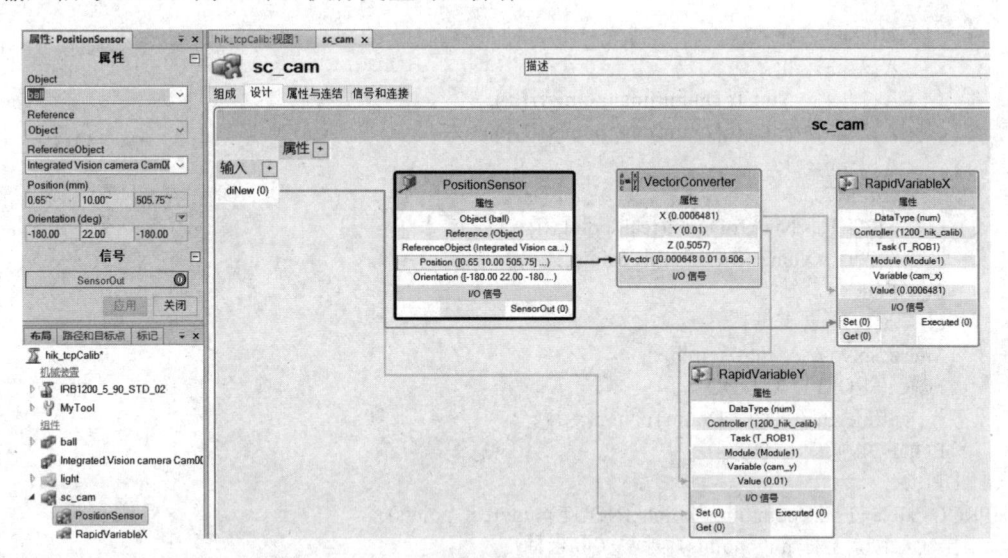

图 7-42

(5) 单击"仿真"选项卡下的"工作站逻辑"按钮，将机器人的输出信号 do_cam 和 sc_cam 的输入信号连接。

(6) 在"RAPID"选项卡下，新建模块 affTrans，用于仿射变换的计算，代码如下。

```
MODULE affTrans
    RECORD point
        num x;
        num y;
    ENDRECORD
    !自定义数据结构
    PERS point img_points{12};
    !记录相机传回的数据数组
    PERS point real_points{12};
    !记录实际机器人的位置数组
    PERS num Affine{6}:=[999.998,-1.11718E-13,701.685,5.69541E-14,1000,-1.89093E-16];
    !标定结果（仿射矩阵）
    PROC calculateAffineMatrix(num PointNum,point img_points{*},point real_points{*},INOUT num affine_matrix{*})
        VAR dnum A{20,6};
        VAR dnum b{20};
        VAR dnum x{6};
        VAR num A_m;
```

```
            !Ax = b, "A" 矩阵的形式如 6.6 节所介绍
            A_m:=PointNum*2;
            !"A" 矩阵的行数等于参与标定点的数目*2
            FOR i FROM 1 TO A_m/2 DO
                A{2*i-1,1}:=NumToDnum(img_points{i}.x);
                A{2*i-1,2}:=NumToDnum(img_points{i}.y);
                A{2*i-1,3}:=1;
                A{2*i-1,4}:=0;
                A{2*i-1,5}:=0;
                A{2*i-1,6}:=0;
                A{2*i,1}:=0;
                A{2*i,2}:=0;
                A{2*i,3}:=0;
                A{2*i,4}:=NumToDnum(img_points{i}.x);
                A{2*i,5}:=NumToDnum(img_points{i}.y);
                A{2*i,6}:=1;
                !实际位置
                b{2*i-1}:=NumToDnum(real_points{i}.x);
                b{2*i}:=NumToDnum(real_points{i}.y);
            ENDFOR
            ! x =[a, b, tx, c, d, ty ]
            MatrixSolve A\A_m:=A_m,b,x;
            FOR i FROM 1 TO 6 DO
                affine_matrix{i}:=DnumToNum(x{i});
            ENDFOR
        ENDPROC
        PROC calNewPoint(point img_points,INOUT point real_points)
        !根据输入像素坐标 img_points,计算实际坐标
            real_points.x:=Affine{1}*img_points.x+Affine{2}*img_points.y+Affine{3};
            real_points.y:=Affine{4}*img_points.x+Affine{5}*img_points.y+Affine{6};
        ENDPROC
ENDMODULE
```

（7）在 RAPID 的 Module1 模块中，编写机器人的移动语句，具体如下所示。

```
PERS num cam_x:=-0.00667989;
PERS num cam_y:=0.01;
PERS num count:=8;
PERS num calib_x:=10;         !标定时沿着 x 方向移动的距离
PERS num calib_y:=10;         !标定时沿着 y 方向移动的距离
CONST   robtarget   p0:=[[522.0142,0,848.1],[0.5,0,0.8660254,0],[0,0,0,0],[9E+09,9E+09,9E+09,9E+09,9E+09,9E+09]];
!图 7-40 中的 5 号点
    PROC main()
        MoveJ p0,v1000,fine,MyTool\WObj:=wobj0;
        !使用 MyTool,移动到相机中心位置的附近并示教
        count:=1;
        rCalib1 p0,calib_x,calib_y,mytool;
        calculateAffineMatrix 9,img_points,real_points,Affine;
        !计算标定结果
        stop;
    ENDPROC
```

```
PROC rCalib1(robtarget p,num x,num y,inout tooldata t)
    MoveL offs(p,-x,-y,0),v100,fine,t;
    rCam;
    MoveL offs(p,0,-y,0),v100,fine,t;
    rCam;
    MoveL offs(p,x,-y,0),v100,fine,t;
    rCam;
    MoveL offs(p,x,0,0),v100,fine,t;
    rCam;
    MoveL offs(p,0,0,0),v100,fine,t;
    rCam;
    MoveL offs(p,-x,0,0),v100,fine,t;
    rCam;
    MoveL offs(p,-x,y,0),v100,fine,t;
    rCam;
    MoveL offs(p,0,y,0),v100,fine,t;
    rCam;
    MoveL offs(p,x,y,0),v100,fine,t;
    rCam;
    MoveL offs(p,0,0,0),v100,fine,t;
ENDPROC
PROC rCam()
    VAR robtarget p;
    rCam2;
    p:=CRobT();                         !获取当前位置
    img_points{count}.x:=cam_x;         !记录相机数据
    img_points{count}.y:=cam_y;

    real_points{count}.x:=p.trans.x;    !记录机器人位置
    real_points{count}.y:=p.trans.y;
    incr count;
ENDPROC

PROC rCam2()
    !发送信号,Smart 组件获取位置并写入 cam_x 和 cam_y
    waittime 0.5;
    PulseDO do_cam;
    waittime 0.5;
ENDPROC
```

使用 myTool,将机器人移动至相机中心位置附近,示教 main 程序中的 p0 目标点。完成后,启动仿真。在仿真结果中,可以看到,Affine 的第 3 个元素和第 6 个元素对应的是工作站相机的本地原点的 x 和 y 坐标。

7.6.2 12 点标定

在通过 9 点标定法进行标定时,需要已知视觉拍照特征对应的机器人 TCP。实际情况下,现场特征位置的 TCP 比较难标定。例如,如图 7-43 所示,数字位置为机器人的位置,而×标记处为相机采集到的特征。如果标定仅使用数字位置的机器人坐标,则标定结果会产生偏差,无法通过相机直接给出基于机器人 base 坐标系的坐标。

对于这种情况,可以在进行 9 点平移后,增加 3 次绕工具(tool0)的旋转,如图 7-44

所示。利用这 3 次特征位置，计算旋转中心，并得出 9 点标定结果与机器人 Base 坐标系之间的偏差。然后，将该偏差补偿到标定结果中，这样后续相机便能直接给出基于机器人 base 坐标系下的特征坐标。

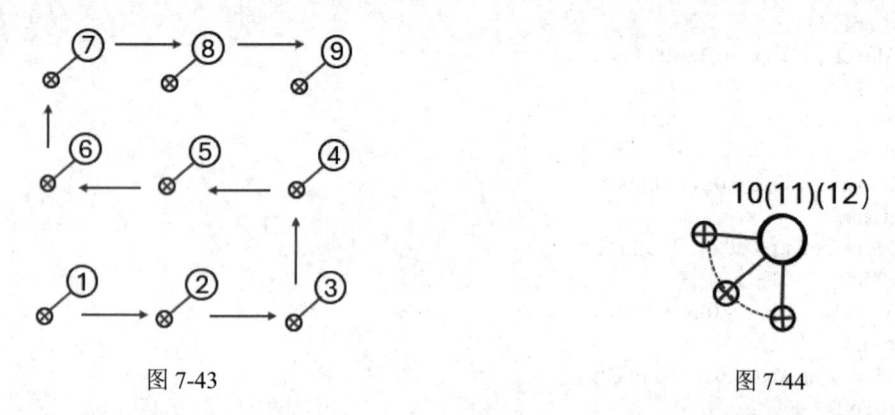

图 7-43

图 7-44

接下来，修改代码如下。使用 tool0，将机器人移动到相机中心位置附近并示教。最后 3 个点绕 tool0 进行旋转。

```
PROC main()
    MoveJ p0,v1000,fine,tool0\WObj:=wobj0;        !使用 tool0 重新示教
    count:=1;
    rCalib1 p0,calib_x,calib_y,5,tool0;           !使用 tool0，计算旋转中心时旋转±5°
    CalibCal1;
ENDPROC

PROC rCalib1(robtarget p,num x,num y,num angle,inout tooldata t)
    MoveL offs(p,-x,-y,0),v100,fine,t;
    rCam;
    MoveL offs(p,0,-y,0),v100,fine,t;
    rCam;
    MoveL offs(p,x,-y,0),v100,fine,t;
    rCam;
    MoveL offs(p,x,0,0),v100,fine,t;
    rCam;
    MoveL offs(p,0,0,0),v100,fine,t;
    rCam;
    MoveL offs(p,-x,0,0),v100,fine,t;
    rCam;
    MoveL offs(p,-x,y,0),v100,fine,t;
    rCam;
    MoveL offs(p,0,y,0),v100,fine,t;
    rCam;
    MoveL offs(p,x,y,0),v100,fine,t;
    rCam;
    MoveL offs(p,0,0,0),v100,fine,t;

    !!!rotate       !以 t 为中心，绕着 Base 的 z 轴旋转
    MoveL rotWobj(p,0,0,-angle),v100,fine,t;
    rCam;
    MoveL rotWobj(p,0,0,0),v100,fine,t;
```

```
            rCam;
            MoveL rotWobj(p,0,0,angle),v100,fine,t;
            rCam;
            MoveL offs(p,0,0,0),v100,fine,t;
        ENDPROC
        FUNC robtarget rotWobj(robtarget p,num rx,num ry,num rz)
            !绕着 wobj 旋转
            VAR orient o;
            o:=p.rot;
            o:=orientzyx(rz,ry,rx)*o;
            p.rot:=o;
            RETURN p;
        ENDFUNC
        PROC CalibCal1()
            VAR pos posCir{3};
            VAR point realPoint;
            VAR pos posCenter;
            VAR num r;
            VAR pos n;
            VAR robtarget pCurr;
            calculateAffineMatrix 9,img_points,real_points,Affine;
            !先用前 9 点计算仿射变化，得到像素和机器人坐标系之间的关系
            !基于 9 点标定结果，转化 10、11 和 12 点（此时有整体偏置）
            calNewPoint img_points{10},realPoint;
            posCir{1}.x:=realPoint.x;
            posCir{1}.y:=realPoint.y;
            calNewPoint img_points{11},realPoint;
            posCir{2}.x:=realPoint.x;
            posCir{2}.y:=realPoint.y;
            calNewPoint img_points{12},realPoint;
            posCir{3}.x:=realPoint.x;
            posCir{3}.y:=realPoint.y;
            fitcircle posCir,posCenter,r,n;
            !计算旋转中心
            !将旋转中心的偏置补偿到标定结果
            Affine{3}:=Affine{3}+(posCir{2}.x-posCenter.x);
            Affine{6}:=Affine{6}+(posCir{2}.y-posCenter.y);
        ENDPROC
```

进行仿真。在仿真结果中可以发现，Affine 的第 3 个和第 6 个元素将与工作站相机的本地原点的 x 和 y 坐标一致。

7.7 基于 2D 相机的 TCP 标定

在完成 2D 相机与机器人标定后，相机可以直接将特征基于机器人 Base 坐标系的 x、y 坐标给出。基于这种标定，2D 相机还可以实现机器人 TCP（工具中心点）的标定。

假设机器人名义上的 TCP 在位置 tNor（见图 7-45），那么可以通过相机给出机器人工具末端在 xy 平面的投影 tNor2 的 x、y 坐标，可以将 tNor 修正到新的位置 tNor2。需要注意的是，tNor 可能仍然存在与机器人 Base 坐标系 z 方向的偏差。此时，机器人位于位置 1。

为了计算真实 TCP，进行如下步骤实现。

（1）令机器人绕修正后的 tNor2 旋转角度 θ，到达位置 2（见图 7-46）。在此过程中，真实 TCP 会从点 A 旋转至点 B。相机测得 AB 在 xy 平面上的投影距离为 GB。

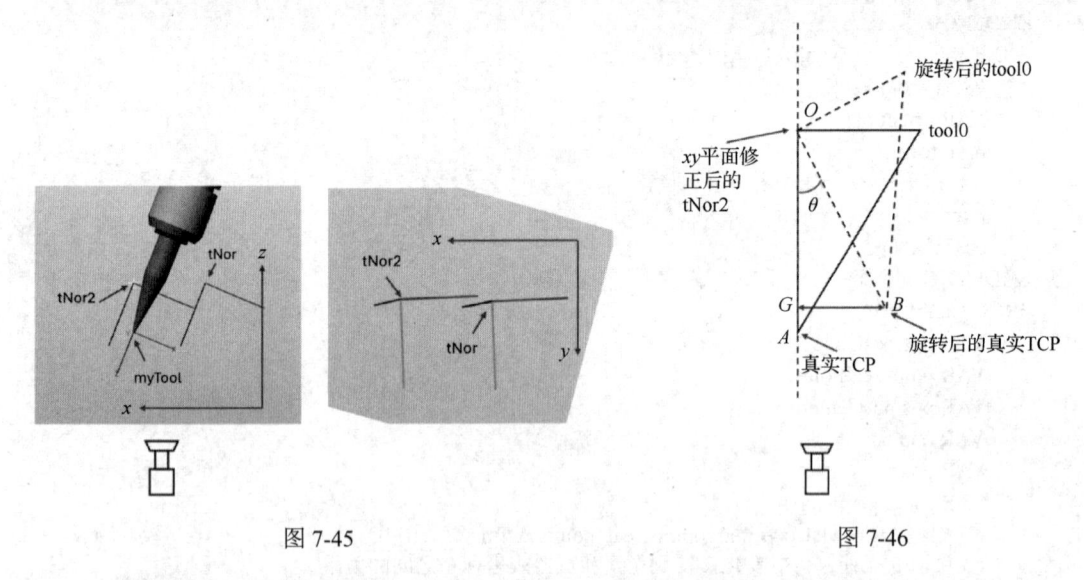

图 7-45

图 7-46

（2）根据相机测得的 AB 投影距离，即 GB，可以推算出偏差 OB。由于 OA 绕 O 旋转至 OB，$OA=OB$，我们就可以得出偏差 OB，即机器人在位置 1 时，tNor2 与真实 TCP 之间的 z 方向偏差。

（3）一旦确定了 OB，就可以准确计算出真实的 TCP 位置，即修正后的真实工具中心点（TCP）。该修正将消除机器人 Base 坐标系下的 z 方向偏差。

参考以下代码进行修改。启动仿真，在仿真结果中可以发现，tNor 与 mytool 的理论值一致。

```
PROC main()
    MoveJ p0,v1000,fine,tool0\WObj:=wobj0;
    !使用 tool0 重新示教
    count:=1;
    rCalib1 p0,calib_x,calib_y,5,tool0;
    !使用 tool0，计算旋转中心时旋转±5°
    CalibCal1;
    tNor:=mytool;
    !故意制造 TCP 误差，最后计算结果应与 mytool 一致
    tNor.tframe.trans:=[30,2,200];
    CalibTCP p0,tNor;
    !执行前已经回到起点或者 5 号点
ENDPROC
PROC CalibTCP(robtarget pRef0,inout tooldata t)
    VAR point realPoint;
    VAR pose pTool0;
    VAR pose toolPoseWithTool0;
    VAR pose poseNor;
    VAR pose poseResult;
    VAR robtarget pCurr;
```

```
            pTool0:=[pRef0.trans,pRef0.rot];
            poseNor:=PoseMult(pTool0,t.tframe);
            !计算基于名义 TCP 的位姿
            realPoint:=CamGetData();
            !通过相机获取当前工具末端真实的 x、y 坐标
            poseNor.trans.x:=realPoint.x;
            !将基于名义 TCP 计算位姿的 x、y 坐标调整成真实工具末端的 x、y 坐标
            poseNor.trans.y:=realPoint.y;
            poseResult:=PoseMult(PoseInv(pTool0),poseNor);
            !以调整后的位姿计算在 xy 平面内修正的 TCP
            t.tframe.trans:=poseResult.trans;
            CalibInZ 5,t;
    ENDPROC
    FUNC point CamGetData()
    !获取 Smart 组件返回相机数据并转化为机器人 Base 坐标系下的数据
        VAR point realPoint;
        rCam2;
        calNewPoint [cam_x,cam_y],realPoint;
        RETURN realPoint;
    ENDFUNC
    PROC CalibInZ(robtarget p,num angle,inout tooldata t)
        VAR robtarget ptmp;
        VAR num x1;
        VAR num x2;
        VAR num dz;
        VAR robtarget p0;
        VAR robtarget pTnor;
        VAR pose p1;
        VAR pose p2;
        VAR pose p3;
        VAR point realPoint;
        realPoint:=CamGetData();
        !获取当前工具在机器人 Base 坐标系下的 x 坐标
        x1:=realPoint.x;
        p0:=CRobT(\Tool:=tool0);
        pTnor:=CRobT(\Tool:=t);
        !获取已在 xy 平面修正过的 TCP 对应的位姿, 如图 7-46 中的 O 点
        ptmp:=rotWobj(pTnor,0,angle,0);
        !以图 7-47 中的 O 点为中心, 绕着坐标系的 y 轴旋转 5°
        MoveL ptmp,v100,fine,t\WObj:=wobj0;
        realPoint:=CamGetData();
        !获取新位置工具末端的 x 坐标, 如图 7-46 中的 B 点
        x2:=realPoint.x;
        dz:=(x1-x2)/sin(angle);
        !计算图 7-46 中的 OB 距离
        pTnor.trans.z:=pTnor.trans.z-dz;
        !得到图 7-46 中 A 的绝对位置
        p1:=[p0.trans,p0.rot];
        p2:=[pTnor.trans,pTnor.rot];
        p3:=posemult(poseinv(p1),p2);
        t.tframe.trans:=p3.trans;
    ENDPROC
```

第8章 3D视觉与AGV联合仿真

8.1 3D视觉的手眼标定

3D 相机能够返回物体特征在相机坐标下的 XYZ 绝对位置（单位：mm）。在相机出厂时，通常已经完成了内参标定，使相机可以精确地测量物体的空间位置。

在实际应用中，根据 3D 相机与机器人的安装方式，手眼标定的需求有所不同。手眼标定用于确定相机与机器人坐标系之间的空间关系。下面介绍两种典型的手眼标定方式。

1. 眼在手上（Eye in Hand）

当 3D 相机安装在机器人法兰末端附近，如图 8-1（a）所示，即相机和机器人末端工具一起移动时，标定过程称为"眼在手上"。在这种配置下，需要通过手眼标定来计算相机与机器人法兰盘（机器人末端工具坐标系）之间的关系。稍后可以利用每次在不同位置拍照时 tool0 的位姿和 tool0 到相机的转换矩阵，以及相机返回的数据，可以直接计算出产品在机器人 Base 坐标系下的绝对位置。计算公式为：产品在机器人 Base 坐标系下的绝对位置=tool0 的位姿×tool0 到相机的转换矩阵×相机返回的数据。

2. 眼在手外（Eye to Hand）

当 3D 相机安装在固定位置时，如图 8-1（b）所示，通过标定可以得到相机原点与机器人 Base 坐标系之间的空间关系 $^{Base}T_{Camera}$。产品特征点在机器人 Base 坐标系下的绝对位置为 $^{Base}T_{Camera}×$相机返回的数据。

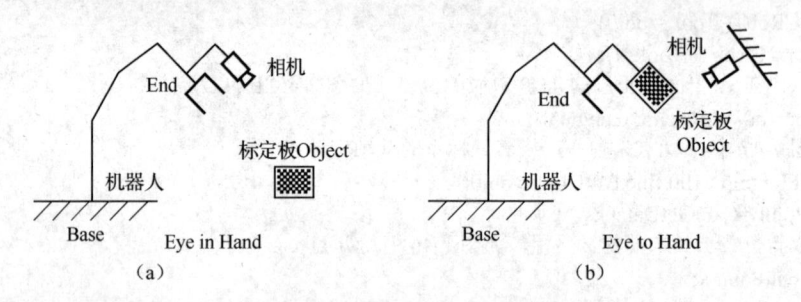

图 8-1

对于"眼在手上"的情况，标定板上特征点的坐标可以表示为：

$$^{Base}T_{End1} \times {}^{End}T_{Cam} \times {}^{Cam1}T_{Obj}$$

其中，$^{Base}T_{End1}$ 为当前机器人末端的位姿（由机器人提供），$^{End}T_{Cam}$ 为机器人末端与相机的关系（待求，且该数据不变），$^{Cam1}T_{Obj}$ 为机器人在该位置时相机的反馈特征数据。

移动机器人对标定板再次拍照，可以得到标定板特征点的表示：${}^{\text{Base}}T_{\text{End2}} \times {}^{\text{End}}T_{\text{Cam}} \times {}^{\text{Cam2}}T_{\text{Obj}}$（如图 8-2 所示，由于标定板每个格子的物理尺寸已知，可以通过图像的变化得到如左上角角点作为特征点在相机原点的位姿）。由于标定板没有移动，可以得到：

$${}^{\text{Base}}T_{\text{End1}} \times {}^{\text{End}}T_{\text{Cam}} \times {}^{\text{Cam1}}T_{\text{Obj}} = {}^{\text{Base}}T_{\text{End2}} \times {}^{\text{End}}T_{\text{Cam}} \times {}^{\text{Cam2}}T_{\text{Obj}}$$

整理上式，可以得到：

$${}^{\text{Base}}T_{\text{End1}}^{-1} \times {}^{\text{Base}}T_{\text{End2}} \times {}^{\text{End}}T_{\text{Cam}} = {}^{\text{End}}T_{\text{Cam}} \times {}^{\text{Cam1}}T_{\text{Obj}} \times {}^{\text{Cam2}}T_{\text{Obj}}^{-1}$$

移动机器人到其他位置，同理可以得到：

$${}^{\text{Base}}T_{\text{End2}}^{-1} \times {}^{\text{Base}}T_{\text{End3}} \times {}^{\text{End}}T_{\text{Cam}} = {}^{\text{End}}T_{\text{Cam}} \times {}^{\text{Cam2}}T_{\text{Obj}} \times {}^{\text{Cam3}}T_{\text{Obj}}^{-1}$$

$${}^{\text{Base}}T_{\text{End3}}^{-1} \times {}^{\text{Base}}T_{\text{End4}} \times {}^{\text{End}}T_{\text{Cam}} = {}^{\text{End}}T_{\text{Cam}} \times {}^{\text{Cam3}}T_{\text{Obj}} \times {}^{\text{Cam4}}T_{\text{Obj}}^{-1}$$

$$\ldots$$

整理上述等式组，可以得到：

$$A \times X = X \times B$$

其中，X 为要求的机器人末端到相机原点的位姿。

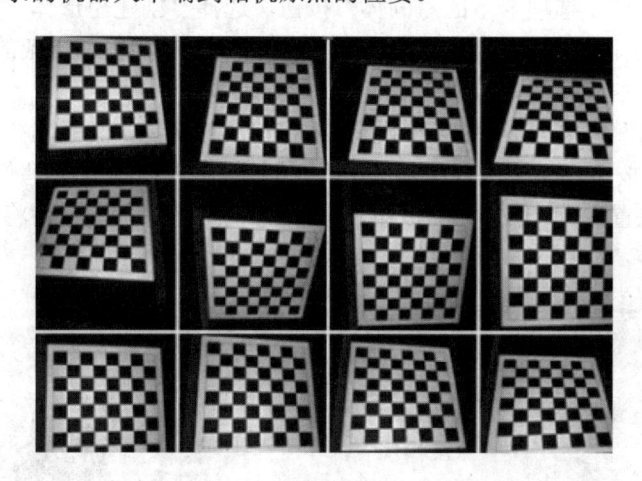

图 8-2

对于 $A \times X = X \times B$ 这类典型的求解问题，比较有名的求解算法有 Tsai-Lenz 等。

现在，假如我们要实现一个模拟 3D 相机安装在机器人手上并通过 Smart 组件 PositionSensor 获取目标物体（如 Object）特征在相机原点坐标系下的多组位置$[x,y,z]$，并结合机器人法兰盘位姿使用 OpenCV 中的 cv2.calibrateHandEye 函数进行手眼标定计算，具体实现如下所述。

（1）新建工作站，导入 IRB1200 机器人模型并创建一个控制器。添加输出信号 do_CamCalib（后续在 RAPID 程序中用于触发 Smart 组件以获取相机的反馈数据）。

（2）创建一个矩形体 product1，根据需要，将其放置到如图 8-3 所示的位置。修改 product1 的本地原点为左上角（后续通过 Smart 组件 PositionSensor 来获取 product1 的位置，即本地原点相对于相机原点的坐标）。

（3）单击"建模"选项卡下的"固体"按钮，选择"创建圆锥"选项，创建一个圆锥体。圆锥体的属性设置如图 8-4 所示。将创建的模型重命名为 light，并修改其颜色和透明属性（用于模拟灯光）。

图 8-3　　　　　　　　　　　　　　　图 8-4

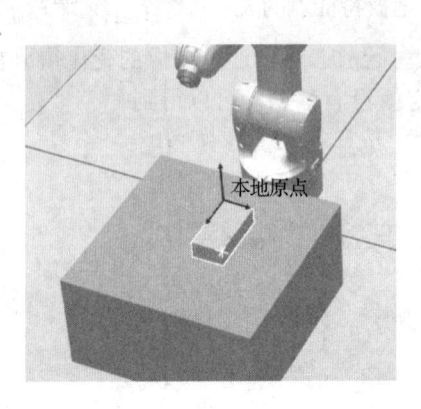

（4）单击"基本"选项卡下的"导入模型库"按钮，导入一个相机模型，并放置到[0,150,0]的位置。

（5）单击"建模"选项卡下的"固体"按钮，选择"创建矩形体"选项，创建一个长宽高为[30,150,2]的矩形体，并命名为"支架"。此时 light、相机和支架的位置关系如图 8-5 所示。

（6）在"布局"选项卡下，将 light 圆锥体拖曳到相机上，若弹出提示框"是否更新位置"，单击"No"按钮（保持现有相对关系）。然后将导入的相机模型拖曳到"支架"上，提示"是否更新位置"，单击"No"按钮（保持现有相对关系）。最后将"支架"拖曳到机器人上，完成安装，如图 8-6 所示。

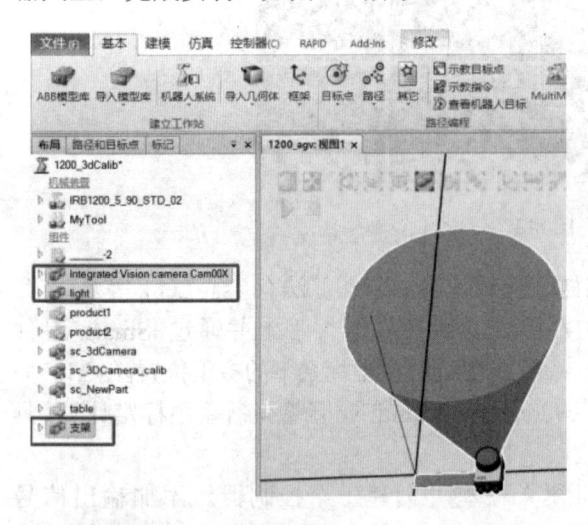

图 8-5　　　　　　　　　　　　　　　图 8-6

从以上装配可知，相机原点和机器人法兰盘的位姿关系是[[0,150,0],[1,0,0,0]]（仅在 tool0 的 y 方向有 150mm 偏差，姿态角度均为 0°）。稍后通过仿真标定，可以验证计算结果是否与该理论数据一致。

（7）在 RAPID 程序中，新建 Module1，并新建数据 pCam 和 oCam，具体如下所示。

MODULE Module1
　　PERS pos pCam:=[-3.67271,-373.158,422.714];

PERS orient oCam:=[-0.0966146,0.82977,0.496888,0.235054];
ENDMODULE

（8）创建 Smart 组件 sc_3DCmarea_calib（见图 8-7）。在"设计"选项卡下，添加输入信号 di_Cam（用于触发 RapidVariable 组件，将 Positioner 组件获取的数据写入 RAPID 程序中）、PositionSensor 组件和两个 RapidVariable 组件。

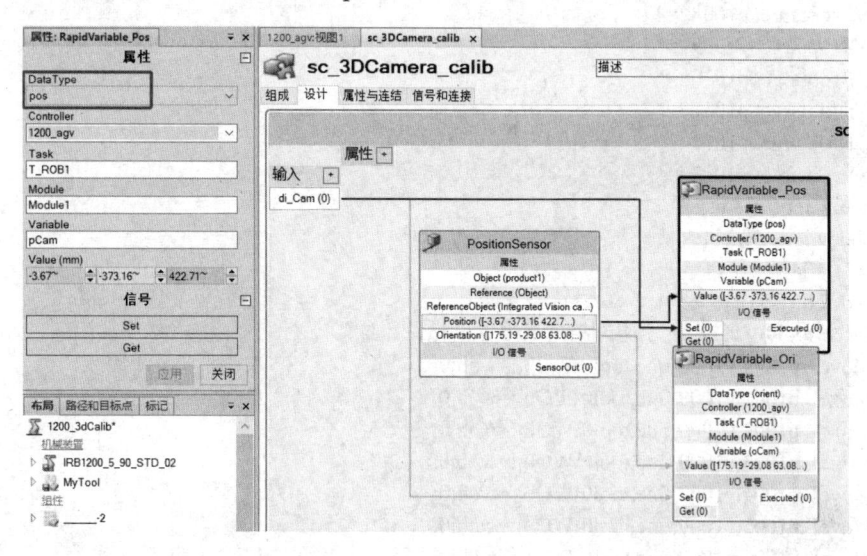

图 8-7

① RapidVariable_Pos 组件：DataType 属性为 pos，Variable 属性为 pCam（在 RAPID 程序中创建的数据）。

② RapidVariable_Ori 组件：DataType 属性为 orient，Variable 属性为 oCam（在 RAPID 程序中创建的数据）。

③ PositionSensor 组件：其属性设置如图 8-8 所示，即获取的对象是 product1 产品的本地原点。Reference 属性为 Object，ReferenceObject 属性为前文导入的相机。进行仿真后，PositionSensor 将实时反馈 product1 本地原点相对相机原点的位姿。

（9）将 PositionSensor 组件的 Position 属性和 RapidVariable_Pos 的 Value 连接，将 PositionSensor 组件的 Orientation 属性和 RapidVariable_Ori 的 Value 连接，以及将 di_Cam 信号与两个 RapidVariable 组件的 Set 信号连接。

（10）在"RAPID"选项卡下，编写以下代码。

图 8-8

```
MODULE Module1
    PERS pos pCam:=[-3.67271,-373.158,422.714];
    PERS orient oCam:=[-0.0966146,0.82977,0.496888,0.235054];
    PERS pose camData:=[[0,0,0],[1,0,0,0]];

    !示教的 14 个点，真实使用保证相机能拍到标定板，能准确提取特征点的 pose
    CONST robtarget p1000 :=* ;
    CONST robtarget p1001 :=* ;
```

```
CONST robtarget p1002 :=* ;
CONST robtarget p1003 :=* ;
CONST robtarget p1004 :=* ;
CONST robtarget p1005 :=* ;
CONST robtarget p1006 :=* ;
CONST robtarget p1007 :=* ;
CONST robtarget p1008 :=* ;
CONST robtarget p1009 :=* ;
CONST robtarget p1010 :=* ;
CONST robtarget p1011 :=* ;
CONST robtarget p1012 :=* ;
CONST robtarget p1013 :=* ;
VAR iodev iodevCam;
VAR iodev iodevRobot;

PROC rModify1()
    !使用 tool0,记录 14 个不同姿态机器人的法兰盘位姿
    MoveL p1000,v1000,fine,tool0\WObj:=wobj0;
    MoveL p1001,v1000,fine,tool0\WObj:=wobj0;
    MoveL p1002,v1000,fine,tool0\WObj:=wobj0;
    MoveL p1003,v1000,fine,tool0\WObj:=wobj0;
    MoveL p1004,v1000,fine,tool0\WObj:=wobj0;
    MoveL p1005,v1000,fine,tool0\WObj:=wobj0;
    MoveL p1006,v1000,fine,tool0\WObj:=wobj0;
    MoveL p1007,v1000,fine,tool0\WObj:=wobj0;
    MoveL p1008,v1000,fine,tool0\WObj:=wobj0;
    MoveL p1009,v1000,fine,tool0\WObj:=wobj0;
    MoveL p1010,v1000,fine,tool0\WObj:=wobj0;
    MoveL p1011,v1000,fine,tool0\WObj:=wobj0;
    MoveL p1012,v1000,fine,tool0\WObj:=wobj0;
    MoveL p1013,v1000,fine,tool0\WObj:=wobj0;
ENDPROC

PROC main()
    VAR robtarget p;
    !将相机数据写入 cam2.txt 文件
    Open "HOME:"\File:="cam2.txt",iodevCam\write;
    !将对应机器人 tool 的位姿数据写入 robot2.txt 文件
    Open "HOME:"\File:="robot2.txt",iodevRobot\write;
    FOR i FROM 0 TO 13 DO
        GetDataVal "p"+ValToStr(1000+i),p;
        Movej p,v1000,fine,tool0\WObj:=wobj0;
        waittime 0.5;
        !获取当前相机数据并记录
        rCam2;
    ENDFOR
    close iodevCam;
    close iodevRobot;
ENDPROC

PROC rCam2()
    VAR robtarget pCurr;
```

```
        VAR pose pRob;
        VAR string s;

        waittime 0.5;
        pulsedo do_CamCalib;
        !等机器人停稳，触发 Smart 组件获取 product1 在相机原点下的位姿
        waittime 0.5;
        camData:=[pCam,oCam];
        write iodevCam,"["+pose2String(camData)+"]";
        !使用 tool0，记录法兰盘位姿
        pCurr:=CRobT(\Tool:=tool0);
        pRob:=[pCurr.trans,pCurr.rot];
        write iodevRobot,"["+pose2String(pRob)+"]";
    ENDPROC

    FUNC string pose2String(pose p)
        !由于传入的机器人位姿数据长度可能过长
        !分别保存 XYZ 和欧拉角三位小数
        VAR num rx;
        VAR num ry;
        VAR num rz;
        VAR string s;
        rx:=EulerZYX(\x,p.rot);
        ry:=EulerZYX(\y,p.rot);
        rz:=EulerZYX(\z,p.rot);
        s:=numtostr(p.trans.x,3)+","+numtostr(p.trans.y,3)+","+numtostr(p.trans.z,3)+","
            +numtostr(rx,3)+","+numtostr(ry,3)+","+numtostr(rz,3);
        RETURN s;
    ENDFUNC
ENDMODULE
```

（11）机器人使用 tool0 工具，依次移动机器人到不同的姿态（模拟拍照），并在上述 rModify 程序中示教了 14 个点。

（12）单击"仿真"选项卡下的"工作站逻辑"按钮，将机器人的输出信号 do_CamCalib 和 sc_3DCamera_calib 组件的输入信号 di_Cam 进行连接，如图 8-9 所示。

（13）启动仿真。仿真结束后，在机器人的 HOME 文件夹中可以看到记录的相机数据文件 cam2.txt 和对应的机器人法兰盘位姿数据文件 robot2.txt，如图 8-10 所示。

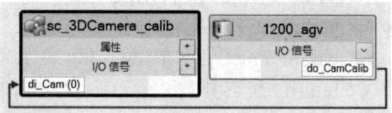

图 8-9

图 8-10

（14）在 Python 编辑器中，编写如下代码，将上文生成的相机和机器人位姿数据复制到 cam_vectors 和 pose_vectors 中。运行以下 Python 代码，可以看到标定结果与理论数据一致，如图 8-11 所示。

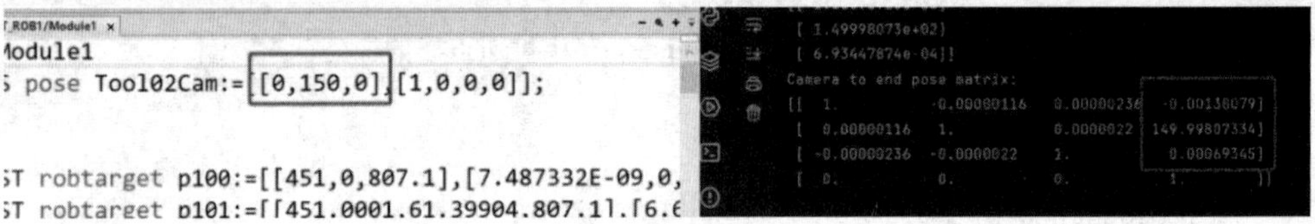

图 8-11

```
import cv2
import numpy as np
import transforms3d

def pose_vectors_to_end2base_transforms(pose_vectors):
    #提取旋转矩阵和平移向量
    R_end2bases = []
    t_end2bases = []
    #迭代遍历每个位姿的旋转矩阵和平移向量
    for pose_vector in pose_vectors:
        #提取旋转矩阵和平移向量
        R_end2base = euler_to_rotation_matrix(pose_vector[3], pose_vector[4], pose_vector[5])
        t_end2base = pose_vector[:3]
        #提取旋转矩阵和平移向量
        R_end2bases.append(R_end2base)
        t_end2bases.append(t_end2base)
    return R_end2bases, t_end2bases
def euler_to_rotation_matrix(rx, ry, rz, unit='deg'):    #rx, ry, rz 是欧拉角，单位是度
    '''
    将欧拉角转换为旋转矩阵
    :param rx: x 轴旋转角度
    :param ry: y 轴旋转角度
    :param rz: z 轴旋转角度
    :param unit: 角度单位，'deg'表示角度，'rad'表示弧度
    :return: 旋转矩阵
    '''
    if unit == 'deg':
        #把角度转换为弧度
        rx = np.radians(rx)
        ry = np.radians(ry)
        rz = np.radians(rz)

#计算旋转矩阵
    Rx = transforms3d.axangles.axangle2mat([1, 0, 0], rx)
    Ry = transforms3d.axangles.axangle2mat([0, 1, 0], ry)
    Rz = transforms3d.axangles.axangle2mat([0, 0, 1], rz)

#计算旋转矩阵
    rotation_matrix = np.dot(Rz, np.dot(Ry, Rx))
    return rotation_matrix
```

```python
#输入位姿数据
#用户根据实际替换数据
cam_vectors = np.array([[81.577, -150.0, 457.1, 180.0, 0.0, 180.0],
                        [81.577, -121.352, 508.979, 156.943, -0.0, -180.0],
                        [241.708, -36.401, 539.286, 149.556, -13.172, -174.283],
                        [290.517, -64.324, 508.865, 162.734, -28.472, 150.013],
                        [69.469, -339.806, 476.097, -140.116, -26.109, 76.111],
                        [190.451, -362.69, 365.032, -165.512, -44.629, 118.144],
                        [33.723, -136.956, 462.007, -169.627, -8.555, 126.873],
                        [-29.059, -178.962, 461.6, -175.479, -12.176, 62.066],
                        [273.806, 49.065, 316.482, -134.726, -38.125, 156.817],
                        [251.463, 35.649, 519.906, 159.112, -39.7, 179.857],
                        [487.189, 1.759, 298.214, -164.971, -34.483, 127.282],
                        [183.242, -129.315, 614.898, 142.775, -39.7, 179.857],
                        [87.772, -91.29, 581.099, 150.603, -1.757, 140.143],
                        [-3.673, -373.158, 422.714, 175.192, -29.084, 63.077]])

robot_vectors = np.array([[451.0, 0.0, 807.1, 180.0, -0.0, -180.0],
                          [451.0, -225.699, 807.1, 156.943, 0.0, 180.0],
                          [491.727, -371.831, 807.1, 150.003, 14.239, 178.285],
                          [310.387, -371.831, 807.1, 150.003, 14.239, 141.768],
                          [310.387, 234.722, 807.1, 145.041, 32.781, 75.145],
                          [310.387, 48.287, 807.1, 145.041, 32.781, 113.533],
                          [310.387, 48.287, 807.1, 179.469, 13.406, 127.589],
                          [310.387, 48.287, 807.1, 167.128, -1.653, 62.735],
                          [310.387, 48.287, 807.1, -138.95, 42.771, -170.102],
                          [230.439, -373.824, 807.1, 153.523, 36.577, 163.351],
                          [344.305, -373.824, 807.1, 160.75, 32.516, 126.308],
                          [117.59, -373.824, 807.1, 135.302, 30.472, 153.214],
                          [381.339, -373.824, 807.1, 155.66, -17.102, 143.396],
                          [339.278, -136.568, 807.1, 155.66, -17.102, 65.543]])

#求解手眼标定
#R_end2bases：机械臂末端相对于机械臂基座的旋转矩阵
#t_end2bases：机械臂末端相对于机械臂基座的平移向量
R_end2bases, t_end2bases = pose_vectors_to_end2base_transforms(robot_vectors)

#R_board2cameras：标定板在相机下的旋转矩阵
#t_board2cameras：标定板在相机下的平移向量
R_board2cameras, t_board2cameras = pose_vectors_to_end2base_transforms(cam_vectors)

#R_camera2end：相机相对于机械臂末端的旋转矩阵
#t_camera2end：相机相对于机械臂末端的平移向量
R_camera2end, t_camera2end = cv2.calibrateHandEye(R_end2bases, t_end2bases,
                                                  R_board2cameras, t_board2cameras,
                                                  method=cv2.CALIB_HAND_EYE_TSAI)

#将旋转矩阵和平移向量组合成齐次位姿矩阵
T_camera2end = np.eye(4)
T_camera2end[:3, :3] = R_camera2end
T_camera2end[:3, 3] = t_camera2end.reshape(3)
```

```
#输出相机相对于机械臂末端的位姿矩阵
print("Camera to end pose matrix:")
np.set_printoptions(suppress=True)     #suppress 参数用于禁用科学计数法
print(T_camera2end)
print("Camera to end pose:")
o = transforms3d.quaternions.mat2quat(R_camera2end)
print(t_camera2end.reshape(3),o)       #输出 pose 类型数据，姿态为四元数
```

8.2　3D 相机修正机器人路径

在完成 3D 相机与机器人之间的手眼标定后，基于机器人拍照位置的 tool0 位姿和相机反馈数据位姿，可以计算出目标特征位姿在机器人 Base 坐标系下的位姿。

下面是一个示范程序，可以根据前文的标定结果或者理论标定数据，结合当前机器人的位姿，使用以下代码进行算法验证，具体实现步骤如下所述。

```
MODULE Module1
    PERS pos pCam:=[-3.67271,-373.158,422.714];
    PERS orient oCam:=[-0.0966146,0.82977,0.496888,0.235054];
    PERS pose camData:=[[0,0,0],[1,0,0,0]];
    PERS pose end2Cam:=[[0,150,0],[1,0,0,0]];
    !标定的法兰盘到相机原点的数据
    CONST robtarget pPhoto:=[[451,0,807.1],[7.487332E-09,0,-1,0],[0,0,0,0],[9E+09,9E+09,9E+09,9E+09,9E+09, 9E+09]];
    !机器人拍照位置
    PERS pose pPart1:=[[294.958,5.68434E-13,350],[0.994487,0.0515857,0.00472907,0.0911694]];
    PROC main()
        MoveJ pPhoto,v1000,fine,tool0\WObj:=wobj0;
        rCam;
    ENDPROC
    PROC rCam()
        VAR robtarget pCurr;
        VAR pose pRob;
        waittime 0.5;
        pulsedo do_CamCalib;
        waittime 0.5;
        camData:=[pCam,oCam];
        pCurr:=CRobT(\Tool:=tool0);
        !获取当前 tool0 的位姿
        pRob:=[pCurr.trans,pCurr.rot];
        pPart1:=PoseMult(pRob,end2Cam);
        pPart1:=posemult(pPart1,camData);
        !产品在 wobj0 下的绝对位姿：pRob * end2Cam * camData
        TPWrite "partPose:"\Pos:=pPart1.trans;
    ENDPROC
ENDMODULE
```

（1）移动机器人到任意位置，并示教以上代码中的 pPhoto 位置。

（2）使用 RobotStudio 的自动捕捉功能，获取图 8-12 中产品角点在机器人 wobj0 下的位置 A。

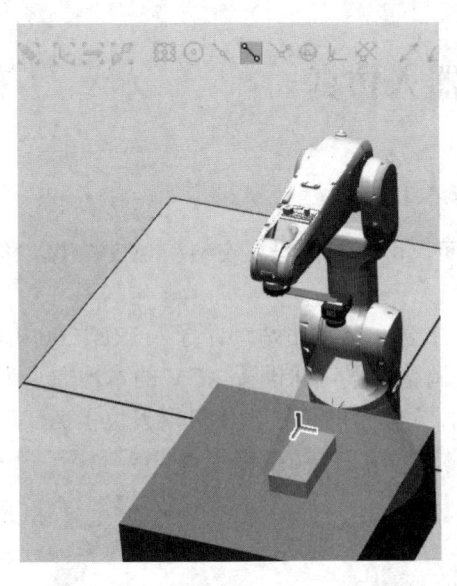

图 8-12

（3）运行以上代码，查看运行结果中的 pPart1 是否与上文中的位置 A 处的坐标相同（对于实际标定结果，测试方法相同，即根据当前机器人的位姿、机器人末端到相机的标定结果和当前相机的输出结果，计算特征点在机器人 Base 坐标系下的位置并和实际数据对比）。

（4）为便于后续路径测试，导入一个 myTool 工具。单击"基本"选项卡下的"同步到 RAPID"按钮，将 tool 数据同步到 RAPID 程序中。

（5）参考以下代码，修改前文的测试代码。

```
PROC main()
    MoveJ pPhoto,v1000,fine,tool0\WObj:=wobj0;
    rCam;
    wobj_new.uframe:=pPart1;
    stop;
    Path_10;
ENDPROC
PROC Path_10()
    MoveL reltool(Target_10,0,0,-30),v1000,fine,MyTool\WObj:=wobj_new;
    MoveL Target_10,v1000,fine,MyTool\WObj:=wobj_new;
    MoveL Target_20,v1000,fine,MyTool\WObj:=wobj_new;
    MoveL Target_30,v1000,fine,MyTool\WObj:=wobj_new;
    MoveL Target_40,v1000,fine,MyTool\WObj:=wobj_new;
    MoveL Target_10,v1000,fine,MyTool\WObj:=wobj_new;
    MoveL reltool(Target_10,0,0,-30),v1000,fine,MyTool\WObj:=wobj_new;
ENDPROC
```

（6）第一次使用以上代码时，执行完 wobj_new.uframe 的赋值后，停止程序。机器人在 wobj_new 坐标系下示教路径（也可以使用"同步到工作站"功能，仅选择 wobj_new 坐标系，即将 wobj_new 坐标系上传到 RobotStudio 软件中。再在 wobj_new 坐标系下使用自动路径功能完成路径，最后同步到 RAPID 程序中）。

可以人为移动 product1 的位置和姿态，机器人依旧能基于 product1 准确执行路径。也可以参考 4.1 节内容，使用 Random 随机组件复制/创建新位姿的产品，并进行循环测试。

8.3 AGV复合机器人仿真

8.3.1 AGV与机器人仿真

为增加机器人工作空间，可以把机器人安装在AGV上，构建复合机器人，具体实现步骤如下所述。

（1）在RobotStudio中新建一个工作站，并导入IRB1200机器人模型。

（2）导入数模AGV，调整位置，并设置AGV的本地原点为[0,0,0]，如图8-13所示。

（3）调整IRB1200机器人模型的位置，使机器人位于AGV上，如图8-13所示。

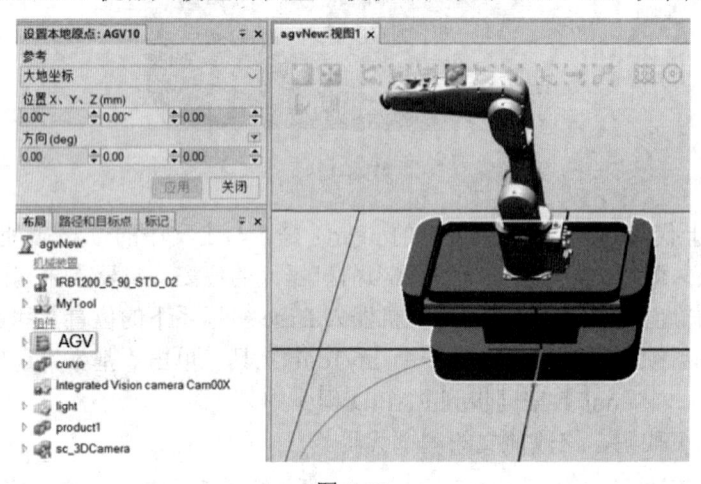

图 8-13

（4）在"布局"选项卡下，将IRB1200机器人模型拖曳到AGV上，若弹出提示框"是否更新位置"，单击"No"按钮。

（5）单击"基本"选项卡下的"机器人系统"按钮，选择"从布局创建系统"选项，创建机器人系统。注意，关闭工作站后再次打开工作站，可能会出现如图8-14所示的提示，需要单击"No"按钮。

RobotStudio控制器不支持直接驱动AGV。可以使用Smart组件MoveAlongCurve，让AGV沿着曲线运动。

（6）单击"建模"选项卡下的"曲线"按钮，选择"弧线"选项（如图8-15所示，也可使用"样条插补"等方式产生各种曲线），创建一条AGV运行路径的曲线。

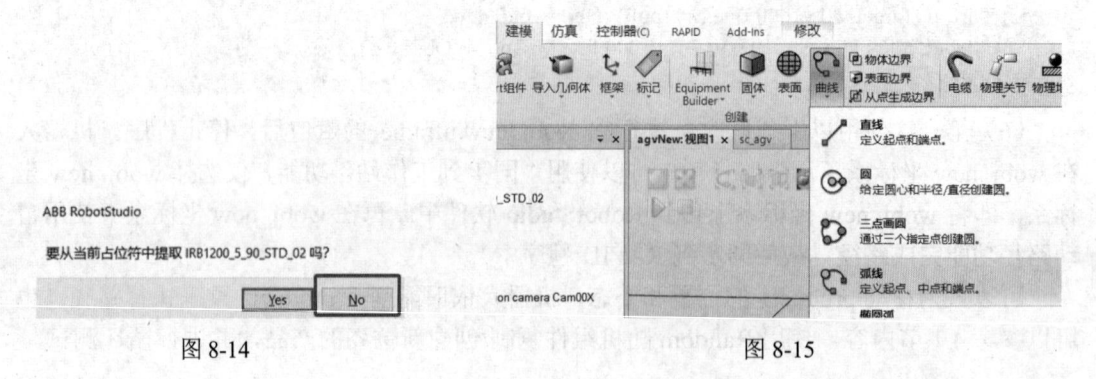

图 8-14　　　　　　　　　图 8-15

（7）新建 Smart 组件 sc_agv，参考图 8-16 插入输入信号 diStart（上升沿启动 AGV 移动）、diIni（初始化 AGV 位置）、MoveAlongCurve 组件（其功能介绍见表 8-1）、Positioner 组件和 2 个 LineSensor 组件，相关组件的属性设置见表 8-2。

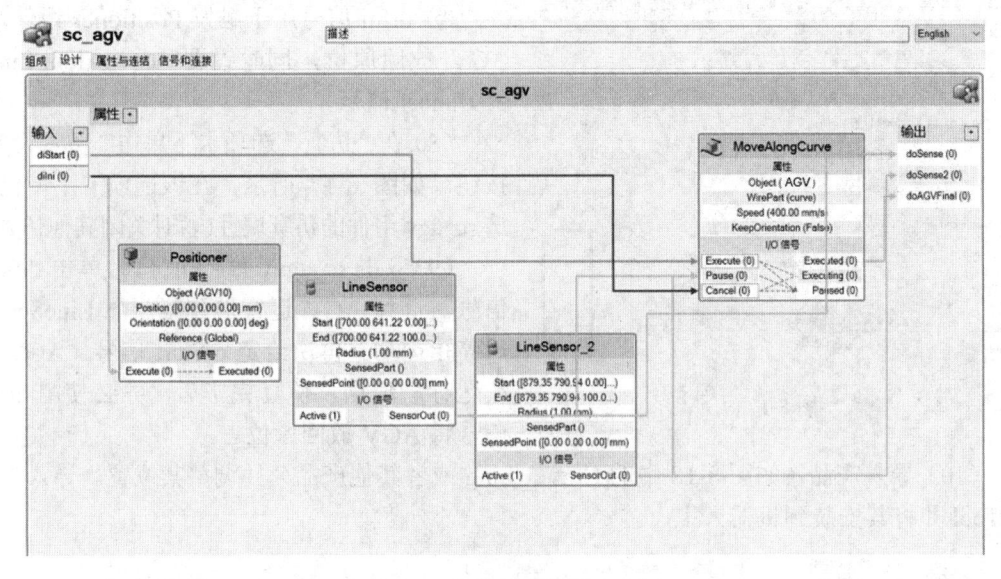

图 8-16

表 8-1 MoveAlongCurve 组件的功能介绍

Smart 组件	功　能	属　性	输　入	输　出
MoveAlongCurve	沿着曲线运动	Object: 移动对象 WirePart: 包含移动所沿线的部分 Speed: 速度 KeepOrientation: 设置为 True 可保持对象的方向	Execute: 去开始或返回到移动 Pause: 暂停移动 Cancel: 取消移动	Executed: 移动完成 Executing: 正在移动 Paused: 移动被暂停

表 8-2 相关组件的属性设置

组　件	功　能	属性设置
MoveAlongCurve	AGV 沿着该组件运动	Object: AGV WirePart: 图 8-15 创建的曲线 KeepOrientation：False（AGV 转弯需要调整方向）
Positioner	设置 AGV 复位时的位置	Object: AGV
LineSensor	停止 AGV 移动	位置位于曲线中间附近
LineSensor_2	停止 AGV 移动	位置位于曲线末端附近

sc_agv 组件的设计逻辑如下所述。

① diStart 信号用于启动 AGV 运行。

② 当 LineSensor 检测到 AGV，触发 MoveAlongCureve 组件的 Pause 信号，暂停 AGV 运动，同时输出 doSense 信号。

③ 重新给定 diStart 信号，AGV 继续运行，直到 LineSensor2 感应到 AGV，触发

MoveAlongCureve 的 Pause 信号，AGV 停止并输出 doSense2 信号。

④ 再次给定 diStart 信号，AGV 继续运行直到走完整个 Curve，并给出 doAGVFinal 信号。

⑤ diIni 信号用于触发 Positioner 组件，将 AGV 放回原位，同时设置 MoveAlongCurve 的 Cancel 信号。

（8）在"仿真"选项卡下单击"仿真设定"按钮。如图 8-17 所示，在该选项卡下，仅勾选 sc_agv 组件的仿真属性（暂时关闭其他仿真）。

（9）双击 sc_agv，并启动仿真。单击 diStart 信号，直到 AGV 运行遇到第一个 LineSensor 后停止运动。再次给定 diStart 信号，AGV 继续运行。注意，仿真完毕后，务必使用 diIni 信号将 AGV 放回原位。

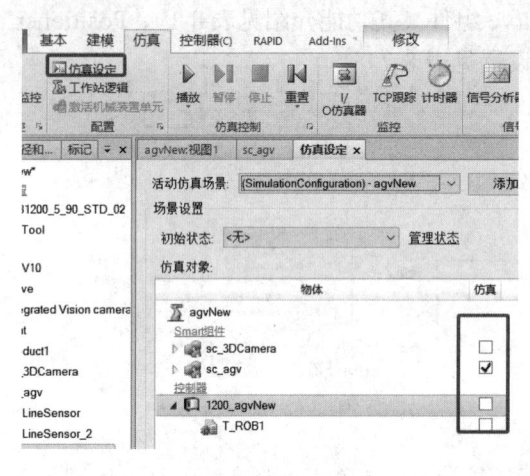

图 8-17

（10）导入产品（如图 8-18 中的 Curve_thing 或者其他产品）并调整其位置。导入工具 myTool 并将其安装到机器人上。

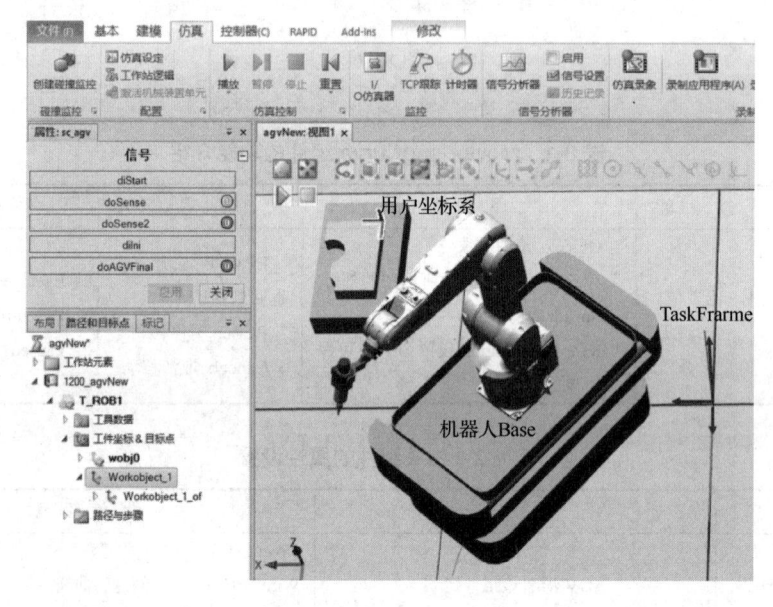

图 8-18

（11）启动仿真（见图 8-17，仅开启 AGV 的仿真），单击 sc_agv 组件的 diStart 信号，让 AGV 移动到第一个停止位置（见图 8-18）。

（12）由于在 RobotStudio 中直接创建的点位和坐标系基于 TaskFrame（机器人创建系统时，机器人所在的位置），若在图 8-18 中的产品上角点创建用户坐标系，该坐标系会参考 AGV 没有出发时机器人所在的 TaskFrame 的原点位置。参考 2.2 节内容，在图 8-18 所示的产品角点位置，创建用户坐标系 Workobject_1（此时坐标系基于 TaskFrame，而不是基于机器人 Base 坐标系）。使用 RobotStudio 中的 MyTool 工具和 Workobject_1 用户坐标系，在产品上表面生成自动路径，并将路径、MyTool 工具和 Workobject_1 工件坐标系同步到

第 8 章　3D 视觉与 AGV 联合仿真

RAPID 程序中。

（13）打开示教器，切换到"手动操纵"选项卡下，确认使用 MyTool 工具。同时确认 RobotStudio 工作站使用了 MyTool 工具，如图 8-19 所示。

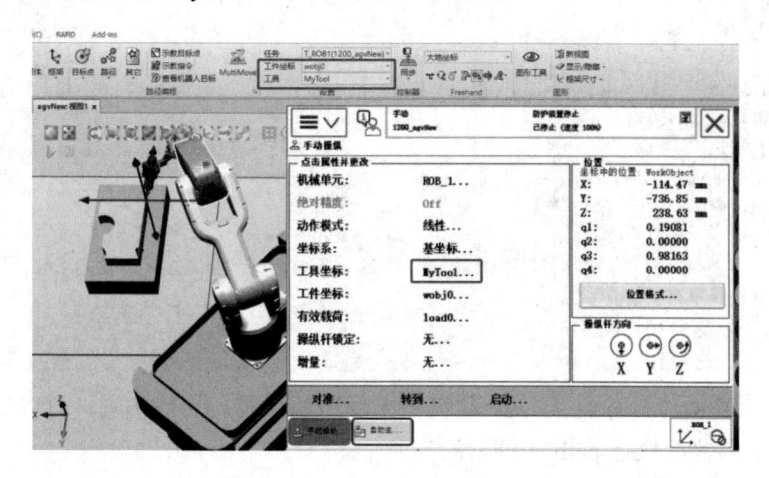

图 8-19

（14）单击示教器中的"工件坐标"，在弹出的对话框中选择 Workobject_1。单击"编辑"→"定义"按钮，选择"用户方法"为"3 点"，如图 8-20 所示。在 RobotStudio 中使用 Freehand 与自动捕捉功能，参考图 8-20，示教用户坐标系需要的 3 个点，并在示教器中单击"应用"按钮。此时的 Workobject_1 坐标系基于机器人 Base 坐标系。

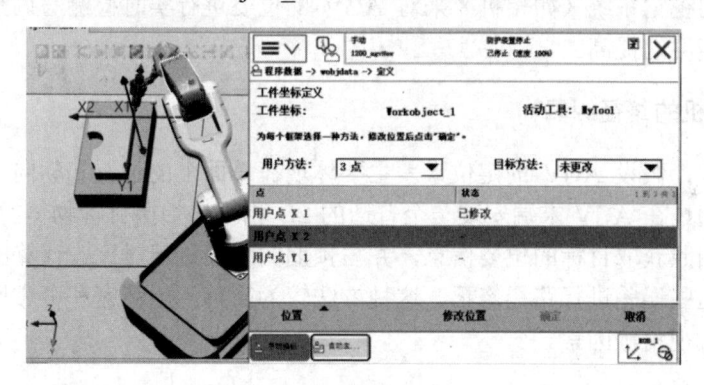

图 8-20

（15）在机器人控制器中创建输出信号 do_agv（启动 AGV）和 do_AGV_ini（初始化 AGV），以及输入信号 di_sense1（AGV 到第一个位置时的反馈信号）、di_sense2（AGV 到第二个位置时的反馈信号）和 di_agv_final（AGV 走完所有路径后的反馈信号）。参考图 8-21，设置机器人和 sc_agv 组件之间工作站的信号逻辑。

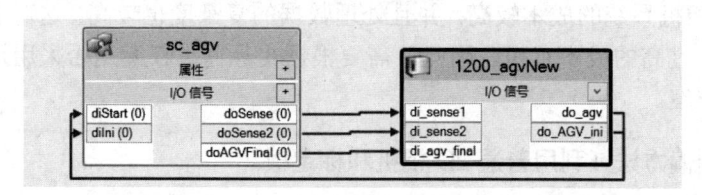

图 8-21

（16）在"RAPID"选项卡下，参考以下代码编写 main 程序，其中 path_10 为前文生成的自动路径。

```
PROC main()
    PulseDO do_AGV_ini;
    !初始化 AGV
    waittime 0.5;
    PulseDO do_agv;
    ! 移动 AGV
    waitdi di_sense1,1;
    !等待 AGV 到达第一个位置
    path_10;
    !机器人执行路径，将 path_10 中最后一个运动语句中的转弯半径参数设为 fine，阻止程序预读
    PulseDO do_AGV_ini;
    !AGV 复位与停止运动
ENDPROC
```

（23）参考图 8-17，开启 sc_agv 和机器人程序的仿真。启动仿真，可以看到机器人在 AGV 到达指定位置后执行 path_10 路径。

8.3.2　2.5D 修正路径

在 AGV（自动导引车）的实际应用中，常常采用二维码、SLAM 等技术进行定位和导航。这些技术的定位精度一般在 5mm 到 10mm 之间，这虽然能满足大多数情况下的导航要求，但在复杂的实际环境中，AGV 可能会出现一定的空间误差。为了减小或纠正这些误差，通常会使用视觉系统（如相机）来对 AGV 的位姿进行实时检测与调整，从而实现路径纠偏和定位精度的提高。

1．基于相机的路径纠偏

在此场景中，假设 AGV 的定位误差主要体现在平面上的位置和朝向。一种较为简单的纠偏方式是通过在 AGV 末端安装一个普通的 2D 相机来拍摄目标物体的图像。当 AGV 停稳后，通过拍照获取目标的位姿信息，并与预期的路径进行对比，计算出偏差，然后引导机器人根据这些误差进行路径修正。这种方法较为简单，但精度和可靠性受限于环境的复杂度以及相机视角等因素。

2．3D 相机的应用

如果场地复杂或需要更高的精度，另一种选择是在机器人末端安装 3D 相机进行路径纠正。通过 3D 相机拍摄，机器人可以获取目标物体准确的三维位姿和姿态，从而直接计算出机器人末端的空间误差。通过手眼标定，机器人可以确定产品相对于机器人的基坐标系的绝对位置，从而进行精确的路径纠偏。

然而，3D 相机系统的成本较高，并且处理数据的复杂度也较高，这对于一些应用场景来说可能会产生过高的成本负担。因此，需要根据实际需求权衡是否采用这种高精度但成本较高的解决方案。

3．2.5D 纠偏方法（利用普通 2D 相机和标定板）

针对上述成本和精度之间的平衡问题，还可以采用一种折衷的方法，即利用普通的 2D

相机和特定的标定板（见图 8-22）进行路径纠偏。这种方法通常称为 2.5D 纠偏方法，也可以理解为通过结合 2D 图像的视觉信息和已知的标定板特征来推测物体的三维位置和姿态。

图 8-23 展示了利用棋盘格进行单目相机位姿估算的效果。在已知棋盘格每个格子的尺寸（单位为毫米）且能识别出特征点的情况下，基于这些特征点的相对位置和相机内参，可以准确计算出棋盘格上左上角特征点相对于相机原点的位姿参数。

图 8-22

图 8-23

基于标定板的单目位姿估算具有较高的准确度。结合手眼标定，当 AGV 停止运动后，机器人可以通过 2D 相机获取标定板在机器人 Base 坐标系下新的绝对位姿。需要注意的是，这个新的位姿会受到 AGV 定位误差的影响。通过比较新获取的标定板位姿和 AGV 停在标准位置时记录的标定板位姿，可以估算出由于 AGV 定位误差导致的偏差。

在此基础上，可以利用新标定板位姿与标准位置时记录的位姿之间的差异，对机器人在 AGV 停在标准位置时示教的路径进行纠偏。这种方法可以有效补偿由于 AGV 定位误差所带来的偏差，从而提高机器人执行任务时的精度。如图 8.24 所示，示教路径经过纠偏后，机器人的运动轨迹可以得到优化。接下来介绍具体的实现步骤。

（1）参考 8.1 节中介绍的内容，创建一个包含光源（light）和支架的相机模型，如图 8-25 所示。需要注意的是，相机和 light 的位置坐标为[0,-150,0]。

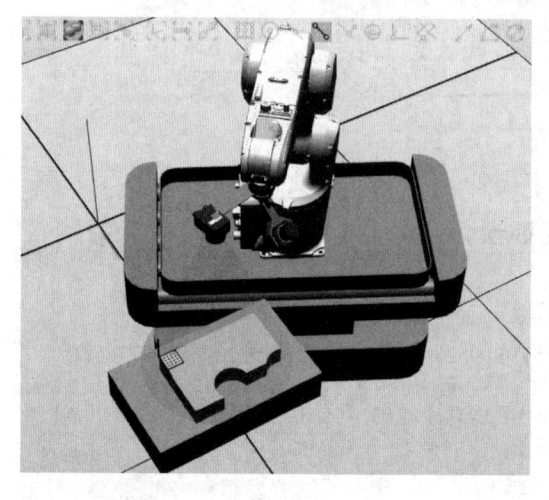

图 8-24

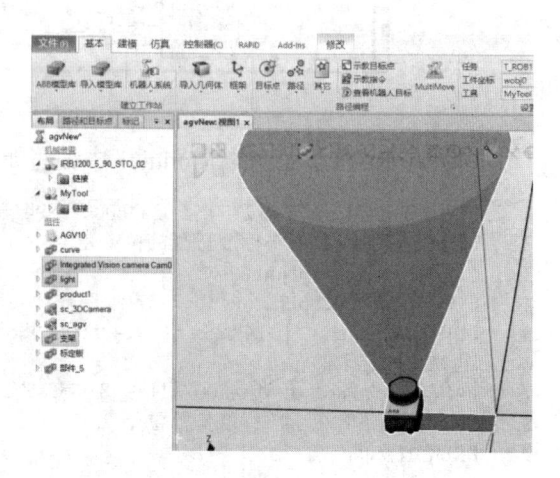

图 8-25

(2) 将整个模型拖曳安装到机器人上。

基于以上设置，可以获得相机与法兰盘的理论标定结果为[[0,-150,0],[1,0,0,0]]。

(3) 在"RAPID"选项卡下，创建标定数据tool02cam，以及后续Smart组件写入相机反馈数据的pCam和oCam。

```
PERS pose tool02cam:=[[0,-150,0],[1,0,0,0]];
!法兰盘到相机位姿
PERS pos pCam:=[153.501,-74.5489,568.467];
PERS orient oCam:=[2.9E-8,-0.0997686,0.995011,-1.01E-7];
PERS pose camData:=[[153.501,-74.5489,568.467],[2.9E-8,-0.0997686,0.995011,-1.01E-7]];
```

(4) 创建sc_3DCamera组件。如图8-26所示，在sc_3DCamera组件的"设计"选项卡下，添加相关信号和组件。该组件用于模拟相机识别到的位姿数据。

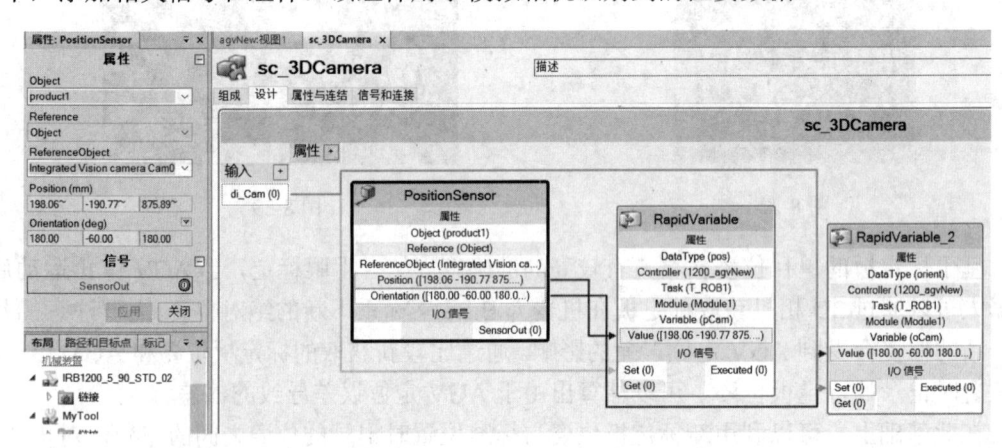

图 8-26

(5) 创建输出信号do_Cam，用于触发相机拍照，获取数据。

(6) 在"工作站逻辑"中，完成信号的连接，如图8-27所示。

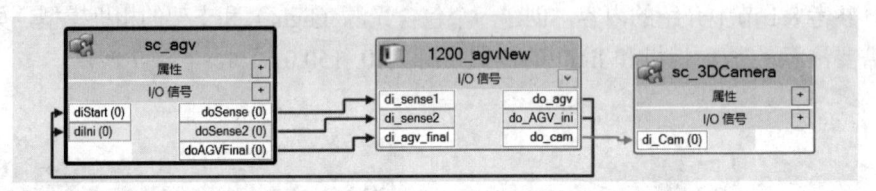

图 8-27

(7) 在RAPID程序的Module1中编写如下代码。

```
1.  PERS pose diff:=[[-247.23,-184.924,0.00012894],[0.995209,-4.85644E-8,-3.24274E-9,-0.097767]];
2.  !记录后续拍照结果与标准特征的位姿差
3.  CONST robtarget pHome :=*;
4.  CONST robtarget pPhoto:= *;
5.  PERS pose pPart1:=[[-247.23,-184.924,0.000158655],[0.995209,-4.2137E-8,2.43922E-7,-0.0977669]];
6.  !每次拍照记录的特征位姿
7.  PERS pose pPartStd:=[[-0.000261199,-8.785E-5,2.97141E-5],[1,-1.77679E-8,2.46609E-7,1.60172E-7]];
8.  !第一次拍照时记录的标准特征位姿
9.  PROC rFirst()
10.      PulseDO do_AGV_ini;
11.      MoveJ pHome,v1000,fine,MyTool;
12.      waittime 0.5;
```

```
13.        PulseDO do_agv;
14.        waitdi di_sense1,1;
15.        stop;
16.        MoveJ pPhoto,v1000,fine,MyTool;
17.        rCam100;
18.        stop;
19.    ENDPROC
20.    PROC main()
21.        rFirst;
22.    ENDPROC
23.    PROC rCam100()
24.        VAR robtarget pCurr;
25.        VAR pose pRob;
26.        waittime 0.5;
27.        pulsedo do_Cam;
28.        waittime 0.5;
29.        camData:=[pCam,oCam];
30.        pCurr:=CRobT(\Tool:=tool0);
31.        pRob:=[pCurr.trans,pCurr.rot];
32.        pPartStd:=PoseMult(pRob,tool02Cam);
33.        pPartStd:=posemult(pPartStd,camData);
34.    ENDPROC
```

（8）使用 MyTool 和 wobj0，对以上代码的第 11 行进行 pHome 示教。执行仿真（注意，勾选图 8-17 中所有部件的仿真属性）。程序停止在第 15 行。人为停止 RobotStudio 的仿真。此时移动机器人末端工具到合适的拍照位置，并对第 16 行的 pPhoto 位置进行示教。同时，对 15 行的 stop 指令进行注释（后续不再执行这行指令）。

（9）再次启动仿真时，机器人会在 AGV 第一次停止时对产品特征进行拍照，并获取产品特征在机器人 Base 坐标系下的绝对位姿 pPartStd（通过 rCam100 程序）。

（10）由于通过相机获取的特征点位姿基于机器人的 Base 坐标系（wobj0），且在现场实际使用时，较难很好地示教 Workobject_1 用户坐标系，因此可以将前文的路径 Path_10 全部转到 wobj0 下。创建一个新的模块 m2，将 Module1 中的 Path_10 和相关点位全部剪切到 m2 中，如图 8-28 所示。建议将 m2 中的内容复制一份，以免出错。

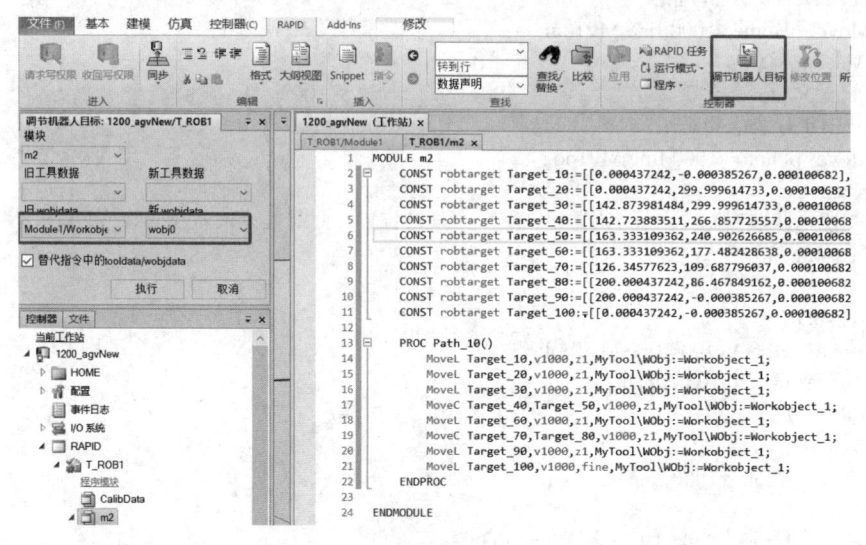

图 8-28

（11）单击图 8-28 中的"调节机器人目标"按钮，在弹出的对话框中，将旧 wobjdata 设置为 Workobject_1，将新 wobjdata 设置为 wobj0，然后单击"执行"按钮。此时，你会发现点位已经重新被计算到基于 wobj0 的坐标系，同时运动指令的坐标系也被切换到 wobj0，如图 8-29 所示。

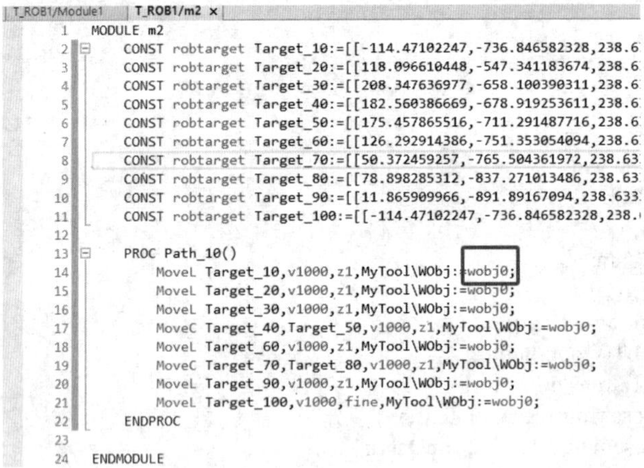

```
T_ROB1/Module1    T_ROB1/m2 ×
1    MODULE m2
2        CONST robtarget Target_10:=[[-114.47102247,-736.846582328,238.6
3        CONST robtarget Target_20:=[[118.096610448,-547.341183674,238.6
4        CONST robtarget Target_30:=[[208.347636977,-658.100390311,238.6
5        CONST robtarget Target_40:=[[182.560386669,-678.919253611,238.6
6        CONST robtarget Target_50:=[[175.457865516,-711.291487716,238.6
7        CONST robtarget Target_60:=[[126.292914386,-751.353054094,238.6
8        CONST robtarget Target_70:=[[50.372459257,-765.504361972,238.63
9        CONST robtarget Target_80:=[[78.898285312,-837.271013486,238.63
10       CONST robtarget Target_90:=[[11.865909966,-891.89167094,238.633
11       CONST robtarget Target_100:=[[-114.47102247,-736.846582328,238.
12
13       PROC Path_10()
14           MoveL Target_10,v1000,z1,MyTool\WObj:=wobj0;
15           MoveL Target_20,v1000,z1,MyTool\WObj:=wobj0;
16           MoveL Target_30,v1000,z1,MyTool\WObj:=wobj0;
17           MoveC Target_40,Target_50,v1000,z1,MyTool\WObj:=wobj0;
18           MoveL Target_60,v1000,z1,MyTool\WObj:=wobj0;
19           MoveC Target_70,Target_80,v1000,z1,MyTool\WObj:=wobj0;
20           MoveL Target_90,v1000,z1,MyTool\WObj:=wobj0;
21           MoveL Target_100,v1000,fine,MyTool\WObj:=wobj0;
22       ENDPROC
23
24   ENDMODULE
```

图 8-29

（12）参考以下代码，修改 RAPID 程序。修改内容包括对前文 main 程序中的 rFirst 的注释（rFirst 程序只有在第一次记录标准产品位姿时使用）。

```
PROC main()
    !rFirst;
    rNormal;
    PulseDO do_agv;
    WaitDI di_agv_final,1;
ENDPROC

PROC rNormal()
    PulseDO do_AGV_ini;
    MoveJ pHome,v1000,fine,MyTool;
    WaitTime 0.5;
    PulseDO do_agv;
    WaitDI di_sense1,1;
    MoveJ pPhoto,v1000,fine,MyTool;
    rCam101;
    !拍照，获取偏差。由于 AGV 停在第一个理论位置，此时理论偏差（diff）为 0
    PDispSet diff;
    Path_10;
    PDispOff;
    MoveJ pHome,v1000,fine,MyTool;
    !移动到第二个 AGV 为止
    PulseDO do_agv;
    WaitDI di_sense2,1;
    MoveJ pPhoto,v1000,fine,MyTool;
    rCam101;
    !路径仍然使用 Path_10 （基于 wobj0）
    !使用了两次拍照偏差 diff，通过 PDispSet 指令对路径进行偏差纠正
```

```
        PDispSet diff;
        Path_10;
        !关闭补偿
        PDispOff;
        MoveJ pHome,v1000,fine,MyTool;
ENDPROC
PROC rCam101()
        VAR robtarget pCurr;
        VAR pose pRob;
        WaitTime 0.5;
        PulseDO do_cam;
        WaitTime 0.5;
        camData:=[pCam,oCam];
        pCurr:=CRobT(\Tool:=tool0);
        pRob:=[pCurr.trans,pCurr.rot];
        pPart1:=PoseMult(pRob,tool02cam);
        pPart1:=PoseMult(pPart1,camData);
        TPWrite "partPose:"\pos:=pPart1.trans;
        diff:=calDisp(pPartStd,pPart1);
        !计算当前拍照和理论 pPartStd 的位姿差
ENDPROC
FUNC pose calDisp(pose pOld,pose pNew)
        !计算位姿差，公式如下
        !pNew := diff * pOld
        !diff :=    pNew *pOld-1
        RETURN PoseMult(pNew,PoseInv(pOld));
ENDFUNC
```

（13）执行仿真，可以看到当 AGV 移动至第二个位置时，通过 2.5D 相机对标定板的识别可以得到两次标定板的位姿差异，继而对 Path_10 进行了补偿。仿真效果如图 8-24 所示。

进 阶 篇

第 9 章 机器人写字与画画

9.1 读取 G 代码

G 代码（G-code）是使用最为广泛的数控（Numerical Control）编程语言，主要用于计算机辅助制造中控制自动机床。G 代码是数控程序中的指令，用于实现快速定位、逆圆插补、顺圆插补、中间点圆弧插补、半径编程、跳转加工等功能，常用的 G 代码指令如表 9-1 所示。

表 9-1 常用的 G 代码指令

G 代码	功 能
G0	快速定位
G1	直线插补
G4	延时
M3	开启主轴
M5	关闭主轴

机器人读取并运行图 9-1 所示的 G 代码，可以得到如图 9-2 所示的运行效果。其中，图 9-2（b）为 G 代码产生软件的原始效果。

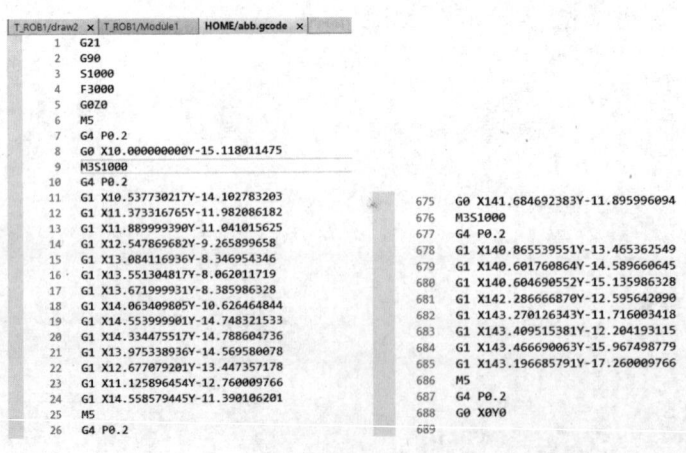

图 9-1

（a）　　　　　　　　　　　　　　　　（b）

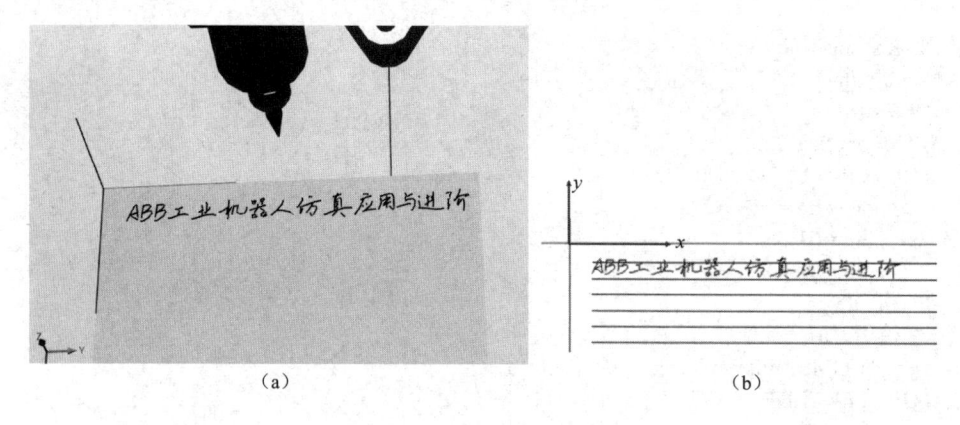

图 9-2

观察图 9-1 中的 G 代码，发现实际路径从第 8 行开始。由表 9-1 可知，G0 表示快速移动，G1 表示直线插补，M3 表示开启主轴（平面写字机器人下压），M5 表示关闭主轴（平面写字机器人抬起），即图 9-1 中的 G0 表示移动到每一笔的起始点上方，G1 表示路径连续移动。

那么只需要读取并记录 G 代码中的坐标，以及每一笔写字点的数量和总笔数到机器人代码中，机器人即可执行这段 G 代码。需要注意的是，图 9-1 中的最后一行 G 代码为 G0 X0Y0，即回零位置。该行指令可以舍去。

接下来，我们将介绍机器人读取 G 代码并进行写字仿真的实现过程。具体如下所述。

（1）新建机器人工作站，导入 IRB1410 机器人模型、MyTool 工具，并创建系统。

（2）在 RobotStudio 中创建一个如图 9-3 所示的工作台，并在工作台的角点处创建用户坐标系 Workobject_1。

（3）将 MyTool 和 Workobject_1 同步到 RAPID 中。

（4）为便于显示后续的写字路径，在机器人系统中创建输出信号 do。

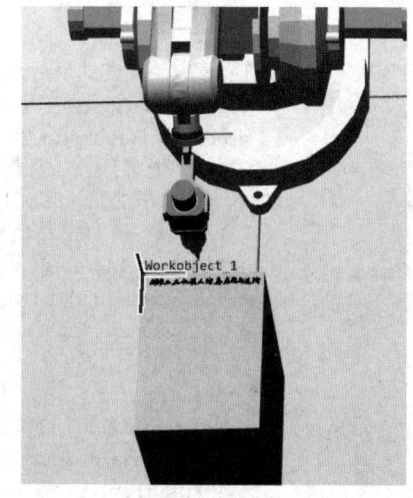

图 9-3

（5）使用以下代码读取图 9-1 所示的 G 代码并存储数据。

```
VAR iodev iodev1;
PERS string fileName:="abb.gcode";
!G 代码文件，默认存放在机器人的 Home 文件夹下
PERS num pointx{2000};
!存储 x 坐标
PERS num pointy{2000};
!存储 y 坐标
PERS num ppline{2000};
!存储每一笔的点的数量
PERS num linenum;
!总工笔画数量
VAR num count;
PROC readData()
    VAR string stmp;
```

```
        VAR string s_gcode;
        VAR string s_x;
        VAR string s_y;
        VAR bool flag1;
        FOR i FROM 1 TO 2000 DO
            pointx{i}:=0;
            pointy{i}:=0;
            ppline{i}:=0;
        ENDFOR
        !初始化,清空数据
        Open "HOME:"\File:=fileName,iodev1\Read;
        FOR i FROM 1 TO 7 DO
            stmp:=ReadStr(iodev1);
        ENDFOR
        !跳过前 7 行
        !linenum:总线条数
        !ppline{}:每一笔的点数量
        !
        count:=1;
        linenum:=0;
        WHILE stmp<>EOF DO
            !直到读取到文件的最后一行,每次读取一行
            stmp:=ReadStr(iodev1);
            s_gcode:=StrPart(stmp,1,2);
            !截取前 2 个字符
            IF (s_gcode="G0" and StrPart(stmp,1,5)<>"G0 X0") OR s_gcode="G1" THEN
            !如果开头是 G0 且不是 G0X0,或者 G1 开头
            !G0 X0Y0 为回零,避免机器人撞机,这一行可省去
                IF s_gcode="G0" THEN
                    linenum:=linenum+1;
                    !如果是以 G0 开头,线条数+1
                ENDIF
                ppline{linenum}:=ppline{linenum}+1;
                !这一笔的点数量+1
                s_x:=StrPart(stmp,5,5);
                !获取 x 数据
                s_y:=StrPart(stmp,StrFind(stmp,1,"Y")+1,5);
                !获取 y 数据
                flag1:=StrToVal(s_x,pointx{count});
                flag1:=StrToVal(s_y,pointy{count});
                count:=count+1;
            ENDIF
        ENDWHILE
        Close iodev1;
ENDPROC
```

(6) 在"RAPID"选项卡下增加以下代码。

```
VAR robtarget p10:= *;
!写字过程中使用的计算位置
CONST robtarget pHome:= *;          !Home 位置
CONST robtarget pRef:= *;           !在 Workobject_1 下示教的点,作为写字时机器人的参考姿态
PERS num ratio:=1.4;                !写字放大比例
```

```
    PERS num height:=10;              !每一笔开始前和结束时抬笔高度
    PERS num nBelow:=1;               !实际写字时下压，-1 为向下压
PROC rModify()
    MoveJ pHome,v1000,fine,MyTool\WObj:=Workobject_1;
    MoveJ pRef,v1000,fine,MyTool\WObj:=Workobject_1;
ENDPROC
PROC main()
    readData;                         !调用读取 G 代码程序
    ratio:=1.4;                       !写字放大比例
    count:=1;
    SingArea\Wrist;                   !避免奇异点
    Reset do0;
    p10:=pRef;                        !使用参考姿态
    FOR i FROM 1 TO linenum DO
        !循环总笔画数量
        p10.trans.x:=-pointy{count}*ratio;
        !注意图 9-2（b）中的坐标系与机器人工作站坐标系的关系
        !G 代码中向上为 y 正方向，与 Workobject_1 的 x 负方向相同
        p10.trans.y:=pointx{count}*ratio;
        !G 代码中向右为 x 正方向，与 Workobject_1 的 y 正方向相同
        p10.trans.z:=height;      !抬笔高度
        MoveL p10,v500,z1,MyTool\WObj:=Workobject_1;
        p10.trans.z:=nBelow;      !下压
        MoveL p10,v500,fine,MyTool\WObj:=Workobject_1;
        Set do0;
        !开始显示路径
        FOR j FROM count TO count+ppline{i}-1 DO
            !循环一笔内的点的数量
            p10.trans.x:=-pointy{j}*ratio;
            p10.trans.y:=pointx{j}*ratio;
            p10.trans.z:=nBelow;
            MoveL p10,v500,z5,MyTool\WObj:=Workobject_1;
        ENDFOR
        MoveL p10,v500,fine,MyTool\WObj:=Workobject_1;
        Reset do0;
        !一笔结束，路径停止显示
        p10.trans.z:=height;
        MoveL p10,v500,z10,MyTool\WObj:=Workobject_1;
        count:=count+ppline{i};
    ENDFOR
    p10.trans.z:=50;
    MoveL p10,v500,fine,MyTool\WObj:=Workobject_1;
    MoveJ pHome,v500,fine,MyTool\WObj:=Workobject_1;
ENDPROC
```

（7）使用 MyTool 工具和 Workobject_1 工件坐标系，对上述 rModify 程序中的 pHome 和 pRef 示教（pRef 为实际机器人在 Workobject_1 坐标系下写字时的参考姿态）。

（8）在"仿真"选项卡下打开"TCP 跟踪"，并参考图 2-66 进行设置。进行仿真后，可以看到如图 9-2 所示的运行效果。

9.2 板材喷号

9.1 节介绍了机器人读取 G 代码并进行写字的仿真实现。对于图 9-4 所示的类似的生产要求，即为每一个来料喷涂不同的序列号，可以预先将每个字母和数字的 G 代码单独保存（命名为 x.gcode，如图 9-5 所示）。当机器人收到指令后，解析指令并按每个字母读取相应的 G 代码进行喷涂。

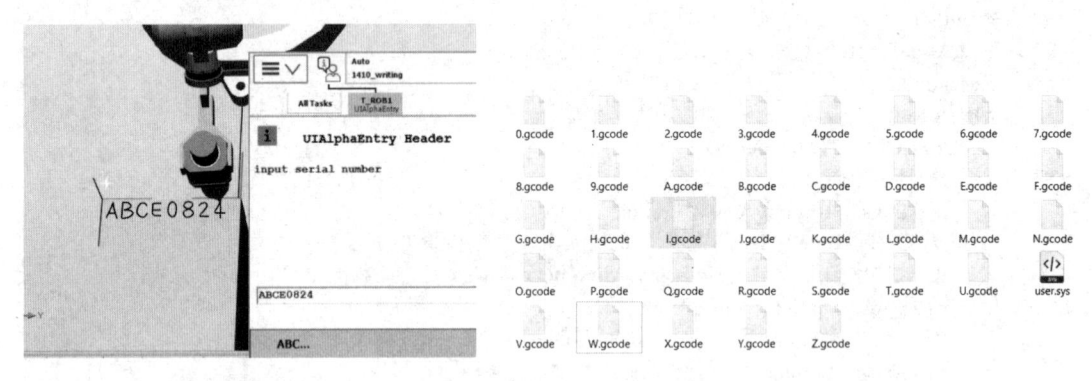

图 9-4   图 9-5

参考以下代码进行修改。参考 9.1 节中的内容设置 TCP 跟踪的曲线效果。

```
CONST robtarget pHome:= *;
CONST robtarget pRef:= *;
TASK PERS wobjdata Workobject_1:=[FALSE,TRUE,"",[[737.663,-129.872,621.933],[1,0,0,0]],[[0,0,0], [1,0,0,0]]];
TASK PERS wobjdata wobjWriting:=[FALSE,TRUE,"",[[737.663,31.128,621.933],[1,0,0,0]],[[0,0,0],[1,0,0,0]]];
!每一个字基于 wobjWriting 坐标系
!每喷完一个字，会根据设置调整 wobjWriting
    PROC rModify()
        MoveJ pHome,v1000,fine,MyTool\WObj:=Workobject_1;
        MoveJ pRef,v1000,fine,MyTool\WObj:=Workobject_1;
    ENDPROC
    PROC main()
        VAR string answer;
        SingArea\Wrist;
        Reset do0;
        MoveJ pHome,v500,fine,MyTool\WObj:=Workobject_1;
        answer:=UIAlphaEntry(\Header:="UIAlphaEntry Header",
            \Message:="input serial number"
            \Icon:=iconInfo
            \InitString:="EF67884342");
        !提示用户输入需要喷涂的序列号字符串，默认值为 EF67884342
        writeMultChar answer,ratio:=4,gap:=23,preHeight:=10,nBelow:=1,do0,MyTool,Workobject_1;
        !对收到的字符串 answer 进行喷码
        !字体放大比例 ratio=4，每个字间距为 23mm，每一笔开始前和结束后都抬高 10mm（preHeight）
        !喷射时位置调整高度 1
        MoveJ pHome,v500,fine,MyTool\WObj:=Workobject_1;
    ENDPROC
    PROC writeMultChar(string s,num ratio,num gap,num preHeight,num nBelow,VAR signaldo doWrite,
```

```
                 INOUT tooldata t,INOUT wobjdata wobj)
                     VAR string c;
                     wobjWriting:=wobj;
                     FOR i FROM 1 TO StrLen(s) DO
                         c:=StrPart(s,i,1);
                         wobjWriting.uframe.trans.y:=wobj.uframe.trans.y+(i-1)*gap;
                         writeChar c,ratio,10,1,doWrite,t,wobjWriting;
                         !单独喷码一个字符
                     ENDFOR
                 ENDPROC
                 PROC writeChar(string c,num ratio,num preHeight,num nBelow,VAR signaldo doWrite,INOUT tooldata
                 t,INOUT wobjdata wobj)
                     VAR iodev iodev1;
                     var num pointx{100};
                     var num pointy{100};
                     var num ppline{100};
                     var num linenum:=1;
                     VAR string stmp;
                     VAR string s_gcode;
                     VAR string s_x;
                     VAR string s_y;
                     VAR bool flag1;
                     VAR robtarget p10;
                     VAR num count;
                     Open "HOME:"\File:=c+".gcode",iodev1\Read;
                     !读取 x.gcode 文件
                     FOR i FROM 1 TO 7 DO
                         stmp:=ReadStr(iodev1);
                     ENDFOR
                     count:=1;
                     linenum:=0;
                     WHILE stmp<>EOF DO
                         stmp:=ReadStr(iodev1);
                         s_gcode:=StrPart(stmp,1,2);
                         IF (s_gcode="G0" AND StrPart(stmp,1,5)<>"G0 X0") OR s_gcode="G1" THEN
                             IF s_gcode="G0" THEN
                                 linenum:=linenum+1;
                             ENDIF
                             ppline{linenum}:=ppline{linenum}+1;
                             s_x:=StrPart(stmp,5,5);
                             s_y:=StrPart(stmp,StrFind(stmp,1,"Y")+1,5);
                             flag1:=StrToVal(s_x,pointx{count});
                             flag1:=StrToVal(s_y,pointy{count});
                             count:=count+1;
                         ENDIF
                     ENDWHILE
                     Close iodev1;
                     count:=1;
                     p10:=pRef;
                     FOR i FROM 1 TO linenum DO
                         p10.trans.x:=-pointy{count}*ratio;
                         p10.trans.y:=pointx{count}*ratio;
```

```
        p10.trans.z:=preHeight;
        MoveL p10,v500,z1,t\wobj:=wobj;
        p10.trans.z:=nBelow;
        MoveL p10,v500,fine,t\wobj:=wobj;
        Set doWrite;
        FOR j FROM count TO count+ppline{i}-1 DO
            p10.trans.x:=-pointy{j}*ratio;
            p10.trans.y:=pointx{j}*ratio;
            MoveL p10,v500,z5,t\wobj:=wobj;
        ENDFOR
        MoveL p10,v500,fine,t\wobj:=wobj;
        Reset doWrite;
        p10.trans.z:=preHeight;
        MoveL p10,v500,z10,t\wobj:=wobj;
        count:=count+ppline{i};
    ENDFOR
    p10.trans.z:=50;
    MoveL p10,v500,fine,t\wobj:=wobj;
ENDPROC
```

9.3 基于 PCSDK 的人工路径复现

如果希望记录如图 9-6 所示的人工路径并进行复现，可在 C#中通过 pictureBox 实现人工路径的显示和记录，并通过 ABB 机器人 PCSDK 将记录的点位数组写入机器人 RAPID 程序中。使用 PCSDK 时，需要编写配套机器人 RAPID 代码。本小节将参考 9.1 节中的机器人代码进行实现。

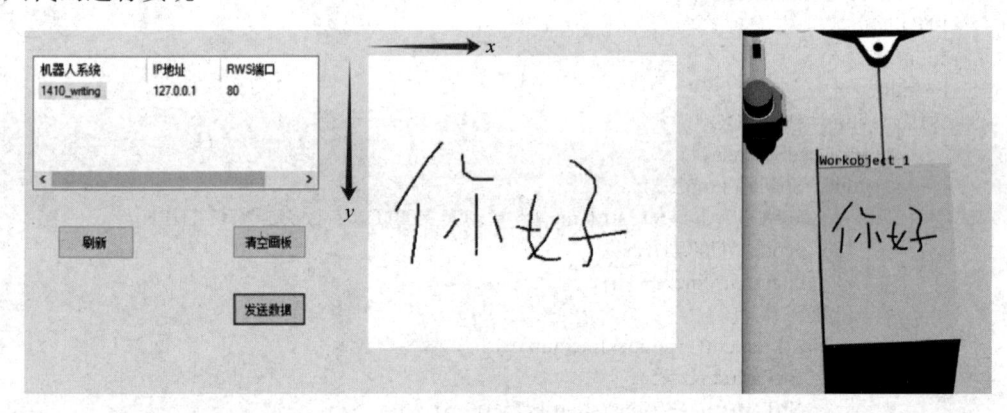

图 9-6

PCSDK 相关资料可以通过以下地址下载：https://developercenter.RobotStudio.com/pc-sdk。也可参考《ABB 工业机器人二次开发与应用》一书，其中第三章详细讲解了 PCSDK 的使用。

接下来我们介绍具体的实现步骤。

（1）在 Visual Studio 中新建一个 Winform 的 C#项目。添加 PCSDK 的 dll 文件，如图 9-7 所示（对于低版本的 RobotStudio 和 RobotWare，可以使用高版本的 PCSDK，如 PCSDK_2024）。

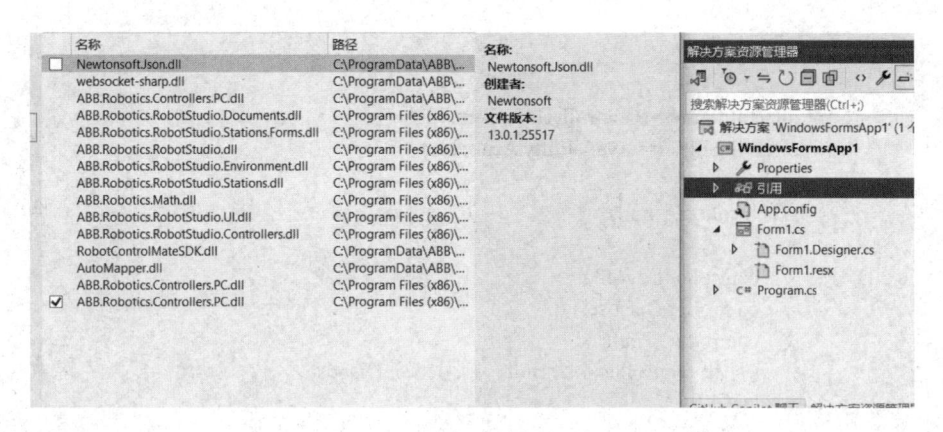

图 9-7

（2）参考图 9-6 添加控件，包括一个 listView、3 个 button 和一个 pictureBox。在 listView 的 Columns 中添加"机器人系统""IP 地址""RWS 端口"三列，并对 listView 添加 doubleClick 事件。

（3）对于"刷新"按钮以及 listView 中双击连接机器人事件的实现，请参考以下代码。

```csharp
private NetworkScanner scanner = null;
//机器人网络扫描器 NetworkScanner 类的实例化对象 scanner
private Controller controller = null;
//机器人控制器 Controller 类的实例化对象 controller
private void btnRefresh_Click(object sender, EventArgs e)
{   //刷新按钮
    if (scanner == null)
    {
        scanner = new NetworkScanner();
    }
    scanner.Scan();//对网络进行扫描
    this.listView1.Items.Clear();
    //清空 listView1 内容
    ControllerInfoCollection controls = scanner.Controllers;
    //网络上所有机器人控制器信息返回给 ControllerInfoCollection 类型的数据 controls
    foreach (ControllerInfo info in controls)
    {
        //遍历所有控制器信息
        //显示顺序为"系统名称""系统 IP""Robot Web Service 端口"
        ListViewItem item = new ListViewItem(info.SystemName);
        item.SubItems.Add(info.IPAddress.ToString());
        item.SubItems.Add(info.WebServicesPort.ToString());
        //对 item 逐个添加信息，并将信息均转化为字符串
        item.Tag = info;
        this.listView1.Items.Add(item);
    }
}
private void listView1_DoubleClick(object sender, EventArgs e)
{
    if (this.listView1.Items.Count > 0)
    {
        ListViewItem item = this.listView1.SelectedItems[0];
```

```
                    if (item.Tag != null)
                    {
                        ControllerInfo info = (ControllerInfo)item.Tag;
                        if (info.Availability == Availability.Available)
                        {
                            if (controller != null)
                            {
                                controller.Logoff();
                                controller.Dispose();
                                controller = null;
                                //如果 controller 不为 null，则退出并 Dispose
                            }
                            //controller = ControllerFactory.CreateFrom(info);
                            //此为 PCSDK6.08 中连接控制器的方式
                            controller = Controller.Connect(info, ConnectionType.Standalone);
                            //此为 PCSDK 20XX 版本中连接控制器的方式
                            controller.Logon(UserInfo.DefaultUser);
                            //使用默认用户名登录
                            MessageBox.Show("已登录控制器" + info.SystemName);
                            //弹框提示登录成功
                        }
                    }
                }
            }
        }
```

（4）对于在 pictureBox 中显示和记录路径的实现，需要为 pictureBox 添加 MouseDown、MouseMove 和 MouseUp 事件。为防止在移动 winform 窗口时路径丢失，还需要添加 pictureBox 的 Paint 事件。相关代码如下所示。

```
private List<List<Point>> trajectories = new List<List<Point>>();
private int linenum = 0;
private bool isDrawing = false;
private Point lastPoint = Point.Empty;
private int count;
private void pictureBox1_MouseDown(object sender, MouseEventArgs e)
{
    isDrawing = true;              //设备 isDrawing 为 true，表示开始人工绘制路径
    lastPoint = e.Location;        //记录上一个点坐标
    count = 0;                     //用于计数，比如后续每 4 个点记录一个点，避免点太密集
    List<Point> newTrajectory = new List<Point> { e.Location };//把鼠标按下的点作为这条路径的第一个点
    trajectories.Add(newTrajectory);  //添加第一个点到路径中
}

private void pictureBox1_MouseMove(object sender, MouseEventArgs e)
{   //鼠标移动事件
    if (isDrawing)
    {
        PictureBox pictureBox = sender as PictureBox;
        Graphics g = pictureBox.CreateGraphics();
        Pen pen = new Pen(Color.Blue, 2);              //设置画笔颜色和粗细
        g.DrawLine(pen, lastPoint, e.Location);        //将上一个点和当前点连接画直线
        lastPoint = e.Location;                        //更新 lastPoint
```

```csharp
            count++;
            //每 4 个点记录一次
            if (count %4 ==0)
            {
                trajectories[linenum].Add(e.Location);
            }
        }
    }
}
private void pictureBox1_MouseUp(object sender, MouseEventArgs e)
{
    isDrawing = false;
    linenum++;      //鼠标松开，完成路径，路径数量+1
}
private void pictureBox1_Paint(object sender, PaintEventArgs e)
{
    //移动 winform 或者其他情况，触发重绘
    PictureBox pictureBox = sender as PictureBox;
    Graphics g = e.Graphics;
    //清除之前的路径
    g.Clear(pictureBox.BackColor);
    //基于记录的路径，重绘所有路径
    using (Pen pen = new Pen(Color.Blue, 2))
    {
        for (int i = 0; i < linenum; i++)
        {
            for (int j = 0; j < trajectories[i].Count - 1; j++)
            {
                g.DrawLine(pen, trajectories[i][j], trajectories[i][j + 1]);
            }
        }
    }
}
```

（5）"清空画板"和"发送数据"按钮的事件代码如下所示。

```csharp
private void btnClear_Click(object sender, EventArgs e)
{
    // "清空画板" 按钮
    trajectories.Clear();       //清空路径 list
    linenum = 0;
    this.Controls.OfType<PictureBox>().First().Invalidate(); //Trigger repaint
}
private void btnSend_Click(object sender, EventArgs e)
{
    // "发送数据" 按钮
    int count1 = 0;
    using (Mastership m = Mastership.Request(controller))   //获取写入权限
    {
        RapidData pointx = controller.Rapid.GetRapidData("T_ROB1", "Module1", "pointx");
        //记录所有点的 x 坐标
        RapidData pointy = controller.Rapid.GetRapidData("T_ROB1", "Module1", "pointy");
        //记录所有点的 y 坐标
        RapidData ppline = controller.Rapid.GetRapidData("T_ROB1", "Module1", "ppline");
        //记录每条路径有多少个点
        RapidData linenum1 = controller.Rapid.GetRapidData("T_ROB1", "Module1", "linenum");
        //记录总线条数
```

```csharp
//以上 4 个 RapidData 为机器人 RAPID 程序中已经创建的 4 个数据
//机器人代码参考 8.1 节代码
//写入每条线的点数
for (int i = 0; i < trajectories.Count; i++)
{
    Num aNum = new Num();
    aNum.Value = trajectories[i].Count;
    ppline.WriteItem(aNum,i);
    //写入数组中一个数据的方法
    //WriteItem ( data, No.) 序号从 0 开始,对应 RAPID 数组序号从 1 开始
    //写入 pointx 和 pointy
    for (int j = 0; j < trajectories[i].Count; j++)
    {
        aNum.Value = trajectories[i][j].X;
        pointx.WriteItem(aNum,count1);
        aNum.Value = trajectories[i][j].Y;
        pointy.WriteItem(aNum,count1);
        count1++;
    }
}
//写入总线条数
Num number = (Num)linenum1.Value;
number.FillFromString2(linenum.ToString());
linenum1.Value = number;
}
MessageBox.Show("总线条" + linenum.ToString() + "\n" + "总点数" + count1.ToString() + "\n" + "发送完毕");
}
```

(6) 注意图 9-6 中 pictureBox 的 *x* 和 *y* 方向与实际机器人工件坐标系 Workobject_1 的方向不同,参考图 9-8 修改 pointx 和 pointy 数据前的符号。同时参考图 9-8,对原有读取的 G 代码的函数 readData 进行注释(通过 PCSDK 直接修改了 RAPID 程序中的相关数据)。

```
PROC main()
    ! readData;
    ratio:=0.7;
    count:=1;
    SingArea\Wrist;
    Reset do0;

    p10:=pRef;
    FOR i FROM 1 TO linenum DO
        p10.trans.x:=pointy{count}*ratio;
        p10.trans.y:=pointx{count}*ratio;
        p10.trans.z:=height;
        MoveL p10,v500,z1,MyTool\WObj:=Workobject_1;
        p10.trans.z:=nBelow;
        MoveL p10,v500,fine,MyTool\WObj:=Workobject_1;
        Set do0;
        FOR j FROM count TO count+ppline{i}-1 DO
            p10.trans.x:=pointy{j}*ratio;
            p10.trans.y:=pointx{j}*ratio;
            p10.trans.z:=nBelow;
            MoveL p10,v500,z5,MyTool\WObj:=Workobject_1;
        ENDFOR
        MoveL p10,v500,fine,MyTool\WObj:=Workobject_1;
        Reset do0;
        p10.trans.z:=height;
        MoveL p10,v500,z10,MyTool\WObj:=Workobject_1;
        count:=count+ppline{i};
    ENDFOR
    p10.trans.z:=50;
    MoveL p10,v500,fine,MyTool\WObj:=Workobject_1;
    MoveJ pHome,v500,fine,MyTool\WObj:=Workobject_1;
```

图 9-8

（7）单击 RobotStudio 中的"运行仿真"按钮（只有进行仿真时才会显示路径，通过 PCSDK 可以启动机器人，但不会显示 TCP 路径），可以看到如图 9-6 所示的效果。

9.4 图片轮廓自动识别与绘图

如果我们有如图 9-9（b）所示的原始图片，现在我们希望识别图片的轮廓，并生成如图 9-9（c）所示的轮廓图。基于提取到的轮廓数据，我们可以控制机器人绘制路径，从而实现如图 9-9（a）所示的效果。对于图 9-9（b），可以使用 OpenCV 的 Canny（用于查找边缘）和 findContours（用于查找轮廓）等函数来提取轮廓数据。

接下来我们介绍如何实现以上目标。

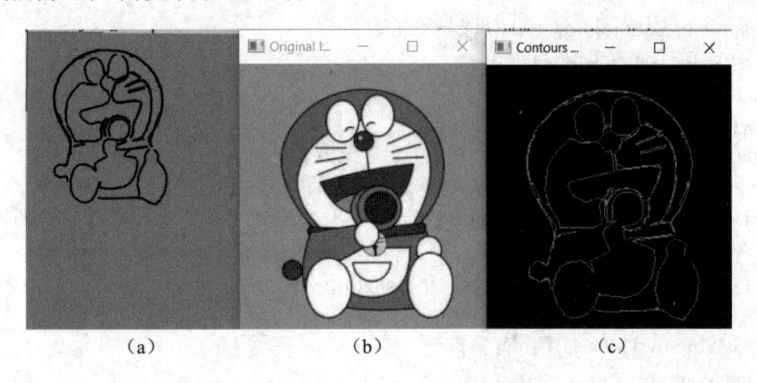

图 9-9

（1）在 Python 中编写如下代码，提取轮廓数据[x,y,sq]（其中，sq 为 1 表示路径的起始点，sq 为 2 表示路径的其余点），并将这些数据保存到 result.txt 文件中。然后，将 result.txt 文件复制到机器人的 Home 文件夹下。

```python
import cv2
import numpy as np
import os
def read_and_process_image(image_name):
    #从当前文件夹中读取图片
    image_path = image_name
    image = cv2.imread(image_path)
    if image is None:
        raise FileNotFoundError(f"Image not found: {image_path}")
    #显示原始图片
    cv2.imshow('Original Image', image)
    #转换为灰度图
    gray = cv2.cvtColor(image, cv2.COLOR_BGR2GRAY)
    #应用边缘检测（Canny 边缘检测），可以根据实际效果修正 Canny 函数的两个 threshold 阈值
    edges = cv2.Canny(gray, 50, 150)
    #查找轮廓
    contours, _ = cv2.findContours(edges, cv2.RETR_EXTERNAL, cv2.CHAIN_APPROX_SIMPLE)
    #存储轮廓数据
    result_data = []
    #存储每间隔 4 个点的轮廓数据
    sampled_contours = []
```

```
        for contour in contours:
            sampled_contour = []
            if len(contour)>12: #如果轮廓内点的数量大于 12
                for i in range(0, len(contour), 4):
                    sampled_contour.append(contour[i][0])    #存储为 (x, y)
                    if (i==0):
                        #如果是路径的起始点，存储数据为[x,y,1]
                        d = [contour[i][0][0],contour[i][0][1],1]
                    else:
                        d = [contour[i][0][0],contour[i][0][1],2]
                    result_data.append(d)
                sampled_contours.append(np.array(sampled_contour, dtype=np.int32))
    #将数据存储到 result.txt 文件中
    result_file_path = os.path.join(os.getcwd(), 'result.txt')
    with open(result_file_path, 'w') as f:
        for d in result_data:
            f.write(f"{d}\n")
    #基于存储的数据，尝试重新绘制轮廓（可能会导致失真）
    contour_image = np.zeros_like(image)    #创建一个与原图大小相同的全黑图像
    cv2.drawContours(contour_image, sampled_contours, -1, (0, 255, 0), 1)    #使用绿色绘制轮廓，线宽为 1
    #显示图片的轮廓
    cv2.imshow('Contours with Sampling', contour_image)
    cv2.waitKey(0)    #等待按键
    cv2.destroyAllWindows()    #关闭所有窗口
    return sampled_contours
def main():
    image_name = '1.jpg'    #图片文件名
    sampled_contours = read_and_process_image(image_name)
if __name__ == "__main__":
    main()
```

result.txt 文件中存储的部分数据如下所示。

```
#result.txt 文件中存储的部分数据
[173, 158, 1]
[166, 165, 2]
[167, 174, 2]
[166, 177, 2]
[160, 186, 2]
[158, 192, 2]
[156, 205, 2]
[158, 214, 2]
[160, 219, 2]
[156, 222, 2]
[162, 223, 2]
[109, 225, 2]
[99, 223, 2]
[109, 225, 2]
[162, 223, 2]
```

（2）基于 9.1 节读取 G 代码的程序和上文保存的数据格式，修改 RAPID 程序如下。运行修改后的 RAPID 程序，可以得到如图 9-9（a）所示的效果。

```
PROC main()
    readData2;
    !后续代码同 9.1 节中的代码
ENDPROC
PROC readData2()
    VAR string stmp;
    VAR bool flag1;
    VAR pos ptmp;
    FOR i FROM 1 TO 2000 DO
        pointx{i}:=0;
        pointy{i}:=0;
        ppline{i}:=0;
    ENDFOR
    Open "HOME:"\File:="result.txt",iodev1\Read;
    !linenum : total line numbers
    !ppline{}: point numbers in each line
    !
    count:=1;
    linenum:=0;
    WHILE stmp<>EOF DO
        stmp:=ReadStr(iodev1);    !每次读取一行
        flag1:=StrToVal(stmp,ptmp);
        !数据格式为[x,y,sq]，和 pos 类型相同，可以直接转化为 pos 类型的数据
        !使用 ptmps.z 判断是否为一条路径的起始点
        IF ptmp.z=1 THEN
            linenum:=linenum+1;
        ENDIF
        ppline{linenum}:=ppline{linenum}+1;
        pointx{count}:=ptmp.x;
        pointy{count}:=ptmp.y;
        count:=count+1;
    ENDWHILE
    Close iodev1;
ENDPROC
```

第 10 章　Externally Guided Motion

10.1　EGM 介绍

Externally Guided Motion（EGM）是 ABB 机器人提供的一个高级机器人应用选项，使用 EGM，机器人需要安装 689-1 Externally Guided Motion 选项。EGM 提供了 3 种不同的功能，具体如下所述。

1）EGM Position Stream

EGM Position Stream 仅支持 UDP 通信。它能够定期从机器人控制器发送机械单元（如机器人、定位器、导轨等）的计划和实际位置数据。发送的信息内容通过 Google Protobuf 定义文件 EGM.proto 详细说明。用户可以在 IRC5 控制器的高优先级网络环境下运行周期性通信通道（UDP），支持高达 250Hz 的稳定数据交换。每个运行任务必须配备一个通信通道。EGM Position Stream 功能可以与 EGM Position Guidance 功能一起使用。以下是一些应用示例：激光头动态控制激光束的激光焊接应用，其中外部设备获取当前机器人位置进行控制等。

2）EGM Position Guidance

EGM Position Guidance 主要面向高级用户，它通过绕过路径规划，为机器人控制器提供了一个低级接口，适用于需要高响应性的机器人移动场景。用户可以使用 EGM Position Guidance 高速读取运动系统的位置，并向该系统高速写入位置与速度（更新频率可达到每 4ms 一次，且控制延迟为 10~20ms，具体延迟取决于机器人类型）。用户可以通过关节值或位姿的位置来制定引导项，也可以根据关节或位姿的速度来制定引导项，或结合位置与速度进行联合引导。

EGM Position Guidance 会处理所有必要的滤波、引用项监控和状态处理。其中，状态处理包括程序启动/停止和紧急停止等。另外，EGM 还支持 Absolute Accuracy 功能。当外部输入笛卡儿空间位姿数据时，如果机器人有 Absolute Accuracy 选项，机器人会根据该数据进行逆解运算。

由于 EGM 绕过了路径规划，用户输入的数据会直接生成相应的机器人路径。因此，确保发送给机器人控制器的位置数据平顺是非常重要的。机器人会迅速响应接收到的位置数据。

3）EGM Path Correction

EGM Path Correction 允许用户矫正已编写的机器人路径。为此，必须在机器人工具法兰上安装用于测量实际路径的装置或传感器，并且该装置或传感器需要能够校准相关的传感器框架坐标系。

路径的矫正是在相关路径坐标系下进行的，如图 10-1 所示的工具坐标系 T 与路径坐标系 P。其中，A 为路径方向，B 为工具。

第 10 章　Externally Guided Motion

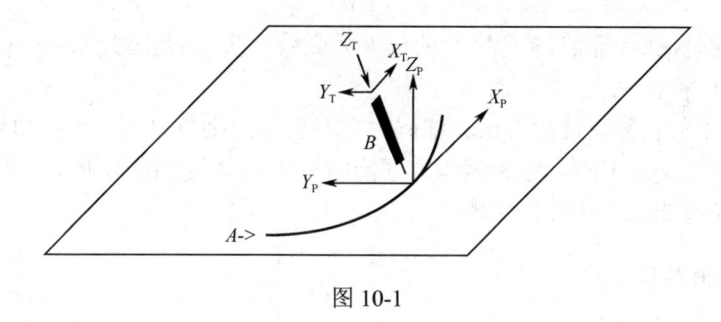

图 10-1

- 将路径的切线方向作为路径坐标系的 X 方向。
- 根据路径坐标系的 X 方向和工具坐标系的 Z 方向的叉积，推导出路径坐标系的 Y 方向。
- 根据路径坐标系的 X 方向和路径坐标系的 Y 方向的叉积，推导出路径坐标系的 Z 方向。

EGM Path Correction 必须在精确的时刻启动和结束。传感器的测量结果可以在大约 48ms 的倍数时间间隔内用于矫正机器人路径。

10.2　通信协议解析

10.2.1　Google Protocol Buffers

　　EGM Sensor Protocol（机器人与外部设备的交互协议）使用 Google Protocol Buffers（Rrotobuf）进行数据编码，并采用 UDP 作为传输协议。选择 Google Protocol Buffers 的原因在于其在速度和语言中立性方面的优势。由于所发送的数据是高频实时数据，一旦数据包丢失，重新发送将无法恢复，因此选择了 UDP 作为传输协议。

　　即使接收方的队列已满，UDP 消息的发送方仍会继续发送数据，因此接收方必须确保其队列是空的。

1. 数据编码

　　Protobuf 序列化后生成的二进制消息非常紧凑，这得益于 Protobuf 所采用的高效编码方法。例如，对于 int32、uint64 等非负整数，使用了 Varint 编码方式。以值为 300 的 int32 数据为例，通常需要 4 个字节来存储。但使用 Varint 编码后，只需 2 个字节。

　　Varint 编码中的每个字节的最高位（MSB）有特殊含义。若该位为 1，则表示后续字节仍然是该数据的一部分；若该位为 0，则表示当前字节是该数据的最后一个字节。每个字节的其余 7 位用来表示实际数字。因此，所有小于 128 的数字都可以用一个字节表示。而大于 128 的数字（如 31458）则使用多个字节表示，像 31458 会被编码为 3 个字节：E2 F5 01。图 10-2 演示了 Google Protocol Buffer 如何解析这 3 个字节（其中每个字节的第一位若为 1，表示后续字节也是该数据的一部分，后 7 位则是有效数

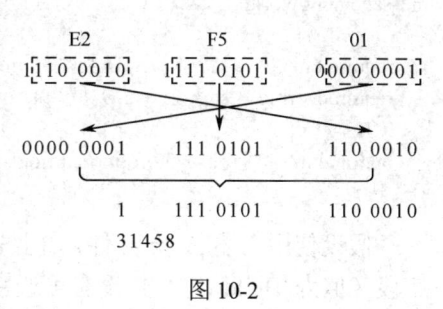

图 10-2

据）。需要注意的是，在计算前，3 个字节的位置会交换一次，这是因为 Google Protocol Buffer 使用 little-endian 字节序。

对于 int32 中的负数，使用 Varint 编码时需要更多的字节。为了解决负数的编码问题，Protobuf 使用了 Zigzag 编码。这种编码方式能够有效减少负数编码所需的字节数，具体的实现方式可以参考 Protobuf 官方文档。

2. Message 构成

使用 Protobuf 发送的数据流如图 10-3 所示，整个 Message 由多个 Field 构成。每个 Field 包含 Key 和 Value。

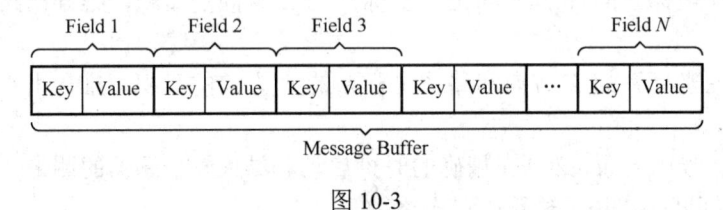

图 10-3

Key 由 Field_No 和 Wire_Type 组成。在 Key 所在的字节中，高 5 位用于表示 Field_No，低 3 位用于表示 Wire_Type。关于 Wire_Type 的具体含义，见表 10-1。如果 Wire_Type 的值为 2，则在 Key 后会增加一个字节，用于表示后续 Value 数据的总字节长度。

.proto 文件中的 Message 支持嵌套使用。在这种情况下，被嵌套的 Message 的 Wire_Type 为 2。

表 10-1 Wire_Type 的具体含义

Wire_Type	名　字	适 用 类 型
0	VARINT	int32, int64, uint32, uint64, sint32, sint64, bool, enum
1	I64	fixed64, sfixed64, double
2	LEN	string, bytes, embedded messages, packed repeated fields
3	SGROUP	group start (deprecated)
4	EGROUP	group end (deprecated)
5	I32	fixed32, sfixed32, float

假设要使用 Protobuf 发送结构化数据，对应的.proto 文件如下。

```
package lm;
message helloworld
{
    required int32    id = 1;    //ID 类型为 int32，Field_No 为 1，实际使用时需要对 id 赋类型为 int32 的值
    required string   str = 2; //str 类型为 string，Field_No 为 2，实际使用时需要对 str 赋类型为 string 的值
（ASCII 码）
    optional int32    opt = 3; //optional field, Field_No 为 3
}
```

假设使用上述.proto 文件，并且需要发送的数据包含一个 id 字段（值为 101）、一个 str 字段（值为"Hellow"），且没有可选字段 opt。此时，该 Field（Key-Value）构成的 Message 如下（数据解释见图 10-4）。

| 08 | 65 | 12 | 06 | 48 | 65 | 6C | 6C | 6F | 77 |

08		65		12		06	48	65	6C	6C	6F	77
0000 1 000		0110 0001		0001 0 010		0110						
id	Wire_Type=0	101		str	Wire_Type=2	剩余字节数6	H	E	L	L	O	W

图 10-4

10.2.2 EGM.proto 解析

EGM.proto 文件定义了 EGM Sensor Protocol 的数据结构。此文件可以在以下路径中找到：C:\ProgramData\ABB Industrial IT\Robotics IT\DistributionPackages\ABB.RobotWare-6.08.0134\RobotPackages\RobotWare_RPK_6.08.0134\utility\Template\EGM。

EGM.proto 主要包括两种消息类型（Message）：EgmRobot，由机器人向 PC 发送的数据；EgmSensor，PC 向机器人发送的数据。以下是 EGM.proto 文件中的部分内容。

```
package abb.egm;
message EgmHeader
{
    optional uint32 seqno = 1;  //sequence number (to be able to find lost messages)
    optional uint32 tm = 2;     //controller send time stamp in ms
    enum MessageType {
        MSGTYPE_UNDEFINED = 0;
        MSGTYPE_COMMAND = 1;              //for future use
        MSGTYPE_DATA = 2;                 //sent by robot controller
        MSGTYPE_CORRECTION = 3;           //sent by sensor for position guidance
        MSGTYPE_PATH_CORRECTION = 4;      //sent by sensor for path correction
    }
    optional MessageType mtype = 3 [default = MSGTYPE_UNDEFINED];
}
//Robot controller outbound message, sent from the controller to the sensor during position guidance and position streaming
message EgmRobot
{
    optional EgmHeader              header = 1;
    optional EgmFeedBack            feedBack = 2;
    optional EgmPlanned             planned = 3;
    optional EgmMotorState          motorState = 4;
    optional EgmMCIState            mciState = 5;
    optional bool                   mciConvergenceMet = 6;
    optional EgmTestSignals         testSignals = 7;
    optional EgmRapidCtrlExecState  rapidExecState = 8;
    optional EgmMeasuredForce       measuredForce = 9;
}
//Robot controller inbound message, sent from sensor to the controller during position guidance
message EgmSensor
{
    optional EgmHeader              header = 1;
    optional EgmPlanned             planned = 2;
    optional EgmSpeedRef            speedRef = 3;
}
```

EgmRobot 包括多个嵌套消息（Message），如 EgmHeader、EgmFeedBack、EgmPlanned 等。其中，EgmHeader 又包含 3 个字段（Field）：seqno、tm 和 mtype。

在 RobotStudio 中 EgmRobot 数据结构的配置如下所述。

（1）在 RobotStudio 中新建一个工作站，导入 IRB120 机器人模型与 MyTool 工具，并创建系统。在创建系统时，需要选择 689-1 Externally Guide Motion 选项。

（2）在"控制器（C）"选项卡下，选择"配置"→"Communication"→"Transmission Protocol"属性配置，新建如图 10-5 所示的配置（如果连接真实 PC，则在此处填写真实 PC 的 IP 地址，机器人作为 UDP 通信的 Server）。

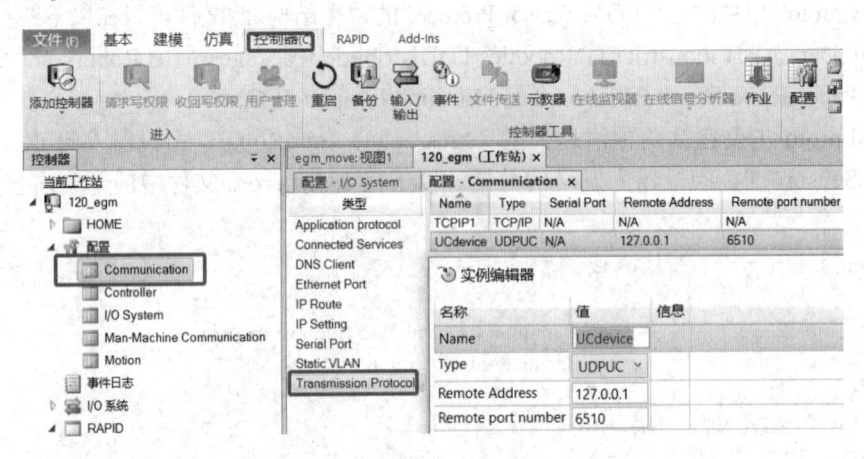

图 10-5

（3）编写如下代码，使上位机和机器人建立 UDP 通信。上位机不使用 Protobuf 协议，而是直接接收机器人发出的 EGM 原始数据。部分原始数据示例如图 10-6 所示。

```
PROC UDP_TEST1()
    VAR egmident egmID1;
    EGMGetId egmID1;
    EGMSetupUC ROB_1,egmID1,"default","UCdevice"\Pose;
    !使用 UCdevice 设备，设备名为在 Transmission Protocal 中创建的设备，使用 default 配置
    !也可使用非 default 配置，具体配置请在控制器控制面板中的配置-Motion 选项下进行
    !在类型为 External Motion Interface Data 处新建并配置
    !如果发送数据格式为笛卡儿空间坐标，如 XYZABC 或者 XYZ、q1~q4，选择类型为 Pose
    !如果发送数据格式为 a1~a6，选择类型为 Joint
    EGMStreamStart egmID1\SampleRate:=4
    !开始输出，采样率为 4ms
    MoveAbsJ jpos20,v100,z20,tool0;
    MoveAbsJ jpos10\NoEOffs,v1000,fine,tool0;
    !移动机器人
    EGMStreamStop egmID1;
    !停止输出
    EGMReset egmID1;
ENDPROC
```

根据前文所述的 EGM.proto 文件，图 10-6 中的 EgmHeader 数据解析如图 10-7 所示、seqno 数据解析如图 10-8 所示、tm 数据解析如图 10-9 所示、mtype 数据解析如图 10-10 所示。

图 10-6

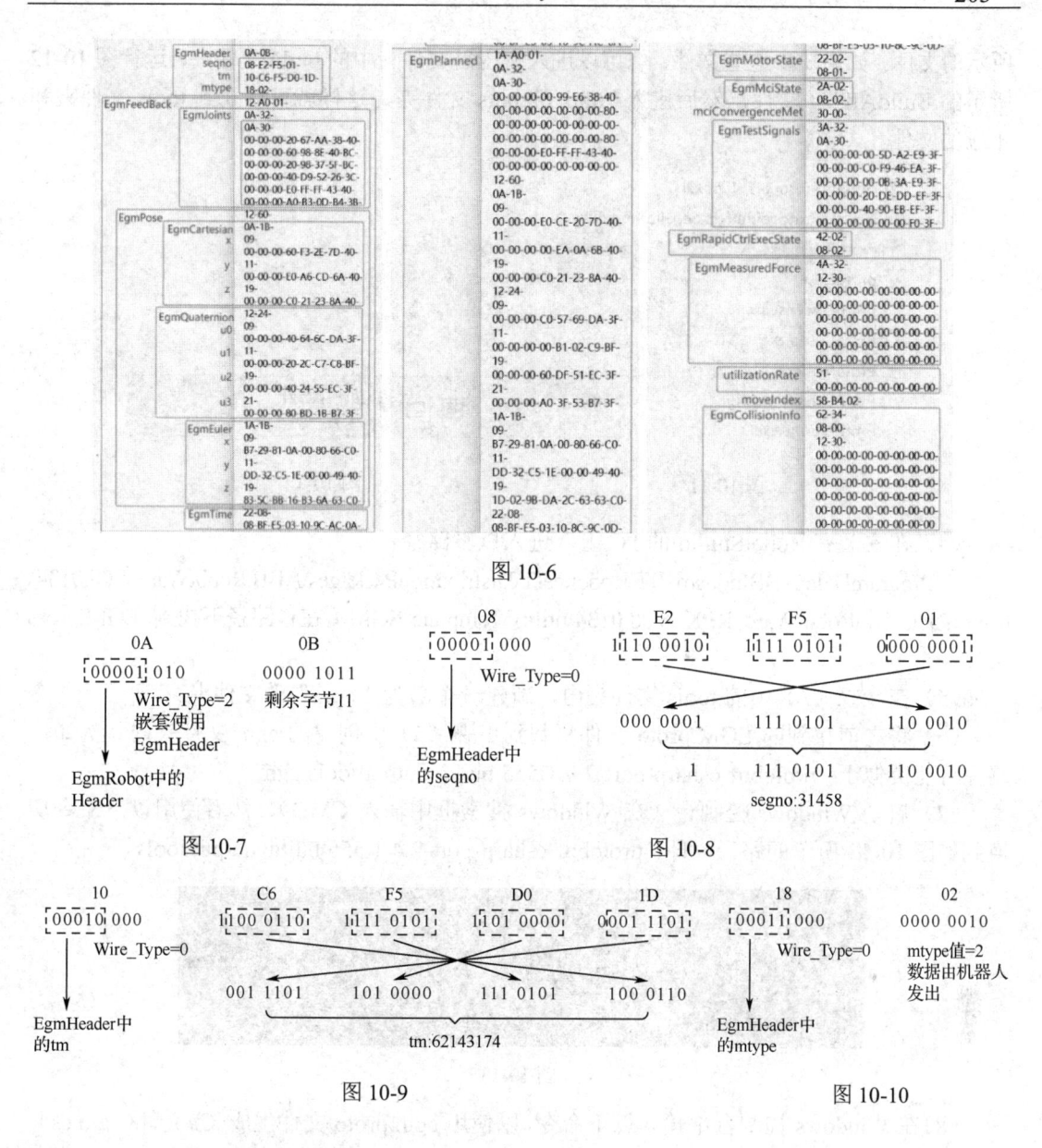

图 10-7

图 10-8

图 10-9

图 10-10

10.3　EGM 的位置显示

10.3.1　创建 C#可用的 ProtoBuf 文件

为了在 C#中使用 EGM.proto 文件,需要通过第三方工具 Protobuf-csharp 对其进行编译,生成可在 C#中使用的.cs 文件。如果您已经通过其他方式获得了相应的.cs 文件,可以跳过以下步骤。

（1）从以下链接下载 Protobuf-csharp。

https://code.google.com/p/protobuf-csharp-port/，或者通过互联网搜索 protobuf-csharp。

（2）下载完成后,解压该压缩文件到本地目录。

（3）确认解压后的文件中有一个名为"tools"的文件夹,并且该文件夹内包含如图 10-11

所示的文件。如果缺少这些文件，您可以进入解压后文件夹中的 build 文件夹，运行图 10-12 所示的 BuildAll.bat 文件，然后进入 build_outputs 文件夹，这样就可以找到 tools 文件夹和相应的文件。

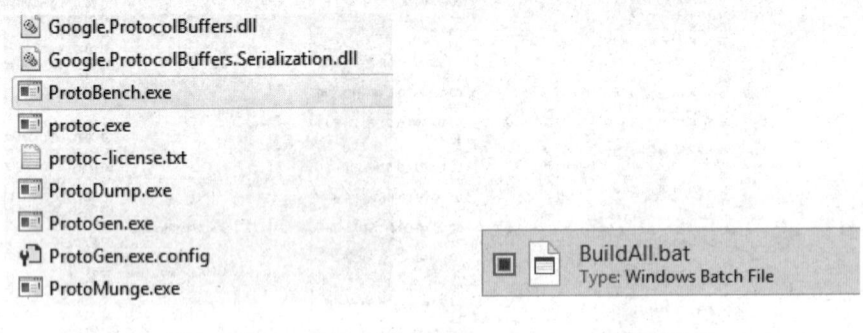

图 10-11

图 10-12

（4）在安装有 RobotStudio 的 PC 上，进入以下路径：
C:\ProgramData\ABBIndustrialIT\RoboticsIT\DistributionPackages\ABB.RobotWare-6.08.0134\RobotPackages\RobotWare_RPK_6.08.0134\utility\Template\EGM，在该路径下找到 EGM.proto 文件。

（5）在步骤（3）中的 tools 文件夹内，新建一个名为"egm"的文件夹。

（6）将之前找到的 EGM.proto 文件复制到步骤（5）中创建的 egm 文件夹内。例如，路径可能类似于~\protobuf-csharp-port-2.4.1.555\build_output\tools\egm。

（7）启动 Windows 控制台（在 Windows 搜索框中输入 CMD），然后使用以下命令切换到如图 10-13 所示的路径，即~\protobuf-csharp-port-2.4.1.555\build_output\tools。

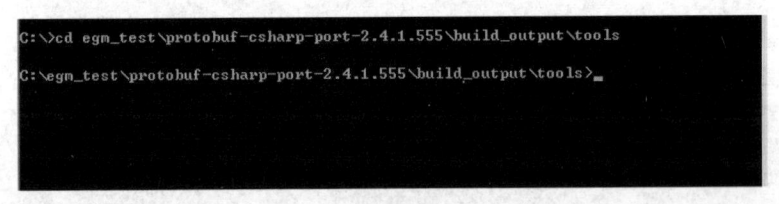

图 10-13

（8）在 Windows 控制台中输入以下命令，以使用 egm.proto 文件生成 C#文件（egm.cs）：

protogen .\egm\egm.proto --proto_path=.\egm

（9）运行此命令后，会在 tools 文件夹下生成 egm.cs 文件。

10.3.2 上位机显示 EGM 位置

实现上位机与机器人之间通过 UDP 协议进行通信，接收机器人发送的 EGM 数据，并在窗体界面上显示机器人位姿信息的具体步骤如下所述。

（1）新建一个 C#窗体项目，添加 10.3.1 节生成的 egm.cs 文件，或者将编译好的 egm.cs 文件加入项目中，确保可以访问到相关的 EgmRobot 类和协议。

（2）在 Visual Studio 中依次选择"工具"→"NuGet 程序包管理器"→"程序包管理器控制台"（见图 10-14）。在控制台（见图 10-15）中输入以下代码安装 Google Protocol Buffer。

PM>Install-Package Google.ProtocolBuffers

第 10 章　Externally Guided Motion

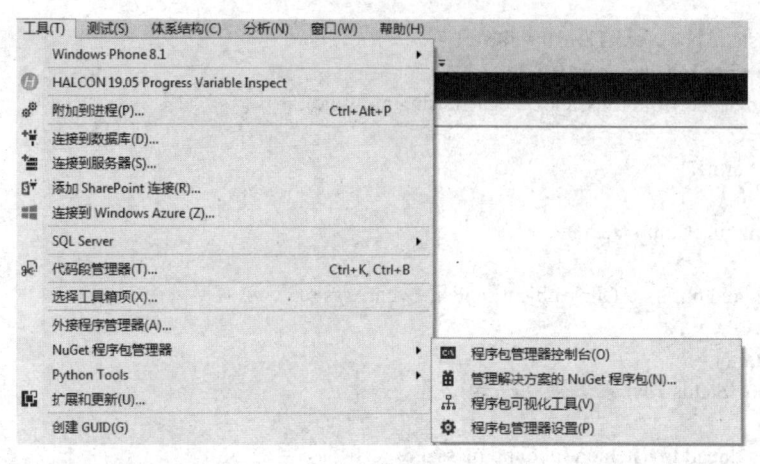

图 10-14

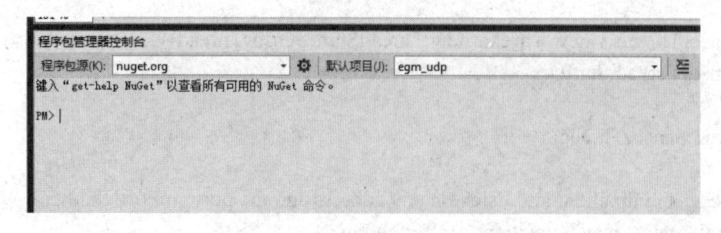

图 10-15

（3）在 C#窗体中，添加图 10-16 中所示的按钮和文本框。

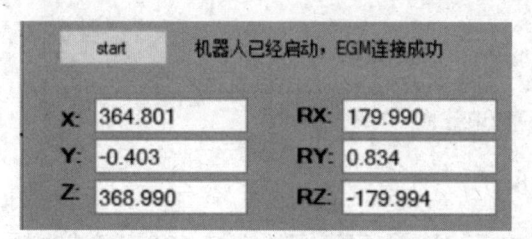

图 10-16

（4）在上位机中显示 EGM 的位姿，具体实现代码如下。机器人可以使用 10.2.2 节中的 RAPID 代码（机器人仅输出数据，不接收数据）。先运行上位机程序，再启动机器人仿真。上位机程序的运行效果如图 10-16 所示。

```
using System.IO;
using System.Net;
using System.Net.Sockets;
using System.Threading;
using abb.egm;
namespace egm_move
{
    public partial class Form1 : Form
    {
        public static int _ipPortNumber = 6510;
        public static Thread _sensorThread = null;
        private UdpClient _udpServer = null;
```

```csharp
public static bool _exitThread = false;
private uint _seqNumber = 0;
public delegate void MessageDelegate(string message);

public Form1()
{
    InitializeComponent();
}
private void btnStart_Click(object sender, EventArgs e)
{
    Start();
    labelStatus.Text = "请启动机器人";
}
//Start a thread to listen on inbound messages
public void Start()
{
    _sensorThread = new Thread(new ThreadStart(SensorThread));
    _sensorThread.Start();
}
public void SensorThread()
{
    //create an udp client and listen on any address and the port _ipPortNumber
    _udpServer = new UdpClient(_ipPortNumber);
    var remoteEP = new IPEndPoint(IPAddress.Any, _ipPortNumber);
    bool flag1 = false;
    while (_exitThread == false)
    {
        //get the message from robot
        var data = _udpServer.Receive(ref remoteEP);
        if (data != null)
        {
            if (!flag1)
            {
                OutputLabel("机器人已经启动,EGM 连接成功");
                flag1 = true;
            }
            //de-serialize inbound message from robot
            EgmRobot robot = EgmRobot.CreateBuilder().MergeFrom(data).Build();
            //display inbound message
            DisplayInboundMessage(robot);
        }
    }
}

public void OutputLabel(string message)
{
    //跨线程更新 Label
    if (this.labelStatus.InvokeRequired)
    {
        MessageDelegate delegation = this.OutputLabel;
        this.labelStatus.Invoke(delegation, new object[] { message });
    }
}
```

```csharp
        else
        {
            this.labelStatus.Text = message;
        }
    }

    private void UpdateTextBox(TextBox textBox, string message)
    {
        //跨线程更新 textBox
        if (textBox.InvokeRequired)
        {
            textBox.Invoke(new Action<TextBox, string>(UpdateTextBox), textBox, message);
        }
        else
        {
            textBox.Text = message;
        }
    }

    //Display message from robot
    void DisplayInboundMessage(EgmRobot robot)
    {
        if (robot.HasHeader && robot.Header.HasSeqno && robot.Header.HasTm)
        {
            //显示收到的机器人实际的位姿
            //还可以读取机器人的规划位姿
            //PC 通过 EGM 最快 4ms 写入一次数据，机器人实际插补为 0.5ms
            UpdateTextBox(txtX, robot.FeedBack.Cartesian.Pos.X.ToString("f3"));
            UpdateTextBox(txtY, robot.FeedBack.Cartesian.Pos.Y.ToString("f3"));
            UpdateTextBox(txtZ, robot.FeedBack.Cartesian.Pos.Z.ToString("f3"));
            UpdateTextBox(txtRx, robot.FeedBack.Cartesian.Euler.X.ToString("f3"));
            UpdateTextBox(txtRy, robot.FeedBack.Cartesian.Euler.Y.ToString("f3"));
            UpdateTextBox(txtRz, robot.FeedBack.Cartesian.Euler.Z.ToString("f3"));

            //获取反馈的 joints
            //EgmJoints j = robot.FeedBack.Joints;
            //string sJoints = string.Join(",", j.JointsList);
        }
        else
        {
            Console.WriteLine("No header in robot message");
        }
    }
    private void Form1_FormClosed(object sender, FormClosedEventArgs e)
    {
        //关闭 WinForm 的时候停止线程
        _exitThread = true;
        _sensorThread.Abort();
    }
}
}
```

10.4 EGM 的位置与速度控制

EGM 系统的控制框图如图 10-17 所示。Position Gain 用于调整输入位置数据的增益。LP Filter 用于对输入数据进行低通滤波。两个参数可在 RAPID 指令 EGMRunPose 和 EGMRunJoint 中设置，也可在控制器的 External Motion Interface Data 中进行设置（见图 10-18）。其实际效果为两处设置的乘积。

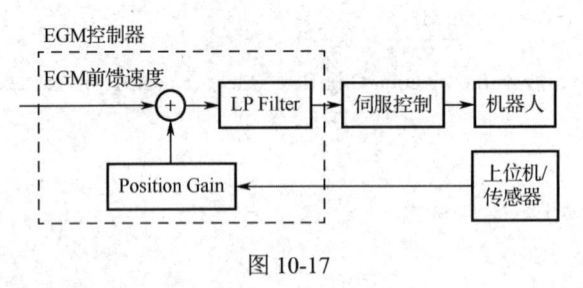

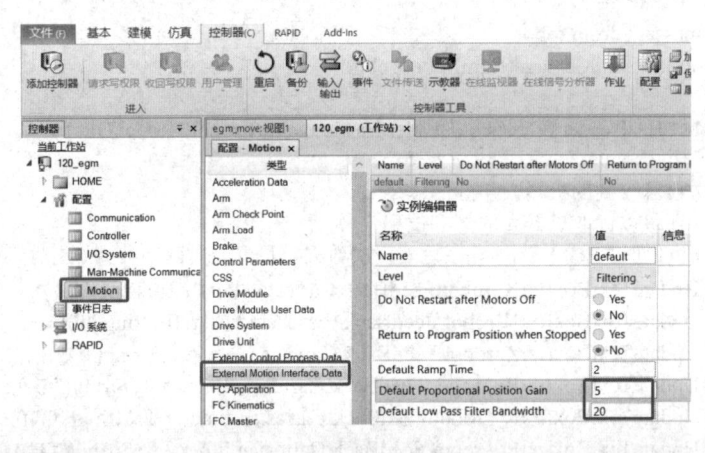

图 10-17

图 10-18

由 EGM.proto 文件可知，PC 可以向机器人发送目标位置 EgmPlanned 和目标速度 EgmSpeedRef。EgmPlanned 包含本体的 Joint 或 Pose 数据以及外轴的数据；EgmSpeedRef 则包括 Joint、Pose 或者外轴的速度，具体如下所示。

```
message EgmPlanned   //Planned position for robot (joints or cartesian) and additional axis (array of 6 values)
{                    //Is used for position streaming (source: controller) and position guidance (source: sensor)
    optional EgmJoints      joints = 1;
    optional EgmPose        cartesian = 2;
    optional EgmJoints      externalJoints = 3;
    optional EgmClock       time = 4;
}
message EgmSpeedRef  //Speed reference values for robot (joint or cartesian) and additional axis (array of 6 values)
{
    optional EgmJoints              joints = 1;
    optional EgmCartesianSpeed      cartesians = 2;
    optional EgmJoints              externalJoints = 3;
```

```
}
//Robot controller inbound message, sent from sensor to the controller during position guidance
message EgmSensor
{
    optional EgmHeader        header = 1;
    optional EgmPlanned       planned = 2;
    optional EgmSpeedRef      speedRef = 3;
}
```

10.4.1 位置控制

图 10-19 展示了基于机器人的运行速度和 4ms 的交互通信周期，生成一条机器人圆形路径，并通过 EGM 实时发送至机器人的上位机界面。具体实现如下所述。

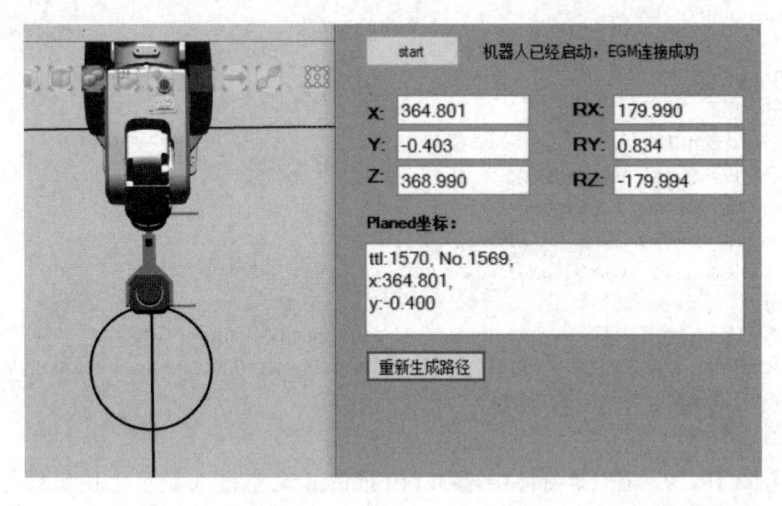

图 10-19

（1）编写机器人侧的 RAPID 代码，具体如下所示。

```
VAR egmident egmID1;
VAR egmstate egmSt1;
CONST egm_minmax egm_minmax_lin1:=[-1,1];
CONST egm_minmax egm_minmax_rot1:=[-2,2];
VAR pose corr_frame_offs:=[[0,0,0],[1,0,0,0]];
CONST robtarget p100:=[[364.6839,2.01102E-28,368.9905],[8.405549E-08,2.75721E-31,-1,2.317587E-38],
[0,0,0,0],[9E+09,9E+09,9E+09,9E+09,9E+09,9E+09]];
PERS num nGain:=1;    !调整机器人的位置增益 posGain，范围为 0～1

PROC main()
    MoveJ p100,v1000,fine,MyTool\WObj:=wobj0;
    move_pose;
    !move_joint;    如果接收 joint，使用该程序
ENDPROC
PROC move_pose()
    nGain:=1;
    EGMReset egmID1;
    waittime 1;
    EGMGetId egmID1;
    egmSt1:=EGMGetState(egmID1);
```

```
            TPWrite "EGM state: "\Num:=egmSt1;
            IF egmSt1<=EGM_STATE_CONNECTED THEN
                EGMSetupUC ROB_1,egmID1,"default","UCdevice"\pose;
                !设置 EGM 数据来源
            ENDIF
            EGMActPose    egmID1\Tool:=MyTool,corr_frame_offs,EGM_FRAME_WORLD,corr_frame_offs,
EGM_FRAME_WORLD\x:=egm_minmax_lin1\y:=egm_minmax_lin1\MaxSpeedDeviation:=150;
            !设置 EGM 最终停止位置的收敛范围及最大速度
            EGMRunPose egmID1,EGM_STOP_HOLD\x\y\z\CondTime:=0.5\RampInTime:=0.05\RampOutTime:=
0.05\PosCorrGain:=nGain;
            !执行 EGM 运动,直到当前机器人的位姿满足收敛范围 egm_minmax_lin1 且持续超过 0.5s,进入下一句
    ENDPROC

    PROC move_joint()
        nGain:=1;
        EGMReset egmID1;
        waittime 1;
        EGMGetId egmID1;
        egmSt1:=EGMGetState(egmID1);
        TPWrite "EGM state: "\Num:=egmSt1;
        IF egmSt1<=EGM_STATE_CONNECTED THEN
            EGMSetupUC ROB_1,egmID1,"default","UCdevice"\joint;
        ENDIF
        EGMActJoint egmID1\J1:=egm_minmax_rot1 \MaxSpeedDeviation:=100;
        EGMRunJoint  egmID1,EGM_STOP_HOLD\J1\CondTime:=0.5\RampInTime:=0.05\RampOutTime:=
0.05\PosCorrGain:= nGain;
    ENDPROC
```

(2)参考图 10-19,在 C#窗体中增加 txtPlanned 文本框(显示上位机规划输出坐标)和"重新生成路径"按钮。修改代码如下。

```
double[] _x1=new double[100000];          //存储路径的 x 值
double[] _y1 = new double[100000];        //存储路径的 y 值
private int count;
private int ttl;                          //路径总点数
private void Create CircleTraj()
{
    count = 0;
    double goalspeed = 100;               //机器人的运行速度(mm/s)
    //每 4ms 一个点
    double step = goalspeed / (1 / 0.004); //每 4ms 需要走的长度
    double r = 100;                       //半径为 100mm
    double circleLength = 2 * 3.1415926 * r;  //圆周长
    ttl = (int)(circleLength / step);     //离散为多少个点
    double stepAngle = Math.PI * 2 / ttl; //绕圆心每一次旋转的角度

    //机器人的开始位置: x = 364.8, y=0, z=368.99
    double x_center = 364.8 + r;          //机器人开始位置向前、半径长度作为圆心
    double y_center = 0;                  //机器人开始位置的 y 坐标数据

    for (int i = 0; i < ttl; i++)
    {                                     //生成整个圆的路径
```

```csharp
            _x1[i] = x_center - r * Math.Cos(i * stepAngle);
            _y1[i] = y_center + r * Math.Sin(i * stepAngle);
        }
    }

Private void btnStart_Click(object sender, EventArgs e)
    {    //在启动按钮中增加路径计算程序
        Create CircleTraj();
        Start();
        labelStatus.Text = "请启动机器人";
    }

    public void SensorThread()
    {
        _udpServer = new UdpClient(_ipPortNumber);
        var remoteEP = new IPEndPoint(IPAddress.Any, _ipPortNumber);

        bool flag1 = false;
        while (_exitThread == false)
        {
            var data = _udpServer.Receive(ref remoteEP);
            if (data != null)
            {
                if (!flag1)
                {
                    OutputLabel("机器人已经启动，EGM 连接成功");
                    flag1 = true;
                }

                //解析机器人返回的数据
                EgmRobot robot = EgmRobot.CreateBuilder().MergeFrom(data).Build();
                //显示机器人返回的数据
                DisplayInboundMessage(robot);
                //创建发送给机器人的信息
                EgmSensor.Builder sensor = EgmSensor.CreateBuilder();
                CreateSensorMessage(sensor);
                using (MemoryStream memoryStream = new MemoryStream())
                {
                    EgmSensor sensorMessage = sensor.Build();
                    sensorMessage.WriteTo(memoryStream);
                    //通过 UDP 发送数据给机器人
                    int bytesSent = _udpServer.Send(memoryStream.ToArray(),
                                (int)memoryStream.Length, remoteEP);
                    if (bytesSent < 0)
                    {
                        Console.WriteLine("Error send to robot");
                    }
                }
            }
        }
    }
}
```

```csharp
void CreateSensorMessage(EgmSensor.Builder sensor)
{
    //创建 header
    EgmHeader.Builder hdr = new EgmHeader.Builder();
    hdr.SetSeqno(_seqNumber++)
        .SetTm((uint)DateTime.Now.Ticks)
        .SetMtype(EgmHeader.Types.MessageType.MSGTYPE_CORRECTION);
    sensor.SetHeader(hdr);
    //创建 EgmPlanned 消息
    EgmPlanned.Builder planned = new EgmPlanned.Builder();
    //planned 可以包括 pose 和 joint
    EgmPose.Builder pose = new EgmPose.Builder();              //机器人目标位置
    EgmEuler.Builder pe = new EgmEuler.Builder();              //欧拉角姿态（如果需要使用）
    EgmQuaternion.Builder pq = new EgmQuaternion.Builder();    //四元数姿态（如果需要使用）
    EgmCartesian.Builder pc = new EgmCartesian.Builder();      //机器人目标位置的笛卡儿坐标
    //从路径里提取 x 值和 y 值
    pc.SetX(_x1[count])
        .SetY(_y1[count])
        .SetZ(368.99);
    //如果路径未完成，增加点数
    if (count < (ttl - 1))
    {
        count++;
    }
        //设置姿态数据(例如，设置四元数，表示无旋转)
    pq.SetU0(1.0)
        .SetU1(0.0)
        .SetU2(0.0)
        .SetU3(0.0);

    pose.SetPos(pc)
        .SetOrient(pq);
    //如果使用 joint 输出，用户自行做逆解运算
    //EgmJoints.Builder j = new EgmJoints.Builder();
    // for (int i = 0; i < 6; i++)
    // {
    //     j.AddJoints(0);
    // }
    //j.SetJoints(0, joint1);
    //对 1 轴发送位置
    //planned.SetJoints(j);
    // sensor.SetPlanned(planned);
    planned.SetCartesian(pose);        //绑定 pose 到 planned
    sensor.SetPlanned(planned);        //绑定 planned 到 sensor
    string s = "ttl:" + ttl.ToString() + ", No." + count.ToString() + ", \r\nx:" + pc.X.ToString("f3") + ",\r\ny:" + pc.Y.ToString("f3");
    UpdateTextBox(txtPlanned, s);
    //在 txtPlanned 中显示发出的序号和 x 值、y 值
    return;
}

private void btnRegen_Click(object sender, EventArgs e)
{
    //重新生成路径按钮，清空 count
```

```
        count = 0;
        CreateCircleTraj();
}
```

（3）先运行上位机程序并单击"Start"按钮，再启动机器人仿真。

机器人走到起点 p100（与圆形路径的起始点相同的位置）后开始进行 EGM 运动。此时，机器人已准备好接收来自上位机的运动指令。在仿真开始时，机器人通过 EGM 协议实时接收上位机发送的圆形路径指令。路径数据包括圆形路径的半径、中心点坐标及运动方向等参数。机器人会根据这些指令开始沿着指定的圆形路径进行运动。机器人在接收到完整的圆形路径指令后，会准确沿路径执行运动，直到圆形路径执行完毕。当机器人完成整个圆形路径后，仿真自动停止，机器人保持在路径终点处。在仿真结束后，用户可以单击"重新生成路径"按钮，系统将重新生成圆形路径，并通过 EGM 协议重新将新的路径指令发送给机器人。机器人将再次根据新的路径指令进行运动，直至完成新的圆形路径的执行。通过这一过程，机器人可以多次执行相同或不同的圆形路径，用户只需单击"重新生成路径"按钮，即可根据新的指令进行运动仿真。

10.4.2 速度控制

由 EGM.proto 文件中的 EgmSensor 可知，PC 可发送速度信息或者位置和速度混合信息。具体实现步骤如下所述。

（1）在 C#窗体中，添加如图 10-20 所示的 scrollBar 控件，用于控制机器人单方向的运行速度。

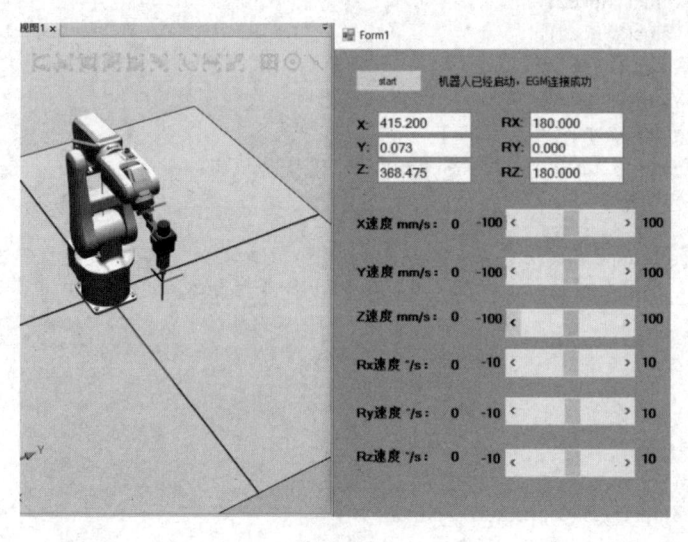

图 10-20

（2）上位机程序可参考以下代码进行修改。注意，如果使用纯速度控制，仍需要发送**位置信息**，否则机器人将无法运动。在 RAPID 指令 EGMRunPose 和 EGMRunJoint 中，可以将 posGain 参数设置为 0，以屏蔽位置信息的影响。如果需要，根据实际情况调整 posGain 的值，确保上位机同时发送速度和位置信息。

```
//速度通过 scrollBar 修改
//控制机器人各轴的重定位速度（单位：deg/s）
```

```csharp
public double rxSpeed = 0;
public double rySpeed = 0;
public double rzSpeed = 0;
//控制机器人各轴的直线速度(单位: mm/s)
public double xSpeed = 0;
public double ySpeed = 0;
public double zSpeed = 0;
void CreateSensorMessage(EgmSensor.Builder sensor)
{
    //创建消息头部
    EgmHeader.Builder hdr = new EgmHeader.Builder();
    hdr.SetSeqno(_seqNumber++)
        .SetTm((uint)DateTime.Now.Ticks)
        .SetMtype(EgmHeader.Types.MessageType.MSGTYPE_CORRECTION);
    sensor.SetHeader(hdr);
    //创建 EGM Sensor 数据
    EgmPlanned.Builder planned = new EgmPlanned.Builder();
    EgmPose.Builder pose = new EgmPose.Builder();
    EgmQuaternion.Builder pq = new EgmQuaternion.Builder();
    EgmEuler.Builder pe = new EgmEuler.Builder();
    EgmCartesian.Builder pc = new EgmCartesian.Builder();
    EgmJoints.Builder j = new EgmJoints.Builder();
    //创建 EGM 笛卡儿空间速度
    EgmCartesianSpeed.Builder pc_speed = new EgmCartesianSpeed.Builder();
    pc_speed.AddValue(xSpeed);
    pc_speed.AddValue(ySpeed);
    pc_speed.AddValue(zSpeed);
    pc_speed.AddValue(rxSpeed);
    pc_speed.AddValue(rySpeed);
    pc_speed.AddValue(rzSpeed);
    EgmSpeedRef.Builder speedRef = new EgmSpeedRef.Builder();
    speedRef.SetCartesians(pc_speed);
    //发送速度
    sensor.SetSpeedRef(speedRef);
    //发送速度时,一定要发送一个位置,可以在 RAPID 里把 posGain 设为 0,以关闭位置增益
    //以下为发送一个欧拉角
    //pe.SetX(1);
    //pe.SetY(1);
    //pe.SetZ(1);
    //pose.SetEuler(pe);
    //以下为发送位置
    pc.SetX(364.68); pc.SetY(0); pc.SetZ(368.99);
    pose.SetPos(pc);
    planned.SetCartesian(pose);
    sensor.SetPlanned(planned);
    //如果对关节速度进行控制,可以使用以下代码
    //EgmJoints.Builder jSpeed = new EgmJoints.Builder();
    //for (int i = 0; i < 6; i++)
    //{
    //    jSpeed.AddJoints(0);
    //}
    //jSpeed.SetJoints(0, xSpeed);
```

```
//EgmSpeedRef.Builder speedRef = new EgmSpeedRef.Builder();
//speedRef.SetJoints(jSpeed);
//sensor.SetSpeedRef(speedRef);
////////发送位置
////////发送速度时,一定要发送一个位置,可以在 RAPID 里把位置增益设为 0
//EgmJoints.Builder joints = new EgmJoints.Builder();
//for (int i = 0; i < 6; i++)
//{
//    joints.AddJoints(0);
//}
//double j1 = 0;
//joints.SetJoints(0, j1);
////对 1 轴发送位置
//planned.SetJoints(joints);
//sensor.SetPlanned(planned);
return;
}
//以下代码实现拖动 scrollBar 修改机器人的速度,松开鼠标 scrollBar 自动回零
private void hScrollBarX_MouseCaptureChanged(object sender, Event Args e)
{
    //如果鼠标松开,触发该函数,将 scrollBar 值设为 0
    if (!hScrollBarX.Capture)
    {
        xSpeed = 0;
        hScrollBarX.Value = 0;
        labelx.Text = hScrollBarX.Value.ToString();
    }
}
private void hScrollBarX_Scroll(object sender, ScrollEvent Args e)
{
    labelx.Text = hScrollBarX.Value.ToString();
    xSpeed = Convert.ToDouble(e.NewValue);
}
Private void hScrollBarX_ValueChanged(object sender, Event Args e)
{
    //在 MouseCaptureChanged 事件中修改 scrollBar 的值,触发该函数,再次赋值
    if (!hScrollBarX.Capture)
    {
        xSpeed = 0;
        hScrollBarX.Value = 0;
    }
}
```

(3) RAPID 代码参考如下(在纯速度控制模式下,将 EgmRunPose 中的 PosCorrGain 设为 0)。首先启动上位机并单击"Start"按钮,然后启动仿真。此时可以在上位机中实时控制机器人的运动速度,如图 10-20 所示。

```
PROC main()
    MoveJ p100,v1000,fine,MyTool\WObj:=wobj0;
    move_pose_speed;
ENDPROC
PROC move_pose_speed()
    nGain:=0;
    !关闭位置增益,只响应速度
```

```
        EGMReset egmID1;
        waittime 1;
        EGMGetId egmID1;
        egmSt1:=EGMGetState(egmID1);
        TPWrite "EGM state: "\Num:=egmSt1;
        IF egmSt1<=EGM_STATE_CONNECTED THEN
            EGMSetupUC ROB_1,egmID1,"default","UCdevice"\pose;
        ENDIF
        EGMActPose egmID1\Tool:=MyTool,corr_frame_offs,EGM_FRAME_WORLD,corr_frame_offs, EGM_FRAME_WORLD\x:=egm_minmax_lin1\y:=egm_minmax_lin1\z:=egm_minmax_lin1\rx:=egm_minmax_rot1\ry:=egm_minmax_rot1\rz:=egm_minmax_rot1\LpFilter:=20\MaxPosDeviation:=1000\MaxSpeedDeviation:=60;
        EGMRunPose egmID1,EGM_STOP_HOLD\x\y\CondTime:=3\RampInTime:=0.05\RampOutTime:=0.05\PosCorrGain:=nGain;
        !纯速度控制，将 PosCorrGain 设为 0
        egmSt1:=EGMGetState(egmID1);
    ENDPROC
    !以下为 joint 速度控制
    PROC move_joint_speed()
        nGain:=0;
        EGMReset egmID1;
        waittime 1;
        EGMGetId egmID1;
        egmSt1:=EGMGetState(egmID1);
        TPWrite "EGM state: "\Num:=egmSt1;
        IF egmSt1<=EGM_STATE_CONNECTED THEN
            EGMSetupUC ROB_1,egmID1,"default","UCdevice"\joint;
        ENDIF
        EGMActJoint egmID1\J1:=egm_minmax_rot1\MaxSpeedDeviation:=100;
        EGMRunJoint   egmID1,EGM_STOP_HOLD\J1\CondTime:=3\RampInTime:=0.05\RampOutTime:=0.05\PosCorrGain:=nGain;
    ENDPROC
```

10.5 Python 使用 EGM

参考 10.2 节对 Google Protocol Buffer 的介绍，通过序列化技术使数据结构更加精简。具体方法是创建一个自定义的.proto 文件。Google Protocol Buffer 编译器声明相应的类，该类能够以高效的二进制格式自动实现协议缓冲区数据的自动编码和解析。

与.NET 环境类似，Python 也支持 Protocol Buffer，有关具体实现的详细信息，请参考以下链接中的内容：

https://protobuf.dev/getting-started/pythontutorial/

Python 生成 egm_pb2.py 文件的流程如下所述。

（1）通过如下路径找到 egm.proto 文件：

C:\ProgramData\ABB Industrial IT\Robotics IT\DistributionPackages\ABB.RobotWare-6.08.0134\RobotPackages\RobotWare_RPK_6.08.0134\utility\Template\EGM

（2）使用以下命令在 Python 中安装 protobuf 库：

```
pip install protobuf
```

（3）下载与系统平台相匹配的 protoc 编译器。以 Windows 系统为例，可选择下载

protoc-29.0-win32/64 版本，下载链接如下：

https://github.com/protocolbuffers/protobuf/releases/tag/v29.0

（4）将 protoc.exe 所在目录添加到系统环境变量中。具体操作如图 10-21 所示。

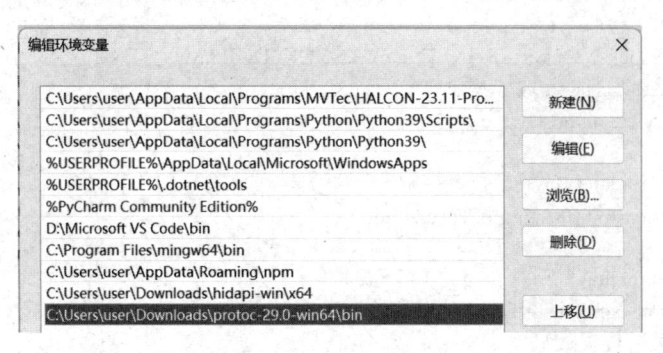

图 10-21

（5）进入 egm.proto 文件所在的目录，在终端中执行以下命令来生成 Python 文件。假设 egm.proto 文件存储在 C:\Users\user\Desktop\6DmouseMaterial 目录下，进入 egm.proto 所在目录，执行生成 Python 文件的命令。

进入 egm.proto 文件所在的目录：

```
cd C:\Users\user\Desktop\6DmouseMaterial
```

生成 Python 文件：

```
protoc --python_out=. egm.proto
```

基于上述流程生成的 egm_pb2.py 文件，可以在 Python 中实现基于 Protobuf 的 EGM 通信。需要注意的是，egm_pb2.py 文件的存放路径必须与新创建的 Python 项目的所在路径一致。

本节实例项目将介绍如何使用 Python 和 EGM 实现以下功能：

（1）基于 EGM Stream 读取当前机器人的笛卡儿信息/轴角度信息；

（2）基于 EGM Position Guidance 的笛卡儿位置控制；

（3）基于 EGM Position Guidance 的笛卡儿速度控制；

（4）基于 EGM Position Guidance 的关节位置控制；

（5）基于 EGM Position Guidance 的关节速度控制。

以下 Python 示例代码提供了 5 种方法，实现了关节/笛卡儿的纯速度以及位置控制模式：

（1）CreateSensorMessageJointPose-关节位置控制；

（2）CreateSensorMessageCartesianQuat-笛卡儿位置控制（姿态以四元数形式表达）；

（3）CreateSensorMessageCartesianEuler-笛卡儿位置控制（姿态以欧拉角形式表达）；

（4）CreateSensorMessageSpeedPose-笛卡儿纯速度模式（需要将 posCorrGain 设置为 0）；

（5）CreateSensorMessageSpeedJoint-关节纯速度模式（需要将 posCorrGain 设置为 0）。

```
#egm_pb2.py 文件需要与该项目存放于同一路径下
import egm_pb2 as egm
import socket
#因本次测试在仿真下进行，ip 设置为本机地址
device_ip= "127.0.0.1"
```

```python
#端口号
port=6510
#EGM 通信计数
count=0
#设置 UDP 客户端用于接收数据
robot_socket = socket.socket(socket.AF_INET, socket.SOCK_DGRAM)
#将客户端绑定到上述设置的 ip 地址及端口号
robot_socket.bind((device_ip, port))

#基于 EGM Position Guidance 的关节位置控制
def CreateSensorMessageJointPose(egmSensor,Joints):
    """
    Summary of the function.
    :param egmSensor: egmSensor EGM 传感器输出数据集合
    :param Joints: 关节位置数组
    :return: egmSensor
    """
    egmSensor.header.seqno = count
    egmSensor.header.mtype=egm.EgmHeader.MessageType.MSGTYPE_CORRECTION
    #默认 joints 列表的长度为 0,手动初始化
    egmSensor.planned.joints.joints.extend([0] * len(Joints))
    for i, j in enumerate(Joints):
        egmSensor.planned.joints.joints[i] = j
    return egmSensor
#基于 EGM Position Guidance 的笛卡儿位置控制姿态的输入类型为四元数
def CreateSensorMessageCartesianQuat(egmSensor, pos, quat):
    """
    Summary of the function.
    :param egmSensor: egmSensor EGM 传感器输出数据集合
    :param pos: 笛卡儿位置控制 x、y、z 信息
    :param quat: 笛卡儿位置控制姿态信息以四元数表达
    :return: egmSensor
    """
    egmSensor.header.seqno = count
    egmSensor.header.mtype=egm.EgmHeader.MessageType.MSGTYPE_CORRECTION
    pose=egmSensor.planned.cartesian
    pose.pos.x=pos[0]
    pose.pos.y=pos[1]
    pose.pos.z=pos[2]
    pose.orient.u0=quat[0]
    pose.orient.u1=quat[1]
    pose.orient.u2=quat[2]
    pose.orient.u3=quat[3]
    return egmSensor
#基于 EGM Position Guidance 的笛卡儿位置控制姿态的输入类型为欧拉角
def CreateSensorMessageCartesianEuler(egmSensor, pos, euler):
    """
    Summary of the function.
    :param egmSensor: egmSensor EGM 传感器输出数据集合
    :param pos: 笛卡儿位置控制 x、y、z 信息
    :param euler: 笛卡儿位置控制姿态信息以 ZYX 欧拉角表达
    :return: egmSensor
```

```
    """
    egmSensor.header.seqno = count
    egmSensor.header.mtype=egm.EgmHeader.MessageType.MSGTYPE_CORRECTION
    pose=egmSensor.planned.cartesian
    pose.pos.x = pos[0]
    pose.pos.y = pos[1]
    pose.pos.z = pos[2]
    pose.euler.z = euler[0]
    pose.euler.y = euler[1]
    pose.euler.x = euler[2]
    return egmSensor
#基于 EGM Position Guidance 的笛卡儿速度控制
def CreateSensorMessageSpeedPose(egmSensor, poseSpeed):
    """
    Summary of the function.
    :param egmSensor: egmSensor EGM 传感器输出数据集合
    :param poseSpeed
    :return: egmSensor
    """
    egmSensor.header.seqno = count
    egmSensor.header.mtype=egm.EgmHeader.MessageType.MSGTYPE_CORRECTION
    pose = egmSensor.planned.cartesian
    pose.pos.x = 0
    pose.pos.y = 0
    pose.pos.z = 0
    pose.euler.z = 0
    pose.euler.y = 0
    pose.euler.x = 0
    #默认 cartesians.value 列表的长度为 0，手动初始化
    if len(egmSensor.speedRef.cartesians.value) < len(poseSpeed):
        egmSensor.speedRef.cartesians.value.extend([0] * (len(poseSpeed) - len(egmSensor.speedRef.cartesians.value)))
    cartesianSpeed = egmSensor.speedRef.cartesians
    for i, v in enumerate(poseSpeed):
        cartesianSpeed.value[i] = v
    return egmSensor
#基于 EGM Position Guidance 的关节速度控制，Rapid 侧需要将 PosCorrGain 设置为 0
def CreateSensorMessageSpeedJoint(egmSensor, jointSpeed):
    """
    Summary of the function.
    :param egmSensor: egmSensor EGM 传感器输出数据集合
    :param jointSpeed: 关节速度控制
    :return: egmSensor
    """
    egmSensor.header.seqno = count
    egmSensor.header.mtype=egm.EgmHeader.MessageType.MSGTYPE_CORRECTION
    egmSensor.planned.joints.joints.extend([0] * 6)
    #速度控制模式下仍需要输入位置信息，由于 PosCorrGain 已设置为 0，故位置信息写入 0
    for i in range(6):
        egmSensor.planned.joints.joints[i] = 0
    #默认 joints.joints 列表的长度为 0，手动初始化
    if len(egmSensor.speedRef.joints.joints) < len(jointSpeed):
```

```python
            egmSensor.speedRef.joints.joints.extend([0] * (len(jointSpeed) - len(egmSensor.speedRef.joints.joints)))
        jSpeed = egmSensor.speedRef.joints
        for i, v in enumerate(jointSpeed):
            jSpeed.joints[i] = v
        return egmSensor
#开始主程序
print(f"start listening in {device_ip}:{port}")
while True:
    data, addr = robot_socket.recvfrom(1024)    #Buffer size is 1024 bytes
    print(f"Received message from {addr}")
    #读取机器人侧发送的基于 Google Protocol Buffer 序列化后的二进制信息
    message=egm.EgmRobot()
    #解析数据
    message.ParseFromString(data)
    #读取信息序列号
    Seq=message.header.seqno
    #读取时间信息
    Time=message.header.tm
    #读取当前笛卡儿位置信息
    CurX=message.feedBack.cartesian.pos.x
    CurY=message.feedBack.cartesian.pos.y
    CurZ=message.feedBack.cartesian.pos.z
    CurRZ = message.feedBack.cartesian.euler.z
    CurRY = message.feedBack.cartesian.euler.y
    CurRX = message.feedBack.cartesian.euler.x
    #读取当前关节的位置信息
    J1 = message.feedBack.joints.joints[0]
    J2 = message.feedBack.joints.joints[1]
    J3 = message.feedBack.joints.joints[2]
    J4 = message.feedBack.joints.joints[3]
    J5 = message.feedBack.joints.joints[4]
    J6 = message.feedBack.joints.joints[5]
    print(f"SeqNum={Seq}, Time={Time}, X={CurX}, Y={CurY}, Z={CurZ}, J1 ={J1}, J2 ={J2}, J3 ={J3}, J4 ={J4}, J5 ={J5}, J6 ={J6}")

    #================================================
    #根据需求，将对应部分解除注释，实现特定方式的位置控制
    #笛卡儿位置控制姿态以四元数表达
    Pos=[CurX,CurY,CurZ]
    Quat=[1,0,0,0]
    #egmSensor=egm.EgmSensor()
    #egmSensor=CreateSensorMessageCartesianQuat(egmSensor,Pos,Quat)
    #笛卡儿位置控制姿态以欧拉角表达
    #Pos=[CurX+0.5,CurY+0.5,CurZ+0.5]
    Euler=[CurRZ+0.5,CurRY-0.5,CurRZ+0.5]
    #egmSensor=egm.EgmSensor()
    #egmSensor=CreateSensorMessageCartesianEuler(egmSensor,Pos,Euler)
    #关节位置控制
    joints = [J1+0.05, J2+0.05, J3-0.05, J4+0.05,J5,J6]
    #egmSensor = egm.EgmSensor()
    #egmSensor = CreateSensorMessageSpeedJointPose(egmSensor,joints)
```

```
#笛卡儿速度控制
poseSpeed= [0.01,0.01,0,0,0,0]
#egmSensor = egm.EgmSensor()
#egmSensor = CreateSensorMessageSpeedPose(egmSensor, poseSpeed)
#关节速度控制
jointSpeed = [0.01,0.01,0.01,0.01,0,0]
egmSensor = egm.EgmSensor()
egmSensor = CreateSensorMessageSpeedJoint(egmSensor, jointSpeed)
#==================================================
#序列化发送信息后通过 UDP 发送至机器人
mess = egmSensor.SerializeToString()
robot_socket.sendto(mess, addr)
#计数加 1
count+=1
```

对应的机器人侧的 RAPID 程序与前一章节的类似，本章以笛卡儿位置模式举例，具体如下所示。

```
PROC move_pose()
    nGain :=1;
    EGMReset egmID2;
    waittime 1;
    EGMGetId egmID2;
    egmSt2:=EGMGetState(egmID2);
    TPWrite "EGM state: "\Num:=egmSt2;
    IF egmSt2<=EGM_STATE_CONNECTED THEN
        EGMSetupUC ROB_1,egmID2,"default","UCdevice"\pose;
    ENDIF
    EGMActPose  egmID2\Tool:=tool0,corr_frame_offs,EGM_FRAME_WORLD,corr_frame_offs,EGM_FRAME_WORLD\x:=egm_minmax_lin1\y:=egm_minmax_lin1\MaxSpeedDeviation:=150;
    EGMRunPose      egmID2,EGM_STOP_HOLD\x\y\z\rx\ry\rz\CondTime:=1000\RampInTime:=0.05\RampOutTime:=0.05\PosCorrGain:=nGain;
ENDPROC
```

程序配置完成后，先启动 Python 脚本，再启动机器人程序，即可实现 Python EGM Position Guidance 功能。

10.6 基于 MediaPipe 的手势控制

MediaPipe 是 Google 开发的一套开源框架，用于实现实时的多模态（视频、音频、传感器）数据处理。它可以帮助开发者快速构建高效的跨平台机器学习管道，尤其适用于实时计算任务（如人体姿态检测、手势识别、面部特征提取等）。MediaPipe 提供了许多预训练的模型和模块，能够处理复杂的计算机视觉任务，适用于 Android、iOS、Web 和桌面平台。

MediaPipe 的核心功能基于 C++实现，同时完美支持 Python。基于此，本节将使用 MediaPipe 的一个核心功能——手势识别，结合上一节介绍的 Python 使用 EGM，实现手势实时控制机器人功能（注意：由于 EGM 本身的实时性较高，为保证安全，请首先在虚拟机中测试该功能）。

MediaPipe Hands 提供了一种手部及手指跟踪的解决方案。它采用机器学习（ML）技术，仅通过一帧图像就能推断出手部的 21 个三维点坐标信息（详细介绍见图 10-22，参见 MediaPipe 官网）。其工作原理分为以下几个阶段。

- 手部检测：检测图像中是否存在手部信息，并返回边界框（Bounding Box）以锁定感兴趣区域（ROI）。
- 手部关键点检测：在边界框内，通过回归模型检测手部的 21 个关键点，包括手指关节和手掌的三维关键点。
- 动作和手势识别：基于检测到的关键点信息，进一步分析和识别用户的手势或动作。

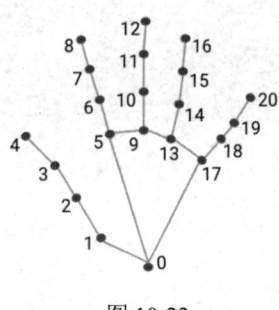

图 10-22

21 个特征点的具体信息见表 10-2。

表 10-2 21 个特征点的具体信息

特征三维点序号	点 位 名 称	点 位 信 息
0	Wrist	手腕
1	Thumb_cmc	拇指腕掌关节
2	Thumb_mcp	拇指的掌指关节
3	Thumb_ip	拇指的指间关节
4	Thumb_tip	拇指的指尖
5	Index_finger_mcp	食指的掌指关节
6	Index_finger_pip	食指的近端指间关节
7	Index_finger_dip	食指的远端指间关节
8	Index_finger_tip	食指的指尖
9	Middle_finger_mcp	中指的掌指关节
10	Middle_finger_pip	中指的近端指间关节
11	Middle_finger_dip	中指的远端指间关节
12	Middle_finger_tip	中指的指尖
13	Ring_finger_mcp	无名指的掌指关节
14	Ring_finger_pip	无名指的近端指间关节
15	Ring_finger_dip	无名指的远端指间关节
16	Ring_finger_tip	无名指的指尖
17	Pinky_mcp	小指的掌指关节
18	Pinky_pip	小指的近端指间关节
19	Pinky_dip	小指的远端指间关节
20	Pinky_tip	小指的指尖

本节以食指指向为例：

当食指指向方向向上时，通过位置控制调整使机器人沿着 Base z+方向移动；

当食指指向方向向下时，通过位置控制调整使机器人沿着 Base z-方向移动；

当食指指向方向向左时，通过位置控制调整使机器人沿着 Base y+方向移动；

当食指指向方向向右时，通过位置控制调整使机器人沿着 Base y-方向移动。

MediaPipe 的安装配置流程如下所示。

（1）安装 numpy。

```
pip install numpy
```

（2）安装 opencv-contrib-python。

```
pip install opencv-contrib-python
```

（3）安装 mediapipe。

```
pip install mediapipe
```

完成以上流程后，打开 Python IDE，创建如下的 Python 项目。

```python
import cv2
import mediapipe as mp
import egm_pb2 as egm
import socket
import threading
import numpy as np
#因本次测试在仿真下进行，ip 地址设置为本机地址
device_ip= "127.0.0.1"
port=6510
#设置 UDP 客户端用于接收数据
robot_socket = socket.socket(socket.AF_INET, socket.SOCK_DGRAM)
#将客户端绑定到上述设置的 ip 地址及端口号
robot_socket.bind((device_ip, port))
#初始化 MediaPipe Hands
mp_hands = mp.solutions.hands
hands = mp_hands.Hands(min_detection_confidence=0.7, min_tracking_confidence=0.7)
mp_drawing = mp.solutions.drawing_utils
#EGM 通信计数
count = 0
#位置控制信息
poseTargets = [0,0,0,0,0,0]
#构造 EMG 位置矫正信息
def CreateSensorMessageCartesianQuat(egmSensor, pos, quat):
    global count
    egmSensor.header.seqno = count
    egmSensor.header.mtype=egm.EgmHeader.MessageType.MSGTYPE_CORRECTION
    pose=egmSensor.planned.cartesian
    pose.pos.x=pos[0]
    pose.pos.y=pos[1]
    pose.pos.z=pos[2]
    pose.orient.u0=quat[0]
    pose.orient.u1=quat[1]
    pose.orient.u2=quat[2]
    pose.orient.u3=quat[3]
    return egmSensor
#定义手势识别函数
def detect_direction(landmarks):
    global poseTargets
    poseTargets = [0,0,0,0,0,0]
```

```python
        #获取食指的 MCP 和 TIP 坐标
        mcp = np.array([landmarks[5].x, landmarks[5].y])   #MCP
        tip = np.array([landmarks[8].x, landmarks[8].y])   #TIP
        #计算方向矢量
        direction = tip - mcp
        #判断方向
        if abs(direction[0]) > abs(direction[1]):
            if direction[0] > 0:
                poseTargets[1] = -0.5
                return "right"
            else:
                poseTargets[1] = 0.5
                return "left"
        else:
            if direction[1] > 0:
                poseTargets[2] = -0.5
                return "down"
            else:
                poseTargets[2] = 0.5
                return "upper"
def mediapipe_detect():
    cap = cv2.VideoCapture(0)

    while cap.isOpened():
        ret, frame = cap.read()
        if not ret:
            break
        #将图像转换为 RGB
        rgb_frame = cv2.cvtColor(frame, cv2.COLOR_BGR2RGB)
        #手部关键点检测
        result = hands.process(rgb_frame)
        if result.multi_hand_landmarks:
            for hand_landmarks in result.multi_hand_landmarks:
                #绘制手部关键点
                mp_drawing.draw_landmarks(frame, hand_landmarks, mp_hands.HAND_CONNECTIONS)
                #检测食指方向
                landmarks = hand_landmarks.landmark
                direction = detect_direction(landmarks)
                cv2.putText(frame, f"direction: {direction}", (50, 50), cv2.FONT_HERSHEY_SIMPLEX, 1, (0, 255, 0), 2)
        #显示结果
        cv2.imshow("Index Finger Direction Detection", frame)
        if cv2.waitKey(1) & 0xFF == ord('a'):
            break
    cap.release()
    cv2.destroyAllWindows()
#构造 egmSensor 信息并发送至机器人进行位置控制
def send_egm_data():
    global poseTargets
    while True:
        data, addr = robot_socket.recvfrom(1024)   #Buffer size is 1024 bytes
        print(f"Received message from {addr}")
```

```python
            #读取机器人侧发送的基于 Google Protocol Buffer 序列化后的二进制信息
            message = egm.EgmRobot()
            #解析数据
            message.ParseFromString(data)
            #读取信息序列号
            Seq = message.header.seqno
            #读取时间信息
            Time = message.header.tm
            #读取当前笛卡儿位置信息
            CurX = message.feedBack.cartesian.pos.x
            CurY = message.feedBack.cartesian.pos.y
            CurZ = message.feedBack.cartesian.pos.z
            CurQ1 = message.feedBack.cartesian.orient.u0
            CurQ2 = message.feedBack.cartesian.orient.u1
            CurQ3 = message.feedBack.cartesian.orient.u2
            CurQ4 = message.feedBack.cartesian.orient.u3
            print(f"SeqNum={Seq}, Time={Time}, X={CurX}, Y={CurY}, Z={CurZ}")
            #笛卡儿位置控制，姿态以四元数表达
            Pos = [CurX + poseTargets[0] , CurY + poseTargets[1], CurZ + poseTargets[2]]
            #姿态不做调整
            Quat = [CurQ1, CurQ2, CurQ3, CurQ4]
            egmSensor = egm.EgmSensor()
            egmSensor = CreateSensorMessageCartesianQuat(egmSensor, Pos, Quat)
            #序列化发送信息后通过 UDP 发送至机器人
            mess = egmSensor.SerializeToString()
            robot_socket.sendto(mess, addr)
            poseTargets = [0, 0, 0, 0, 0, 0]
print("start guidance!")
if True:
    #分别创建线程对手势进行识别，并同时将手势信息对应的 EGM 位置控制信息序列化后发送至机器人
    mediapipe_thread = threading.Thread(target=mediapipe_detect)
    egm_thread = threading.Thread(target=send_egm_data)
    mediapipe_thread.start()
    egm_thread.start()
    try:
        mediapipe_thread.join()
        egm_thread.join()
    except KeyboardInterrupt:
        print("Program interrupted.")
```

对应的机器人侧 RAPID 程序参考如下。

```
PROC move_pose()
    nGain :=1;
    EGMReset egmID2;
    waittime 1;
    EGMGetId egmID2;
    egmSt2:=EGMGetState(egmID2);
    TPWrite "EGM state: "\Num:=egmSt2;
    IF egmSt2<=EGM_STATE_CONNECTED THEN
        EGMSetupUC ROB_1,egmID2,"default","UCdevice"\pose;
    ENDIF
    EGMActPose  egmID2\Tool:=tool0,corr_frame_offs,EGM_FRAME_WORLD,corr_frame_offs,EGM_
```

```
FRAME_WORLD\x:=egm_minmax_lin1\y:=egm_minmax_lin1\MaxSpeedDeviation:=150;
        EGMRunPose      egmID2,EGM_STOP_HOLD\x\y\z\rx\ry\rz\CondTime:=1000\RampInTime:=0.05\
RampOutTime:=0.05\PosCorrGain:=nGain;
    ENDPROC
```

完成以上程序后，先启动 Python 程序，通过 OpenCV 获取当前摄像头信息。然后启动机器人侧的 RAPID 程序，通过改变人手的食指方向，可以观察到机器人向对应方向进行移动，如图 10-23 所示。

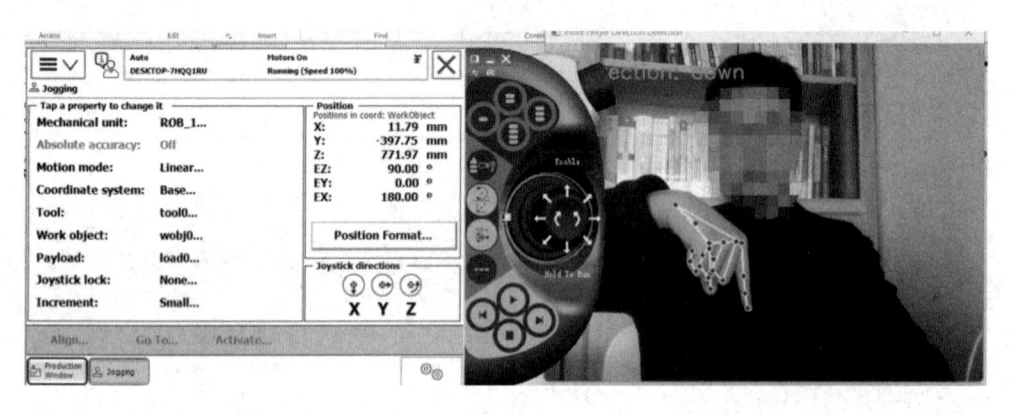

图 10-23

第 11 章　ROS 与 ABB 机器人

11.1　ROS 介绍

11.1.1　ROS

ROS（Robot Operating System）是一个开源的机器人操作系统框架，旨在简化机器人系统的开发过程，并提供一个灵活且可扩展的平台来支持机器人应用的开发。尽管它被称为"操作系统"，但实际上它并不是传统意义上的操作系统，而是一个基于 Linux 的分布式软件框架。ROS 通过提供功能丰富的工具和软件包库，帮助开发者构建、测试和部署各种机器人系统。ROS 的主要特性如下所述。

（1）分布式架构：ROS 采用分布式架构，系统中的各节点（Node）可以在不同的计算机上运行，节点之间通过网络进行通信。这使机器人系统不仅可以容易地进行扩展，而且能够实现跨平台的分布式部署。例如，在一个多机器人协作系统中，每个机器人的控制节点可以运行在不同的计算单元上，而全局任务规划、传感器数据融合等高级功能可以由专门的计算单元负责处理。

（2）开源特性：ROS 是一个开源项目，所有的源代码和文档都对全球开发者开放。开源的特性促进了社区的活跃参与，吸引了大量来自学术界和工业界的开发者贡献代码、共享经验，并为 ROS 的持续发展做出了巨大贡献。开源意味着开发者可以自由地修改和扩展 ROS，满足不同机器人应用的需求。

（3）丰富的软件包库：ROS 拥有庞大的软件包库，涵盖了从基本功能（如运动控制、传感器驱动）到高级应用（如计算机视觉、机器学习）的各领域。这些软件包可以直接使用，或者开发者可以基于它们进行二次开发。

（4）强大的工具支持：ROS 提供了一系列的工具来帮助、调试和可视化机器人系统的各方面，如用于可视化的 RViz、用于数据记录和回放的 rosbag、用于调试的 rostopic 和 rosservice 等。这些工具帮助开发者快速调试和验证机器人系统，大大提高了开发效率。

ROS 的核心概念包括节点（Node）、主题（Topic）、服务（Service）和参数服务器（Parameter Server）等。其中，节点是 ROS 系统中的最小单元，一个节点通常是一个进程，负责执行某项任务。主题是节点之间进行数据传输的通道，通常用于异步的消息传递。服务是一种同步的通信机制，用于节点之间进行请求和响应。一个节点可以提供某个功能作为服务，其他节点可以调用该服务并等待响应。服务通常用于需要请求并返回结果的操作，如路径规划、图像处理等。参数服务器用于存储和管理 ROS 系统中的配置信息和参数。开发者可以通过参数服务器存取参数，如机器人硬件的配置、路径规划的设置等。参数服务器是 ROS 中集中管理和共享参数的中心。

11.1.2 ROS2

ROS2 是机器人操作系统的下一代版本,它是一个用于机器人开发的开源平台,提供了一系列工具和库,用于构建机器人应用程序。相对于 ROS,ROS2 在以下方面做了较大提升。

(1)分布式架构:ROS2 支持分布式架构,允许节点在多个物理机器上运行,通过网络进行通信,支持更复杂和大规模的机器人系统。

(2)实时性:ROS2 引入了实时通信机制,如数据流控制(DDS),以支持严格的实时需求,适用于自动驾驶、工业自动化等领域。

(3)跨平台支持:ROS2 被设计为跨多种操作系统平台(如 Linux、Windows、macOS 等)和不同体系结构(如 x86、ARM 等)运行。

(4)多语言支持:ROS2 提供了对多种编程语言的支持,包括 C++、Python 等,开发者可以根据自己的偏好和需求选择合适的编程语言进行开发。

ROS2 提供了丰富的工具和库,用于开发、调试和测试机器人应用程序,包括仿真工具,如 Gazebo,用于在虚拟环境中模拟机器人行为;视觉库,如 OpenCV,用于图像处理和分析;导航库,如 Navigation2,用于实现机器人的自主导航和避障功能。

11.2 ROS Kinetic

ROS-Industrial 是一个基于 ROS 开发的开源项目,主要面向工业自动化和机器人应用。ROS-Industrial 扩展了 ROS 的功能,使其更适合应用于工业机器人、自动化设备以及生产环境中,并能够通过 ROS 控制 ABB 机器人。

在 ROS Kinetic 中,ABB 驱动程序(ABB Driver)将规划的关节(Joint)点位通过 Socket 方式发送给机器人,以控制其运动。

11.2.1 环境配置与项目搭建

本小节使用到的相关环境如下所述:

(1)Ubuntu 16.04;

(2)ROS Kinetic;

(3)RobotStudio+RobotWare 6 或者 RobotWare 7。

1. 机器人侧的配置流程

(1)下载机器人的 RAPID 代码(下载链接为 https://github.com/ros-industrial/abb_driver),包括 6 个机器人模块文件,具体如下所述。

- ROS_common.sys:全局变量和全局数据类型。
- ROS_socket.sys:处理 Socket 通信。
- ROS_messages.sys:应用特殊数据类型。
- ROS_stateServer.mod:广播轴坐标以及状态机状态。
- ROS_motionServer.mod:接收从 Ubuntu 发送的运动指令信息。
- ROS_motion.mod:执行运动指令。

(2) 在 RobotStudio 中创建机器人工作站并添加以下选项。
- 623-3：MultiTasking。
- 616-1：PC-Interface。

(3) 在机器人系统中创建多个任务。在 RobotStudio 的"控制器（C）"选项卡下的"配置"→"Controller"→"Task"属性界面中，依次创建如表 11-1 所示的 3 个任务。

表 11-1 创建 MultiTask

Name	Type	Trust Level	Entry	Motion Task
ROS_StateServer	SEMISTATIC	NoSafety	main	NO
ROS_MotionServer	SEMISTATIC	SysStop	main	NO
T_ROB1	NORMAL		main	YES

注：创建完成后系统提示需要重启后才能生效，建议待后续所有配置设置完成后再重启。

(4) 创建对应信号。在 RobotStudio 的"控制器（C）"选项卡下的"配置"→"I/O System"→"Signal"属性界面中，按照表 11-2 依次创建信号。

表 11-2 I/O 信号

名 称	信 号 类 型
signalExecutionError	Digital Output
signalMotionPossible	Digital Output
signalMotorOn	Digital Output
signalRobotActive	Digital Output
signalRobotEStop	Digital Output
signalRobotNotMoving	Digital Output
signalRosMotionTaskExecuting	Digital Output

(5) 绑定信号至系统输出状态。在 RobotStudio 的"控制器（C）"选项卡下的"配置"→"I/O System"→"System Output"属性界面中，参考表 11-3 配置系统输出信号。

表 11-3 系统输出信号

信号名称	系 统 状 态	Arg1	Arg2	Arg3	Arg4
signalExecutionError	Execution Error	N/A	T_ROB1	N/A	N/A
signalMotionPossible	Runchain OK	N/A	N/A	N/A	N/A
signalMotorOn	Motors On State	N/A	N/A	N/A	N/A
signalRobotActive	Mechanical Unit Active	ROB_1	N/A	N/A	N/A
signalRobotEStop	Emergency Stop	N/A	N/A	N/A	N/A
signalRobotNotMoving	Mechanical Unit Not Moving	ROB_1	N/A	N/A	N/A
signalRosMotionTaskExecuting	Task Executing	N/A	T_ROB1	N/A	N/A

(6) 加载模块。

① 在机器人 Home 文件夹中新建 Ros 文件夹，将步骤（1）中获得的 6 个机器人模块

文件复制到该文件夹中。

② 修改 ROS_Socket.sys 模块。将 Ros_init_socket 方法中的 IP 地址改为 VMnet 1 口对应的网口 IP 地址（假设已经安装好虚拟机）并保存。以本次测试为例，输入 192.168.159.106，如图 11-1 所示。

```
PROC ROS_init_socket(VAR socketdev server_socket, num port)
    IF (SocketGetStatus(server_socket) = SOCKET_CLOSED) SocketCreate server_socket;
    IF (SocketGetStatus(server_socket) = SOCKET_CREATED) SocketBind server_socket, "192.168.159.106", port;
    IF (SocketGetStatus(server_socket) = SOCKET_BOUND) SocketListen server_socket;
```

图 11-1

③ 在 RobotStudio 的"控制器（C）"选项卡下的"配置"→"Controller"→"Automatic Loading of Modules"属性界面中，按照表 11-4，添加加载模块及其属性。

表 11-4 加载模块

File	Task	Installed	All Tasks	Hidden
HOME:/ROS/ROS_common.sys	/	NO	YES	NO
HOME:/ROS/ROS_socket.sys	/	NO	YES	NO
HOME:/ROS/ROS_messages.sys	/	NO	YES	YES
HOME:/ROS/ROS_stateServer.mod	ROS_StateServer	NO	NO	NO
HOME:/ROS/ROS_motionServer.mod	ROS_MotionServer	NO	NO	NO
HOME:/ROS/ROS_motion.mod	T_ROB1	NO	NO	NO

（7）调整程序的运行模式。在"RAPID"选项卡下，将程序运行模式设置为"连续"（见图 11-2）。设置完成后重启机器人系统。

至此，机器人侧的 ROS 服务器配置完成。将程序运行模式切换为自动模式，将所有程序指针移至 Main。在机器人侧启动 ROS 服务器，并等待 Ubuntu ROS 侧的连接（见图 11-3）。

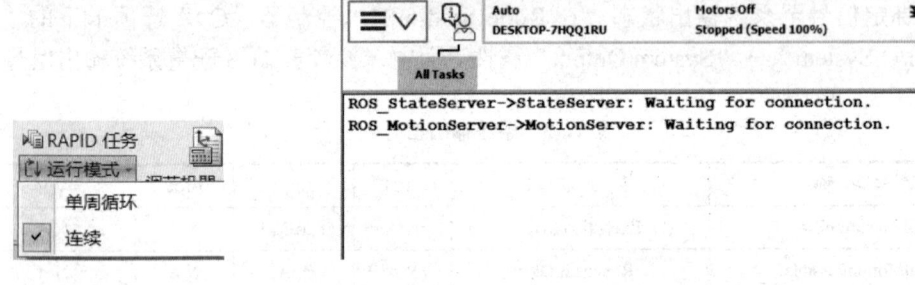

图 11-2

图 11-3

2. Ubuntu ROS 侧的配置流程

（1）安装 Ubuntu 16.04（以 VMWare 虚拟机安装为例）。安装完成后，在 Windows 系统的"控制面板"→"网络与 Internet"→"网络链接"面板下查看 VMWare Virtual Ethernet Adapter for VMnet1 的 IP 地址（见图 11-4）。

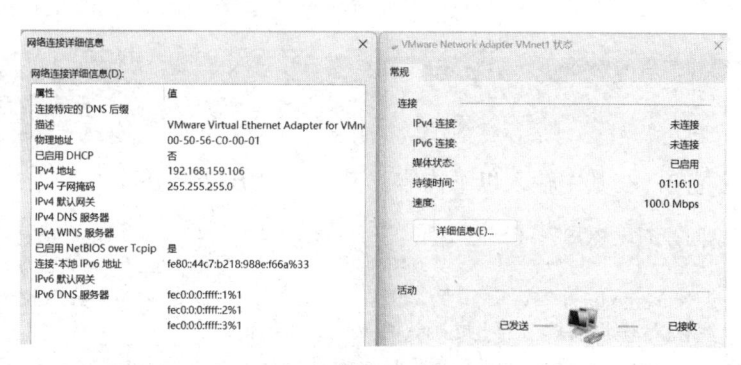

图 11-4

（2）安装 ROS Kinetic（针对国内环境导致的安装失败，建议使用国内安装源，如鱼香 ROS 一键式安装工具进行安装）。

```
wget http://fishros.com/install -O fishros &&. fishros
```

（3）设置 Ubuntu 虚拟机的网络适配器为 NAT 模式（N）。
（4）进入 Ubuntu 系统，在打开的终端（Terminal）中输入以下内容：

```
#创建一个目录结构，用于构建一个 catkin 工作空间
mkdir -p ~/catkin_ws/src
cd ~/catkin_ws
#复制所需文件
git clone -b kinetic-devel https://github.com/ros-industrial/abb.git src/abb
git clone -b kinetic-devel https://github.com/ros-industrial/abb_experimental.git src/abb_experimental
#从 ROS 官网下载最新的依赖数据库
rosdep update
rosdep install --from-paths src/ --ignore-src --rosdistro kinetic
#如果上述 rosdep update 和 rosdep install 失败，可以通过鱼香 ROS 提供的 rosdepc 更新所需的依赖数据库
sudo pip install rosdepc
sudo rosdepc init
rosdepc update
#可以使用 sudo apt install ros-kinetic-XXX，XXX 为报错缺失的依赖库
#如 sudo apt install ros-kinetic-abb-driver
catkin_make
```

（5）进入 Ubuntu 系统，打开终端 1，在其中输入以下内容。执行程序后，终端中显示的内容如图 11-5 所示。

图 11-5

```
#进入 catkin 工作空间并启动 roscore
cd ~/catkin_ws
roscore
```

（6）打开终端 2，在其中输入以下内容，其中以 IRB120 为例。

```
#进入 catkin 工作空间并加载 ROS 环境配置文件
cd ~/catkin_ws
source ~/catkin_ws/devel/setup.bash
#启动 ROS 节点，注意，ip 地址需填写为上文确认的 VMnet 1 地址
roslaunch abb_irb120_moveit_config moveit_planning_execution.launch sim:=false robot_ip:=192.168.159.106
```

成功启动后，终端中显示的内容如图 11-6 所示。成功启动 ROS 节点后，RViz 自动启动并能够看到 IRB120 机器人。

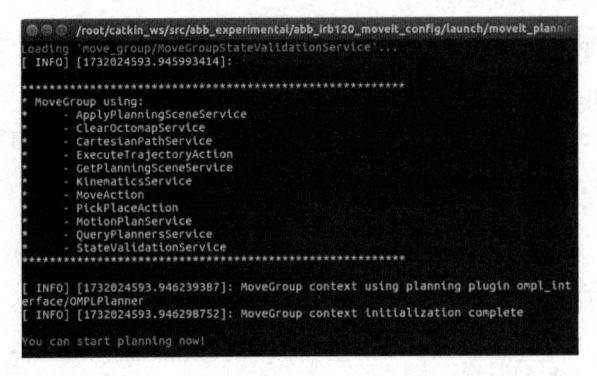

图 11-6

（7）在三维模型区域中，简单移动机器人后，单击图 11-7 中的"Plan and Execute"按钮。ROS 进行路径规划，并在规划完成后通过 Socket 将位置点发送至机器人。此时，RobotStudio 中的机器人模型也会移动至相应位置（见图 11-8）。

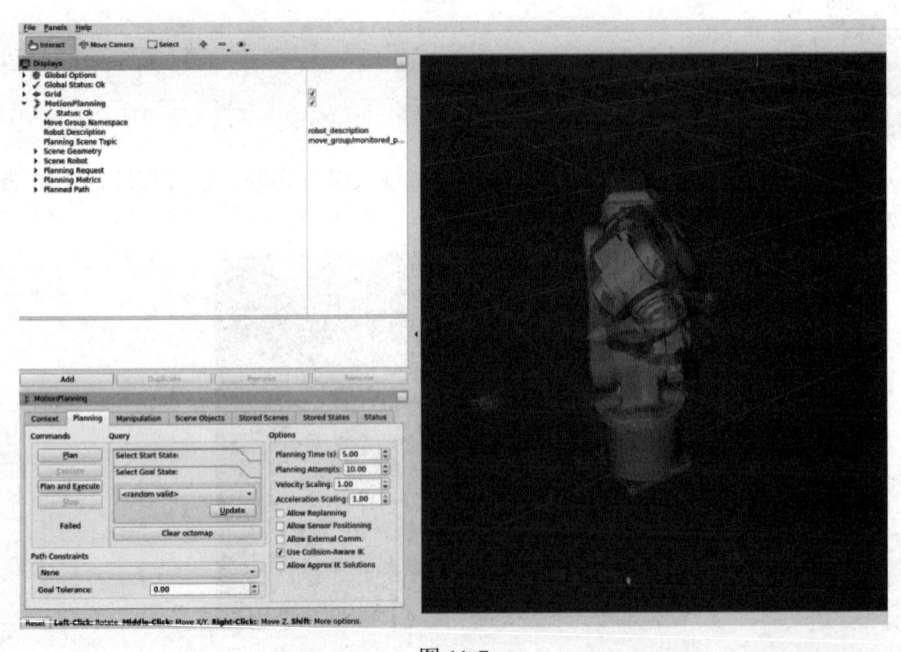

图 11-7

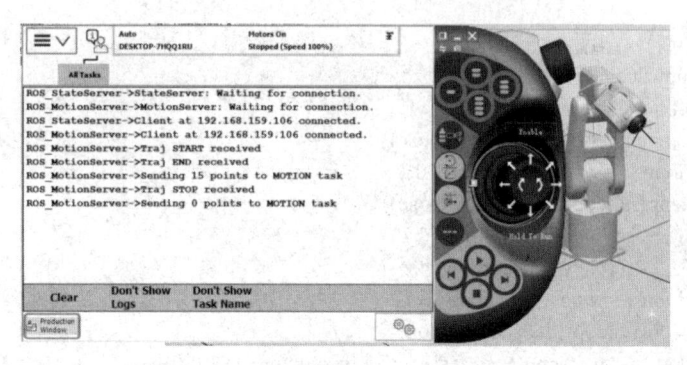

图 11-8

11.2.2 路径规划实例

上一节介绍了如何利用 RViz 简易地生成一段路径，并通过 Socket 将路径发送至机器人，完成相应的运动。除此之外，还可以通过直接编写代码（Python/C++）控制机器人运动。

1. 配置相关环境

（1）安装 Python 相关依赖库。

```
sudo apt install python-yaml
```

（2）进入如下目录（若提示不存在该目录，则利用 mkdir 进行创建）。

```
#替换 username 为对应的用户名称
cd /username/catkin_ws/src/abb_experimental/abb_irb120_moveit_config
```

（3）在当前目录下创建特定 Python 脚本，插入 4 个路径点进行简单的路径规划。

```python
#!/usr/bin/env python
#-*- coding: utf-8 -*-
import rospy, sys
import moveit_commander
from geometry_msgs.msg import Pose
import copy
class MoveItCartesianDemo:
    def __init__(self):
        #初始化 move_group 的 API
        moveit_commander.roscpp_initialize(sys.argv)
        #初始化 ROS 节点
        rospy.init_node('moveit_cartesian_demo', anonymous=True)
        #初始化需要使用控制的机械臂
        arm = moveit_commander.MoveGroupCommander('manipulator')
        #获取终端 link 的名称
        end_effector_link = arm.get_end_effector_link()
        #移动机器人到起始关节位置
        goal = [0,0,0,0,1.57,0]
        arm.go(goal,wait = True)
        #获取当前的位姿数据并将其作为机械臂运动的起始位姿
        start_pose = arm.get_current_pose(end_effector_link).pose
        rospy.loginfo(start_pose)
        #设置移动的 4 个 waypoint
```

```
            waypoints = []
            wpose = copy.deepcopy(start_pose)
            wpose.position.z = wpose.position.z-0.1
            waypoints.append(copy.deepcopy(wpose))
            wpose.position.y = wpose.position.y+0.1
            waypoints.append(copy.deepcopy(wpose))
            wpose.position.z = wpose.position.z+0.1
            waypoints.append(copy.deepcopy(wpose))
            wpose.position.y = wpose.position.y-0.1
            waypoints.append(copy.deepcopy(wpose))
            (plan,fraction )=arm.compute_cartesian_path(waypoints,0.01,0.0)
            arm.execute(plan,wait =True)
if __name__ == "__main__":
    try:
        MoveItCartesianDemo()
    except rospy.ROSInterruptException:
        pass
```

2. 部署测试

（1）创建终端 1。

```
#进入 catkin 工作空间并启动 roscore
cd ~/catkin_ws
roscore
```

（2）创建终端 2。

```
#进入 catkin 工作空间并加载 ROS 环境配置文件
cd ~/catkin_ws
source ~/catkin_ws/devel/setup.bash
#启动 ROS 节点，注意，ip 地址需填写为上文确认的 VMnet 1 地址
roslaunch abb_irb120_moveit_config moveit_planning_execution.launch sim:=false robot_ip:=192.168.159.106
```

（3）创建终端 3。

```
#进入创建的 catkin_ws/src/abb_experimental/abb_irb120_moveit_config 文件夹
cd ~/catkin_ws/src/abb_experimental/abb_irb120_moveit_config
#运行 Python 脚本。注意，将脚本名称替换为实际的名称
python2 demoMoveNew.py
```

执行以上代码后，可以看到 Rviz 里的机器人运动。当机器人完成运动后，在终端可以看到如图 11-9 所示的内容。

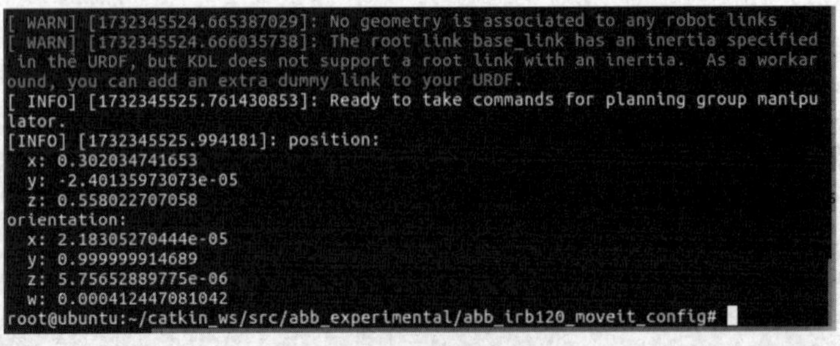

图 11-9

11.3 ROS Noetic

上一节我们介绍了如何使用 abb-driver kinetic devel 通过 ROS 控制机器人运动,其本质在于 ROS 侧进行路径规划并生成点位队列,机器人接收队列后依次执行,因此无法实现闭环控制,适用于对实时性要求不高的应用场景。然而,目前该驱动程序存在一些功能上的局限,如仅支持轴角传输,不支持 I/O 设置或笛卡儿位置传输等功能。

为了克服这些局限,ABB 提供了 EGM 接口,作为面向高级用户的低层次接口,能够以最高 250Hz 的频率接收外部数据(包括关节角度、笛卡儿位姿或纯速度控制),并根据这些数据实时控制机器人运动,同时提供 250Hz 的频率反馈机器人当前位置(包括关节角度和笛卡儿位姿)。这使用户能够实现实时的闭环控制,显著提升了控制精度和响应速度。

目前,ROS Industry 团队已经停止对 Kinetic Devel 版本的 abb-driver 的开发,将重点转移至基于 EGM 和 WebService 的新版本 abb_robot_driver(基于 ROS Noetic)以及 abb_libegm 和 abb_librws 相关库的开发工作。新的驱动程序旨在为工程师提供一个开箱即用的 ROS 节点,简化 ROS 系统与 ABB 机器人之间的交互,使机器人控制更加高效、灵活。

11.3.1 StateMachine Add-In

为了让 ROS 端更方便地通过 WebService 控制机器人流程,以及通过 EGM 实时控制机器人运动,ABB 机器人提供了一个名为 StateMachine Add-In 的插件供用户使用。StateMachine Add-In 是与 ROS 中的 abb_robot_driver 配套使用的必备插件之一。

用户在使用时需要根据实际的机器人系统版本选择相应版本的 StateMachine Add-In 插件,以确保插件的兼容性和系统的正常运行。具体的版本选择参见表 11-5。

表 11-5 StateMachine Add-In 版本参照

RobotWare 版本	StateMachine Add-In 版本
RobotWare 6	StateMachine Add-In 1.1
RobotWare 7	StateMachine Add-In 2.0

在 RobotStudio 的 "RobotWare" 选项卡下,搜索图 11-10 中所示的 StateMachine Add-In 插件,选择正确版本下载并安装。

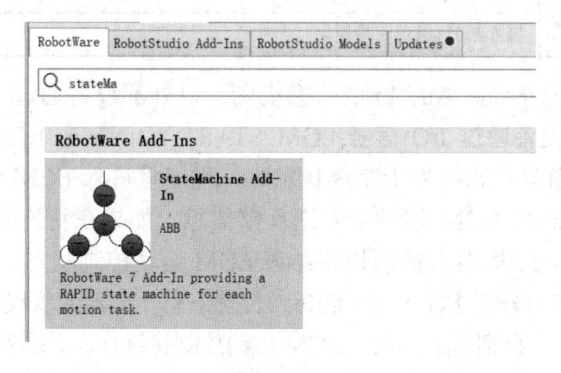

图 11-10

11.3.2 StateMachine Add-In 介绍

StateMachine Add-In 插件主要包含以下几部分：RAPID 模块、I/O 信号、系统配置以及安装脚本。该插件通常与具备 RWS 和 EGM 功能的外部组件协同工作，帮助用户实现机器人数据的读写和实时运动控制。

RWS：用于读写 I/O 信号、RAPID 数据、启动/停止 RAPID 程序的运行，读取机器人的实时状态等。

EGM：通过 UDP 协议实现外部机器人运动的实时控制。

整体系统的工作原理如图 11-11 所示。

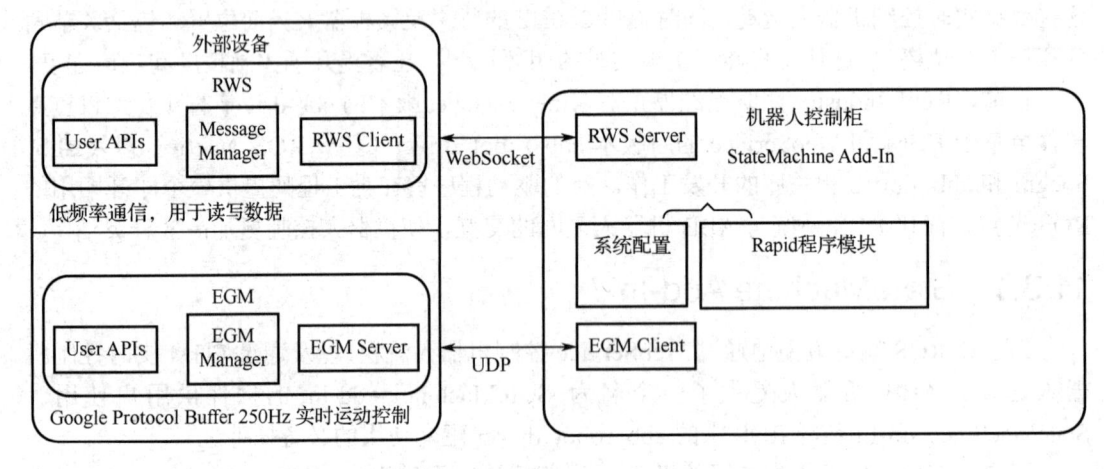

图 11-11

StateMachine Add-In 中主要的 RAPID 模块及其对应功能见表 11-6。

表 11-6 StateMachine Add-In 中主要的 RAPID 模块及其对应功能

模块	功能
TRobMain.mod	状态机主循环流程
TRobUtility.mod	功能性模块
TRobRapid.mod	利用状态机执行 RAPID 指令模块
TRobSystem.sys	用户提供添加系统特定初始化的功能，允许自定义 RAPID 模块通过 rws 被执行
TRobEGM.mod	执行 EGM 外部引导模块

图 11-12 为 StateMachine Add-In 的状态机图。以外部设备通过 EGM 对机器人进行运动控制为例，当外部设备通过 I/O 信号 EGM_START_JOINT 或 EGM_START_POSE 将信号从 0 改为 1，并且当前状态机处于空闲状态时，程序将进入 EGM 运动控制状态。此时，机器人控制柜会向外部的 EGM 服务器发送反馈信息。如果在特定时间内，仍未收到外部 EGM 服务器的反馈信息，机器人控制柜将结束 EGM 运动控制状态，状态机返回空闲状态。

如果控制柜收到来自外界 EGM 反馈的参考位置信息，机器人将根据收到的实时位置信息进行运动。当满足以下三种情况之一时，EGM 运动控制将终止，并且状态机会返回空闲状态：当前机器人位置到达设定的参考位置；超出设定的超时时间；I/O 信号 EGM_STOP 从 0 变为 1。

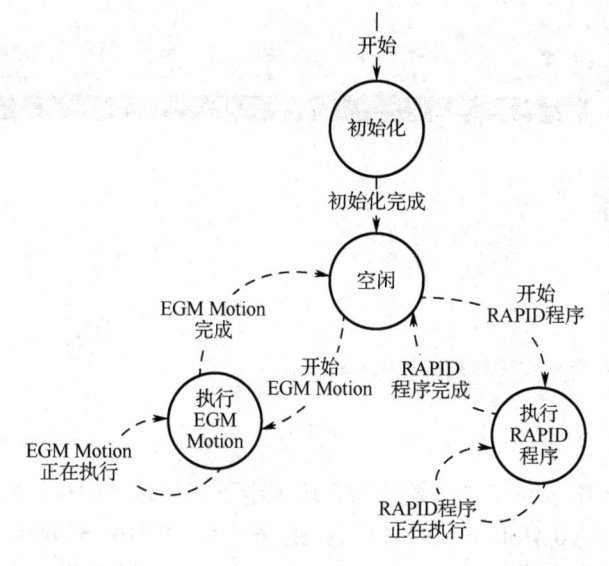

图 11-12

11.3.3 机器人侧配置

实现机器人侧配置的主要步骤如下所述。

（1）单击图 11-13 中的"安装管理器"按钮，选择"安装管理器"选项。

（2）如图 11-14 所示，在弹出的对话框中，单击"新建"按钮。在右侧的"新建"窗口中，输入新系统的名称。

（3）单击"下一个"按钮。

（4）如图 11-15 所示，在弹出的对话框中单击"添加"按钮，选择 RobotWare 产品和 StateMachine Add-In 插件。

图 11-13

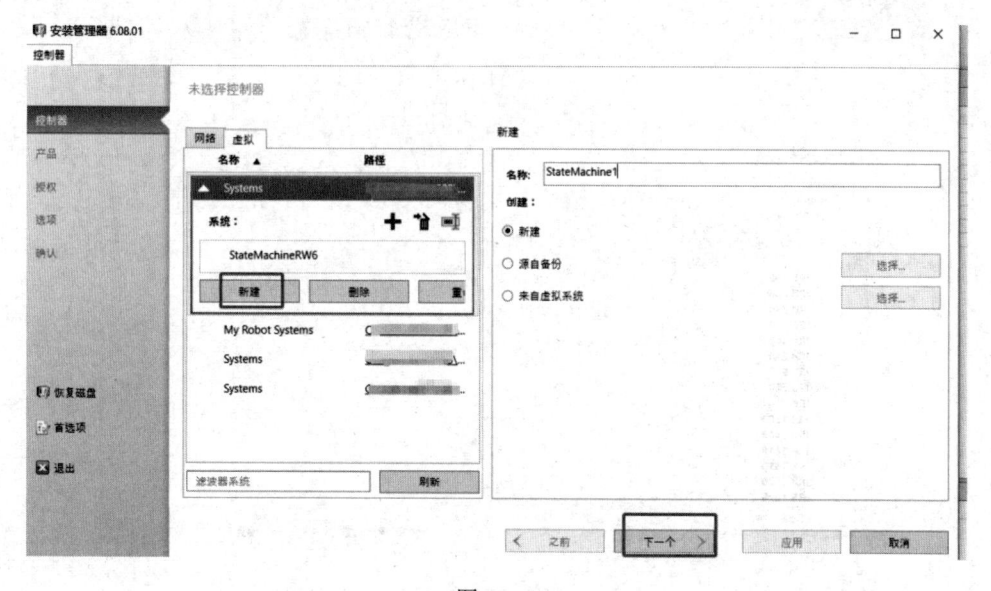

图 11-14

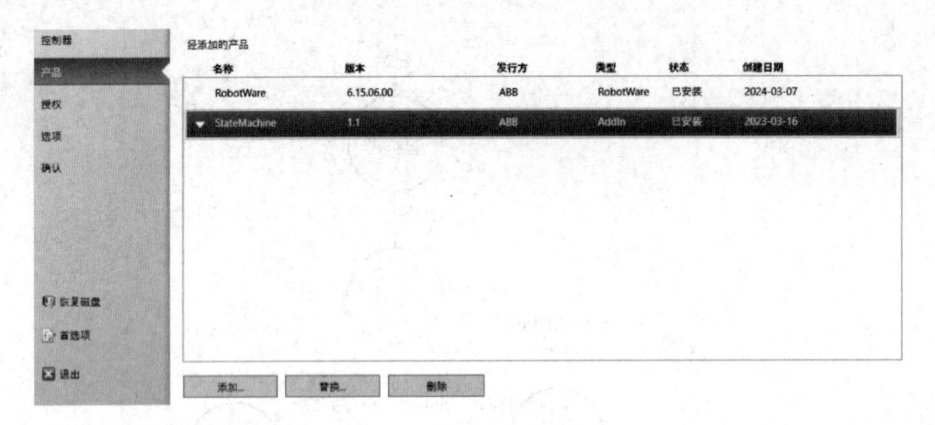

图 11-15

（5）如图 11-16 所示，在"系统选项"选项卡下，勾选"616-1 PC Interface"选项和"689-1 Externally Guided Motion（EGM）"选项；在"传动模块"选项卡下，选择机器人（见图 11-17）；在"应用"选项卡下，勾选"StateMachine Core"（见图 11-18）。单击"下一个"按钮，完成系统创建。

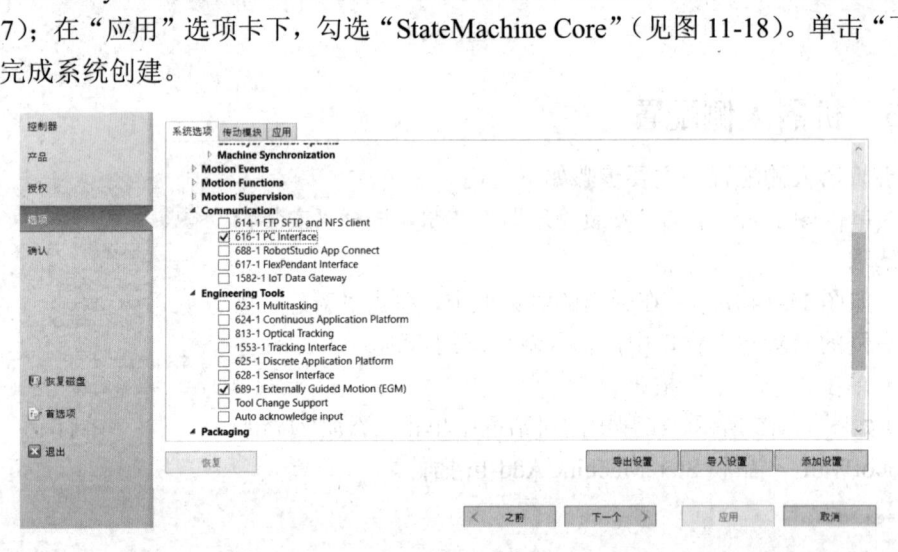

图 11-16

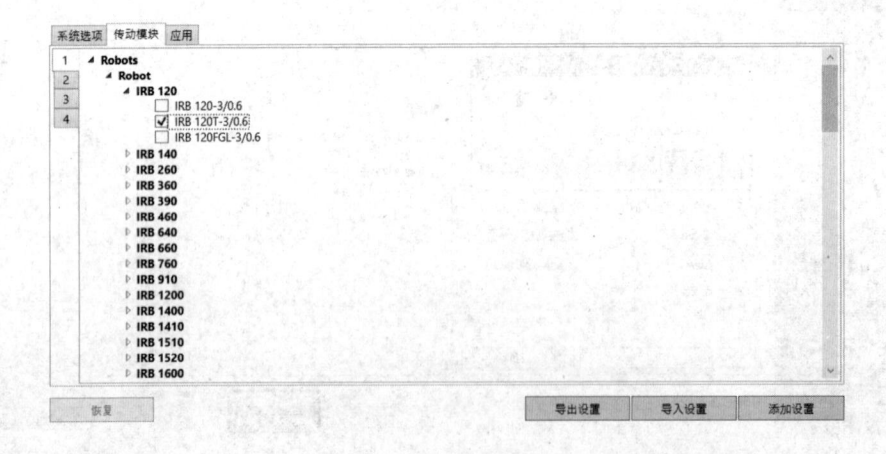

图 11-17

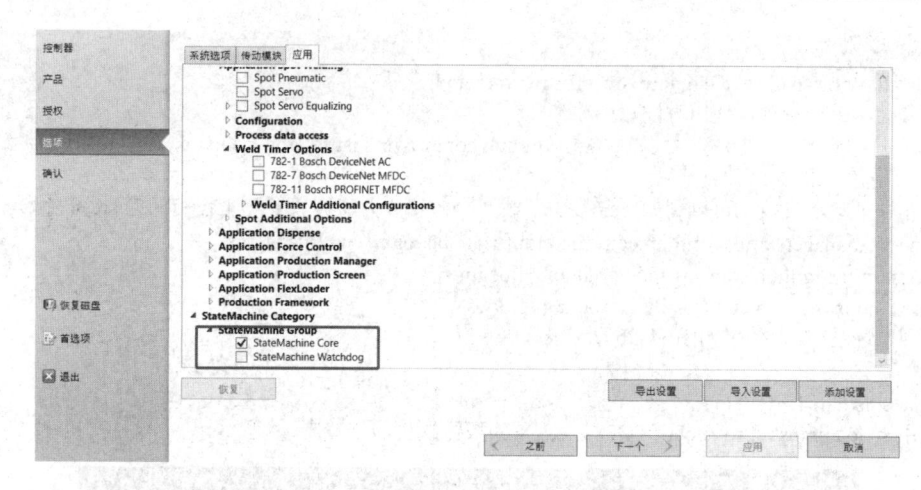

图 11-18

（6）在"控制器（C）"选项卡下的"配置"→"Communication"属性界面中，双击 ROB_1，打开"实例编辑器"对话框，修改"Remote Address"为 Ubuntu 虚拟机地址（通过在 Ubuntu 终端输入 ifconfig 查看），如图 11-19 所示。

图 11-19

11.3.4　Ubuntu ROS 配置

实现 Ubuntu ROS 配置的主要步骤如下所述。

（1）安装 Ubuntu 20.04 LTS（本文以 VMWare 虚拟机安装为例）。

（2）安装 ROS Noetic（针对国内环境可能导致的安装失败，建议使用国内镜像源进行安装，如使用"鱼香 ROS 一键安装工具"）。

（3）设置 Ubuntu 虚拟机的网络适配器，选择 NAT 模式（N）。

（4）进入 Ubuntu 系统，在打开的终端中输入以下命令。

```
#创建一个目录结构，用于构建一个 catkin 工作空间
mkdir -p ~/catkin_ws/src
cd ~/catkin_ws
#安装 vsc
sudo apt update
sudo apt install python3-vcstool
#使用 vcstool 将所有需要的源码复制到 src
vcs import src --input https://github.com/ros-industrial/abb_robot_driver/raw/master/pkgs.repos
#从 ROS 官网下载更新最新的依赖数据库
```

```
rosdep update
rosdep install --from-paths src --ignore-src --rosdistro melodic
#更新并安装相关依赖项，使用时注意网络环境
#如果 rosdep update 一直失败，可以到 https://github.com/ros-industrial/abb_robot_driver 下载所有源码并放
#到 ROS 工作空间的 src 下
#若安装相关依赖项失败，可以到如下链接中下载 3 个依赖项并将其放置到工作空间的 src 下
#abb egm rws managers:https://github.com/ros-industrial/abb_egm_rws_managers
#abb libegm:https://github.com/ros-industrial/abb_libegm
# abb librws:https://github.com/ros-industrial/abb_librws
# 手动下载放置文件，效果如图 11-20 所示
# 编译
catkin_make_isolated
#可以使用 sudo apt install ros-noetic-XXX，XXX 为报错缺失的依赖库
```

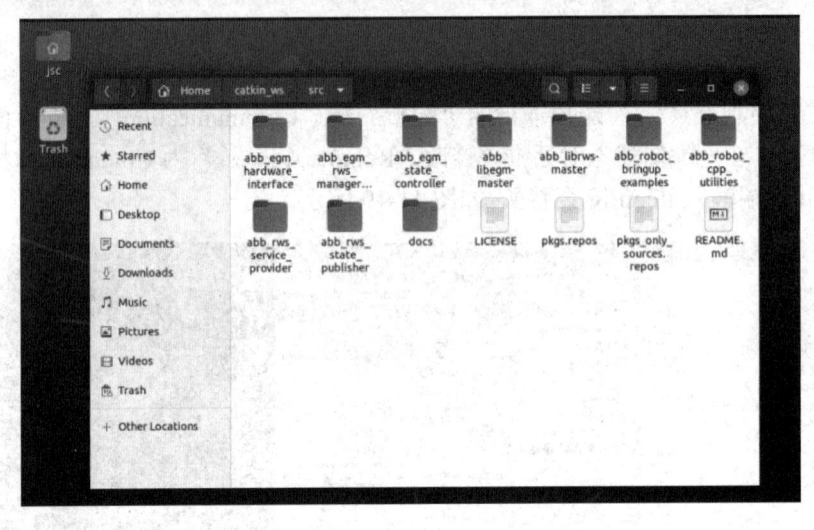

图 11-20

通常情况下，首次执行 catkin_make_isolated 时，可能会提示报错，缺失依赖库。可以根据报错信息中缺失的依赖库名称，依次使用"sudo apt install ros-noetic-XXX"命令进行安装。安装完成后，再次执行 catkin_make_isolated，直至没有错误为止。注意，在安装依赖库时，库文件名称中的下画线需要替换为横杠。以下是作者在测试时遇到的部分缺失依赖库：

```
#提示缺失 abb_egm_msgs
sudo apt install ros-noetic-abb-egm-msgs
#提示缺失 abb_rapid_msgs
sudo apt install ros-noetic-abb-rapid-msgs
#提示缺失 abb_rapid_sm_addin_msgs
sudo apt install ros-noetic-abb-rapid-sm-addin-msgs
#提示缺失 abb_robot_msgs
sudo apt install ros-noetic-abb-robot-msgs
```

（5）Ubuntu 虚拟机通信验证。

首先，通过 Windows 主机查看 VMnet 1 网口的 IP 地址（例如，VMnet 1 网口地址为 192.168.159.106），然后，通过以下两种方式验证 Ubuntu 虚拟机与 Windows 主机之间的通信。

- 在 Ubuntu 系统中打开终端，尝试 ping 192.168.159.106，检查是否能够成功 ping 通。
- 在 Windows 上启动 RobotStudio 虚拟机器人后，进入 Ubuntu 打开浏览器，输入 192.168.159.106/rw/system。尝试利用 RWS 访问虚拟机器人，登录时输入账号：Default User，密码：robotics，查看是否能够读取虚拟机器人的相关信息。

若登录后提示 RAPI unidentified error，请检查虚拟机的网络设置是否为 NAT 模式。若问题依旧，请参考以下链接，添加远程访问虚拟机的白名单：

https://github.com/ros-industrial/abb_librws/issues/81

11.3.5　实例 I：RWS

该实例通过 RWS 实现以下功能：读取机器人的实时状态和位置信息；启动、选择或停止机器人程序的运行。

（1）创建终端 1：

```
#进入 catkin 工作空间并启动 roscore
cd ~/catkin_ws
roscore
```

（2）创建终端 2：

```
#进入 catkin 工作空间并加载 ROS 环境的配置文件
cd ~/catkin_ws
source ~/catkin_ws/devel/setup.bash
#启动 ROS 节点
roslaunch abb_robot_bringup_examples ex1_rws_only.launch robot_ip:=192.168.159.106
```

（3）创建终端 3：

```
#查看 rostopic 当前的 ROS 话题
Rostopic list
```

该终端当前的 ROS 话题如下所示（见图 11-21）：

- rosout：实时输出 ROS 系统的日志信息；
- rosout_agg：/rosout 的聚合版本；
- /rws/joint_states：轴角状态；
- /rws/sm_addin/runtime_states：状态机当前的状态；
- /rws/sytstem_states：机器人当前整体状态概览。

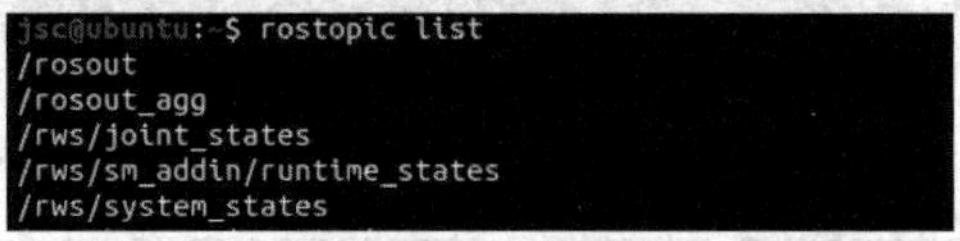

图 11-21

（4）在终端 3 中输入以下命令，可以查看机器人的关节角度和当前状态（见图 11-22）：

```
#查看机器人的关节角度
rostopic echo -c /rws/joint_states
#查看机器人的当前状态
rostopic echo -c /rws/system_states
```

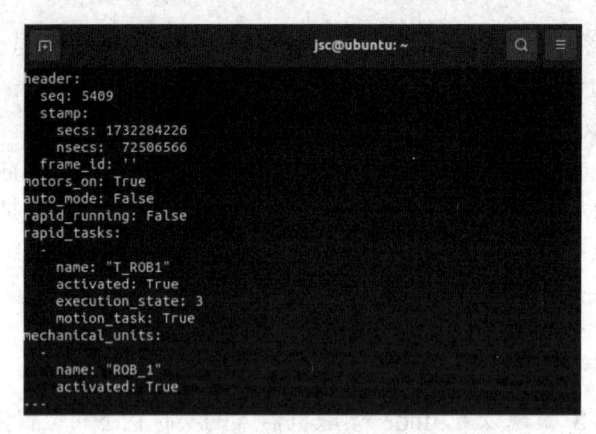

图 11-22

（5）创建终端 4：

```
#查看当前可用 ROS 服务
rosservice list
```

该终端主要支持以下服务功能。
- 基础功能：电机上下电、启动或停止 RAPID 程序的执行、读写 RAPID 变量、读写 HOME 目录下的文件内容、设置机器人的运行速率、设置 I/O 信息。
- StateMachine Add-In 相关交互。

接下来介绍如何实现对 HOME 目录下文件内容的读写操作，以及启动和停止 RAPID 程序的执行。

（1）读写 HOME 目录下的文件内容。

在 HOME 目录下创建 pointCloud.txt 文件，如图 11-23 所示。

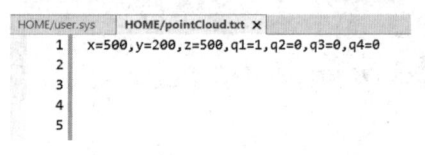

图 11-23

输入以下命令，查看与改写当前目录下 pointCloud.txt 文件中的内容。

```
#查看当前目录下 pointCloud.txt 文件中的内容，效果如图 11-24 所示
rosservice call /rws/get_file_contents pointCloud.txt
#改写 pointCloud.txt 文件中的内容，效果如图 11-25 所示
rosservice call /rws/set_file_contents pointCloud.txt "x=505,y=205,z=505,q1=1,q2=0,q3=0,q4=0"
```

图 11-24

图 11-25

（2）启动和停止 RAPID 程序，具体实现命令如下所示。其中，终端中输出的内容如图 11-26 所示。

```
#停止当前 RAPID 程序后，重新启动 PP2Main 程序
rosservice call /rws/stop_rapid "{}"
```

```
rosservice call /rws/pp_to_main "{}"
rosservice call /rws/start_rapid "{}"
```

```
jsc@ubuntu:~$ rosservice call /rws/stop_rapid "{}"
result_code: 3005
message: "\"RAPID is not running\""
jsc@ubuntu:~$ rosservice call /rws/pp_to_main "{}"
result_code: 1
message: ''
jsc@ubuntu:~$ rosservice call /rws/start_rapid "{}"
result_code: 1
message: ''
jsc@ubuntu:~$
```

图 11-26

11.3.6　实例 II：EGM 控制机器人运动

该实例实现以下功能：利用 RWS 对机器人进行上电和启动操作；利用 EGM 对机器人进行实时纯速度运动控制。

此外，修改机器人系统中 TRobEGM 模块的 DEFAULT_COMM_TIMEOUT 参数（加大通信超时报警时间）和 DEFAULT_POSITION_CORR_GAIN 参数（将位置增益设置为 0，以支持 EGM 的纯速度控制），如图 11-27 所示。

```
! Default values for the EGM instructions.
LOCAL CONST bool DEFAULT_ALLOW_EGM_MOTIONS   := TRUE;
LOCAL CONST bool DEFAULT_USE_PRESYNC         := FALSE;
LOCAL CONST bool DEFAULT_USE_FILTERING       := TRUE;
LOCAL CONST num  DEFAULT_COMM_TIMEOUT        := 120;
LOCAL CONST pose DEFAULT_CORRECTION_FRAME    := [[0, 0, 0], [1, 0, 0, 0]];
LOCAL CONST pose DEFAULT_SENSOR_FRAME        := [[0, 0, 0], [1, 0, 0, 0]];
LOCAL CONST num  DEFAULT_COND_MIN_MAX        := 0.5;
LOCAL CONST num  DEFAULT_LP_FILTER           := 20;
LOCAL CONST num  DEFAULT_SAMPLE_RATE         := 4;
LOCAL CONST num  DEFAULT_MAX_SPEED_DEVIATION := 1;
LOCAL CONST num  DEFAULT_CONDITION_TIME      := 60;
LOCAL CONST num  DEFAULT_RAMP_IN_TIME        := 1;
LOCAL CONST pose DEFAULT_OFFSET              := [[0, 0, 0], [1, 0, 0, 0]];
LOCAL CONST num  DEFAULT_POSITION_CORR_GAIN  := 0;
LOCAL CONST num  DEFAULT_RAMP_OUT_TIME       := 1;
```

图 11-27

实现本节所需的 EGM 外部实时运动控制，需要在执行 roslauch 之前提前安装以下软件包：

```
#用于读取关节位置
sudo apt install ros-noetic-joint-state-controller
#用于设置关节速度
sudo apt install ros-noetic-velocity-controllers
```

具体的实现步骤如下所述。

（1）创建终端 1：

```
#进入 catkin 工作空间并启动 roscore
cd ~/catkin_ws
roscore
```

（2）创建终端 2：

```
#进入 catkin 工作空间并加载 ROS 环境的配置文件
cd ~/catkin_ws
```

```
source ~/catkin_ws/devel/setup.bash
#启动 ROS 节点
roslaunch abb_robot_bringup_examples ex2_rws_and_egm_6axis_robot.launch robot_ip:=192.168.159.106
```

（3）创建终端 3：

```
#订阅查看 EGM 状态机当前的状态，如图 11-28 所示
rostopic echo -c /egm/egm_states
```

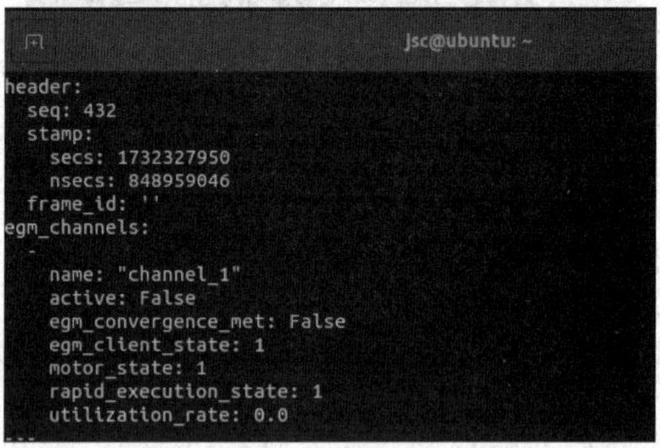

图 11-28

（4）创建终端 4：

```
#利用 RWS 停止当前 RAPID 程序的执行
rosservice call /rws/stop_rapid "{}"
#利用 RWS 执行 PP2Main 程序
rosservice call /rws/pp_to_main "{}"
#利用 RWS 启动程序
rosservice call /rws/start_rapid "{}"
#利用 RWS 开启 EGM 会话进行位置引导，开启成功，示教器中的提示如图 11-29 所示
rosservice call /rws/sm_addin/start_egm_joint "{}"
```

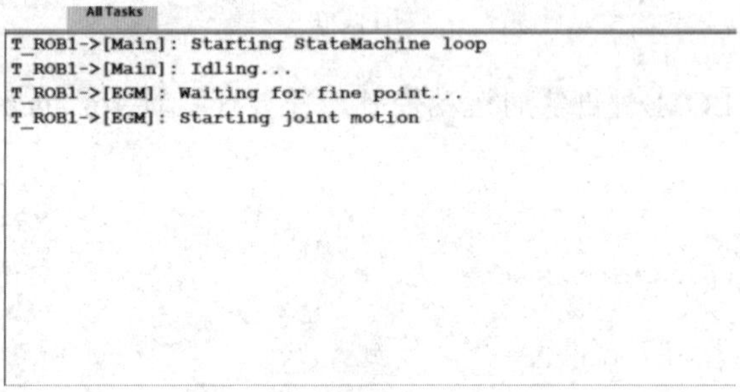

图 11-29

在终端 4 中输入以下命令：

```
#开启 ros_control
rosservice call /egm/controller_manager/switch_controller "start_controllers: [joint_group_velocity_controller]
stop_controllers: ['']
strictness: 1
start_asap: false
timeout: 0.0"
```

当需要停止当下 EGM 外部引导时，输入以下命令：

#利用 RWS 停止 EGM 会话
rosservice call /rws/sm_addin/stop_egm "{}"

（5）创建终端 5：

#利用 rostopic 发布速度控制命令，开始进行速度引导，速度单位为 rad/s
rostopic pub /egm/joint_group_velocity_controller/command std_msgs/Float64MultiArray "data: [0,0,0,0,0,0.1]"
#机器人运动，效果如图 11-30 所示

（6）创建终端 6：

#订阅查看 EGM 当前机器人反馈的角度
rostopic echo -c /egm/joint_states

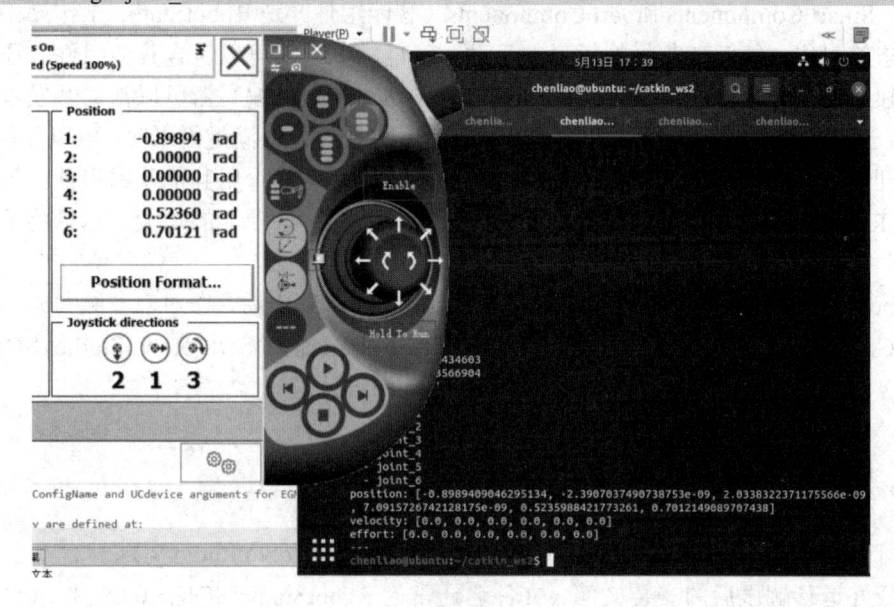

图 11-30

第 12 章　RobotStudio Smart 组件开发

RobotStudio 是 ABB 公司基于.NET 框架构建的仿真与离线编程软件，并提供了一个可进行深度定制化的接口，这个接口就是 RobotStudio SDK。该 SDK 以 DLL 动态链接库的形式，采用 C#语言提供给用户，满足两方面需求：Add-In 插件和 Smart Components。

（1）Add-In:Add-In 插件扩展了 RobotStudio 用户选项卡的功能。

（2）Smart Components:Smart Components（智能组件）是 RobotStudio 工作站中具有行为和状态的对象，能够参与模拟场景的互动。智能组件不仅可以包含其他组件，还可以作为一种独立的实体使用。例如，RobotStudio 中的 Smart 组件编写器可以帮助开发者开发基本组件。当智能组件的功能变得过于复杂，或者现有组件无法满足需求时，可以使用 Visual Studio 开发带有隐藏代码的智能组件。通过隐藏代码，也能重用其他基本组件。智能组件扩展了 RobotStudio 工作站的功能，而非仅限于扩展用户选项卡的功能。本章将重点介绍 Smart 组件的插件开发。

RobotStudio SDK 相关资料，可在安装 RobotStudio SDK 后，在对应安装目录下（默认路径为 C:\Program Files (x86)\ABB Industrial IT\Robotics IT\SDK\RobotStudio SDK 6.08\Help\en）查看帮助文档（RobotStudio API Reference.chm）。

12.1　RobotStudio SDK 安装

您可以在 RobotStudio SDK 下载页面下载合适版本的 RobotStudio SDK。

下载并运行解压后的安装文件（文件名通常为 RobotStudio SDK.6.08.8307.1040.exe）。验证是否成功安装的方法如下所述。

（1）打开 Visual Studio。

（2）创建一个新的项目，检查是否已经加载了工程向导。

（3）在创建项目时，查看项目模板。如果模板选项较多，可以通过搜索功能查找相关模板（见图 12-1）。若在图 12-1 中没有出现相应的工程向导，也可手动添加模板文件：

首先，找到 RobotStudio SDK 安装目录下的模板文件（见图 12-2）。

然后，找到 Visual Studio 的模板目录，即通过 Visual Studio 的菜单栏找到"Options"对话框，在"Projects and Solutions"的"Locations"里看到"User project templates location"路径（见图 12-3）。

最后，将 RobotStudio SDK 的模板文件夹复制到 Visual Studio 的模板路径下（见图 12-4），重启 Visual Studio 后可看到相应工程模板向导的选项。

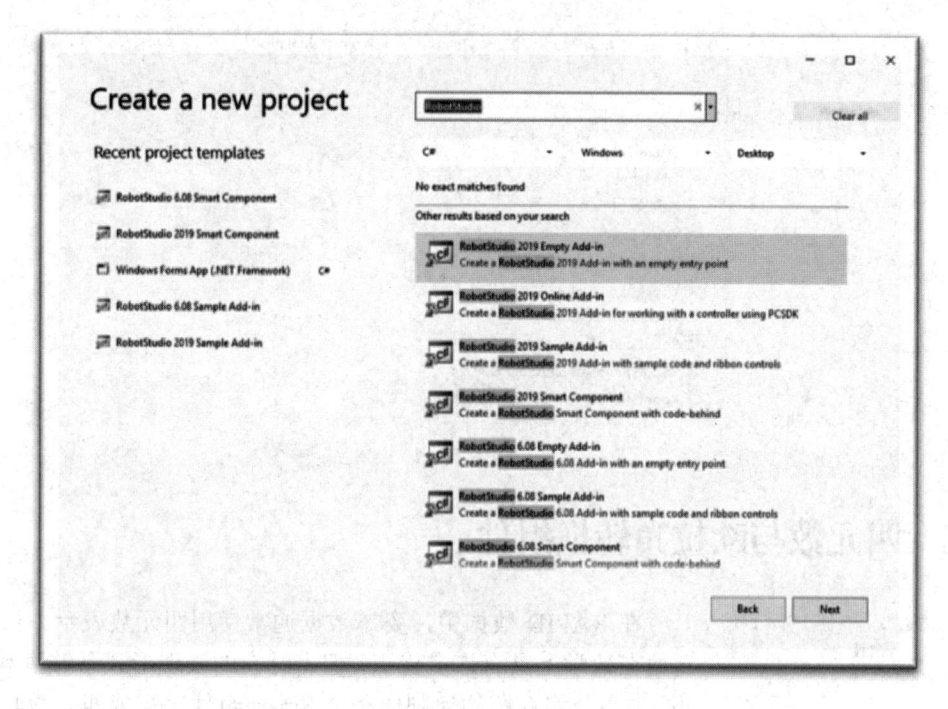

图 12-1

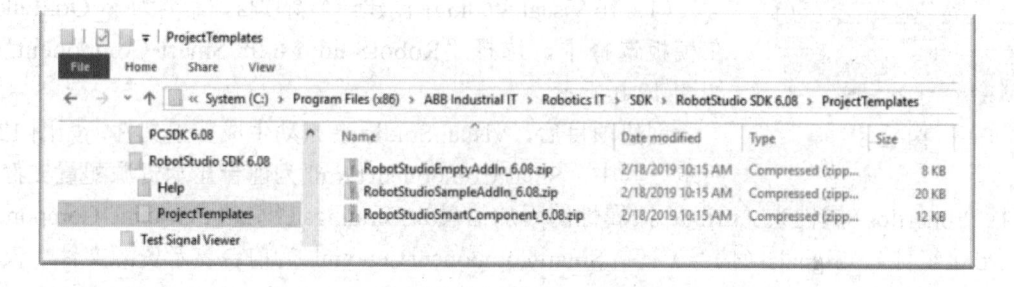

图 12-2

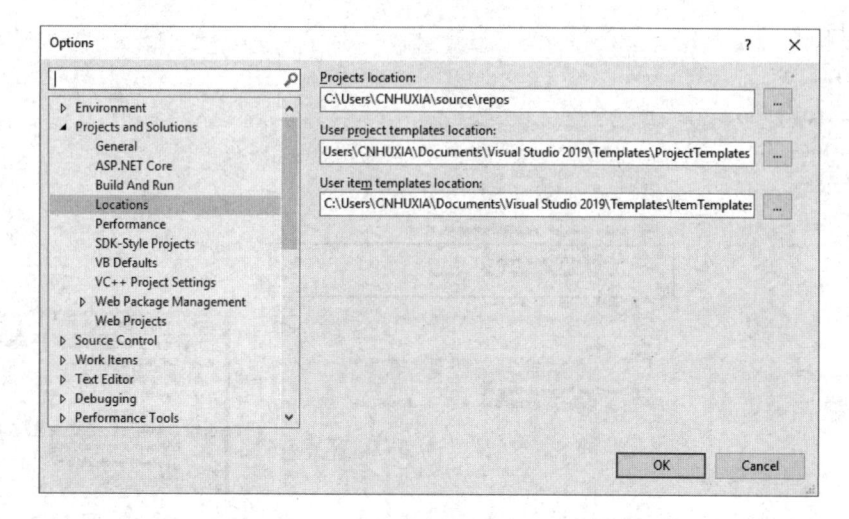

图 12-3

```
Documents > Visual Studio 2022 > Templates > ProjectTemplates
Name
  C#
  Extensibility
  JavaScript
  TypeScript
  Visual Basic
  Visual C++
  Visual C++ Project
  Visual Web Developer
  RobotStudioEmptyAddIn_6.08.zip
  RobotStudioSampleAddIn_6.08.zip
  RobotStudioSmartComponent_6.08.zip
```

图 12-4

12.2 四元数与欧拉角转换组件

在 RAPID 数据中，姿态数据通常使用四元数表示。虽然四元数在数学上具有许多优点，但有时它的表现形式不够直观。因此，本小节将介绍如何制作一个 Smart 组件来实现四元数与欧拉角之间的转换（见图 12-5）。具体实现步骤如下所述。

（1）在 Visual Studio 中创建一个新项目，命名为 sc_Ori2Euler。在模板选择中，选择"RobotStudio 6.08 Smart Component"，如图 12-6 所示。

创建项目后，Visual Studio 会自动生成若干文件，如图 12-7 所示。其中，SmartComponent1.xml 为前台显示资源配置文件，包括 Properties（属性）、Attributes（属性的附加信息）、Bindings（绑定）、Graphic Component（图形化组件）、Signals（信号）等。SmartComponent1.en.xml 为前台显示资源文件（仅暴露 Properties 和 Signals）。CodeBehind.cs 为核心代码文件。

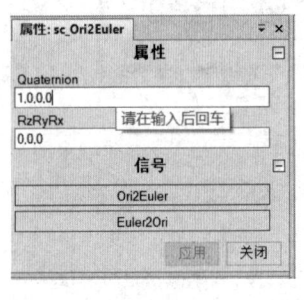

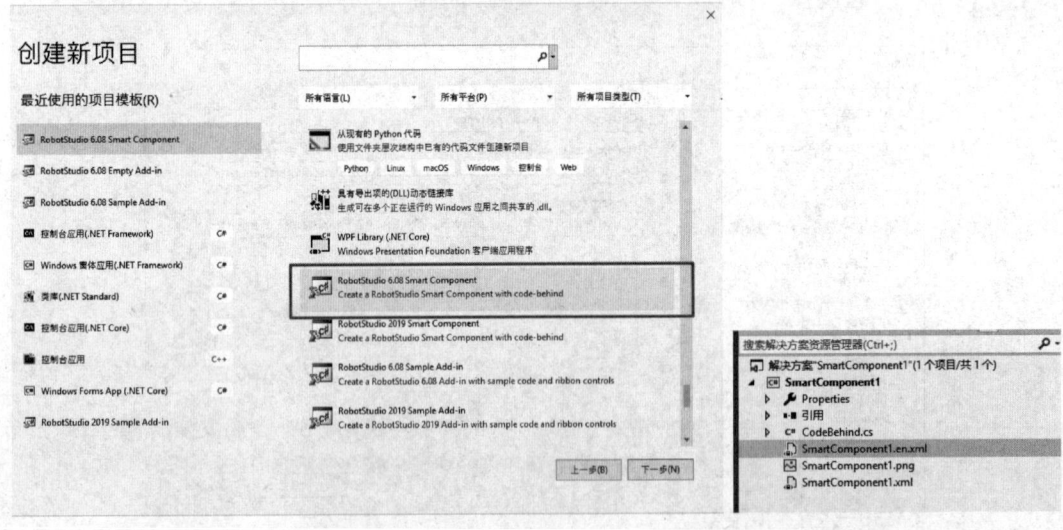

图 12-5

图 12-6   图 12-7

表 12-1 介绍了 Smart 组件涉及的相关术语。

表 12-1　Smart 组件涉及的相关术语

术　语	描　述
CodeBehind	与 Smart 组件相关联的.NET 类，它可以通过响应某些事件来实现自定义行为，如模拟时间点或属性值的更改。该类通常嵌入在作为资源的程序集中。该类必须继承 SmartComponentCodeBehind 类
DynamicProperty	Smart 组件包含的属性对象，具有值、类型和一些其他特性。属性值由 Code Behind 类来控制智能组件的行为。动态属性由 DynamicProperty 类表示
PropertyBinding	将一个属性的值连接到另一个属性的值。属性绑定由 PropertyBinding 类表示
PropertyAttributes	包含有关动态属性的附加信息的键值对（Key-Value part），如值约束，以及在 RobotStudio 用户选项卡中可视化该属性的提示。可以使用的属性附加信息可以从 KnownAttributeKey 结构体中获取
IOSignal	Smart 组件包含的 I/O 对象，具有值、类型和方向（输入/输出），类似于机器人控制器上的输入/输出信号。CodeBehind 类使用 I/Ovalue 控制 Smart 组件的行为
IOConnection	将一个 Smart 组件的信号值连接到另一个 Smart 组件的信号值上

若项目的引用文件出现图 12-8 中所示的引用错误提示，可手动添加相关引用（右键单击"引用"，在弹出的菜单中选择"添加"选项。默认路径为 C:\Program Files (x86)\ABB Industrial IT\Robotics IT\SDK\RobotStudio SDK 6.08）。

（2）如图 12-9 所示，右键单击 sc_Ori2Euler，在弹出的菜单中选择"属性"选项。如图 12-10 所示，在弹出的对话框中，确认是否使用了正确的.NET Framework 版本。在"生成事件"选项卡中，修改"生成后事件命令行"中的内容，如图 12-11（b）所示（使用 RobotStudio 的绝对路径）。

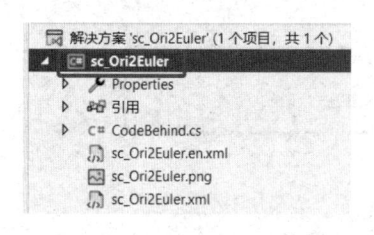

图 12-8

图 12-9 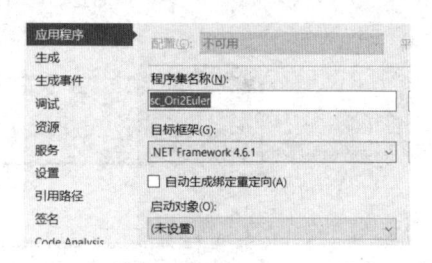　　　　　　　　　图 12-10

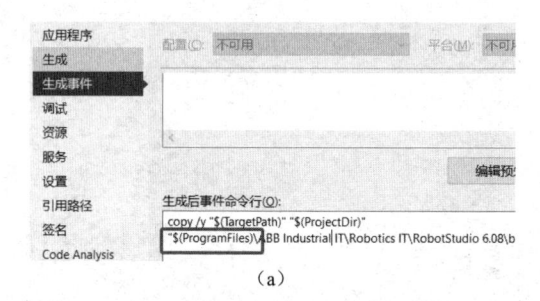

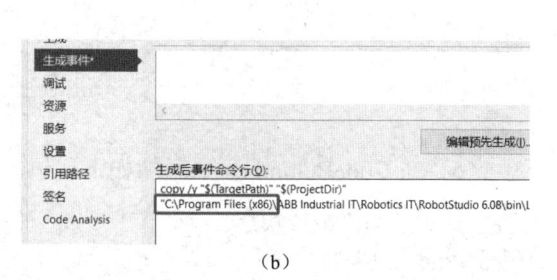

（a）　　　　　　　　　（b）

图 12-11

（3）单击“生成解决方案”按钮，确认项目编译正确。编译成功后，在项目文件夹中可以看到 xxx.rslib 字样的文件。

（4）实现图 12-5 所示的组件效果。在 sc_Ori2Euler.en.xml 文件中添加图 12-12 中所示的代码。

```
sc_Ori2Euler.en.xml*    sc_Ori2Euler.xml*    CodeBehind.cs
<?xml version="1.0" encoding="utf-8"?>
<LibraryResource xmlns="urn:abb-robotics-robotstudio-libraryresource"
                 xmlns:xsi="http://www.w3.org/2001/XMLSchema-instance"
                 xsi:schemaLocation="urn:abb-robotics-robotstudio-libraryresource f
  <SmartComponent name="sc_Ori2Euler" description="四元数与欧拉角转化组件">
    <DynamicProperty name="Quaternion" description="请在输入后回车"/>
    <DynamicProperty name="RzRyRx" description="请在输入后回车"/>
    <IOSignal name="Ori2Euler" />
    <IOSignal name="Euler2Ori" />
  </SmartComponent>
</LibraryResource>
```

图 12-12

图 12-12 中的 DynamicProperty 为图 12-5 中的 2 个输入框。name 属性与 sc_Ori2Euler.xml 中相关 DynamicProperty 的 name 属性一致，在 CodeBehind.cs 中使用。图 12-12 中的 IOSignal 为图 12-5 中的两个输入信号按钮。当光标停留在输入框或者信号按钮或者 Smart 组件上时，会显示 description 内容，如图 12-5 中所示的中文提示效果。

（5）在 sc_Ori2Euler.xml 文件中添加图 12-13 中所示的代码。分别设置输入框的 valueType 和 value 属性。对于 IOSignal 属性，可以设置 autoReset 属性为 true，即鼠标松开信号自动复位。

```
sc_Ori2Euler.xml*    CodeBehind.cs
  <lc:Image source="sc_Ori2Euler.png" />
</lc:DocumentProperties>
<SmartComponent name="sc_Ori2Euler" icon="sc_Ori2Euler.png"
                codeBehind="sc_Ori2Euler.CodeBehind,sc_Ori2Euler.dll"
                canBeSimulated="false">
  <Properties>
    <DynamicProperty name="Quaternion" valueType="System.String" value="1,0,0,0">
    </DynamicProperty>
    <DynamicProperty name="RzRyRx" valueType="System.String" value="0,0,0">
    </DynamicProperty>
  </Properties>
  <Bindings>
  </Bindings>
  <Signals>
    <IOSignal name="Ori2Euler" signalType="DigitalInput" autoReset="true" />
    <IOSignal name="Euler2Ori" signalType="DigitalInput" autoReset="true" />
  </Signals>
  <GraphicComponents>
  </GraphicComponents>
  <Assets>
    <Asset source="sc_Ori2Euler.dll"/>
```

图 12-13

（6）在 CodeBehind.cs 中添加如下代码。

```
string strOri = "1,0,0,0";
string strEul = "0,0,0";
public override void OnPropertyValueChanged(SmartComponent component, DynamicProperty changedProperty, Object oldValue)
{
    //当用户在输入框中输入数据并且按下回车键后触发
```

```csharp
        if (changedProperty.Name == "Quaternion")
        {
            //如果是 Quatenion 输入框
            strOri = changedProperty.Value.ToString();
            Logger.AddMessage("输入了新的四元数: "+strOri);
            //为便于测试，可以使用 Logger.AddMessage。相应内容会在 RobotStudio 的下方输出框中显示
        }

        if (changedProperty.Name == "RzRyRx")
        {
            strEul = changedProperty.Value.ToString();
            Logger.AddMessage("输入了新的欧拉角: " + strEul);
        }
    }

    public override void OnIOSignalValueChanged(SmartComponent component, IOSignal changedSignal)
    {
        //当用户单击对应 I/O 按钮后触发
        if ((changedSignal.Name == "Ori2Euler") && ((int)changedSignal.Value == 1))
        {
            Quaternion q;
            string[] a = strOri.Split(',');              //按照逗号分隔字符串
            q.q1 = Convert.ToDouble(a[0]);               //将数据存入四元数 q 中
            q.q2 = Convert.ToDouble(a[1]);
            q.q3 = Convert.ToDouble(a[2]);
            q.q4 = Convert.ToDouble(a[3]);
            Vector3 v;
            v = q.EulerZYX;                              //提取欧拉角
            double rz = v.z * 180 / Math.PI;             //转为角度
            double ry = v.y * 180 / Math.PI;
            double rx = v.x * 180 / Math.PI;
            component.Properties["RzRyRx"].Value = rz.ToString("f2") + "," + ry.ToString("f2") + "," + rx.ToString("f2");
            //赋值到 RzRyRx 输入框
        }
        if ((changedSignal.Name == "Euler2Ori") && ((int)changedSignal.Value == 1))
        {
            Vector3 v;
            string[] a = strEul.Split(',');
            v.z = Convert.ToDouble(a[0]) / 180 * Math.PI;
            v.y = Convert.ToDouble(a[1]) / 180 * Math.PI;
            v.x = Convert.ToDouble(a[2]) / 180 * Math.PI;
            Quaternion q = new Quaternion(v);            //以欧拉角形式创建四元数 q
            component.Properties["Quaternion"].Value = q.q1.ToString() + "," + q.q2.ToString() + "," + q.q3.ToString() + "," + q.q4.ToString();
        }
    }
}
```

（7）单击 Visual Studio 中的"生成解决方案"按钮。在项目文件夹中可以找到 sc_Ori2Euler.rslib 库文件。

（8）新建 RobotStudio 工作站，导入 sc_Ori2Euler.rslib。可能会出现如图 12-14 所示的

提示框，单击"是"按钮即可。

在图 12-15 中，当在输入框中修改数据并按下回车键后，可以看到 RobotStudio 的"输出"栏中显示出了相应的提示信息。单击对应的按钮，即可实现四元数与欧拉角的相互转换。

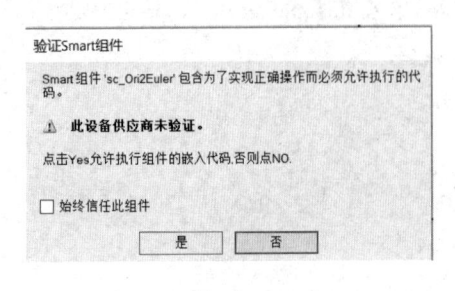

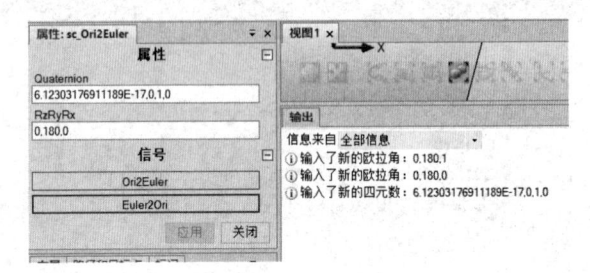

图 12-14

图 12-15

Smart 组件的调试技巧：右键单击解决方案，在弹出的菜单中选择"属性"选项。在弹出的对话框中，修改"启动外部程序"为 RobotStudio.exe 的真实路径（如 C:\Program Files(x86)\ABB Industrial IT\Robotics IT\RobotStudio 6.08\Bin\ RobotStudio.exe，如图 12-16 所示）。

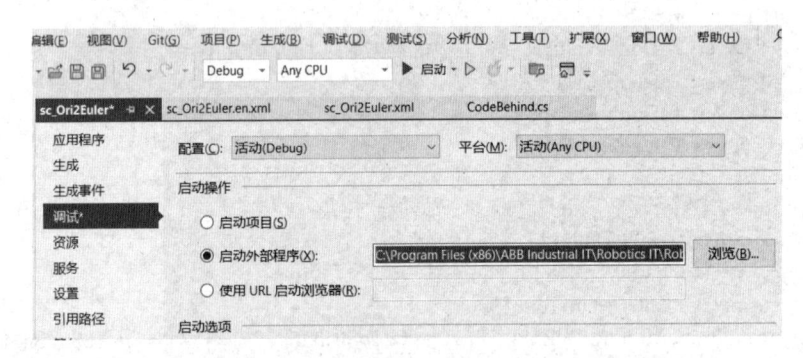

图 12-16

此时，在 Visual Studio 中运行后，RobotStudio 会自动启动。在该 RobotStudio 中，加载项目生成的 Smart 组件的.rslib 文件。在 CodeBehind.cs 中的相应代码处设置断点，当代码执行到该位置时，程序会中断，此时允许查看变量值等调试信息。

12.3 读取 DH 参数

DH 参数（Denavit-Hartenberg 参数）可以仅用 4 个参数（α、a、d 和 θ）表示机器人各关节和连杆之间的关系。例如，图 12-17 和图 12-18 展示了 IRB120 机器人的尺寸及各轴坐标系，表 12-2 列出了 IRB120 机器人的 DH 参数。

RobotStudio SDK 提供了获取工作站中机器人模型 DH 参数的 GetDenavitHartenbergParameters 函数。通过使用该函数，可以创建如图 12-19 所示的 SC_GetDHPara 组件。具体实现步骤如下所述。

第 12 章 RobotStudio Smart 组件开发

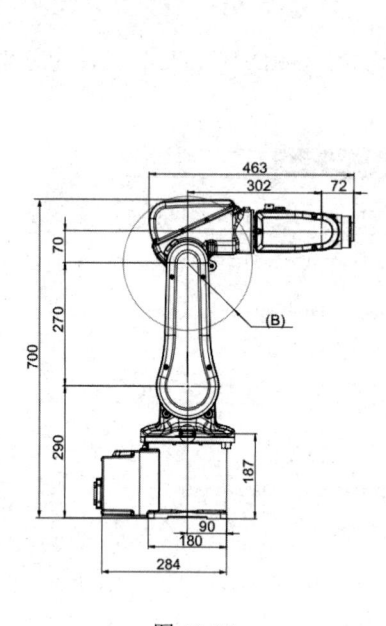

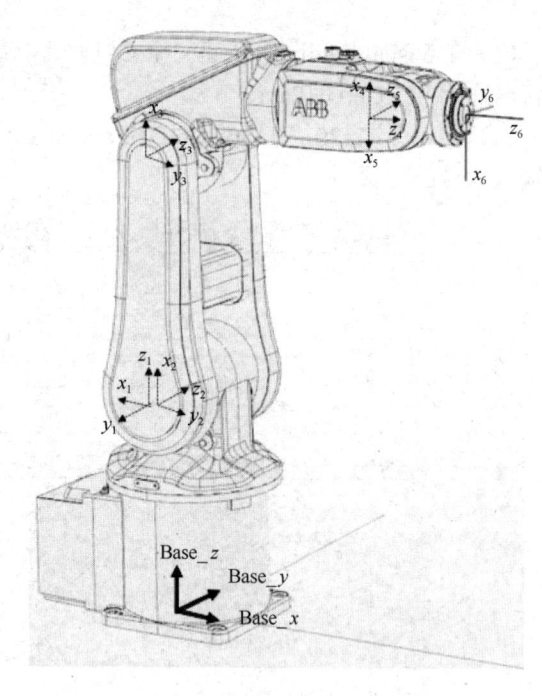

图 12-17

图 12-18

表 12-2 IRB120 机器人 DH 参数

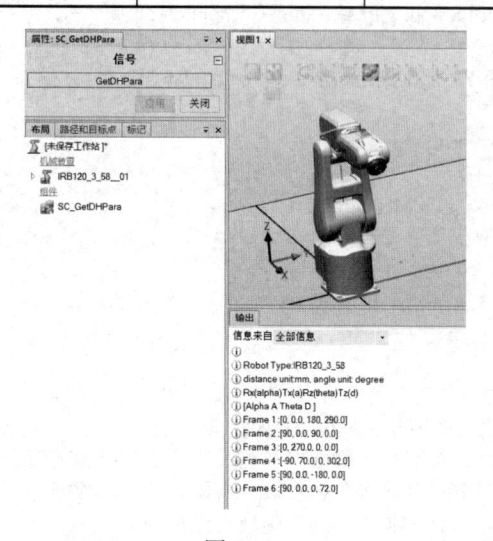

i	α_{i-1}	a_{i-1}	θ_i	d_i
1	0	0	π	290
2	$\pi/2$	0	$\pi/2$	0
3	0	270	0	0
4	$-\pi/2$	70	0	302
5	$\pi/2$	0	$-\pi$	0
6	$\pi/2$	0	0	72

图 12-19

（1）在 Visual Studio 中新建一个 C#项目，选择"RobotStudio Smart Component"模板，项目名称为 SC_GetDHPara。

（2）参考图 12-20，在 SC_GetDHPara.en.xml 文件和 SC_GetDHPara.xml 文件中分别添加输入信号的配置。

```
CodeBehind.cs*        SC_GetDHPara.xml          SC_GetDHPara.en.xml
    <?xml version="1.0" encoding="utf-8"?>
    <LibraryResource xmlns="urn:abb-robotics-robotstudio-libraryresource"
                     xmlns:xsi="http://www.w3.org/2001/XMLSchema-instance"
                     xsi:schemaLocation="urn:abb-robotics-robotstudio-library
        <SmartComponent name="SC_GetDHPara" description="获取DH参数">
            <IOSignal name="GetDHPara" description="获取DH参数"/>
        </SmartComponent>
    </LibraryResource>
```

```
CodeBehind.cs*    SC_GetDHPara.xml       SC_GetDHPara.en.xml
            </Properties>
            <Bindings>
            </Bindings>
            <Signals>
                <IOSignal name="GetDHPara" signalType="DigitalInput" autoReset="true"/>
            </Signals>
            <GraphicComponents>
            </GraphicComponents>
            <Assets>
                <Asset source="SC_GetDHPara.dll"/>
            </Assets>
        </SmartComponent>
    </lc:Library>
</lc:LibraryCompiler>
```

图 12-20

（3）BehindCode.cs 文件中的相关代码如下（以下代码仅针对 6 轴 ABB 机器人。其他类型的机器人，用户可以根据 GetDenavitHartenbergParameters 函数实际返回的数据进行调整）。

```csharp
public override void OnIOSignalValueChanged(SmartComponent component, IOSignal changedSignal)
{
    if ((changedSignal.Name == "GetDHPara") && ((int)changedSignal.Value == 1))
    {
        Station s = Station.ActiveStation;
        Mechanism robot = null;
        foreach (GraphicComponent g in s.GraphicComponents)
        {
            if (g.GetType().ToString().EndsWith("Mechanism"))
            {
                if (robot == null)
                {
                    robot = g as Mechanism;
                    //获取机器人数据
                }
            }
        }

        //以下针对 6 轴 ABB 机器人
        //获取到的 DH 参数，1 轴和 2 轴位置相同
        //获取到的 DH 参数，最后一个数据仅到腕关节，还需要腕关节到法兰盘的偏移
        //对于有连杆的机器人，连杆等数据会放在机器人的 DH 数据之后
        //对于 4 轴码垛机器人，根据返回的实际数据进行调整
        DenavitHartenbergParameters[] dh1 = robot.GetDenavitHartenbergParameters();
```

```csharp
//获取 Link1 位置（图 12-18 中 1 轴相对 Base 坐标系的位置）
Matrix4 matLink1 = ((RobotStudio.API.Internal.PartMechanismLink)robot.ChildInstances. InternalList
[1]).CorrectionTransform;
//ChildInstances.InternalList 包含 Base，Link1 到 Link6，对应 RobotStudio 中的机器人模型

//获取到的工具偏移位置是基于 Base 坐标系的绝对位置
Flange flange = robot.GetFlange(0);
double tool_z_offset = flange.Offset.Translation.x;
Matrix4 matLinkTool = new Matrix4();
foreach (GraphicComponent item in robot.ChildInstances.InternalList)
{
    if (item.Name == "Link"+robot.NumActiveJoints)
    {
        //找到 Link6（机器人的最后一个 Link）
        matLinkTool = ((RobotStudio.API.Internal.PartMechanismLink)item).CorrectionTransform;
    }
}
tool_z_offset = tool_z_offset +matLinkTool.Translation.z;

dh1[0].Theta = matLink1.EulerZYX.z;
dh1[0].D = matLink1.t.z * (-1);
dh1[robot.NumActiveJoints - 1].D = tool_z_offset;

Logger.AddMessage(" ");
Logger.AddMessage("Robot Type:" + robot.ModelName.ToString());
Logger.AddMessage("distance unit:mm, angle unit: degree");
Logger.AddMessage("Rx(alpha)Tx(a)Rz(theta)Tz(d)");
Logger.AddMessage("[Alpha A Theta D ]");
for (int i = 0; i < robot.NumActiveJoints; i++)
{
    double a = dh1[i].A * 1000;
    double alpha = dh1[i].Alpha * 180 / Math.PI;
    double d = dh1[i].D * 1000;
    double theta = dh1[i].Theta * 180 / Math.PI;
    Logger.AddMessage("Frame " + (i + 1).ToString() + " :[" + alpha.ToString("f0") + ", " +
a.ToString("f1") + ", " + theta.ToString("f0") + ", " + d.ToString("f1") + "]");
    }
  }
}
```

（4）单击"生成解决方案"按钮，将项目文件夹中的 SC_GetDHPara.rslib 文件导入 RobotStudio 工作站中，并添加一个机器人模型。单击 Smart 组件中的信号按钮，即可得到如图 12-19 所示的效果。

12.4 最短距离组件

RobotStudio 中提供了测量两个物体最短距离的功能，如图 12-21 所示。该功能只能通过手动单击 RobotStudio 的"测量"按钮来测量两个物体的距离。如果希望在物体移动时实时获取两个物体的最短距离，可以通过 RobotStudio SDK 中的 CollisionDetector.

MinimumDistance 函数，编写 Smart 组件插件（如图 12-21 所示的 sc_minDistance）来实现。具体如下所述。

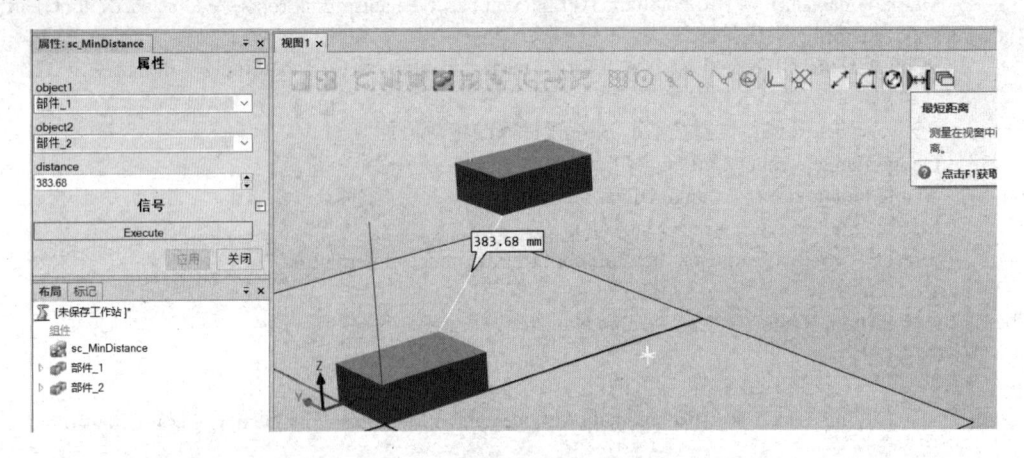

图 12-21

（1）在 Visual Studio 中新建一个 C#项目，选择 RobotStudio Smart Component 模板。

（2）为了实现图 12-21 中 Smart 组件的输入和输出功能，需要根据图 12-22 在 sc_MinDistance.en.xml 和 sc_MinDistance.xml 文件中进行代码编写。注意，object1 的 valueType 为 ABB.Robotics.RobotStudio.Stations.GraphicComponent，这样在 Smart 组件的输入框中可以下拉选择对应类型的数据。

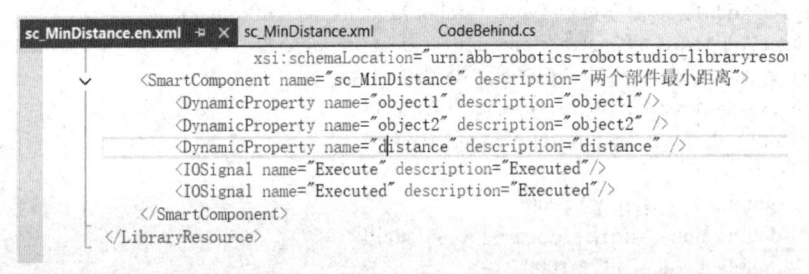

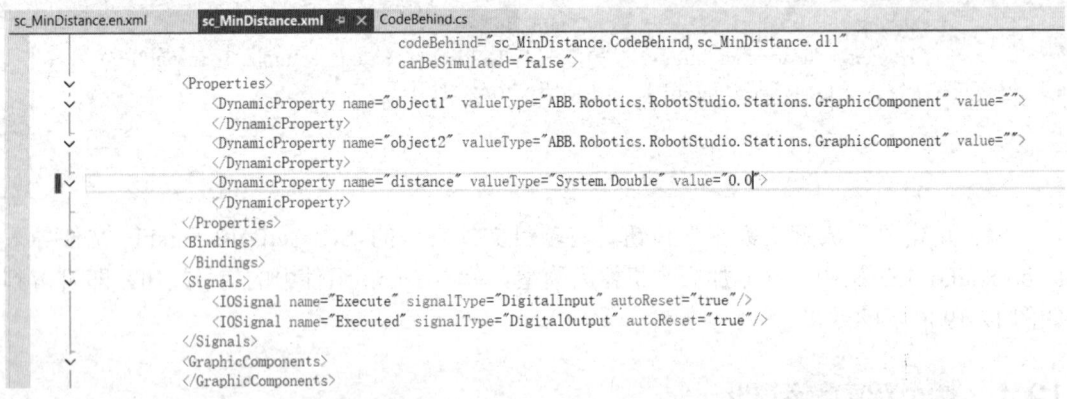

图 12-22

（3）CodeBehind.cs 文件中的代码如下。

（4）在 Visual Studio 中单击"生成解决方案"按钮，将生成的 sc_minDistance.rslib 文件导入 RobotStudio 工作站进行测试。

```csharp
private GraphicComponent object1;        //用于存储两个对象
private GraphicComponent object2;
private Station    s;                    //获取当前激活的Station
Part p = new Part();                     //Part包含一个Body（直线），显示两个物体之间的最短距离
Markup markup = new Markup();            //用于标记显示距离长度
public override void OnPropertyValueChanged(SmartComponent component, DynamicProperty changedProperty, Object oldValue)
{
        //用户在Smart组件的输入框中选择物体，单击"应用"，记录两个物体
        if ((changedProperty.Name == "object1") && (changedProperty.Value != null))
        {
                object1 = (GraphicComponent)changedProperty.Value;
        }
        if ((changedProperty.Name == "object2") && (changedProperty.Value != null))
        {
                object2 = (GraphicComponent)changedProperty.Value;
        }
}
Public override void OnIOSignalValueChanged(SmartComponent component, IOSignal changedSignal)
{
        if ((changedSignal.Name == "Execute") && ((int)changedSignal.Value == 1))
        {
                Vector3 point1;
                Vector3 point2;
                //计算两个物体的最短距离，并获取每个物体上对应点的坐标
                double distance = Math.Round(1000* CollisionDetector.MinimumDistance(object1, object2, out point1, out point2),2);
                //将距离值显示到Smart组件的distance属性上
                component.Properties["distance"].Value = distance.ToString();
                //触发一个脉冲信号，表示执行完毕
                component.IOSignals["Executed"].Pulse();
                s = Station.ActiveStation;
                p.Name = "showDistance";
                p.UIVisible = false;
                //设置Part不在"布局"选项卡中显示
                if (p.Bodies.Count > 0)
                {
                        p.Bodies.Clear();
                        //清除已用的Bodies，避免重复创建直线
                }
                Body b = Body.CreateLine(point1, point2);
                //根据最短距离的两个点创建一条直线
                b.Name = "MyLine";
                b.Color = Color.White;
                p.Bodies.Add(b);
                //将直线Body加入Part
                s.GraphicComponents.Add(p);
                //将Part加入当前Station
                markup.Name = "distance";
```

```
            markup.Transform.X = (point1.x + point2.x) / 2;
            markup.Transform.Y = (point1.y + point2.y) / 2;
            markup.Transform.Z = (point1.z + point2.z) / 2;
            markup.Text = distance.ToString()+ " mm";
            //如果标记尚未存在，则将其添加到 Station 中
            if (!s.Markups.Contains(markup))
            {
                s.Markups.Add(markup);
                //避免重复创建标记
            }
        }
    }
}
```

（5）若希望实时显示两个物体的最短距离，可以参考图 12-23 创建 Smart 组件。将前文制作的 sc_minDistance 组件添加到项目中，并通过定时触发的方式来周期性地获取两个物体的最短距离。

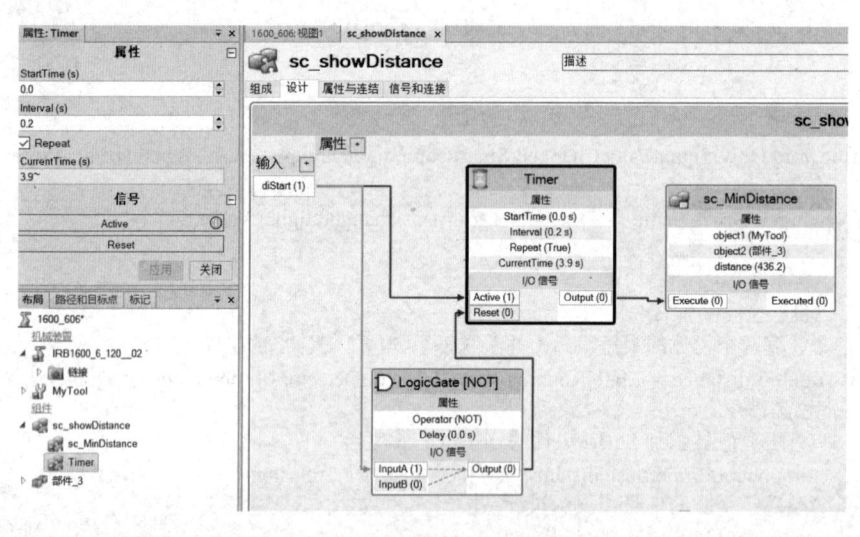

图 12-23

12.5 联合 OpenCV 仿真

12.5.1 模拟相机拍照组件

在 RobotStudio 中，用户可以创建如图 12-24 所示的多个视图，并可以将当前视图保存为某一"视角"，以便后续切换到该视角。

若要同时显示多个"视图"，右键单击图 12-24 中的"视图 3"，在弹出的菜单中选择"新垂直标签组"选项。

如果能将当前视图下的图像截图并存储，则可以模拟相机拍照产生照片，这样在 RobotStudio 中能够实现完整的视觉仿真。图 12-25 中的"xxx 视图 2"为视图 1 中相机位置向下看的"视角"，用户可以通过自定义 Smart 组件 sc_SnapShot，将"xxx 视图 2"移动到相机的视角方向并截图保存。

第 12 章 RobotStudio Smart 组件开发

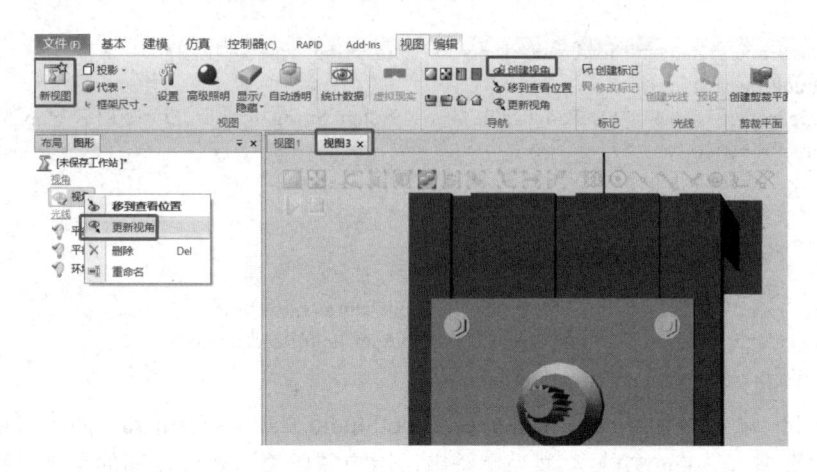

图 12-24

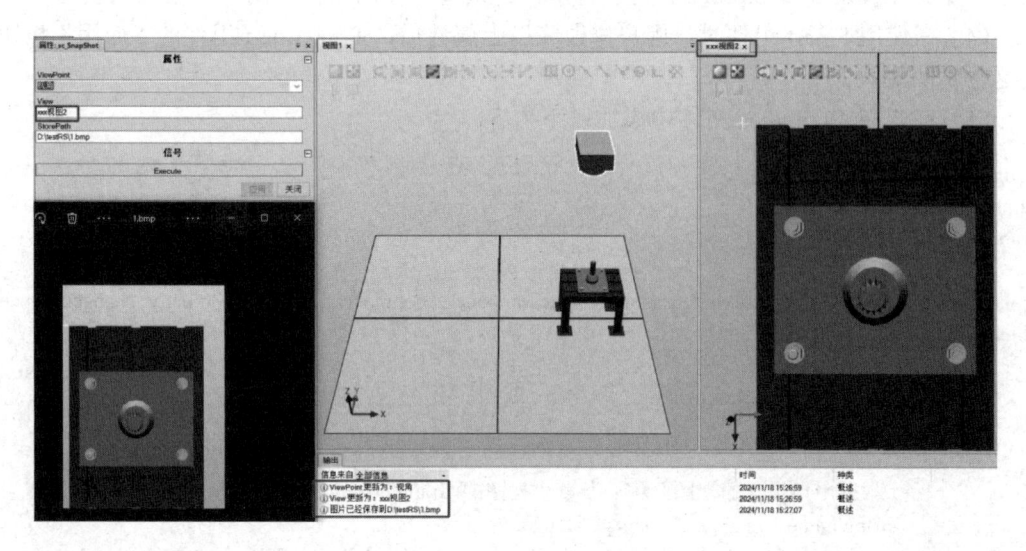

图 12-25

要实现图 12-25 中的 sc_SnapShot 组件,需要基于 RobotStudio SDK 进行开发。以下是实现步骤。

(1)在 Visual Studio 中新建一个 C#项目,选择 RobotStudio Smart Component 模板。
(2)在 sc_SnapShot.en.xml 文件中添加以下内容。

```
<SmartComponent name="sc_SnapShot">
    <DynamicProperty name="ViewPoint" />
    <DynamicProperty name="View" />
    <DynamicProperty name="StorePath" />
    <IOSignal name="Execute" />
    <IOSignal name="Executed" />
</SmartComponent>
```

(3)在 sc_SnapShot.xml 文件中添加以下内容。

```
<Properties>
    <DynamicProperty name="ViewPoint" valueType="ABB.Robotics.RobotStudio.Stations.Camera" value="">
    </DynamicProperty>
```

```xml
        <DynamicProperty name="View" valueType="System.String" value="视图">
        </DynamicProperty>
        <DynamicProperty name="StorePath" valueType="System.String" value="D:\testRS\1.bmp">
        </DynamicProperty>
</Properties>
<Bindings>
</Bindings>
<Signals>
        <IOSignal name="Execute" signalType="DigitalInput" autoReset="true"/>
        <IOSignal name="Executed" signalType="DigitalOutput" autoReset="true"/>
</Signals>
```

ViewPoint 输入类型为 ABB.Robotics.RobotStudio.Stations.Camera（用户可以选择"视角"类型的数据），View 输入类型为字符串，用户需要填写对应视图的名字（视图的完整名字，如 xxx 视图 3）。StorePath 为字符串，默认值为存储路径，用户可根据需要修改。

（4）在使用 Smart 组件时，用户修改完以上属性后，单击 Smart 组件的"应用"按钮，使这些属性生效。

（5）在 CodeBehind.cs 文件中添加以下内容。

```csharp
string path = "D:\\testRS\\1.bmp";
Camera camera;
GraphicControl graphicControl1;

Public override void OnPropertyValueChanged(SmartComponent component, DynamicProperty changedProperty, Object oldValue)
{
        switch (changedProperty.Name)
        {
                case "View":
                        //根据用户设置的视图名称，获取该视图的 GraphicControl 属性
                        string name = changedProperty.Value as string;
                        foreach (ABB.Robotics.RobotStudio.Environment.Window w in UIEnvironment.Windows)
                        {
                                if (w.GetType().ToString().Contains("RobotStudio.UI.Graphics.GraphicWindow") && w.Caption == name)
                                {
                                        //视图类型为 RobotStudio.UI.Graphics.GraphicWindow
                                        graphicControl1 = (GraphicControl)w.Control;
                                        Logger.AddMessage("View 更新为：" + w.Caption);
                                        //在日志栏中提示
                                        break;
                                }
                        }
                        break;
                case "ViewPoint":
                        camera = changedProperty.Value as Camera;
                        //获取视角
                        Logger.AddMessage("ViewPoint 更新为：" + camera.DisplayName);
                        //在日志栏中提示
                        break;
                case "StorePath":
```

```csharp
                path = changedProperty.Value.ToString();
                break;
        }
    }
}
Public override void OnIOSignalValueChanged(SmartComponent component, IOSignal changedSignal)
{
        if ((changedSignal.Name == "Execute") && ((int)changedSignal.Value == 1))
        {
                // 用于再次打开 RobotStudio 工作站时，如果属性已有值，直接读取
                if (graphicControl1 == null)
                {
                    string   name = component.Properties["View"].Value as string;
                    foreach (ABB.Robotics.RobotStudio.Environment.Window w in UIEnvironment.Windows)
                    {
                        if (w.GetType().ToString().Contains("RobotStudio.UI.Graphics.GraphicWindow") && w.Caption == name)
                        {
                            graphicControl1 = (GraphicControl)w.Control;
                            Logger.AddMessage("View 更新为： " + w.Caption);
                            break;
                        }
                    }
                }
                if (camera == null)
                {
                        if (component.Properties["ViewPoint"].Value != null)
                        {
                                camera = component.Properties["ViewPoint"].Value as Camera;
                                Logger.AddMessage("ViewPoint 更新为： " + camera.DisplayName);
                        }
                }

                if ((graphicControl1 != null)&&(camera!=null))
                {
                    graphicControl1.SyncCamera(camera, true, 0);
                    //将用户设定的视图的示教移动到用户定义的视角
                    Bitmap b = graphicControl1.ScreenShot(300, 400,ScreenshotOptions.HideFloor);
                    //按照 300×400 尺寸截图
                    b.Save(path);
                    //保存图像，若文件已存在，则覆盖
                    component.IOSignals["Executed"].Pulse();
                    Logger.AddMessage("图片已经保存到" + path);
                }
        }
}
```

（6）编写完成后，单击"生产解决方案"按钮。如果已经在 Visual Studio 中设置了启动外部程序（如 RobotStudio），可以直接启动程序进行调试（此时可以设置断点等）。或者将解决方案文件夹中的.rslib 文件加载到 RobotStudio 工作站进行测试。

（7）确保 View 字符串与对应的视图名字完全一致（见图 12-25 中的"xxx 视图 2"）。更新完"属性"后，单击"应用"按钮，在日志栏中会有相关提示（见图 12-25 中的日志栏）。

（8）单击图 12-25 中的 sc_SnapShot 组件的"Execute"按钮，日志栏中会显示保存成功消息。

12.5.2 基于 OpenCV 的识别与抓取系统实现

1. 相机标定

使用上节编写的 Smart 组件，模拟相机对产品位置进行拍照，并利用 OpenCV 的相关算子识别产品位置，从而引导机器人进行抓取。由于拍照截图得到的特征点位置是基于像素坐标系的。因此，为了引导机器人完成抓取操作，必须将像素坐标转换为机器人坐标系（如 wobj0）下的坐标。如图 12-26 所示，通过 OpenCV 的仿射变换算子，可以将识别到的产品中心像素坐标转换为机器人坐标系下的坐标。具体实现如下所述。

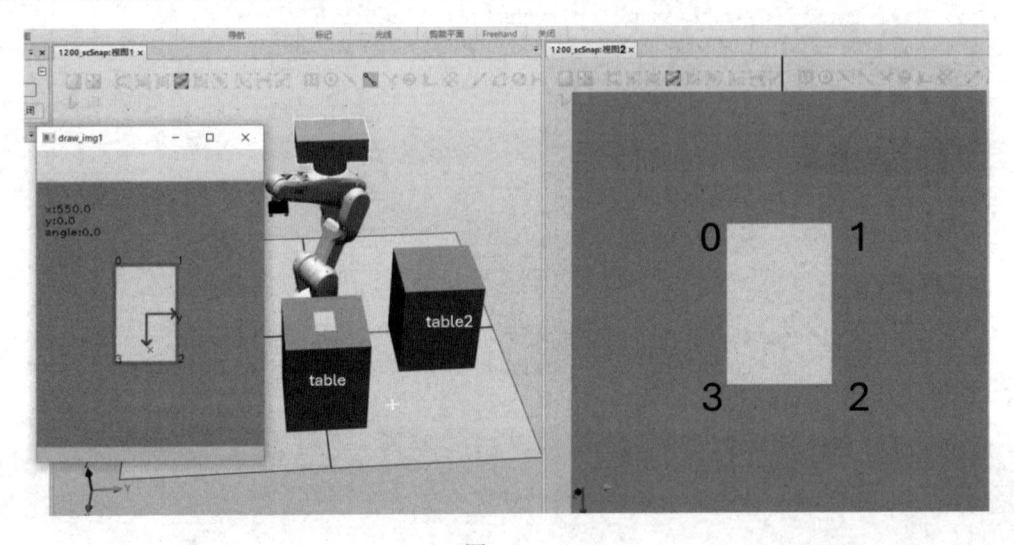

图 12-26

（1）新建机器人工作站，导入 IRB1200 机器人模型，并创建机器人系统（机器人系统增加 PC Interface 选项，用于后期与 Python 的 Socket 通信）。

（2）在机器人系统中，创建 doAttach（控制吸盘）、doNew（产生新产品）和 doCam（触发拍照截图存图）等输出信号。

（3）参考图 12-26，绘制 table（400×400×500，用于放置来料）和 table2（用于放置抓取结果的放料位置）。

（4）绘制产品 Product（150×100×2），调整 Product 的本地原点到产品中心，并将其放置在 table 上。复制 Product 后得到 Product2，并将其放置在 table2 上，作为产品的标准放置位置。

（5）创建如图 12-27 所示的 sc_Random 组件，用于模拟产生位置随机的新产品。在 Expression_X 中，原始值为 Product 在标准位置的坐标（单位：m）。详细创建过程参见 4.1 节内容。

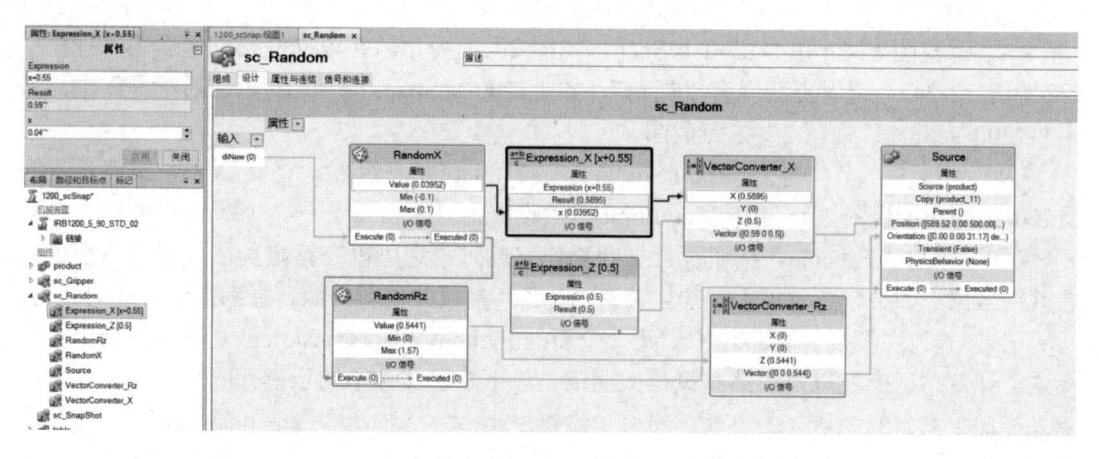

图 12-27

（6）创建如图 12-28 所示的 sc_Gripper 组件。抓手模型和工具 TCP 可以通过"建模"选项卡下的 Equipment Builder 快速生成。详细创建过程参见 3.1.3 节内容。

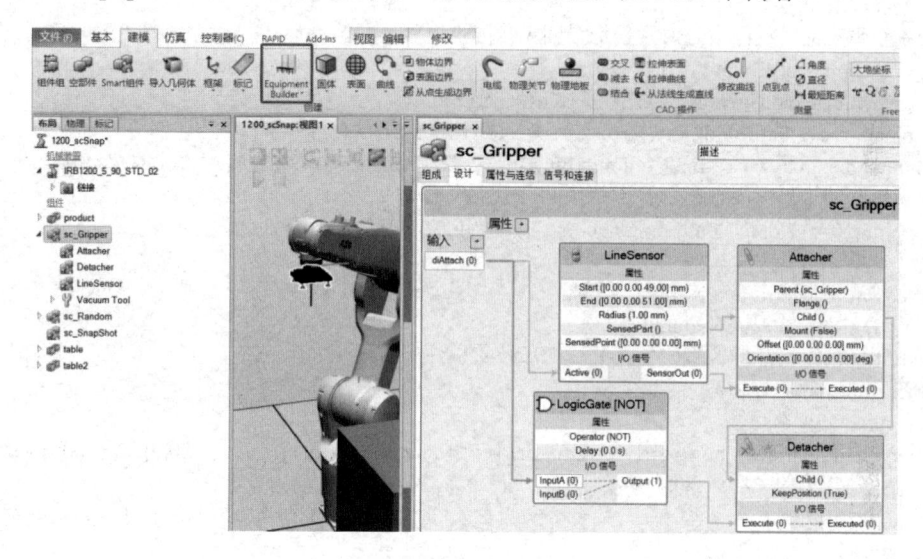

图 12-28

（7）设置"工作站逻辑"，如图 12-29 所示。

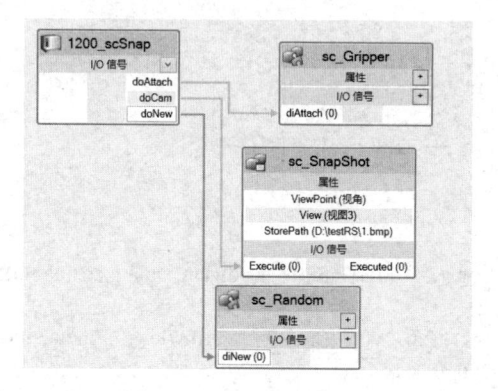

图 12-29

(8) 调整图 12-26 中"1200_scSnap: 视图 2"的视角,并根据需要创建新的"视角"(参考图 12-24),或者更新现有"视角",如"1200_scSnap: 视图 2"。在后续操作中,基于"1200_scSnap: 视图 2"拍照截图。

(9) 修改上一节中导入 RobotStudio 的 sc_SnapShot 组件。将其 View 属性设置为"1200_scSnap: 视图 2",并将 ViewPoint 属性设置为"视角"。

(10) 单击"Execute"按钮执行拍照操作。此时,您可以在指定的图片保存路径中查看截图效果。如果截图效果不理想,调整"视角"参数并重新拍照,直到得到合适的结果。

(11) 建议在图片保存路径中创建一个新的 Python 文件 rs_vision.py,该文件用于实现标定、计算仿射变换以及后续与机器人通信。以下是该文件中的示例代码。

```python
Import cv2
import math
import numpy as np
from socket import *

def CV_Recognition():
    #识别矩形产品并返回中心像素坐标、四个角的点像素坐标等
    img = cv2.imread('1.bmp')
    gray = cv2.cvtColor(img, cv2.COLOR_BGR2GRAY)
    ret, binary = cv2.threshold(gray, 210, 255, cv2.THRESH_BINARY)
    contours, hierarchy = cv2.findContours(binary, cv2.RETR_TREE, cv2.CHAIN_APPROX_SIMPLE)
    #在识别到的矩形周围画框示意
    draw_img1 = cv2.drawContours(img.copy(), contours, 0, (255, 0, 255), 3)
    
    #获取轮廓矩形的中心、宽和高及角度
    m = cv2.minAreaRect(contours[0])
    #获取矩形四个角点的像素坐标,并在对应位置标注序号
    corner = cv2.boxPoints(m)
    for v in range(0, 4):
        cv2.putText(draw_img1, str(v), (int(corner[v][0]), int(corner[v][1])), 1, 1, (0,0,0), 1, cv2.FILLED)
    #识别到的矩形的中心像素值
    x0 = m[0][0]
    y0 = m[0][1]
    #产品的宽和高的像素值
    w = int(m[1][0])
    h = int(m[1][1])
    #m[2]是角度
    #得到的角度单位是 deg
    angle = m[2] / 180 * math.pi
    
    #在图像中标注识别到的产品中心和 x、y 方向箭头
    x0 = int(x0)
    y0 = int(y0)
    arrowlen = 40
    cv2.arrowedLine(draw_img1, (x0, y0), (int(x0 + arrowlen * math.cos(angle)), int(y0 + arrowlen * math.sin(angle))), (0, 0, 255), 2, 0, 0, 0.2)
    cv2.arrowedLine(draw_img1, (x0, y0), (int(x0 + arrowlen * math.sin(angle)), int(y0 - arrowlen * math.cos(angle))), (0, 0, 255), 2, 0, 0, 0.2)
    cv2.putText(draw_img1, 'x', (int(x0 + arrowlen * math.cos(angle)), int(y0 + arrowlen * math.sin(angle)) + 10), 1, 1, (0, 0, 0), 1, cv2.FILLED)
```

```python
        cv2.putText(draw_img1, 'y', (int(x0 + arrowlen * math.sin(angle)), int(y0 - arrowlen * math.cos(angle)) +
10), 1, 1, (0, 0, 0), 1, cv2.FILLED)
    return [x0,y0,m[2],corner,draw_img1]
    #返回矩形产品的中心点像素坐标、中心点角度、四个角点的像素坐标及绘制了箭头方向的图像

def show_Result(out_x,out_y,out_angle,draw_img1):
    #在左上方显示转换到机器人坐标系下的产品的中心坐标和角度
    cv2.putText(draw_img1, 'x:' + str(round(out_x, 2)), [10, 80], 1, 1, (0,0,0), 1, cv2.FILLED)
    cv2.putText(draw_img1, 'y:' + str(round(out_y, 2)), [10, 95], 1, 1, (0,0,0), 1, cv2.FILLED)
    cv2.putText(draw_img1, 'angle:' + str(round(out_angle, 2)), [10, 110], 1, 1, (0,0,0), 1, cv2.FILLED)
    cv2.imshow("draw_img1", draw_img1)

def CV_Cal(aff_factor,CamX,CamY,CamAngle):
    out_x = aff_factor[0][0] * CamX + aff_factor[0][1] * CamY + aff_factor[0][2]
    out_y = aff_factor[1][0] * CamX + aff_factor[1][1] * CamY + aff_factor[1][2]
    #OpenCV 旋转采用左手坐标系，机器人旋转采用右手坐标系
    out_angle = 90-CamAngle
    return [out_x,out_y,out_angle]

def CV_Calib():
    # 标定主程序
    CamX,CamY,CamAngle,corner,draw_img1 = CV_Recognition()
    # 输入 RobotStudio 中的矩形四个角点的 x 值、y 值，顺序如下：
    ##corner_real seq
    ## 0      1
    ##
    ## 3      2
    corner_real = np.array([[475.00,-50.00],
                            [475.00,50.00],
                            [625.00,50.00],
                            [625.00 ,-50.00]])

    #计算仿射变换
    wrapMat = cv2.estimateAffine2D(corner, corner_real)
    aff_factor = wrapMat[0]
    print('affine result: ',aff_factor)
    #保存仿射变换计算结果
    np.save('affine.npy',aff_factor)
    out_x,out_y,out_angle = CV_Cal(aff_factor,CamX,CamY,CamAngle)
    show_Result(out_x,out_y,out_angle,draw_img1)
    cv2.waitKey(0)
    cv2.destroyAllWindows()

def CV_Run():
    CamX,CamY,CamAngle,corner,draw_img1 = CV_Recognition()
    aff_factor = np.load('affine.npy')
    out_x,out_y,out_angle = CV_Cal(aff_factor,CamX,CamY,CamAngle)
    show_Result(out_x,out_y,out_angle,draw_img1)
    cv2.waitKey(2000)
    cv2.destroyAllWindows()
    out_data = "["+str(round(out_x, 2))+','+str(round(out_y, 2))+','+str(round(out_angle, 2))+"]"
    return out_data
```

```
CV_Calib()
#执行标定
#s = CV_Run()
```

（12）在图 12-26 的 1200_scSnap：视图 1 中，使用"捕捉末端"功能，按照图 12-26 中的 0、1、2、3 顺序，获取 Product 四个角点的 x、y 坐标，并将其填写到 CV_Calib 中的 corner_real 数组中。

（13）运行以上代码后，图 12-26 左上角会显示 Product 的中心坐标。如果该坐标值与在 RobotStudio 中捕捉到的产品中心的 x、y 坐标一致，则表示标定正确。标定结果将保存到与代码相同路径下的 affine.npy 文件中。

（14）执行完标定后，可以注释掉 CV_Calib 部分。

（15）在 RobotStudio 中，单击 sc_Random 组件以重新生成一个产品，随后单击 sc_SnapShot 组件保存该产品的新位置图片。

（16）运行 CV_Run 函数。如果显示的产品中心位置与在 RobotStudio 中捕获的中心位置一致，则证明标定正确。

2. 相机识别与机器人导引抓取

（1）参考以下代码，编写机器人 RAPID 代码。

```
MODULE Module1
CONST robtarget pPick:= *;                  !标准产品抓取位置
CONST robtarget pPlace:= *;                 !标准产品放置位置
CONST robtarget pHome:= *;
VAR socketdev sock1;
PERS robtarget pPick1:= *;                  !计算后的抓取位置
PERS robtarget pPlace1:= *;                 !计算后的放置位置
PERS string sCam:="Cam1";                   !触发 Python 处理图片的字符
var string sRcv:="";                        !Python 返回的数据字符串，格式为"[4,5,60]"
PERS pos camData:=[526.19,-1.19,13.63];     !将识别结果存入数组
PERS num height:=3;                         !单个产品的高度

    PROC rModify()
        MoveJ pHome,v1000,fine,tVacuum\WObj:=wobj0;
        MoveJ pPick,v1000,fine,tVacuum\WObj:=wobj0;
        !对标准抓取位置进行示教
        MoveJ pPlace,v1000,fine,tVacuum\WObj:=wobj0;
        !对标准放置位置进行示教
    ENDPROC

    PROC rCam()
        VAR bool flag1;
        PulseDO doCam;                      !触发 Smart 组件截图存储
        waittime 0.5;
        checkSockStatus;
        SocketSend sock1\Str:=sCam;         !触发获取图片识别结果
        SocketReceive sock1\Str:=sRcv;      !接收图片识别结果
        flag1:=StrToVal(sRcv,camData);      !将图片识别结果存入 camData
    ENDPROC

    PROC checkSockStatus()
```

```
        IF SocketGetStatus(sock1)<>SOCKET_CONNECTED THEN
            SocketClose sock1;
            SocketCreate sock1;
            SocketConnect sock1,"127.0.0.1",8000;    !Python 的 Socket Server IP 及端口
        ENDIF
    ENDPROC

    PROC main()
        reset doAttach;
        MoveJ pHome,v1000,fine,tVacuum\WObj:=wobj0;
        FOR i FROM 1 TO 6 DO
            MoveJ pHome,v1000,fine,tVacuum\WObj:=wobj0;
            PulseDO doNew;                    !产生新产品
            Waittime 0.5;
            rCam;                             !触发拍照并获得识别结果
            rPick;                            !抓取
            MoveJ p Home,v1000,fine,tVacuum\WObj:=wobj0;
            rPlace i;                         !根据个数放置产品
        ENDFOR
        MoveJ pHome,v1000,fine,tVacuum\WObj:=wobj0;
    ENDPROC

    PROC rPick()
        pPick1:=pPick;                        !pPick1 等于标准抓取位置
        pPick1.trans.x:=camData.x;            !由于相机已经标定,返回的 x、y,机器人可以直接使用
        pPick1.trans.y:=camData.y;
        pPick1.rot:=OrientZYX(camData.z,0,0)*pPick1.rot;
        MoveL offs(pPick1,0,0,30),v1000,fine,tVacuum\WObj:=wobj0;
        MoveL pPick1,v1000,fine,tVacuum\WObj:=wobj0;
        set doAttach;
        waittime 0.5;
        MoveL offs(pPick1,0,0,30),v1000,fine,tVacuum\WObj:=wobj0;
    ENDPROC

    PROC rPlace(num count)
        pPlace1:=offs(pPlace,0,0,(count-1)*height);
        MoveL offs(pPlace1,0,0,30),v1000,fine,tVacuum\WObj:=wobj0;
        MoveL pPlace1,v1000,fine,tVacuum\WObj:=wobj0;
        reset doAttach;
        waittime 0.5;
        MoveL offs(pPlace1,0,0,30),v1000,fine,tVacuum\WObj:=wobj0;
    ENDPROC
ENDMODULE
```

(2)移动机器人至 table 上的 Product 位置,对以上代码 rModify 中的 MoveJ pPick 进行示教;移动机器人至 table2 上的 Product2 位置,对以上代码 rModify 中的 MoveJ pPlace 进行示教;移动机器人至不遮挡相机视野的位置,示教 pHome。

(3)在前文编写的 rs_vision.py 文件中增加以下代码。

```python
def CV_Main():
    myHost = ''
    #在一个非保留端口号上进行监听
    myPort = 8000
    #设置一个 TCP Socket 对象
    sockobj = socket(AF_INET, SOCK_STREAM)
```

```
#绑定它至端口号
sockobj.bind((myHost, myPort))
#监听，允许 5 个连接
sockobj.listen(5)
print('wait for connection...')

#直到进程结束时才结束循环
while True:
    #等待下一个客户端连接
    connection, address = sockobj.accept()
    #连接是一个新的连接
    print('Server connected by', address)
    while True:
        #读取客户端套接字的下一行
        data = connection.recv(1024).decode()
        print('recv: ', data)
        #如果没有数据，跳出循环
        if not data:
            break
        elif data == 'Cam1':
            data = CV_Run()
            #data = '[-1.9,-0.9,-9.7]'
        else:
            data = 'wrong cmd'
        #发送一个回复至客户端
        connection.send(data.encode('utf8'))
    #当 Socket 关闭时
    connection.close()

CV_Main()
#执行该程序配合机器人运行
```

（4）启动 Python 代码，日志栏中将提示"wait for connection…"信息。

（5）在启动 Python 代码并等待连接之后，运行 RobotStudio 仿真程序，可以看到如图 12-30 所示的运行效果。

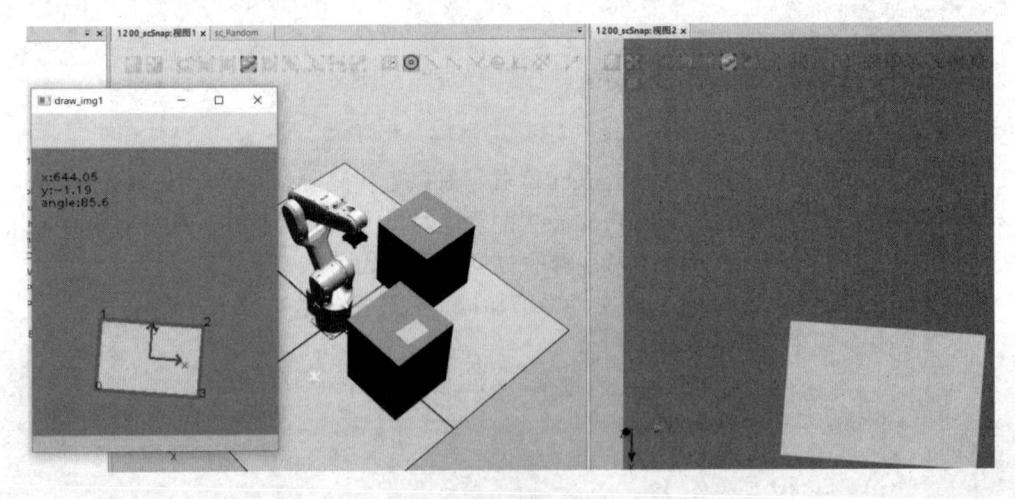

图 12-30

第 13 章　RobotStudio 20XX

RobotStudio 20XX 版本支持 RobotWare 5、RobotWare 6 以及 Omnicore 系统（RobotWare 7）。对于 Omincore 系统的现场调试和仿真，只能使用 RobotStudio 20XX 版本。

13.1　新功能

13.1.1　显示移动距离/设置移动距离

在最新的 RobotStudio 2024 版本中，物体的移动和旋转与机器人末端的移动和旋转的 Freehand 功能已合并，如图 13-1 所示。在移动和旋转物体时，可以输入偏移量，从而实现快速且准确地移动物体。

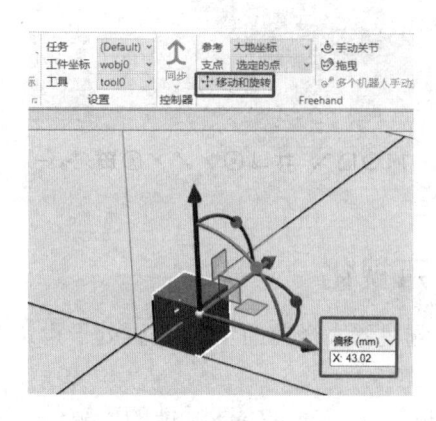

图 13-1

在移动和旋转过程中，若同时按住 Ctrl 键，则进入大步进模式（直线移动 50mm，旋转 5°）。若同时按住 Ctrl 和 Shift 键，则进入精确步进模式（直线移动 25mm，旋转 1°），如图 13-2 所示。

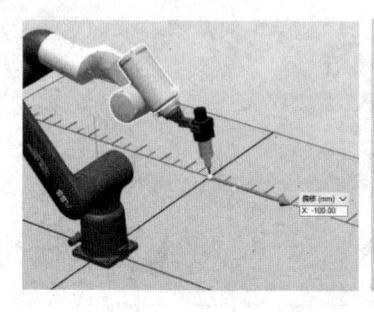

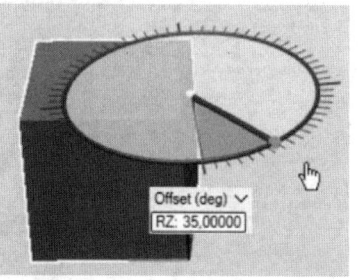

图 13-2

13.1.2 机器人工作空间导出功能

机器人工作空间导出功能的使用如下所述。

（1）导入机器人模型，在"布局"选项卡下，右键单击机器人的名称，在弹出的菜单中选择"显示机器人工作区域"选项。在弹出的对话框中，勾选"3D体积"属性，单击"添加至工作站"按钮，会出现如图 13-3 所示的效果。

（2）右键单击"布局"选项卡下新生成的工作空间，如图 13-4 所示，在弹出的菜单中选择"导出几何体"选项，选择需要的格式即可获得机器人工作空间模型。

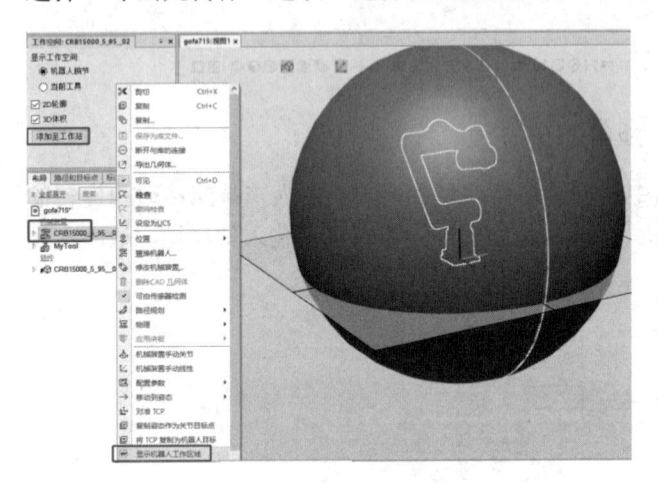

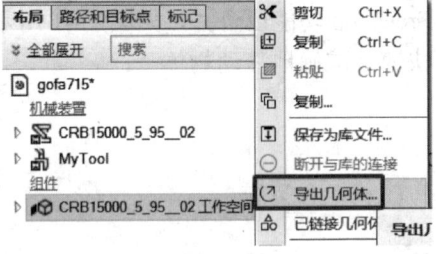

图 13-3

图 13-4

13.1.3 WorldZone 可视化

WorldZone 功能用于监测机器人当前的 TCP 是否处于设定的空间内或空间外，并根据情况给出信号或者触发停止操作。

最新版本的 RobotStudio 支持 WorldZone 功能的可视化，用户可以根据实际布局设置不同的 WorldZone 区域，如图 13-5 所示。

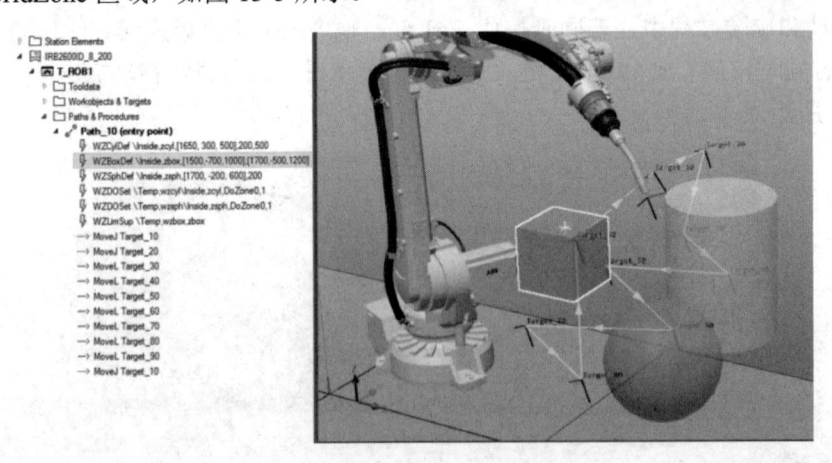

图 13-5

13.1.4　自动避障路径创建

最新版本的 RobotStudio 支持创建自动避障路径。假设机器人需要从图 13-6 中的左侧点（左侧点距离产品表面 20mm）移动到右侧目标点。RobotStudio 的自动避障功能能够智能地计算并规划出一条避开障碍物的路径。通过该功能，机器人可以根据实际环境中的障碍物自动调整运动轨迹，确保在安全的前提下顺利到达目标位置。具体实现如下所述。

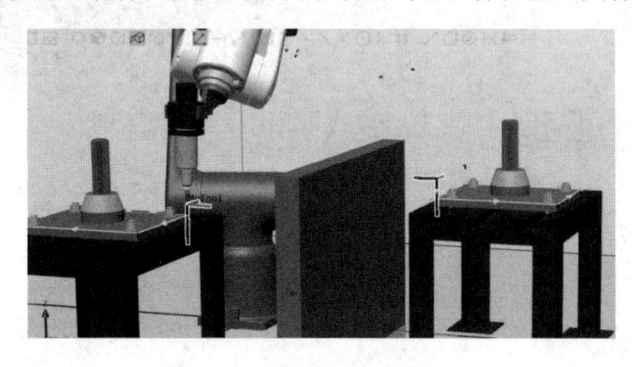

图 13-6

（1）如图 13-7 所示，在"修改"选项卡下，单击"路径"按钮，选择"无碰撞路径"选项。

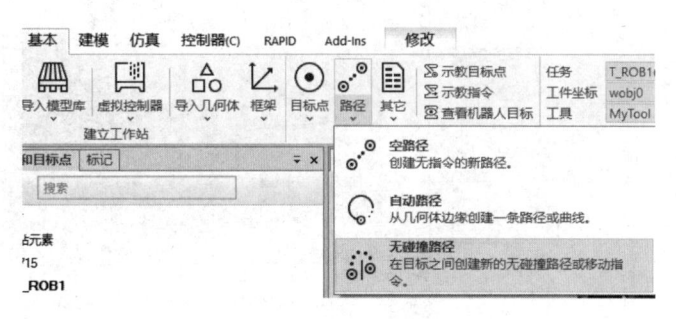

图 13-7

（2）如图 13-8 所示，在弹出的对话框中，首先选择左边点（Left_10_Pre）和右边点（Right_10_Pre），然后单击"创建："按钮。然而，系统可能会出现创建失败的提示。在这种情况下，可以把光标移动到提示上，系统会提供相应的建议，帮助用户解决问题。如果需要进一步了解失败的原因或调整设置，可以右键单击该提示，选择弹出菜单中的"可视化"选项，查看路径规划的详细信息和可视化效果。这样可以帮助用户更直观地诊断问题，并优化路径创建过程。

虽然当前工具距离产品表面为 20mm，但在此情况下，工件使用了如图 13-9 所示的"低（快）"等级碰撞几何体。低等级碰撞几何体使用较少的凸台来包裹整个产品，从而提高计算的速度。如果需要更精确的碰撞检测，可以选择图 13-9 中的"高"等级碰撞几何体，或者自定义碰撞几何体的等级。等级越高，凸台越多，包裹产品越精细，运算量越高。

也可以适当调整两个点的位置，重新创建"无碰撞路径"。创建成功后的结果如图 13-10 所示。也可根据需要勾选"优化区域"属性。如果有多个关键点，也可勾选"优化顺序"属性，自动调整路径的点位顺序。

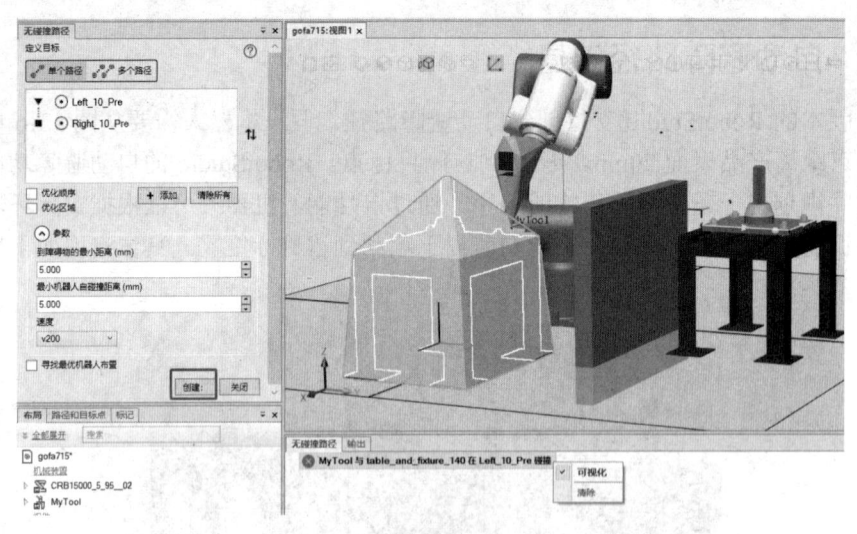

图 13-8

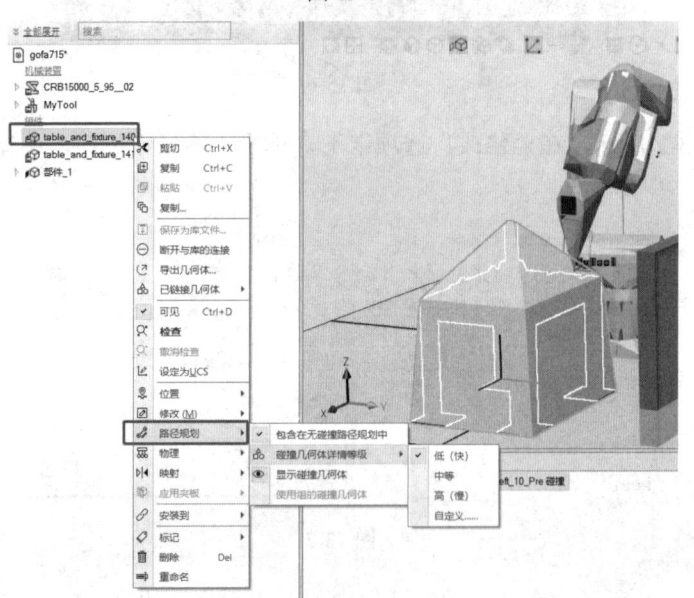

图 13-9

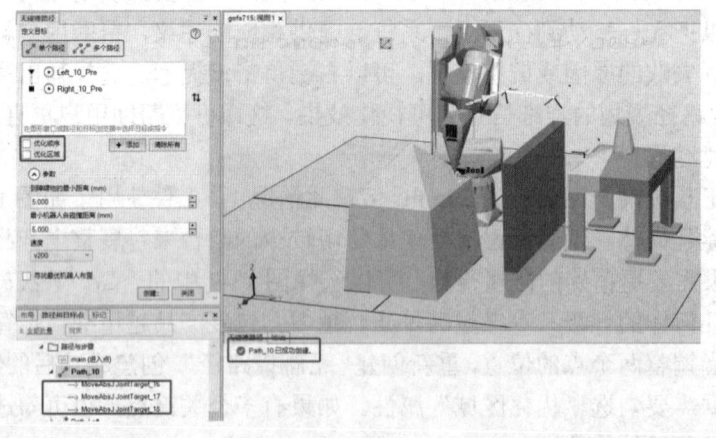

图 13-10

若勾选图 13-11 中的"寻找最优机器人布局"属性，则可以设定搜索范围。系统会自动找出机器人最合适的位置及其他所有满足要求的位置。

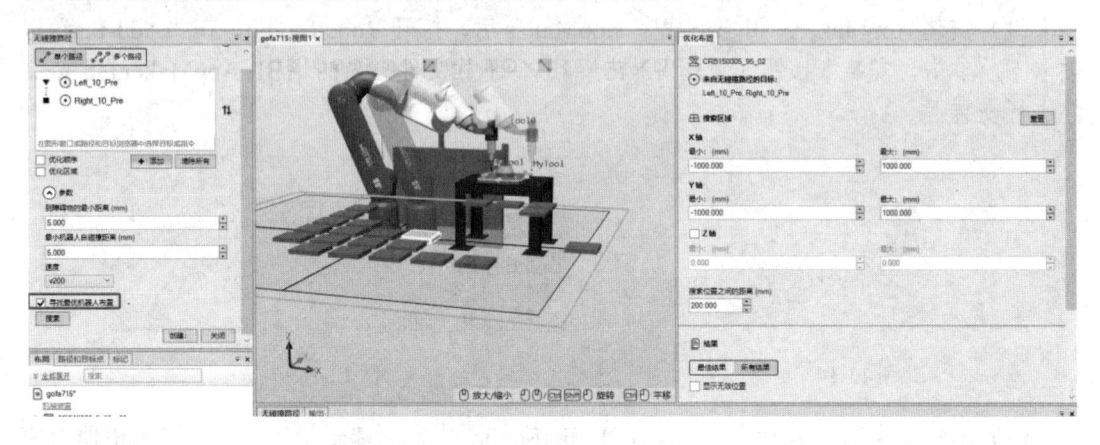

图 13-11

13.2 Omnicore 系统示教器开发

Omnicore 系统（RobotWare 7）具有强大的功能，使用户不需要示教器 App 开发选项即可直接制作如图 13-12 和图 13-13 所示的"升降机控制" App。

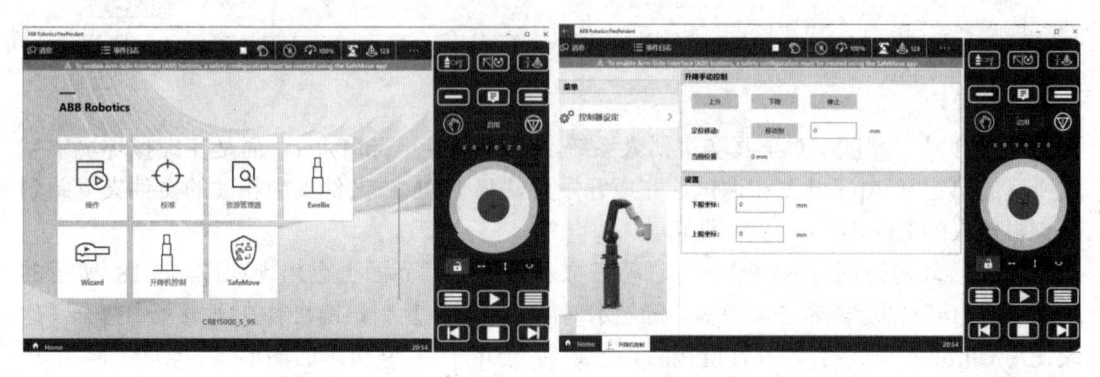

图 13-12　　　　　　　　　　　图 13-13

在 RobotWare 7 中，自定义 App 的开发采用了 Web 方式，即使用 HTML 语言、JavaScript 和 CSS 等网页脚本技术进行开发，这种方式使用户能够使用现代 Web 技术来创建强大且灵活的自定义应用程序，而不再受限于传统的示教器开发工具。

13.2.1　Omnicore App SDK and AppMaker

为简化用户编写基于 HTML 的自定义 App 的难度，ABB 机器人开发者中心提供了 Omnicore App SDK and AppMaker（之后简写为"AppMaker"），这是一款图形化配置网页控件的工具，旨在降低开发门槛并加速开发过程。通过 AppMaker，用户可以通过直观的图形界面来设计和配置 App 界面，而不需要深入的 HTML、CSS 或 JavaScript 编程知识。此外，用户仍然可以在 AppMaker 提供的 code.js 文件中编写更复杂的自定义代码，满足特定的功能需求。用户可以从 ABB 机器人开发者中心下载如图 13-14 所示的 Omnicore App SDK and

AppMaker。

安装与使用 AppMaker 进行自定义 App 开发的步骤如下所述。

（1）安装 AppMaker：用户下载完 AppMaker 后，打开 RobotStudio，在"Add-Ins"选项卡下，单击"安装"按钮（见图 13-15），选择下载文件夹内的 ABB.AppMaker.rspag 文件进行安装。

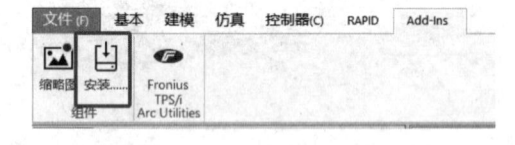

图 13-14

图 13-15

（2）创建工作站与虚拟控制器：在 RobotStudio 中，新建一个工作站，导入机器人模型（如 IRB1300），创建一个机器人虚拟控制器。

（3）配置 AppMaker：如图 13-16 所示，单击"修改选项"按钮。如图 13-17 所示，在弹出的对话框中选择可用的软件，单击"包括"按钮，再单击"应用"按钮。此时，机器人系统会进行重置。

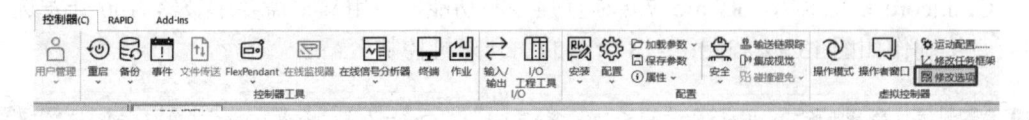

图 13-16

（4）开发与测试：对于真实机器人系统，无须安装 AppMaker，而是在虚拟环境中完成所有的自定义 App 开发和调试。完成开发后，将 HOME 文件夹中相关的文件夹复制到真实机器人的 HOME 文件夹中即可。

（5）启动与访问 AppMaker：启动虚拟示教器后，界面上会出现如图 13-18 所示的 AppMaker Info 图标。单击该图标，将显示对应的链接。复制该链接并在浏览器中打开（建议使用 Chrome 浏览器）。打开链接后，会跳转到如图 13-19 所示的图形化编辑界面（用户名：Default User，密码：robotics）。

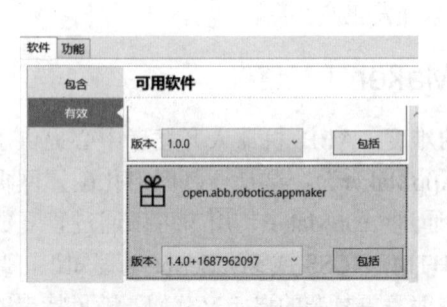

图 13-17

图 13-18

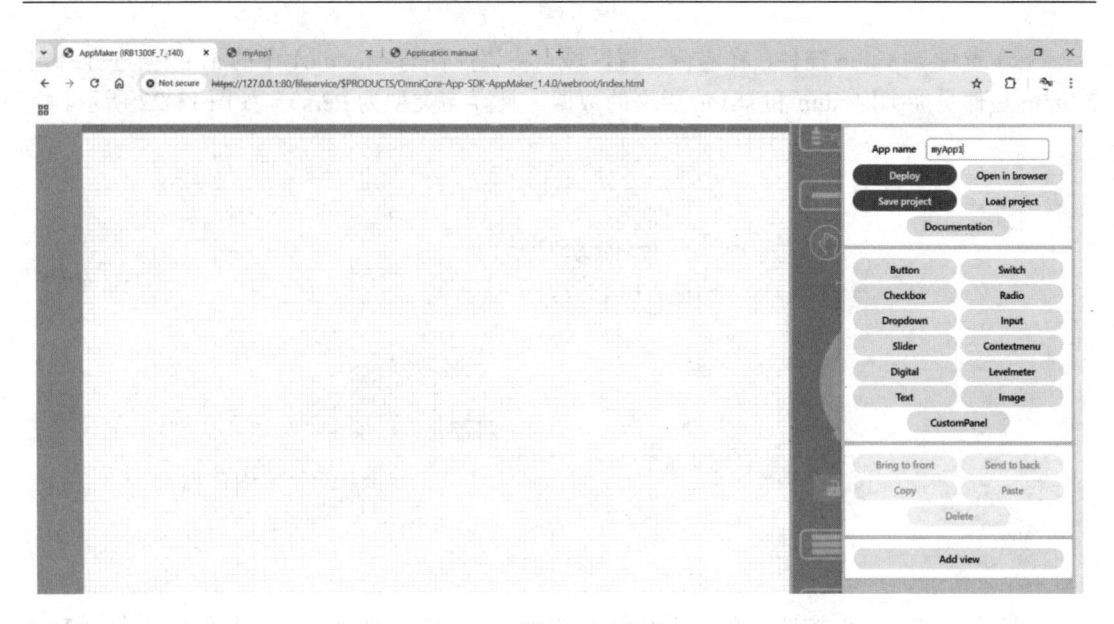

图 13-19

（6）编辑与调试 App：在图 13-19 中，右上角的 App name 输入框用于设置 App 在示教器上显示的名称，用户可以根据需要修改此名称。单击"Deploy"按钮，将编辑完成的 App 部署到机器人控制器的 HOME 文件夹中。单击"Open in browser"按钮，会在新的浏览器标签页中显示该 App 的效果（为了便于调试，均可先在浏览器内进行测试，再按下 F12 键进入开发者模式，对相关代码进行断点调试）。

（7）保存与加载项目：单击"Save project"按钮，将当前编辑的工程保存为一个*.appm 文件，方便后期通过 Load Project 进行加载和调试。保存的工程项目会自动存储到 HOME 文件夹中。

13.2.2 读取与写入数据

在 AppMaker 中，用户可以创建界面控件来显示和修改机器人控制器（如 Module1）中的数据。以下是如何通过 AppMaker 创建数据绑定以及如何在应用程序中读取和写入数据。

示例：将机器人控制器的数据与 AppMaker 控件绑定。假设在 Module1 中，存在以下数据（见图 13-20），需要通过 AppMaker 创建界面控件来显示和修改这些数据。

（1）参考图 13-21 添加相关控件（a1Value 为 Input 控件，其余均为 Text 控件）。

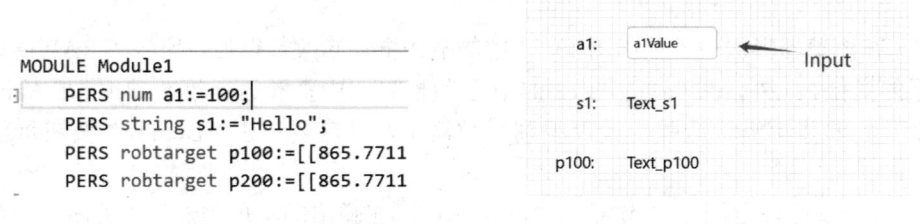

图 13-20　　　　　　　　　　　　　　图 13-21

（2）选中 a1Value 控件，在右侧设置区域，将该控件与 Module1 中的 a1 数据进行绑定（Input 控件只能绑定 num 和 string 类型的数据，且存储类型为 Pers），如图 13-22 所示。

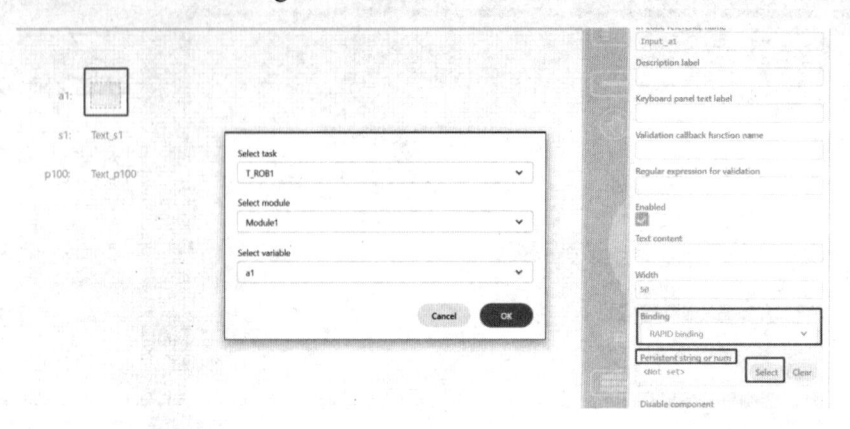

图 13-22

（3）选中 Text_s1 控件，在右侧设置区域中，将其绑定到 Module1 中的 s1 数据（Text 控件没有类型限制，且存储类型为 Pers）。选中 Text_p100 控件，并将其绑定到 Module1 中的 p100 数据。

（4）单击"Deploy"按钮，将应用程序部署到机器人控制器的 HOME 文件夹中。单击"Open in browser"按钮，可以在浏览器界面中看到如图 13-23 所示的效果。

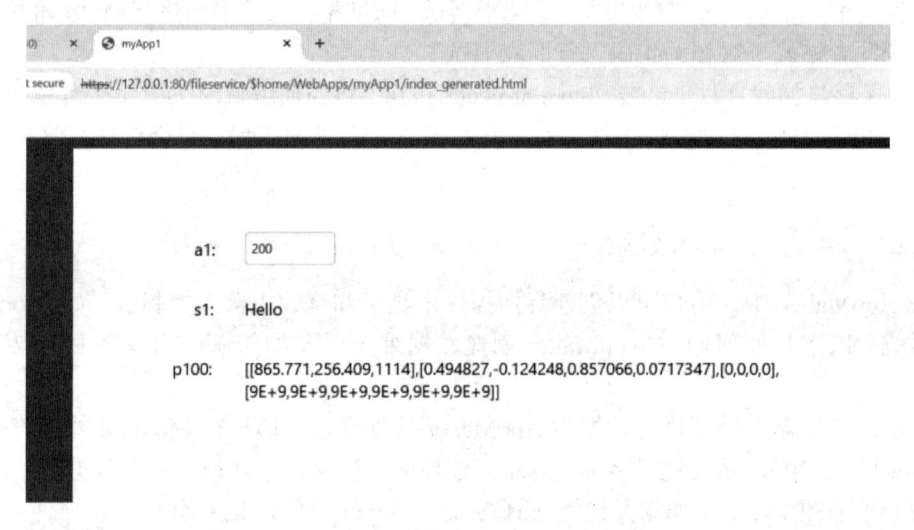

图 13-23

（5）在浏览器界面中，单击图 13-23 中的输入框，修改数据后，您将在 RAPID 中看到 a1 数据的变化。此外，也可通过图 13-24 在示教器界面中查看运行效果。如果在 AppMaker 中修改了数据并希望将这些更改反映到示教器中，只需要单击"Deploy"按钮重新部署更新。

（6）在示教器界面中，右键单击"myApp1"，在弹出的菜单中选择"关闭"选项，再次打开它，就能看到修改后的应用界面。

图 13-24

13.2.3 I/O 控制

进行控制器的信号创建与绑定，并进行测试和仿真的步骤如下所述 。

（1）在控制器中创建输出信号 do0 和输入信号 di0，修改信号的访问等级为 all 并重启控制器。

（2）在 AppMaker 网页编辑器中，参考图 13-25 添加两个 Digital 控件和一个 Switch 控件。将 di0 后的 Digital 控件绑定至 I/O 信号 di0 上。将 do0 后的 Digital 控件绑定至 I/O 信号 do0 上。将 do0 后的 Switch 控件绑定至信号 do0 上。

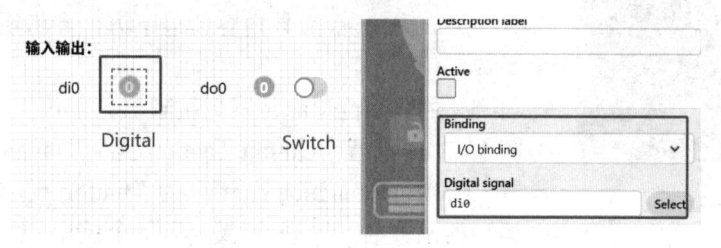

图 13-25

（3）单击"Deploy"按钮，将配置应用到机器人控制器并启动 Web 页面。在 Web 页面或示教器上，尝试修改输出信号 do0 的状态。机器人控制器的输出信号 do0 应会相应变化。

（4）在 RobotStudio 中，选择"仿真"→"I/O 仿真器"选项，修改 di0 的值，示教器中的 di0 变化如图 13-26 所示。

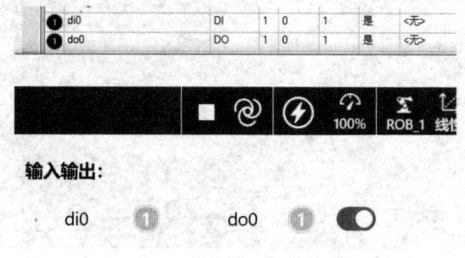

图 13-26

13.2.4 启动/停止

以下是如何通过 AppMaker 实现上电、下电、移动指针至 Main、启动、停止等功能的具体步骤。

（1）在 AppMaker 网页编辑器中，参考图 13-27 添加 5 个 Button 控件。修改每个 Button 控件的"In-code reference name"属性，以便后期在代码中使用。这 5 个控件要实现"上电"、"下电""移动指针至 Main""启动""停止"功能。这些功能在 AppMaker 默认的绑定事件中没有提供，需要自行编写相关 JavaScript 代码。

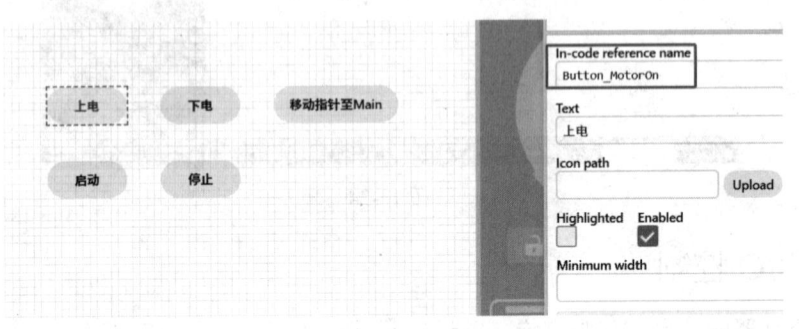

图 13-27

（2）单击"Deploy"按钮，将项目部署到机器人控制器中。

（3）使用 VisualStudio Code，打开 HOME 文件夹中的 WEBAPPS 文件夹，如图 13-28 所示。其中，客户可根据需要自行修改 code.js 文件中的相关代码。

（4）在 code.js 文件内容的最下方，参考图 13-29，编写 5 个函数。

（5）回到 AppMaker 网页编辑器，单击"上电"按钮，参考图 13-30，设置"On-click action"为"JavaScript callback"。设置"Callback function name"为"motorOn"（在 code.js 文件中编写的函数名）。同理，设置其他 4 个按钮。再次单击"Deploy"按钮。

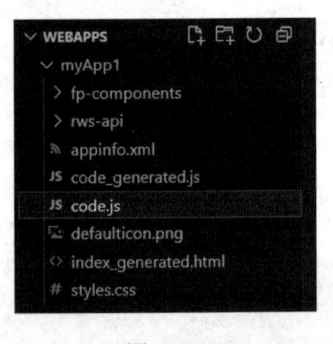

图 13-28

图 13-29

第 13 章 RobotStudio 20XX

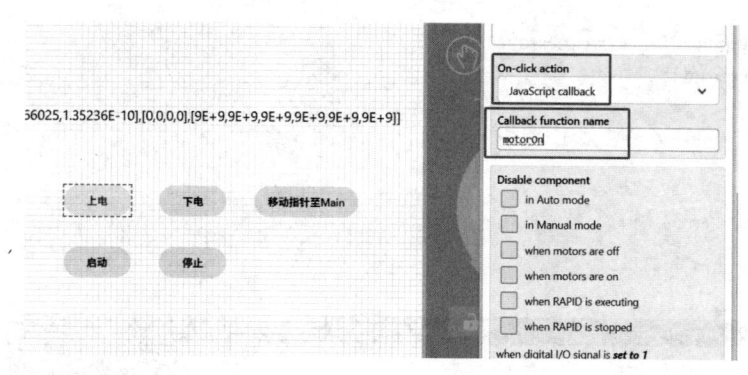

图 13-30

（6）在机器人控制器中重新编写简单的 main 程序，包括机器人运动等。

（7）单击 AppMaker 内的"Open in browser"按钮，或者刷新已经打开的网页。按 F12 键，打开浏览器的调试模式，在相关代码处设置断点或者监控 Console（见图 13-31）。

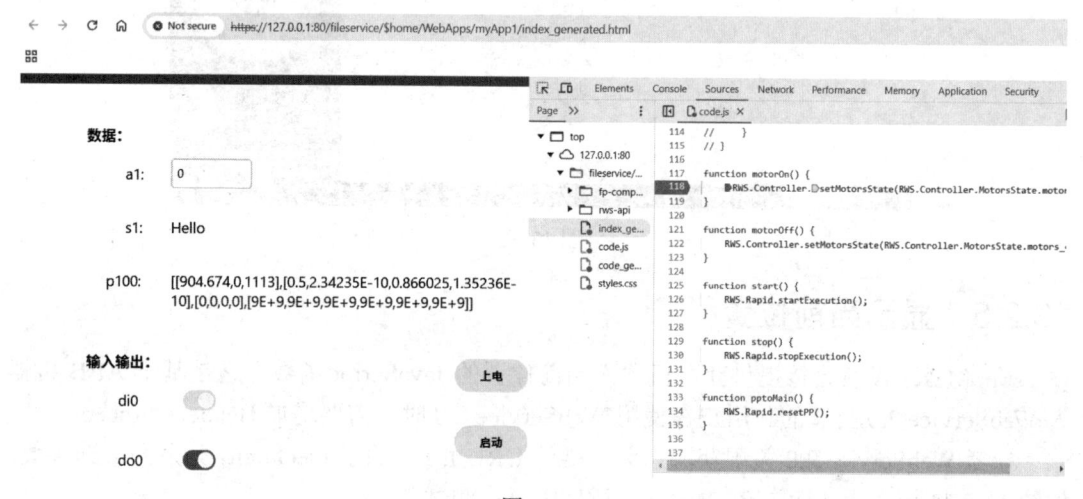

图 13-31

（8）机器人处于自动模式，单击网页上的"上电"按钮，可以看到机器人被上电。单击"移动指针至 Main"按钮，可以看到程序光标被移动。单击"启动"按钮，机器人开始运行。单击"停止"按钮，机器人停止运行。同样地，也可以在示教器内进行测试。

code.js 文件中的代码比较简单。可以参考以下代码修改（如只有自动模式才能单击按钮等）。此时，如果机器人处于手动模式，单击"上电"按钮，会有如图 13-32 所示的提示。

```
async function motorOn()
{
    //采用异步模式，先获取机器人的操作模式
    var opMode = await RWS.Controller.getOperationMode();
    if (opMode == RWS.Controller.OperationModes.automatic)
    {
        RWS.Controller.setMotorsState(RWS.Controller.MotorsState.motors_on);
    }
    else
    {
        //给出弹框提示
```

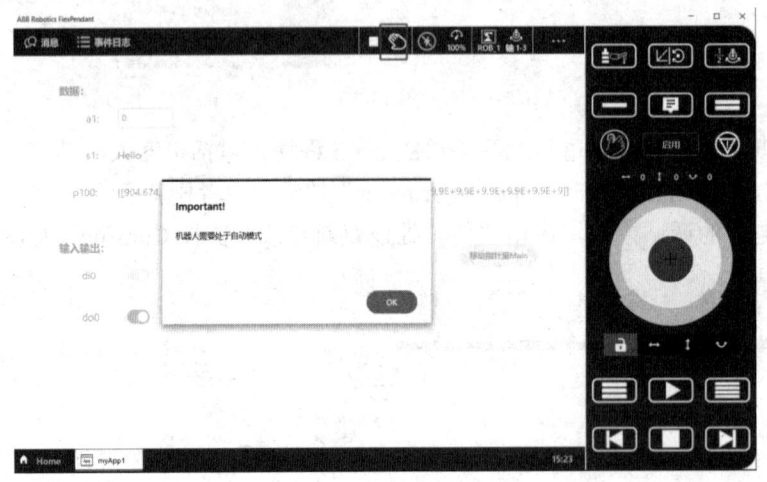

```
        FPComponents.Popup_A.message(
            "Important!",
            [
                "机器人需要处于自动模式"
            ]);
    }
}
//其余函数参考 motorOn 修改
```

图 13-32

13.2.5　显示当前位置

　　AppMaker 没有直接提供获取机器人当前位置的 JavaScript 函数，它是基于 ABB 机器人 WebService 2.0 封装的。用户在使用 WebService 2.0 时，需要增加 Header：Accept。

　　参考 WebService 2.0 关于获取当前位姿的 URL 介绍，除了 mechunit，其余为可选参数，如图 13-33 所示，用户可以在 Postman 插件中进行测试。

图 13-33

打开 Postman 软件（或者在 Chrome 浏览器中安装 Postman 插件），参考图 13-34 输入 URL 地址（真实机器人不需要 80 端口）。增加 Header：Accept；Value：application/hal+json；v=2.0。采用 GET 方法。用户名为 Default User，密码为 robotics。测试成功后，可以看到返回的机器人的当前位置（json 格式的数据）。具体实现步骤如下所述。

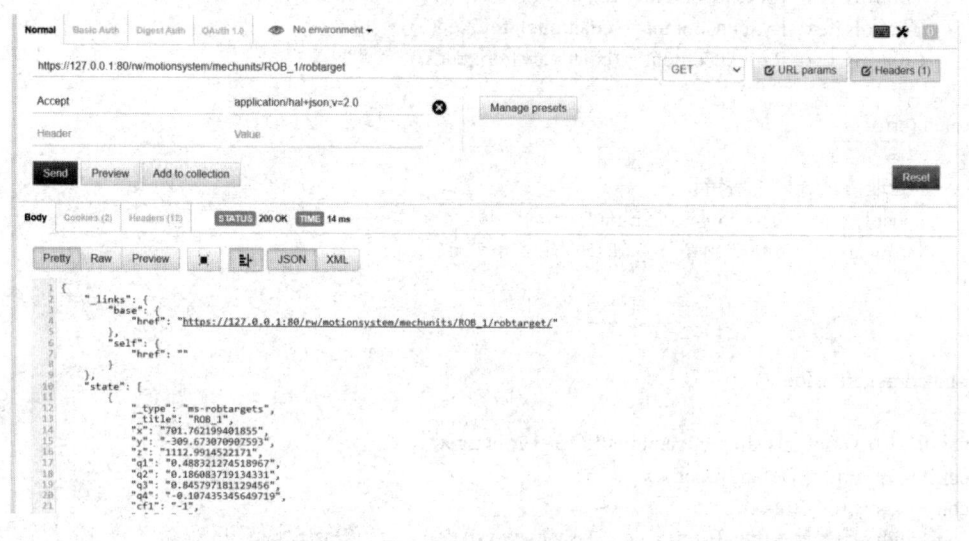

图 13-34

（1）参考图 13-35，在 AppMaker 网页编辑器内增加显示机器人位置的 Text 控件。将需要显示数据的 Text 控件的"In-code reference name"属性修改为 Text_X、Text_Y、Text_Z、Text_Rz，Text_Ry、Text_Rx。添加"获取位置"按钮。单击"Deploy"按钮完成部署。

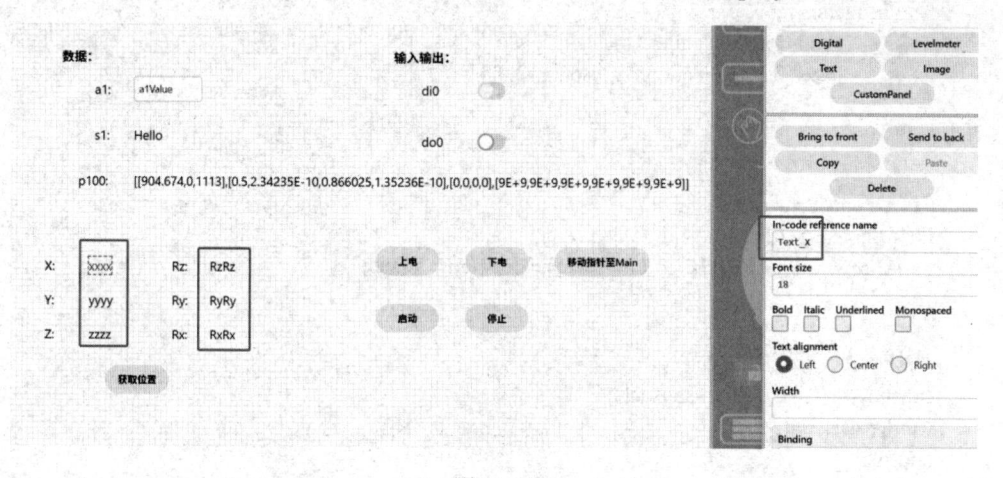

图 13-35

（2）在 code.js 文件中添加如下代码，即通过 WebService 2.0 获取当前机器人的位姿。

```
async function refreshRobJointPos()
{
    try
    {
        var d = await getPosition();
```

```javascript
                Controls.Text_X.textContent = (Number(d.x).toFixed(2)) + ' mm';
                Controls.Text_Y.textContent = (Number(d.y).toFixed(2)) + ' mm';
                Controls.Text_Z.textContent = (Number(d.z).toFixed(2)) + ' mm';

                var euler = quaternionToEuler(Number(d.q1), Number(d.q2), Number(d.q3), Number(d.q4));
                Controls.Text_Rx.textContent = (euler.roll.toFixed(2)) + ' °';
                Controls.Text_Ry.textContent = (euler.pitch.toFixed(2)) + ' °';
                Controls.Text_Rz.textContent = (euler.yaw.toFixed(2)) + ' °';
            }
        catch (error)
        {
            //处理请求过程中的错误
            console.error('Error in get Position:', error);
            throw error; //重新抛出错误以便在调用者中处理
        }
}

async function getPosition()
{
    var url = '/rw/motionsystem/mechunits/ROB_1/robtarget';
    const username = 'Default User';
    const password = 'robotics';
    const auth = `Basic ${btoa(username + ':' + password)}`;          //Basic 认证头

    try
    {
        const response = await fetch(url, {
            method: 'GET',
            headers: {
                'Authorization': auth,
                'Accept': 'application/hal+json;v=2.0'
            }
        });

        //检查响应是否成功
        if (!response.ok) {
            throw new Error(`HTTP error!status: ${response.status}`);
        }

        //解析响应的数据
        const dat1 = await response.json();
        var d = dat1.state[0];
        return d;
        //d.x,d.y,d.z,
        //d.q1, d.q2, d.q3, d.q4
        //d.cf1, d.cf4, d.cf6, d.cfx
        //d.eax_a, d.eax_b, d.eax_c, d.eax_d, d.eax_e, d.eax_f,
    }
    catch (error)
    {
        //处理请求过程中的错误
        console.error('Error in getPosition:', error);
```

```
        throw error; //重新抛出错误以便在调用者中处理
    }
}

function quaternionToEuler(qw,qx,qy,qz) {
    //计算欧拉角
    //roll (x 轴旋转)
    let roll = Math.atan2(2 * (qw * qx + qy * qz), 1 - 2 * (qx * qx + qy * qy));
    //pitch (y 轴旋转)
    Let    pitch = Math.asin(2 * (qw * qy - qx * qz));
    //yaw (z 轴旋转)
    Let    yaw = Math.atan2(2 * (qw * qz + qx * qy), 1 - 2 * (qy * qy + qz * qz));

    //如果需要将角度转换为度数，可以使用以下代码。
    roll = roll * (180 / Math.PI);
    pitch = pitch * (180 / Math.PI);
    yaw = yaw * (180 / Math.PI);
    return { roll, pitch, yaw };
}
```

（3）在 AppMaker 的"配置"选项卡下，修改"获取位置"按钮的触发函数为 refreshRobJointPos（在 code.js 文件中编写）。单击"Deploy"按钮。单击测试网页中的"获取位置"，在示教器中可以显示当前机器人的位姿（建议按 F12 键，进入调试模式，方便查看异常等）。

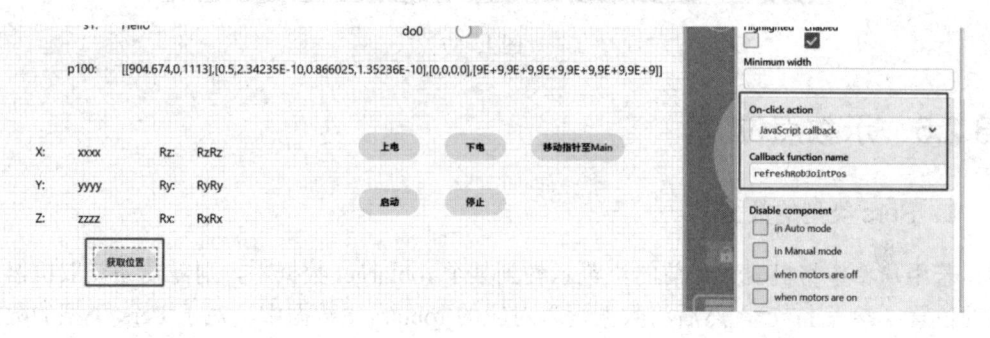

图 13-36

（4）若希望实时显示机器人当前的位置，可以在 code.js 的 appLoaded 函数中定时触发 refreshRobJointPos 函数，具体代码如下。

```
/**
* App 首次被装载时执行
*/
Async function appLoaded() {
var int ervalId = setInterval(refreshRobJointPos, 500);
//每 500ms 获取机器人的位置并更新选项卡
}

/**
* 切换 App 到其他选项卡时执行
*/
async function appDeactivatedCustom() {
```

```
        return true;
}
/**
 * App 再次被激活时，如切换到其他 App 再切回时，触发该函数
 */
async function app ActivatedCustom() {
    Return true;
}
```

再次打开 App，移动机器人，可以看到机器人的位置数据在实时更新（见图 13-37）。

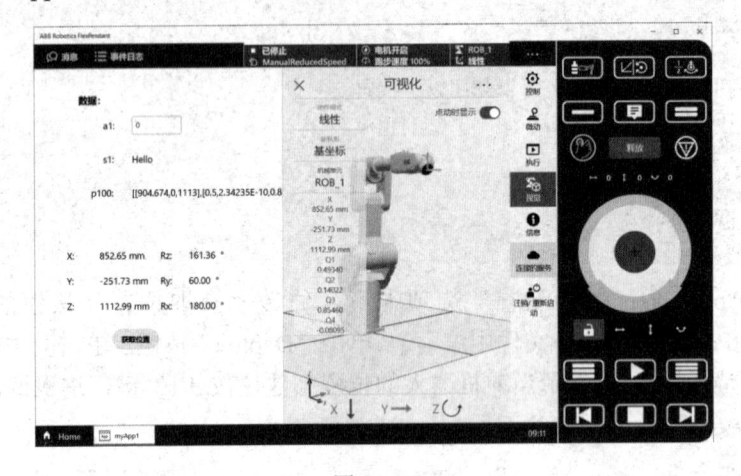

图 13-37

13.2.6　示教点位

1. Pers 类型的数据

若用户希望将机器人当前的位置示教到某个 robtarget 数据中，则需要先获取机器人当前的位置（参考上节），然后将数据写入对应的 robtarget 数据中。对于 Pers 类型的数据，AppMaker 提供了相关 JavaScript 函数来实现数据的写入。具体实现步骤如下所述。

（1）在 AppMaker 网页编辑器中，参考图 13-38，添加 Button 控件"示教 p100"、Text 控件"Text_50"。将 Text_50 绑定到 Pers 类型的 robtarget 数据 p100 上。

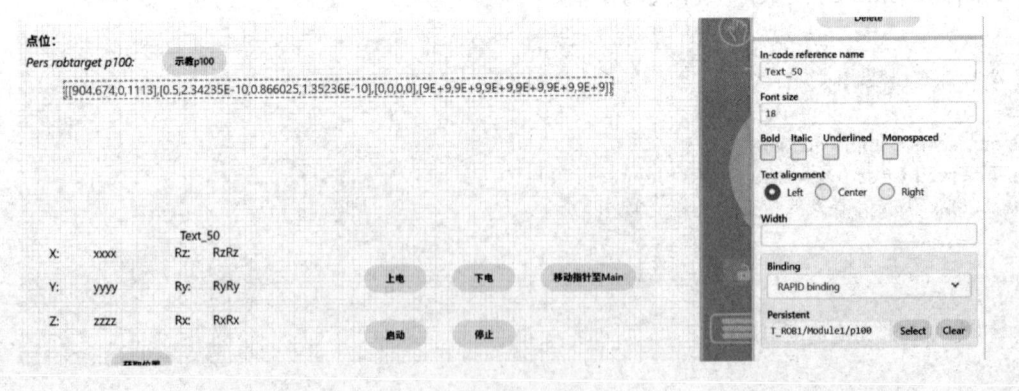

图 13-38

(2) 单击"Deploy 按钮"。在 code.js 文件中编写 modifyP100 函数。

```
async function modifyP100() {
    var p100 = await RWS.Rapid.getData("T_ROB1","Module1","p100");
    var d = await getPosition();           //返回 json 格式的数据
    var  dWrite = "[["+d.x+","+d.y+","+d.z+"],["+d.q1+","+d.q2+","+d.q3+","+d.q4+"],["+d.cf1+","+d.cf4+","+d.cf6+","+d.cfx+"],["
    +d.eax_a+","+d.eax_b+","+d.eax_c+","+d.eax_d+","+d.eax_e+","+d.eax_f+"]]";
    p100.setRawValue(dWrite);
}
```

(3) 在 AppMaker 网页编辑器中,参考图 13-39 设置"示教 p100"按钮的触发函数。再次单击"Deploy"按钮,刷新测试网页或在示教器中重新打开 App 进行测试(在网页中写入数据时,机器人必须处于自动模式)。测试效果如图 13-40 所示。

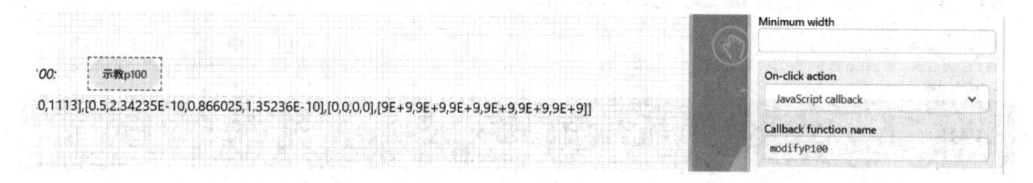

图 13-39

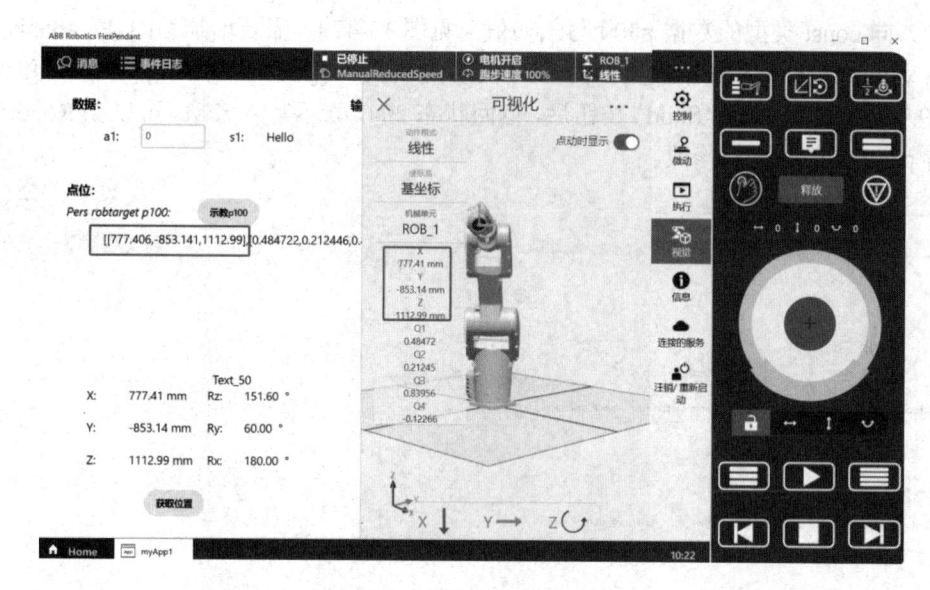

图 13-40

2. const 类型的数据

在 RAPID 的 Module1 中创建 const 类型的数据 p300。

AppMaker 中的 SetRawValue 函数只能对 Pers 类型的数据进行写入操作。对于 const(常量)类型的数据,用户可以根据 WebService 2.0 中对常量进行修改的相关 URL 进行编写。写入数据之前需要请求相应权限(网页端测试,机器人需要处于自动模式;示教器测试,机器人处于手动或自动模式均可)。使用 Postman 测试如下。

（1）请求权限，需要增加 Header：Content-Type；Value：application/x-www-form-urlencoded;v=2.0。发送请求权限后，返回状态 204，示教器显示权限被外部请求（见图 13-41）。

图 13-41

（2）向 const 类型的数据 p300 写入初值（见图 13-42）。需要增加 URL Parameter Key：initval；Value：true。写入数据的类型为 raw，内容为"value=[[1,2,3],[1,0,0,0],[0,0,0,0],[9e9,9e9,9e9,9e9,9e9,9e9]]"。单击"Send"按钮后，返回状态 204，表示写入成功。可以在 RobotStudio 中查看 p300 的值是否被修改。

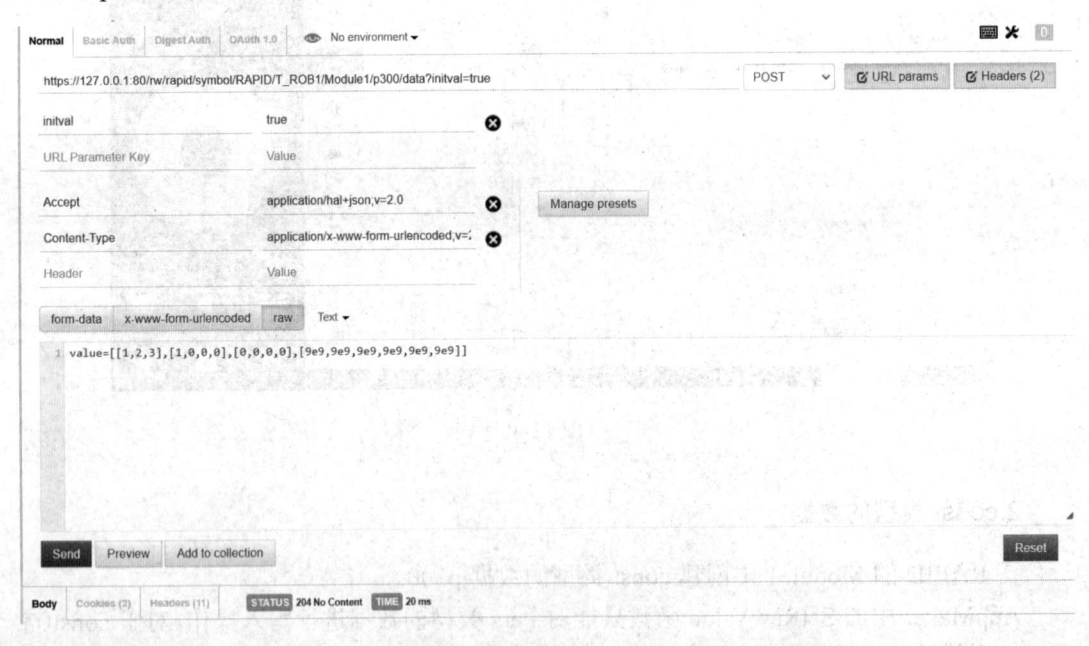

图 13-42

（3）释放权限，如图 13-43 所示。

第 13 章 RobotStudio 20XX

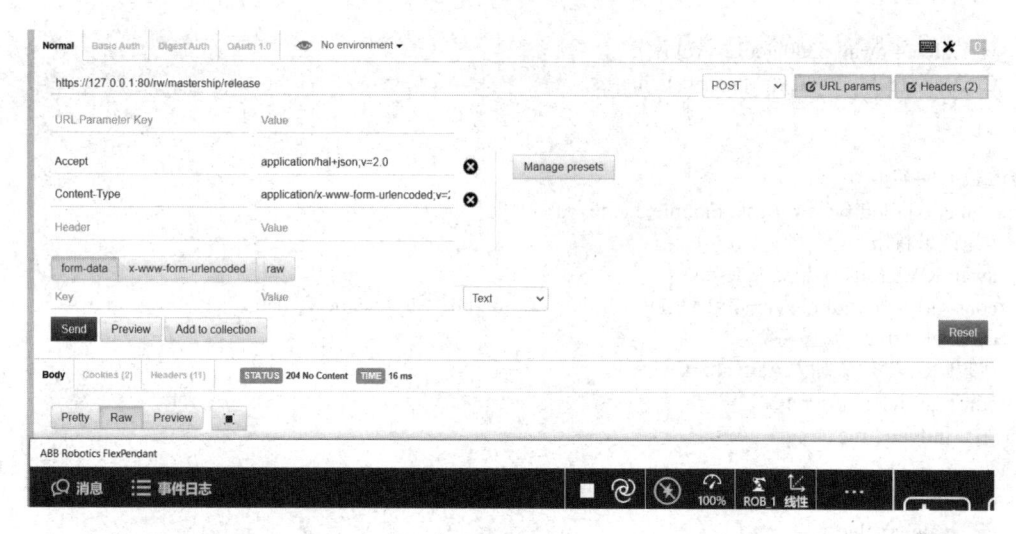

图 13-43

（4）在 AppMaker 网页编辑器中，参考图 13-44，增加 Button 和 Text 控件。修改显示 p300 数据的 Text 控件名称为 Text_p300（由于 p300 是 const 类型的数据，无法使用控件的数据绑定功能）。单击"Deploy"按钮进行部署。

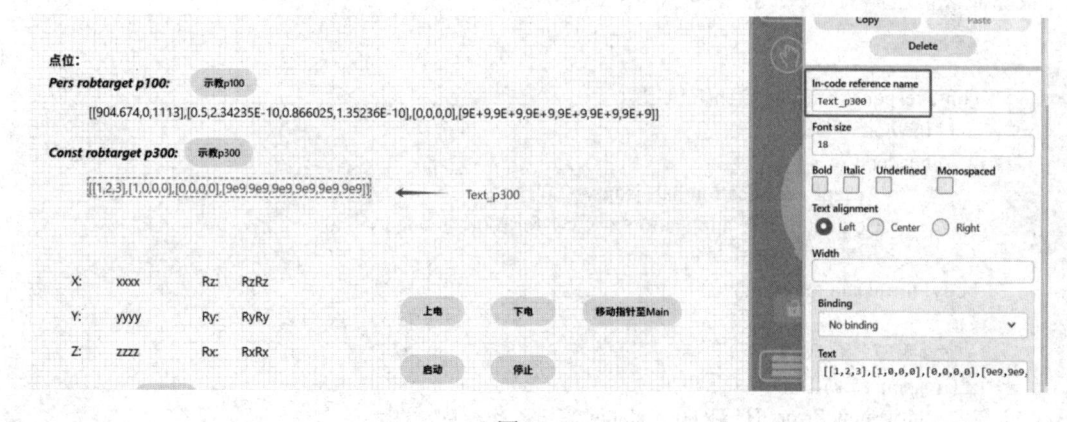

图 13-44

（5）在 code.js 文件中编写以下代码。

```
//示教 p300 按钮触发的函数
async function modifyP300() {
    var d = await getPosition();   //返回 json 格式的数据
    var dWrite = "[["+d.x+","+d.y+","+d.z+"],["+d.q1+","+d.q2+","+d.q3+","+d.q4+"],["+d.cf1+","+d.cf4+","+d.cf6+","+d.cfx+"],["+d.eax_a+","+d.eax_b+","+d.eax_c+","+d.eax_d+","+d.eax_e+","+d.eax_f+"]]";

await modifyConst("T_ROB1","Module1","p300",dWrite);
//修改完毕，再次刷新选项卡重新获取当前 p300 的值并更新 Text_p300 控件的显示值
    updateView();
}

//更新 Text_p300 控件的显示值
Async function updateView() {
    var p300 = await RWS.Rapid.getData("T_ROB1","Module1","p300");
```

```
        var value = await p300.getRawValue();
        Controls.Text_p300.textContent = value;
}

//修改数据的初值
async function modifyConst(task, module, name, value) {
    //先请求权限
    await RWS.Mastership.request();
    const url = '/rw/rapid/symbol/RAPID/' + task + '/' + module + '/' + name + '/data';
    //initval = true, 设置初值
    //在 URL 参数中加入 initval = true
    const queryParams = {
        initval: 'true',
    };
    const bodyParams = {
        value: value
    };
    //构建 URL, 包括查询参数
    const queryString = new URLSearchParams(queryParams).toString();
    const fullUrl = `${url}?${queryString}`;
    //构建请求的 Body, 包括表单数据
    const formData = new URLSearchParams(bodyParams);

    try {
        const response = await fetch(fullUrl, {
            method: 'POST',
            headers: {
                'Accept': 'application/hal+json;v=2.0',
                'Content-Type': 'application/x-www-form-urlencoded;v=2.0'
            },
            body: formData.toString()
        });
        //检查响应是否成功
        if (!response.ok) {
            throw new Error(`HTTP error!status: ${response.status}`);
        }
    } catch (error) {
        //处理请求过程中的错误
        console.error('写入错误:', error);
        Throw   error;                //重新抛出错误以便在调用者中处理
    }
}
//释放权限
    await RWS.Mastership.release();
}
```

（6）在 AppMaker 网页编辑器中，将"示教 p300"按钮的触发函数设置为 modifyP300。重新单击"Deploy"按钮，在示教器中示教，测试效果如图 13-45 所示。

第 13 章　RobotStudio 20XX

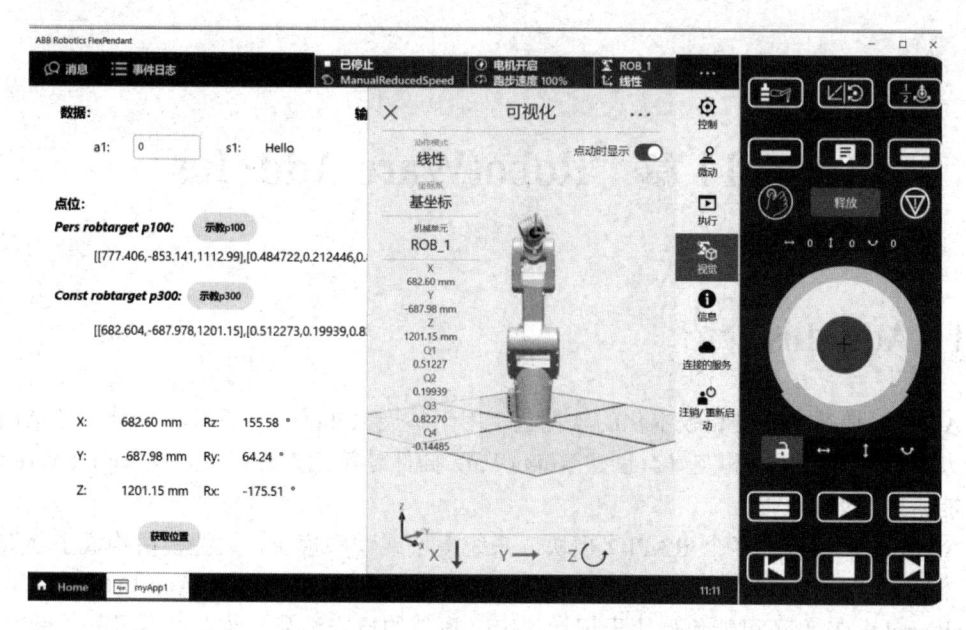

图 13-45

第 14 章　RobotWare Add-Ins

14.1　Add-Ins 介绍

Add-Ins 是独立开发和版本化的软件包，用于扩展 RobotWare 提供的功能，使 ABB 的机器人控制器更加智能和友好。创建 RobotWare 插件是第三方开发人员向 RobotWare 添加新功能的推荐方式。

Add-Ins 可以包括多个 RAPID 模块、系统模块或程序模块，这些模块构成了 Add-Ins 的基本功能代码。此外，Add-Ins 还包括用于在启动时初始化外接 Add-Ins 的脚本文件（install.cmd）。它们还可能包括用于记录自定义事件的日志消息，通常以不同语言呈现，这些消息存储在.xml 文件中。

Add-Ins 还支持自定义示教器选项卡的开发。RobotWare 6 中的示教器开发基于 C#，而在 RobotWare 7 中，示教器开发则基于 Web 技术。

一旦完成 Add-Ins 的开发，就需要将其打包，以便分发并安装到 RobotWare 系统中。RobotWare Add-Ins 使用 ABB 专有的 rpk 格式进行打包。其中，打包工具——Add-in Packaging Tool，用于生成这种格式的包，同时生成包含包元数据的清单文件，该文件也是包的一部分。

Add-in Packaging Tool 可以在 ABB 官网下载，如图 14-1 所示。下载并安装后，详细的使用说明可以参考软件的帮助文档。

图 14-1

本章将介绍如何开发基于 RobotWare 7 的 MoveFullCircle Add-Ins（示教三点，机器人完成整圆路径）。该开发包括在示教器中创建 MoveFullCircle 指令和对应的示教器显示选项卡，如图 14-2 所示。对于基于 RobotWare 6 的 Add-Ins 开发，虽然示教器界面开发使用的是 C#语言，但其他部分与 RobotWare 7 的 Add-Ins 开发基本相似。

图 14-2

14.2 Add-Ins 的文件制作

图 14-3 展示了基于 RobotWare 7 的 Add-Ins 开发所需的相关文件和结构图。其中，RAPID 文件夹内存放所有相关的 RAPID 代码（包括.mod/.modx 文件和.sys/.sysx 系统文件）；config 文件夹内存放配置文件；language 文件夹内存放不同语言的资源文件（RobotWare 7 的 RAPID 代码支持直接使用多语言字符串，包括中文。通过在 RAPID 代码中存储不同语言的字符串数组，可以根据条件直接调用相应的语言）。WebApps 文件夹内存放相关示教器自定义选项卡的文件；install.cmd 为外界引导脚本。

为了创建一个名为 MOVEFULLCIRCLE 的文件夹，用户可以参考图 14-3，在 config 文件夹下创建 3 个配置文件（见图 14-4）。

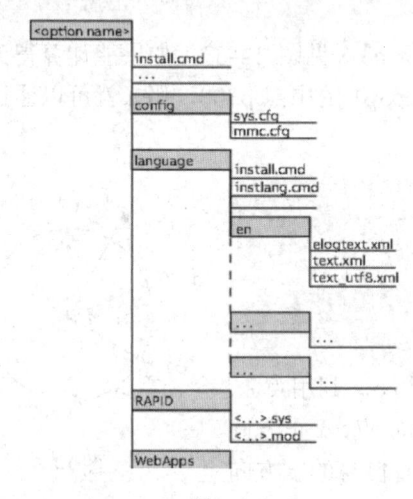

图 14-3   图 14-4

Add-Ins 的开发通常在仿真工作站中进行开发和测试。在 RobotStudio 中，创建一个机器人工作站，导入 IRB1300 机器人模型，并搭建机器人系统。按照 13.2.1 节内容的指导，添加 AppMaker 插件。

在图 14-2 中，示教器界面中显示的"机器人整圆轨迹状态"在机器人执行路径时为 1，表示关联信号 do_CircleOn。在机器人系统中，首先创建虚拟输出信号 do_CircleOn。

此外，将图 14-2 中显示的"当前速度"关联到模拟量输出信号 ao_speed1，控制机器人速度。在机器人系统中，创建模拟量输出信号 ao_speed1，并将其最大逻辑值设置为 7（假设机器人的最大速度不超过 7m/s），然后将此信号关联到系统的输出信号 TCP Speed（见图 14-5）。完成信号创建后，重启机器人系统。

图 14-5

14.2.1 RAPID

ABB 机器人提供的"MoveC p2,p3"指令，让机器人以上一句指令的最后一个点和 p2、p3 三点构成圆弧。因此，完成一个整圆，至少需要 4 个点，具体实现代码如下。

```
MoveL p1
MoveC p2, p3
MoveC p4, p1
```

假设机器人在空间圆上，示教三点 p1、p2 和 p3（见图 14-6）。如果能计算得到圆弧 p1p2 的中点 p100、圆弧 p2p3 的中点 p200 和圆弧 p3p1 的中点 p300，那么就可以通过以下代码实现经过示教三点画圆。

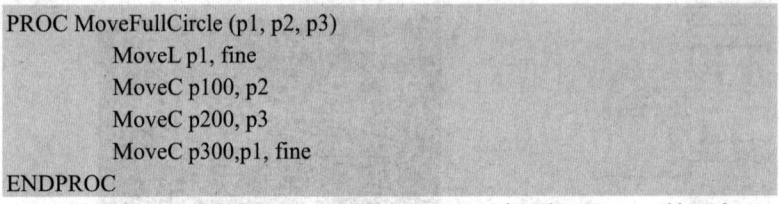

```
PROC MoveFullCircle (p1, p2, p3)
        MoveL p1, fine
        MoveC p100, p2
        MoveC p200, p3
        MoveC p300,p1, fine
ENDPROC
```

利用图 14-6 中的 p1、p2 和 p3，可以得到圆心 o。利用点 o、p1 和 p2，可以构建坐标系 Frame1，坐标系原点为 o 点，x 正方向为 op1，p2 在坐标系的 xy 平面内。令 Frame1 绕着自身的 z 方向旋转 ∠p1op2 的一半，可以得到圆弧 p1p2 的中点 p100。p200 和 p300 点的中点采用相同方法得到。

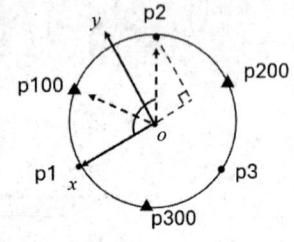

图 14-6

mMoveFullCircle 模块的完整代码如下。

```
MODULE mMoveFullCircle(SYSMODULE, NOSTEPIN)
    !系统模块，用户使用时不允许单步进入
    !所有变量作为局部变量使用，避免与其他模块产生重名
    local PERS string nameP1:="";
    local PERS string nameP2:="";
```

```
local PERS string nameP3:="";
!三个字符串用户获取传入的三个点的名字并且显示在 App 选项卡和日志栏中
LOCAL VAR robtarget pCenter;          !计算得到的三点所在圆的中心（robtarget）
LOCAL VAR pos posCenter;              !计算得到的三点所在圆的中心（pos）
LOCAL VAR pos vectStart;              !圆心指向第一个点的向量
LOCAL VAR num ang;                    !机器人执行圆形路径时，当前走过的圆心角
LOCAL VAR num preAng;
!机器人执行圆形路径时，上一个中断时机器人走过的圆心角
!通过 ang 和 preAng 判断是否超过 180°
LOCAL VAR bool bSecondHalf;           !机器人是否进入第二个半圆
local VAR intnum intcir;              !定时中断，获取机器人走过的圆心角
local PERS num nPer:=0;               !完成圆的比率，0~100

!多语言库，Robotware 7 直接支持多语言的字符串
LOCAL CONST string strHead{2}:=["MoveFullCircle, Radius is ","整圆指令圆的半径是 "];
LOCAL CONST string strCircle1{2}:=["1$^{st}$ point: ","第一个点："];
LOCAL CONST string strCircle2{2}:=["2$^{nd}$ point: ","第二个点："];
LOCAL CONST string strCircle3{2}:=["3$^{rd}$ point: ","第三个点："];
LOCAL PERS num nlang:=2;              !当前语言序号，1 表示英语，2 表示中文

PROC MoveFullCircle(robtarget p1,robtarget p2,robtarget p3,speeddata v,inout tooldata t\inout wobjdata wobj)
    VAR pos pos3{3};
    VAR pos posNormal;
    VAR robtarget p100;
    VAR robtarget p200;
    VAR robtarget p300;
    VAR num r;
    VAR string clang;
    clang:=GetSysInfo(\CtrlLang);     !获取语言，以便后续使用字符串数组的第几个元素
    TEST clang
    CASE "zh":
        nlang:=2;
    DEFAULT:
        nlang:=1;
    ENDTEST
    nameP1:=ArgName(p1);              !获取传入的三个点位的名称
    nameP2:=ArgName(p2);
    nameP3:=ArgName(p3);
    pos3{1}:=p1.trans;                !将三个点的 trans 存入 pos 数组
    pos3{2}:=p2.trans;
    pos3{3}:=p3.trans;
    MoveL p1,v,fine,t\WObj?wobj;      !先移动到第一个点
    bSecondHalf:=FALSE;               !还没有进入第二个半圆
    nPer:=0;
    IDelete intcir;
    CONNECT intcir WITH trCircle;     !创建定时中断，每 0.2s 计算一次完成圆的比率
    ITimer 0.2,intcir;
    fitcircle pos3,posCenter,r,posNormal;  !计算三点所在圆的圆心和半径
    pCenter.trans:=posCenter;
    !示教器日志多语言提示三个点的名称和计算得到的半径
    ErrWrite\I,strHead{nlang}+NumToStr(r,2),strCircle1{nlang}+nameP1+" "+ValToStr(p1.trans)
```

```
            \RL2:=strCircle2{nlang}+nameP2+" "+ValToStr(p2.trans)
            \RL3:=strCircle3{nlang}+nameP3+" "+ValToStr(p3.trans);
        vectStart:=p1.trans-posCenter;              !圆心指向第一个点的向量作为开始向量 vecStart
        p100:=calCenterOnCircle(p1,p2,pCenter);     !p1p2 的中点
        p200:=calCenterOnCircle(p2,p3,pCenter);
        p300:=calCenterOnCircle(p3,p1,pCenter);
        set do_CircleOn;                            !开始画圆指示信号
        MoveC p100,p2,v,z10,t\WObj?wobj;            !画整圆
        MoveC p200,p3,v,z10,t\WObj?wobj;
        MoveC p300,p1,v,fine,t\WObj?wobj;
        waittime 0.5;
        reset do_CircleOn;                          !指示信号关闭
        nameP1:="";
        nameP2:="";
        nameP3:="";
        IDelete intcir;
ENDPROC

local TRAP trCircle
    VAR robtarget p;
    p:=CRobT();                                     !获取当前位置
    ang:=angleVect(vectStart,p.trans-posCenter);    !计算圆心到当前位置的向量与开始向量的夹角
    IF ang<preAng and bSecondHalf=false THEN
        bSecondHalf:=TRUE;                          !进入第二个半圆
    ENDIF
    IF bSecondHalf THEN
        ang:=360-ang;                               !夹角通过 acos 获取，超过 180°后需要补偿
    ENDIF
    nPer:=ang/360*100;                              !计算圆完成比率
    preAng:=ang;                                    !更新 preAng
ENDTRAP

local FUNC robtarget calCenterOnCircle(robtarget p1,robtarget p2,robtarget pCenter)
!圆心在 pCenter 处且经过 p1p2，计算圆弧 p1p2 的中点
    VAR pose frame1;
    VAR pos pos10;
    VAR pos pos20;
    VAR num angle;
    VAR pose pose1;
    VAR pose pose1InFrame1;
    VAR robtarget pOut;
    pOut:=p1;
    pose1:=[p1.trans,p1.rot];
    frame1:=DefFrame(pCenter,p1,p2\Origin:=1);
    pos10:=p1.trans-pCenter.trans;
    pos20:=p2.trans-pCenter.trans;
    angle:=angleVect(pos10,pos20);
    pose1InFrame1:=posemult(poseinv(frame1),pose1);
    frame1.rot:=frame1.rot*OrientZYX(angle/2,0,0);
    pose1:=posemult(frame1,pose1InFrame1);
    pOut.trans:=pose1.trans;
    RETURN pOut;
```

```
        ENDFUNC
        local FUNC num angleVect(pos p1,pos p2)
        !计算两个向量的夹角
            VAR pos p10;
            VAR pos p20;
            VAR num ntmp;
            p10:=normalizeVect(p1);
            p20:=normalizeVect(p2);
            ntmp:=DotProd(p10,p20);
            IF ntmp>1 THEN
                ntmp:=1;
            ENDIF
            IF ntmp<-1 THEN
                ntmp:=-1;
            ENDIF
            angle:=acos(ntmp);
            RETURN angle;
        ENDFUNC

        local FUNC pos normalizeVect(pos p)
        !单位化向量
            VAR num mag;
            VAR pos pOut;
            mag:=vectmagn(p);
            pOut.x:=p.x/mag;
            pOut.y:=p.y/mag;
            pOut.z:=p.z/mag;
            RETURN pOut;
        ENDFUNC
ENDMODULE
```

作为 Add-Ins 的代码模块，除了需要留给用户调用的 PROC，其余程序和数据尽量使用 LOCAL 前缀作为局部数据和局部函数。测试运行效果如图 14-7 所示。完成后，将 mMoveFullCircle.sysx 模块复制到图 14-4 中的 RAPID 文件夹内。

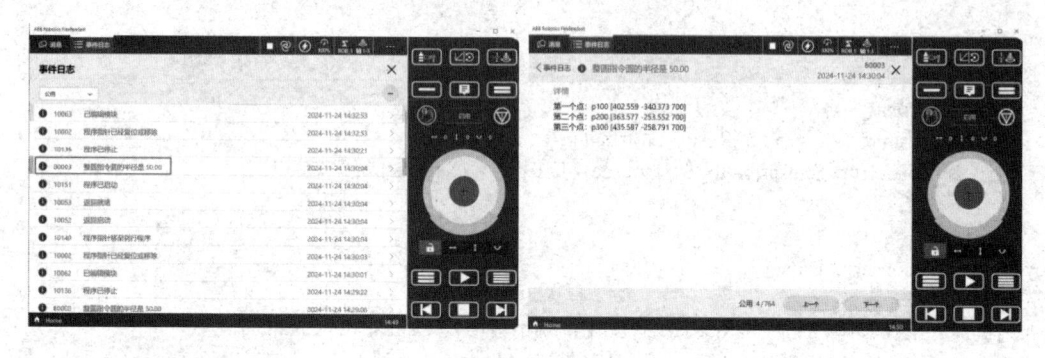

图 14-7

14.2.2 WebApps

参考 13.2.1 节内容，在浏览器中新建 App 项目，取名为 MoveFullCircle。参考图 14-8 创建控件。将 Digital 信号绑定至 do_CircleOn 信号，将 Slide 滑块绑定至 nPer 数据。由于

Text 控件无法直接绑定模拟量，此处 Text_Speed 无须绑定，通过后续 code.js 文件中的内容来修改显示数据。单击"Deploy"按钮进行部署。

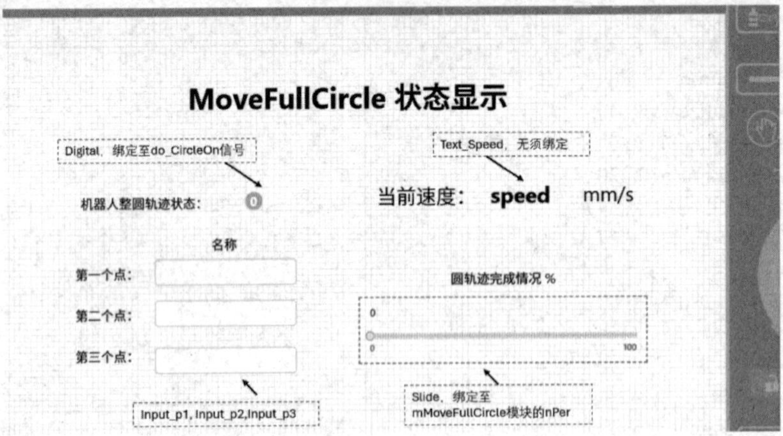

图 14-8

在 code.js 文件中，参考以下代码进行编写。

```javascript
async function appLoaded() {
    //装载 App 时，订阅 ao_speed1 信号和 nameP1、nameP2、nameP3 变量
    subscribeAO();
    subscribeData();
}
async function subscribeAO() {
var signal = await RWS.IO.getSignal('ao_speed1');
//首次打开时，先获取当前 ao_speed1 的值
Controls.Text_Speed.textContent = (await signal.getValue() *1000).toFixed(2);
//Controls.Text_Speed 是 App 选项卡显示速度控件的名称。ao_speed1 的速度单位为 m/s，此处转换为 mm/s
    signal.addCallbackOnChanged((newValue) => {
        Controls.Text_Speed.textContent = (newValue * 1000).toFixed(2);
    });
    try {
        await signal.subscribe();
    }
     catch (error) {
        var resource = signal.getResourceString();
        console.error(`Subscribe to '${resource}' failed. >>> ${error}`);
    }
}
async function subscribeData() {
//先获取 nameP1 数据
//如当机器人正在画圆，此时 nameP1 没有变化，就不会触发 CallbackOnChanged 函数
    var data = await RWS.Rapid.getData('T_ROB1', 'mMoveFullCircle', 'nameP1');
    Controls.Input_p1.text = await data.getRawValue();
    data.addCallbackOnChanged((newValue) => {
        Controls.Input_p1.text = newValue;
    });
    try {
        await data.subscribe();
```

```
} catch (error) {
    var resource = data.getResourceString();
    console.error(`Subscription to '${resource}' failed. >>> ${error}`);
}

var data2 = await RWS.Rapid.getData('T_ROB1', 'mMoveFullCircle', 'nameP2');
Controls.Input_p2.text = await data2.getRawValue();
data2.addCallbackOnChanged((newValue) => {
    Controls.Input_p2.text = newValue;
});
try {
    await data2.subscribe();
} catch (error) {
    var resource = data2.getResourceString();
    console.error(`Subscription to '${resource}' failed. >>> ${error}`);
}

var data3 = await RWS.Rapid.getData('T_ROB1', 'mMoveFullCircle', 'nameP3');
Controls.Input_p3.text = await data3.getRawValue();
data3.addCallbackOnChanged((newValue) => {
    Controls.Input_p3.text = newValue;
});
try {
    await data3.subscribe();
} catch (error) {
    var resource = data3.getResourceString();
    console.error(`Subscription to '${resource}' failed. >>> ${error}`);
}
}
```

保存代码后，可以在示教器/网页中进行测试。运行效果如图 14-9 所示。测试完毕，将 WebApps 文件夹中的 MoveFullCircle 文件夹复制到图 14-4 中的 WebApps 文件夹中。

图 14-9

14.2.3 配置文件（.cfg）

1. mmc.cfg 文件

mmc.cfg 文件是用来为示教器上的指令和 I/O 创建配置清单的文件，通常用于定制指令集、组织和排序指令以及 I/O 参数等。

例如，通过 mm.cfg 文件，可以让 MoveFullCircle 指令出现在示教器指令集的一个自定义组（Customer，名字可以自定义）中。插入指令时，点位名字按照已经有的 robtarget 名字自动新增序号名字，如图 14-10 所示。

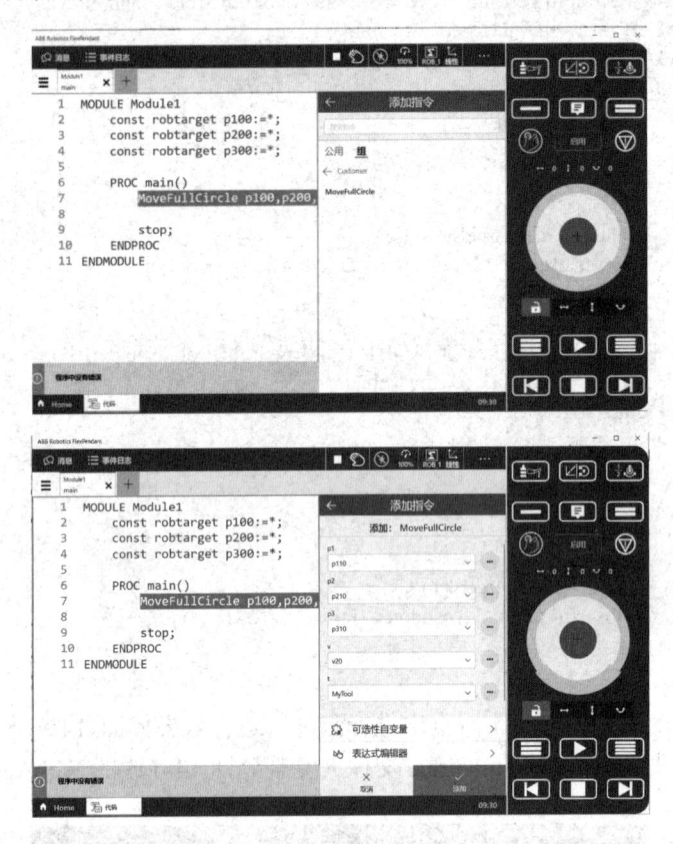

图 14-10

打开 MoveFullCircle/config 文件夹中的 MoveFullCircle_mmc.cfg 文件。要实现图 14-10 所示的效果，该文件中内容的编写如下所示。为测试效果，可以直接在当前机器人系统中加载 MoveFullCircle_mmc.cfg 文件并重启机器人进行测试。

```
MMC:CFG_1.0::
#
MMC_PALETTE_HEAD:
  -name "Customer" -type "MMC_Cus"
  #在示教器指令集中创建新的指令组，名称为 Customer，类型为自定义的 MMC_Cus
#
#MMC_Cus 类型实质为 MMC_PALETTE 的化名，所有指令组均为 MMC_PALETTE 的化名
MMC_Cus = MMC_PALETTE:
  -name MoveFullCircle
  #该指令组下面要显示的指令名称为 MoveFullCircle
#
MMC_REAL_ROUTINE:
  -name MoveFullCircle -default_struct 1,1,1,1,1,0 -hidden
  #默认插入指令参数，其中 MoveCircle 为具体 RAPID 中的自定义 routine
```

```
#default struct 后的数值表示参数是否显示,
#MoveFullCircle(robtarget p1,robtarget p2,robtarget p3,speeddata v,inout tooldata t\inout wobjdata wobj)
#有 5 个参数和一个可选参数, 按照序号, 要显示的值为 1, 不显示的值为 0。
#如果有互斥参数, 如 switch on|switch off, 不显示为 0, 显示 on 为 1, 显示 off 为 2
#-hidden 表示该指令不会出现在 ProcCall 中
#-hidden 起效, 需要 P 启动或者 I 启动
#
MMC_REAL_PARAM:
    #MoveFullCircle 指令插入时的标识符默认名称
    #name 后为指令_参数
    #name_rule 包括:
            #SEQ, 序列化, 如前面点位名称是 p10, 则会自动新建 p20
            #CUR, 使用当前的工具、工件坐标系和 load
            #LAST, 使用上一次的值, 如果没有就使用默认的 def_name
    #在使用 SEQ 或者 CUR name_rule 后, method 可选为:
            #hirule_robtarget - robtarget symbol name increment value
            #hirule_jointtarget - jointtarget symbol name increment value
            #hirule_tooldata - current tooldata
            #hirule_wobjdata - current wobjdata
            #hirule_tloaddata - current tload
    -name MoveFullCircle_p1 -name_rule SEQ -method hirule_robtarget
    -name MoveFullCircle_p2 -name_rule SEQ -method hirule_robtarget
    -name MoveFullCircle_p3 -name_rule SEQ -method hirule_robtarget
    -name MoveFullCircle_v -name_rule LAST -def_name v100
    -name MoveFullCircle_t -name_rule CUR -method hirule_tooldata
    -name MoveFullCircle_wobj -name_rule CUR -method hirule_wobjdata
#
MMC_INSTR_WITH_WOBJ:
    #自定义指令中如果带有可选参数 wboj
    #如果当前使用的不是 wobj0, 则会自动地在指令后添加\wobj
-name MoveFullCircle -param_nr 6
```

2. eio.cfg 文件

eio.cfg 文件用于配置相关的 I/O 信号。WebApps 中的信号 do_CircleOn 用于显示机器人是否正在执行整圆路径, ao_speed1 信号用于显示机器人当前运行的绝对速度。

打开 MoveFullCircle/config 文件夹中的 MoveFullCircle_eio.cfg 文件, 在该文件中编写以下内容(也可将工作站中的文件保存, 并参考以下代码修改)。

```
EIO:CFG_1.0:7:0::
#
EIO_SIGNAL:
      -Name "ao_speed1" -SignalType "AO" -MaxLog 7
      -Name "do_CircleOn" -SignalType "DO"
```

3. sys.cfg 文件

sys.cfg 文件属于机器人系统参数中的 Controller 主题。具体的参数说明请参见 ABB 机器人系统参数手册。

在 Add-Ins 中, sys.cfg 文件是配置 RAPID 模块加载的关键文件。如图 14-11 所示, 首先打开配置界面, 找到"配置-控制器"下的"Automatic Loading of Modules"选项, 并创

建如图 14-11 所示的实例。然后，单击"控制器"选项卡下的"重启"按钮，选择"重置 RAPID"选项，系统将自动加载 HOME 文件夹中的 module2.mod 文件。如果希望修改 module2.mod 文件并重新加载，必须再次选择"重置 RAPID"选项（仅执行普通重启操作时，不会再次加载 module2.mod 文件）。若删除图 14-11 中的设置并重启系统，加载的 module2.mod 文件将会被删除。

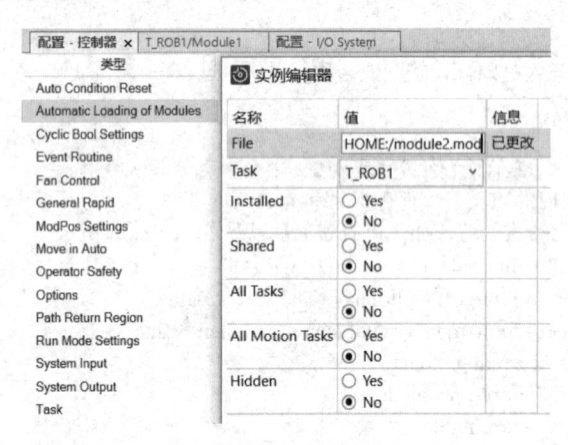

图 14-11

加载模块的属性如表 14-1 所示。

表 14-1 加载模块的属性

名　称	功　能
File	文件路径
Task	要加载的任务名称
Installed	模块将表现得像内置模块（用户在示教器和 RobotStudio 编程选项卡中无法看到它）。默认情况下，即使在模块声明中没有明确声明，系统也会自动设置 NOVIEW 和 NOSTEPIN 属性。此模块只能通过使用重启模式"重置系统"来删除，且无法单步进入 Installed 属性，不能与 Shared 属性同时使用
Shared	模块不可见，但所有任务都可以访问该模块的数据。共享部分的对象是所有任务的全局对象 Shared 属性不能与 Task、All Tasks、All Motion Tasks、Installed 属性同时使用
All Tasks	模块将被加载到所有任务中。不能与 Task、All Motion Tasks 和 Shared 属性同时使用
All Motion Tasks	模块将被加载到所有运动任务中。不能与 Task、All Tasks 和 Shared 属性同时使用
Hidden	模块被隐藏

打开图 14-4 中 config 文件夹内的 MoveFullCircle_sys.cfg 文件。配置文件代码如下（mMoveFullCircle.sysx 将安装到机器人控制器的所有任务中，且对用户不可见。将信号 ao_speed1 关联到系统输出的速度信号上。在 RobotWare 6 中，系统输出的关联定义位于 eio.cfg 文件中）。

```
SYS:CFG_1.0::
#Installation of RAPID routines for Add-In MoveFullCircle
CAB_TASK_MODULES:
-File "MoveFullCircle:/RAPID/mMoveFullCircle.sysx" -AllTask -Hidden
# WebApp 无法基于 WebService 获取 Installed 中的数据
#
```

SYSSIG_OUT:
    -Name "ao_speed1" -Status "TCPSpeed" -Arg1 "ROB_1"

14.2.4　install.cmd

脚本 install.cmd 用于初始化 Add-Ins，并将其设置为默认状态。该脚本将在以下情况下自动执行：系统安装后的首次启动、每次系统更新后（通过修改安装功能）以及使用重置系统（I-Start）时。此脚本会安装随 Add-Ins 打包的多个资源文件，包括配置文件和语言文件等。脚本的元素和概念见表 14-2，脚本命令见表 14-3。

表 14-2　脚本的元素和概念

名　称	使 用 方 法	举　　例
注释	#开头，且#后需要有一个空格	#A comment
标签	#开头，#和后面字符之间无空格	#Label
命令	不以#开头，参数前使用"-"	print -text "This is a message").
流程控制	使用 if... goto，没有复杂流程控制	if... goto #Label
多个脚本文件	脚本文件避免过长，可以使用 include 调用其他脚本文件或者使用 loop_include 多次循环调用脚本文件	include loop_include
脚本变量	$开头，名称最多为 20 个字符串，支持 int 和 string	$HOME
环境变量	通过 setenv 设置环境变量的值，断电保持	HOME

表 14-3　脚本命令

命　令	注　　释	举　　例
addintvar	整型变量+1	addintvar -name $TEST -value 5
config	导入配置文件，具体参数如下： internal：参数写保护，用户后期不可通过 RobotStudio 等方式对其进行修改 replace：替换非 internal 属性的名字相同的 instance 内容 modify：仅修改非配置文件列出的非 internal 的 instance 属性，未列出不修改	config -filename $BOOTPATH/mysys.cfg
copy	复制文件	copy -from $BOOTPATH/instopt.cmd -to $RWTEMP/instopt.cmd
delay	延时（ms）	delay -time 1000
delete	删除文件	delete -path $RWTEMP/opt_l0.cmd
direxist	路径如果存在，跳转到 Label	direxist -path $TEMP/MyFolder -label CLEANUP_0
echo	打印，同 print。在内部系统 console 及示教器系统启动时显示	echo -text "Installing configuration files"
fileexist	文件如果存在，跳转到 Label	fileexist -path $RWTEMP/opt_l0.cmd -label CLEANUP_0

命令	注释	举例
get_rw_version	获取 RobotWare 的版本	get_rw_version -strvar $RWVER
goto	跳转到 Label	goto -label END_LABEL
ifintvar	如果整型变量与要求的数据一致，跳转到 Label	ifintvar -name $NUMBER_OF_CYCLES -value 5 -label SELECTION_5
ifstr	如果字符串变量与要求的数据一致，跳转到 Label	ifstr -strvar $ANSWER -value "IRT5454_2B" -label APP2
ifvc	是否为虚拟控制器	ifvc -label NO_START_DELAY
include	执行其他脚本程序	include -path $BOOTPATH/instdrv.cmd
loopinclude	循环执行其他脚本程序	loop_include -path $BOOTPATH/script2.cmd -cycle 5
register	注册，类型包括： elogmes：错误信息（该信息将显示在示教器日志栏，但不会主动弹出） elogrules：错误信息（该信息会主动弹出） option：加载示教器选项卡 rapid_metadata：RAPID 指令显示元数据，包括可选参数的显示情况	register -type elogmes -domain_no 11 -min 5001 -max 5001 -prepath $BOOTPATH/language/-postpath /CircleMove_elogtext.xml -extopt register -type option -description MyAddIn -path $BOOTPATH
rename	重命名	rename -from $TEMP/myfile.txt -to $TEMP/myfile.txt.old
setenv	定义并设置环境变量的值	setenv -name CIRCLEMOVE -value $BOOTPATH
setintvar	定义并设置一个整型变量的值	setintvar -name $COUNTER -value 10
setstr	定义并设置一个字符串变量的值	setstr -strvar $LANG -value "en"

对图 14-4 中的 install.cmd 文件按照以下内容进行编辑并保存。

```
#Install.cmd script for Add-In MOVEFULLCIRCLE
echo -text "Installing MOVEFULLCIRCLE Add-In"

#Define environment variable for the add-in product directory
setenv -name MOVEFULLCIRCLE -value $BOOTPATH

#Register the add-in to the product directory，注册包括 WebApps 的内容
register -type option -description MOVEFULLCIRCLE -path $BOOTPATH

#Load configuration files，增加 internal 属性，导入的.cfg 文件用户将无法修改
config -filename $BOOTPATH/config/MoveFullCircle_eio.cfg -domain EIO -internal
config -filename $BOOTPATH/config/MoveFullCircle_sys.cfg -domain SYS -internal
config -filename $BOOTPATH/config/MoveFullCircle_mmc.cfg -domain MMC
```

14.3 Add-in Packaging Tool

Add-in Packaging Tool 的使用如下所述。

（1）打开 Add-in Packaging Tool 软件。在弹出的对话框中，单击菜单栏中的"File"按钮，在弹出的菜单中选择"New"→"Empty 7.x project"选项，如图 14-12 所示。

第 14 章 RobotWare Add-Ins

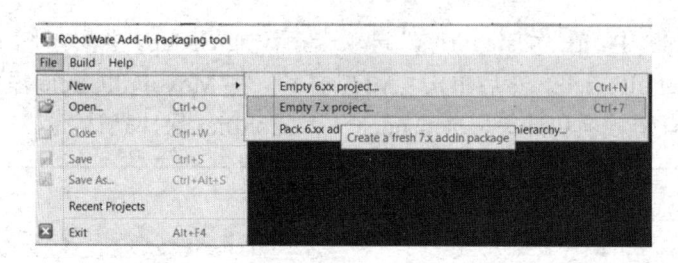

图 14-12

（2）弹出的对话框如图 14-13 所示。Product Manifest 为 Add-Ins 的产品信息，并定义了在 RobotWare 中添加产品时如何显示相关信息。最终，这部分内容会生成.rmf 文件。

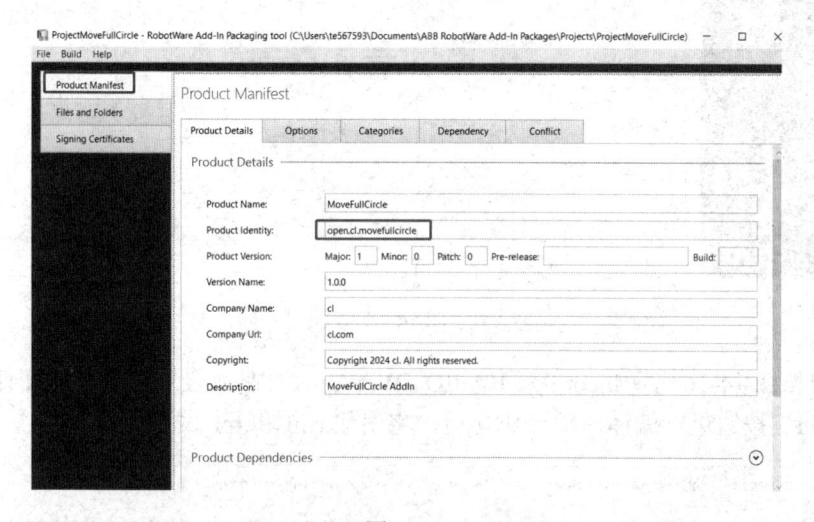

图 14-13

（3）参考图 14-13 填写 Add-Ins 的产品详情。其中，Product Identity 必须全小写。注意，对于默认创建的 Add-Ins，用户不需要 License，且 Product Identity 必须以 open 开头。如果创建的 Add-Ins 需要 License，请联系 ABB（中国）有限公司获取专用软件。

（4）根据图 14-14 进行设置。设置完成后，单击"Validate"按钮进行验证。

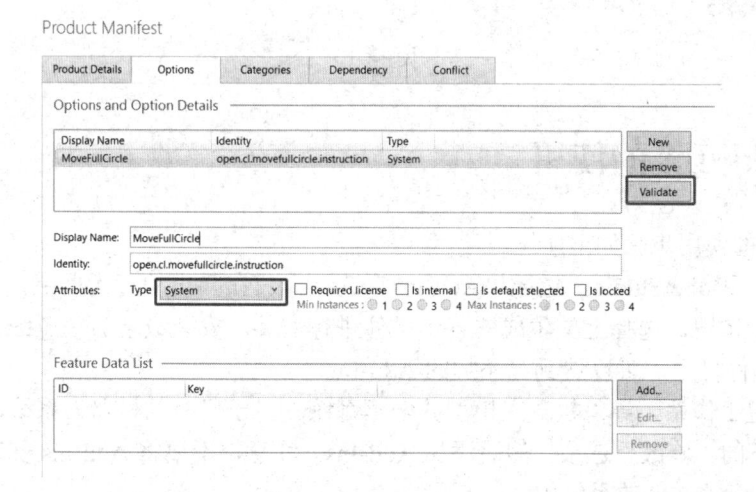

图 14-14

（5）在图 14-15 中，在"Categories"选项卡下添加 Group，并参考图 14-15 修改名字。选中左侧的 MoveFullCircle，然后单击"Add"按钮，将 MoveFullCircle 添加到 Instructions 下。此次插件没有依赖项和冲突，Dependency 和 Conflict 保持默认。

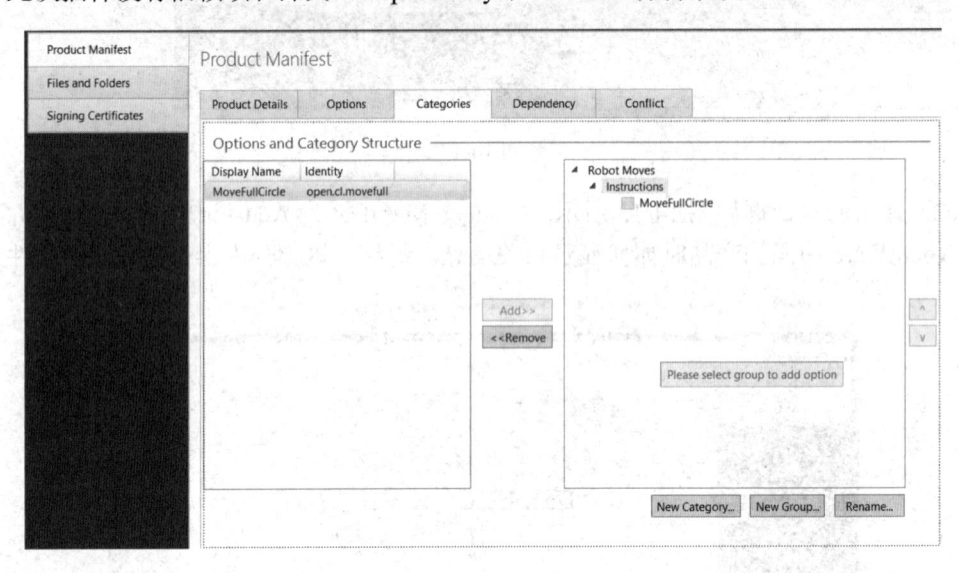

图 14-15

（6）根据图 14-16，添加 config、RAPID、WebApps 文件夹及 install.cmd 文件。完成后，单击"Build"按钮进行编译。编译成功后，将生成 .rmf 和 .rpk 文件。

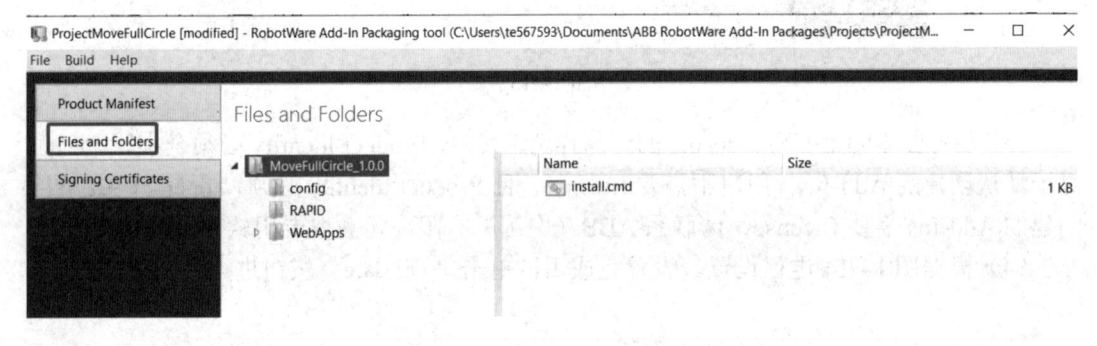

图 14-16

14.4　Add-Ins 的使用

Add-Ins 的使用步骤如下所述。

（1）打开 RobotStudio，进入"Add-Ins"选项卡。在弹出的对话框中，单击图 14-17 中的"安装"按钮，选择上文生成的 .rmf 文件进行安装。安装成功后，在图 14-17 左侧的 RobotWare 插件栏中，可以看到已添加的 Add-Ins。

（2）新建工作站，导入机器人模型并创建系统。对于已有的机器人系统，单击"控制器"选项卡下的"修改"选项，然后添加 Add-Ins。注意，不要将 Add-Ins 安装到前文用于开发 Add-Ins 相关文件的系统中。

第 14 章 RobotWare Add-Ins

(3)单击图 14-18 中的"软件"选项卡下的"有效"选项,然后单击"open.cl.movefullcircle"下方的"包括"按钮。

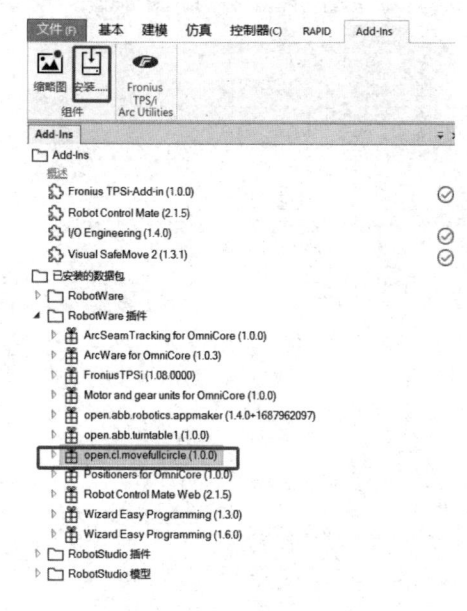

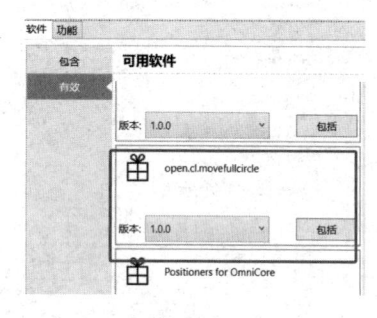

图 14-17

图 14-18

(4)勾选图 14-19 中 Robot Moves 分类下的 Instructions 组的 MoveFullCircle 属性。应用并重启机器人系统。

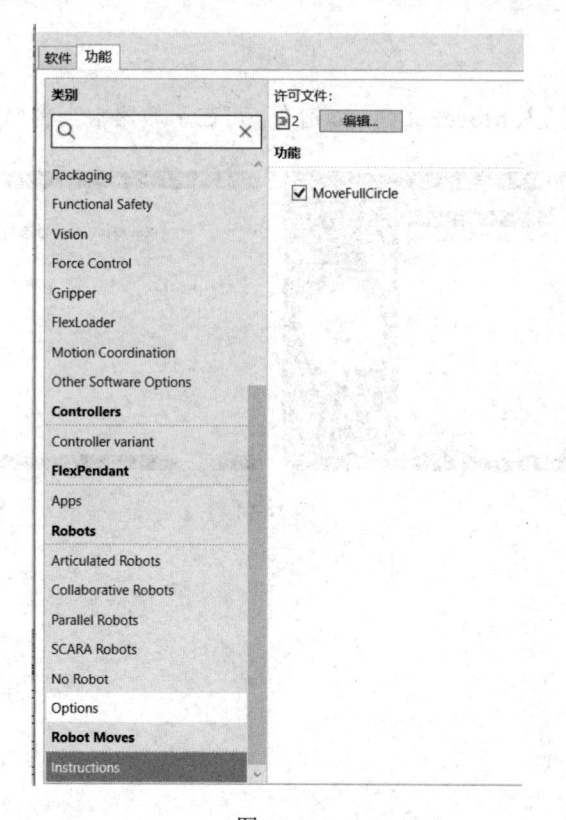

图 14-19

(5) 机器人系统启动成功后，可以在图 14-20 中看到相关参数已经成功加载。

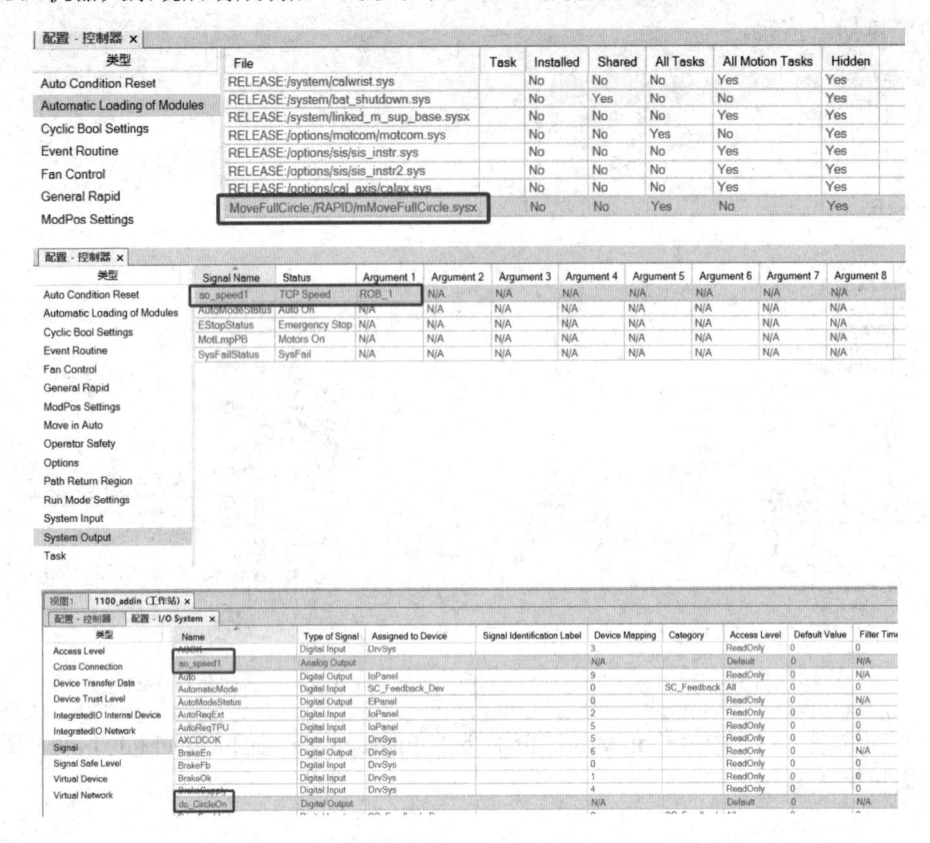

图 14-20

(6) 在示教器中插入 MoveFullCircle 指令，可在示教器中查看 WebApps（见图 14-21）。

图 14-21